化学工业出版社"十四五"普通高等教育规划教材

BIM造价应用与管理

吴新华　候新平　李现瑞　主编

化学工业出版社

·北京·

内容简介

《BIM造价应用与管理》是以BIM技术为基础的建筑工程项目造价应用教材。本书的编写依托广联达土建算量软件(GTJ2021)和广联达云计价软件(GCCP6.0),以"某幼儿园"项目为工程实例,以《房屋建筑与装饰工程工程量计算规范》(GB 50854—2013)、《建设工程工程量清单计价规范》(GB 50500—2013)和《山东省建筑工程消耗量定额》(2016版)为依据。

本书按结构可划分为工程项目全过程BIM造价概述、建筑工程实例及BIM技术计量与计价、案例工程BIM技术全过程造价应用等内容,重点剖析建筑工程造价的BIM技术应用流程,在进行BIM技术教学时,在各个章节穿插传统模式下的计量计价方式。

本书可作为高等院校工程管理、工程造价等相关专业的专业课教材,同时对施工单位或监理单位的工程造价管理人员具有指导意义。

图书在版编目（CIP）数据

BIM造价应用与管理/吴新华，候新平，李现瑞主编．—北京：化学工业出版社，2024.2

化学工业出版社"十四五"普通高等教育规划教材

ISBN 978-7-122-44794-4

Ⅰ.①B… Ⅱ.①吴…②候…③李… Ⅲ.①建筑造价管理-应用软件-高等学校-教材 Ⅳ.①TU723.3-39

中国国家版本馆CIP数据核字（2024）第024270号

责任编辑：刘丽菲   文字编辑：罗　锦　师明远
责任校对：宋　夏   装帧设计：张　辉

出版发行：化学工业出版社
　　　　　（北京市东城区青年湖南街13号　邮政编码100011）
印　　装：三河市双峰印刷装订有限公司
787mm×1092mm　1/16　印张19　字数465千字
2024年10月北京第1版第1次印刷

购书咨询：010-64518888　　　　　售后服务：010-64518899
网　　址：http://www.cip.com.cn
凡购买本书，如有缺损质量问题，本社销售中心负责调换。

定　　价：57.00元

《BIM 造价应用与管理》编写团队

主　编　吴新华　　候新平　　李现瑞

副主编　梁艳红　　孙凌志　　苑荣奇

参　编　李志国　　王洪强　　米　帅　　刘玉杰　　徐　清　　丁　杰

　　　　　张晓颖　　董　彪　　庄絮铅　　薛　琳　　郎沛然　　韩　萌

　　　　　王凯旋　　李晓珂　　李春晓

前言

习近平总书记在党的二十大报告中强调，"高质量发展是全面建设社会主义现代化国家的首要任务。发展是党执政兴国的第一要务。没有坚实的物质技术基础，就不可能全面建成社会主义现代化强国。"在高质量发展的浪潮下，建筑业需要借助数字化技术转型升级，借助现有的数字化资源培养专业复合型人才，做好项目数字化顶层设计，才能在飞速变革和激烈的竞争中立于不败之地。

随着国内高等院校的专家学者对工程管理、工程造价等相关专业人才培养模式不断地深入研究，发现在工程造价和工程管理相关专业中开设 BIM 应用课程对于培养建筑行业的专业复合型人才具有非常重要的意义。在开设 BIM 应用课程后，对教学过程的研究中发现，有些学生过度依赖数字化 BIM 平台，从而出现了学生对工程造价的基础知识理解不够透彻的情况，如不能准确地把握工程量清单与工程消耗量定额之间的关系等。因此，编者以读者能熟练掌握工程造价管理的基础知识并熟练结合 BIM 平台进行应用为原则，以培养建筑行业高质量发展过程中的复合型专业人才为目的，根据工程造价领域的相关政策、法规及造价信息等内容，结合多年的教学实践经验和工程实际，编写了此书。

本书通过 BIM 工程造价管理与传统意义上的工程造价管理相结合的方式，介绍了混凝土、钢筋等材料消耗量的计算方法，工程案例中各建筑构件如基础、柱、梁、墙、板等构件的 BIM 模型建立过程，以及建筑工程项目全生命周期中各个阶段的 BIM 应用。为了方便读者学习，本书提供 BIM 建模及计价的成果文件（计价文件以山东省计价依据为例）；图纸及部分图片提供了在线大图可供查看；录制了操作视频，并对知识点进行了视频讲解。通过这样的编写安排，期望达到提高读者对工程造价相关基础知识的掌握程度，加强读者 BIM 建模和建筑工程造价管理的能力，提高读者自身的数字化应用水平的目的，从而使读者适应建筑行业的高质量发展。

由于编者水平有限，书中不足之处在所难免，敬请各位读者批评与指正。

编者

2024 年 4 月

目录

225 | 第 12 章　BIM 装饰、屋面工程及零星构件计量

255 | 第 13 章　案例工程 BIM 全过程造价应用

291 ｜ **参考文献**

第 1 章
绪　论

1.1　BIM 技术基本理论

1.1.1　BIM 技术内涵

BIM 技术即建筑信息模型建造技术，BIM 中的字母 B 指的是 Building（建筑），字母 I 指的是 Information（信息），而 M 则指 Modeling（模型）。BIM 技术是一种在建设项目全寿命周期中应用于工程设计、工程建造和工程管理的数据化工具，通过对项目全寿命周期各阶段各专业的模型整合，在项目策划阶段、设计阶段、实施阶段、运行和维护阶段的全寿命周期过程中进行信息共享与信息传递，使得各个专业中的施工技术人员对建筑信息模型的各类信息做出正确理解并高效地解决实际问题和及时做出应对措施。

BIM 技术为项目设计团队以及业主、建设单位、运营单位在内的各方建设主体提供了协同协作的工作基础，在提高生产效率、节约资源成本、缩短建设工期、缩短动静态投资回收期等方面发挥着极其重要的作用。

1.1.2　BIM 技术核心

BIM 技术的核心在于基于计算机技术并以各种建筑数据为基础，通过三维建筑模型实现建筑模型中数据的动态变化以及项目全寿命周期各个阶段工作状态的同步。运用 BIM 技术可以准确地读取数据系统中的参数，加快决策质量与决策速度，在确保工程质量的前提下尽量降低项目投资成本和资金投入。

1.1.3　BIM 技术特点

BIM 技术有八大特点（图 1-1），分别是：可视化、一体化、参数化、仿真性、协调性、优化性、可出图性、信息完备性。

1.1.3.1　可视化

BIM 技术的可视化特点主要包括工程设计图纸可视化、工程项目施工现场及进度可视化、施工机具及各专业设备可视化、机电管线碰撞检查可视化等。

（1）工程设计图纸可视化

在建筑设计阶段把建筑构件通过三维的方式直

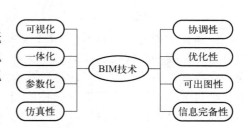

图 1-1　BIM 技术的特点

观地展现出来，使得业主或者用户摆脱了技术的限制，可以通过观察三维立体图形来直接获取项目信息，BIM 技术最大程度上减少了业主与设计师之间的交流障碍，直接打破了业主和设计师专业性知识不互通的壁垒。

（2）工程项目施工现场及进度可视化

项目施工现场及进度可视化又可细化为工程项目施工组织设计可视化与各专业复杂构造处节点可视化。工程项目施工组织设计可视化即运用 BIM 工具建立三维建筑信息模型、三维设备模型、三维材料模型、三维临时设施建筑模型，通过 BIM 技术模拟出的施工过程与里程碑进度计划来从多个施工方案中选出最优方案并对工程项目进一步实行施工组织设计；各专业复杂构造节点的可视化特性即是利用 BIM 技术可视化这一特点，将建筑项目在建设与施工过程中的复杂构造节点通过三维模型立体、全方位地呈现在设计师眼前，比如钢筋的复杂节点、各个转角的连接点等。传统的 CAD 图纸难以向技术人员直接展示钢筋的排布规律，但在 BIM 技术的推动下，钢筋三维排列得以更好地展现，甚至可以做出钢筋模型的动态视频，很大程度上提高了施工和交底工作的效率。

（3）施工机具及各专业设备可视化

在施工阶段，施工现场的机械设备布置位置往往会影响建筑材料在施工现场的运输时间与运输速度，通过 BIM 技术施工机具可视化的特性，在工程项目施工前对施工场地的布置进行合理的规划，可以提高施工期间建筑材料在施工现场的运输效率。

此外，还可以利用 BIM 技术对建设设备（包括给排水设备、电气设备、暖通设备、消防设备）的空间布置是否合理进行检验。例如某给水机房的 BIM 设备模型，利用 BIM 技术可对机房设备操作间的空间布置是否合理、是否利于工作、是否能高效率操作等进行检验，并对机房内的管道、支架进行优化。与传统的施工方法相比较，运用 BIM 技术建立设备模型、工作集、各类不同的施工路线，通过制作多种设备安装动画，对其布置的合理性不断进行调整，从各个方案中找出最佳设备安装位置和安装工序，从而使得设备安装的可操作性呈现在技术员眼前，更加直观、清晰。

（4）机电管线碰撞检查可视化

通过运用 BIM 技术将各个专业模型整合为一个有机的 BIM 模型整体，从而使机电管线与建筑物各个构件的碰撞点和重复位置通过三维的形式直观地表达和显示出来。在传统的施工方法中，对管线碰撞检查主要有两种不同的方式：一是施工技术人员将整个建设项目各个不同专业的 CAD 图纸重叠在一张图纸中进行观察与审视，根据施工技术人员的多年施工经验与其三维空间想象能力严谨地找出各个专业图纸中的碰撞点并对施工过程中可能发生危险的点加以修改；二是在施工过程中根据实际状况对各类专业的碰撞点进行检查和修改。这两种方法均费时费力，而且检查效率普遍较低。但运用 BIM 技术，可以由各个专业人员通过对各专业整合之后的三维模型进行审查，在三维空间中找出碰撞点，并对模型进行调整、处理和修改，最后导出修改后的 CAD 图纸。

1.1.3.2　一体化

一体化是指建设项目通过 BIM 技术可实现从设计阶段到施工阶段直至运营阶段的工程项目全寿命周期一体化。BIM 技术的核心是一个由计算机导出的三维模型形成的一个数据库，这数据库中不仅包含了建筑设计师的设计信息，而且可以容纳从建设项目设计到施工，再至项目竣工、项目运营直至项目使用周期终结的全过程信息。BIM 技术可以持续不断地提供项目设计范围、项目进度、项目成本信息，并且可以将各个阶段的各类任务完全协调。除此之外，通过了解 BIM 技术搭建的各类平台，可以在各类综合建筑环境中保持建筑信息不断更新，由更新的建筑信息可以更多地了解建筑行业的形势，并可为业主、用户、技术人员等提供访问权限，从而使得业主、建筑师、工程师、施工人员可以清楚且全面地了解整个建筑工程项目。通过了解这些信息，技术人员可以在建筑设计过程、施工过程和管理的过程中降低各类施工作业成本、提高工程项目施工质量、增加施工企业的收益。

（1）设计阶段

通过 BIM 技术在建设项目中的应用，使得建设项目的结构专业、建筑专业、给水排水专业、电气专业、空调专业、暖通专业等各个专业基于同一个三维模型进行系统工作，从而使真正意义上的三维集成协同设计成为可能。运用 BIM 技术，巧妙地将整个项目各个阶段的设计整合到一个共享的三维建筑信息模型中，且通过工程师的专业知识对模型的碰撞信息及时调整，从而极大减少了施工过程中的资源浪费，降低了在以后的施工过程中出现各类事故的风险。这种方式极大程度促进了项目全寿命周期中设计、施工的一体化进程。

（2）施工阶段

BIM 可以将各类有关建筑质量、建设进度以及建筑资源成本的信息同步提供。利用 BIM 技术可以实现整个项目施工周期的可视一体化模拟与可视一体化管理，帮助施工技术人员促进和推动建筑项目的数字化水平。此外，运用 BIM 技术还能在项目的运营阶段提高项目净收益和项目成本管理水平，为项目的开发商在销售与招商方面、业主的购房过程极大地提高了信息透明度和增强了信息交流便利程度。

运用 BIM 技术，对于工程项目的设计阶段、施工阶段、运营阶段一体化的各个环节必将产生深远的影响。BIM 这项数字化技术已经非常清楚地显现出其在建筑信息协调方面的设计优势，有效地缩短图纸设计的时间与施工工期，显著降低项目在全寿命周期各个阶段的成本，提高项目建设工作场所安全等级和降低项目施工现场各类事故发生的风险，同时 BIM 全过程一体化可增加建筑项目可持续所带来的整体利益，也是"可持续发展""绿水青山就是金山银山"等理念的具体体现。

1.1.3.3　参数化

参数化三维建筑模型指的是通过参数（变量）而不是简单的数字对建筑项目进行模型建立和模型分析，BIM 技术的参数化是通过简单地改变模型中的参数值来实现和达到建立和分析模型的目的的。

在 BIM 参数化设计系统中，总体而言可以分为两个部分："参数化图元"与"参数化修改引擎"。

（1）参数化图元

BIM 中的各个参数图元是以构件的形式出现的，这些构件之间所存在的差异与不同之处是通过调整和修改各个建筑构件参数来反映的，各不同的参数保存了各建筑构件图元作为独特的数字化建筑构件的所有信息。

（2）参数化修改引擎

通过合理运用参数化更改技术使业主或用户对项目的建筑设计或文档部分根据自身意愿而进行的任何轻微改动或大改动，都可以在其他各相关联的部分专业中自动反映出来。在参数化修改系统中，设计人员根据建设工程项目各专业之间的联系和各个构件之间的几何关系来假设并确定设计要求。

1.1.3.4　仿真性

BIM 技术的仿真性大致可分为建筑物性能分析模拟仿真、施工模拟仿真、施工进度模拟仿真和设备运行与维护仿真。

建筑性能分析模拟仿真可以轻松高效地完成建筑物性能分析结果。在应用 CAD 时，建筑模型需要各专业人士花费大量的时间输入大量的专业信息及数据才能得出建筑物的性能分析结果，如今运用 BIM 技术对建筑的各类性能的分析，如建筑能量消耗分析、建筑采光照明分析、建筑设备运行分析、绿色建筑分析等有了大的改善，不仅降低了技术人员的工作时间，又大大降低了工作周期，提高了建筑的设计质量，优化了对业主的服务。

施工仿真技术对建筑按照年、月、日、时进行施工方案的分析和优化，验证复杂建筑体系的可建造性，从而提高施工进度计划的可行性。而对于项目管理方而言，可以通过直接查看应用 BIM 技术做出的施工方案从而了解整个施工环节的各个时间节点、施工工序、疑点难点。并且施工方也可以进一步通过模拟出的施工方案对原有的方案进行优化与改善。通过 BIM 技术的运用得出的工程量统计，可用于建设项目全寿命周期中设计前期的成本估算、方案对比、成本比较以及开工前预算和工程竣工后的竣工结算、项目运营期内的静动态投资回收期估算，可以更加高效地实现工程量信息和设计文件的统一。随着我国现代化进程的加快，建筑物的规模和使用功能的复杂程度也随之增加，设计人员、施工人员甚至业主们，对于各专业管线的综合出图提出了更高的要求。

施工进度模拟采用 BIM 技术与项目施工进度计划相对接，将空间和时间信息整合在一个可视的 4D 模型中，将三维建筑模型与施工进度计划相关联，通过 BIM 技术对施工进度进行模拟从而直观、准确地观察整个施工过程。基于 BIM 技术的施工进度模拟有效地解决了项目管理中甘特图可视化程度低的弱点，更加清晰地描述了施工进度以及各工作之间的复杂关系和动态变化，直观、精确地反映了整个施工过程，进而达到缩短施工工期、降低施工成本、提高施工质量的目的。

1. 1. 3. 5   协调性

"协调"一直是建筑行业工作的重点内容，无论是各专业不同的施工单位之间，还是业主与施工单位之间，无不存在着有关协调和配合的工作。运用 BIM 技术对工程项目进行科学管理，有助于建筑工程各参与方进行组织工作和协调工作；通过 BIM 技术对 BIM 建筑信息模型的碰撞检查，可以增加工程项目建设前期各建筑专业的协调性，生成并且提供各专业的协调数据。BIM 技术的协调性主要分为设计协调、整体进度规划协调、成本预算及工程量估算协调、运维协调四个方面。

（1）设计协调

BIM 技术的设计协调主要指通过 BIM 三维可视化建筑模型的监控与程序自动检测系统的共同作用，对建筑各专业之间的管线以及其设备进行直观的模拟布置以及设备安装，并对其进行安装碰撞检查，找出各个专业存在的冲突问题和矛盾，还可以通过调整楼层净高度、墙尺寸、柱尺寸、梁尺寸等方法解决各专业之间的碰撞问题，从而有效地解决传统的 CAD 作图方法中容易造成的设计缺陷，极大提升设计的质量，减少后期的修改次数，降低设计的成本及风险。

（2）整体进度规划协调

基于 BIM 技术对建筑项目的整体进度进行规划协调，其最主要的方面是针对建筑项目的施工进度进行模拟规划，同时根据施工人员自身的经验与专业知识对施工现场可能出现的问题及时地进行解决并反馈到进度计划中，极大地缩短了项目施工前准备工作所需的时间，并帮助各专业的各类各级专业人员对设计意图与项目施工方案获得更高层次的理解。合理准确利用 BIM 技术的协调性，可以有效地避免以前施工进度计划由管理层或者技术人员敲定从而出现下层信息断层的情况，使得施工方案更加高效、更加完美。

（3）成本预算及工程量估算协调

BIM 信息系统包含生产厂家价格信息、施工竣工建筑模型信息、设备生产维护信息、施工阶段的安装深化图等信息。通过 BIM 运维协调系统，能够将成堆的各专业图纸、材料设备报价单、材料设备采购单、施工工期图等建筑信息统筹在一起，从而将直观、实用的数据信息呈现在业主和各专业技术人员的眼前。

（4）运维协调

运维协调主要包括空间协调管理、空间设施优化、隐蔽工程协调管理等内容。空间协调主要应用于照明、消防等系统以及设备空间定位技术中，业主可以根据 BIM 技术通过图纸中的编号或文字生成的三维模型了解和获取各个系统中各设备的空间位置信息，方便查找各个设备以及人员的位置。其次 BIM 技术还在建设项目内部空间设施优化中发挥着非常重要的作用，通过观察和自动检测 BIM 技术建立的三维可视化模型，可以获取所有的建筑信息和构件数据，如在房间装修时，可以快速获取不能拆除的管线、承重墙等重要构件的相关属性。基于 BIM 技术的隐蔽工程协调管理有利于地上地下管网的维修、设备更换及定位，并可以通过 BIM 大数据平台共享设备的电子信息，设备调整信息的变化的即时更新，有利于保证各专业信息的完整性及其准确性。

通过 BIM 技术的运维管理系统应对紧急突发事件，也是项目建设过程中一项必不可少的工作，其主要工作包括紧急事件预防、紧急事件警报和紧急事件的处理。以项目消防为例，运用 BIM 技术可以直接通过控制中心根据着火房间或区域的周围环境、设备运行情况与人员密集程度迅速制订计划，为及时疏散人群和处理灾情提供重要的方案和信息。

BIM 技术基于物联网技术的应用，可以使得项目在实施过程中的日常资源管理变得更加方便。建筑电气专业中安装的具有传感功能的电计量表、水计量表、煤气计量表等检测仪器，可以实现对建筑物耗能数据的实时采集、初步分析、传输、定点上传、定时上传信息等功能，并且其具有较强的扩展性及延伸性。除此之外，运维协调系统还可以通过技术控制实现室内温度的远程检测并由此分析房间内的温度、湿度实时变化，并配合节能系统进行综合管理。

1.1.3.6　优化性

对于整个建设项目设计、施工、运营的全寿命周期而言，运用 BIM 技术，其本质就是一个对项目全寿命周期中各个环节和阶段不断优化的过程，BIM 技术通过获取准确的信息，对建筑全寿命周期的各阶段做出合理优化，得出更加合理的优化结果。BIM 模型可以提供建筑物实际存在的几何、物理、规则信息，甚至可以提供建筑物竣工后的实体和建筑物由于技术变更而发生改变的建筑实体，通过运用 BIM 技术将与其相配套的各类项目优化工具结合起来，不仅可以优化整个项目各个阶段的工作，而且提高了优化复杂项目的效率。在项目运营阶段，将项目设计与项目投资回报分析相互结合，计算出设计变更对项目静态投资期与动态投资回收期的影响，通过此种分析方法对多个方案进行对比，使得业主了解并知晓哪种设计方式更加符合且有利于自身的需求，通过 BIM 技术对施工场地布置、施工进度计划方案进行优化，可以显著减少项目工程造价与项目工期并显著提高工程质量。

1.1.3.7　可出图性

BIM 技术在建筑领域的运用，不仅仅能够对建筑平面图、立面图、剖面图进行详细的信息输出，还可以通过碰撞检查将各个专业冲突的部分导出碰撞报告和构件加工变更图。

通过 BIM 技术对建筑物的施工图纸主要是建筑专业、结构专业、电气专业、给排水专业、暖通专业等的图纸进行输出，并且在前期的设计阶段可以根据各专业模型的碰撞检查和设计修改，综合出管线图与孔洞预留图纸、碰撞检查报告和设计修改建议方案。

BIM 技术在对构件的加工指导方面也与设计出图密切相关，通过 BIM 建筑模型对建筑构件的参数化和信息化表达，可以在 BIM 模型中直接生成构件加工图，不仅能够清楚地传达传统 CAD 图纸中构件与构件之间的二维关系，并且可以清楚地表达复杂结构之间的联系和空间位置、空间剖面关系，同时还能够在同一个模型中对各专业的二维图纸进行集成控制。

1.1.3.8　信息完备性

BIM 技术的信息完备性体现在通过 BIM 技术可对建筑工程对象进行 3D 几何信息的描述和对工期规划、投资资金、生产资源的结合，如通过对建筑对象的名称理解从而将建筑构件的结构类型、建筑材料、工程信息等设计信息整合成一个完美、有机的整体；通过对项目全寿命周期中施工工序的设计，将项目进度、项目成本、项目质量以及项目消耗的人力、机械、材料资源等整合在一起，更加完美地展示在业主与技术人员的眼前。此外，BIM 技术的信息完备性还包含工程的安全性能、材料的耐久性及设备的维护信息、项目全寿命周期中各个专业相似对象和不同对象之间的逻辑关系和联系。

1.2　BIM 技术全过程基础应用

通过 BIM 技术所构建的数字化建筑信息模型可以观察某建筑整体或具体构件的主要物理特征和功能特征。数字化建筑信息模型可以作为一个信息的共享源并能够从项目的初期阶段为各个项目提供全寿命周期的主要信息服务，因此这种信息的共享可以为各个项目的决策提供一些可靠的保证。

BIM 技术完善了整个建筑行业从上游到下游的主要环节，即各个管理系统和一些工作流程之间的沟通和多维的协同交流，实现了整个项目全寿命周期的一些主要信息化管理，打通了设计与施工当中的界限。BIM 强大的信息共享能力、协同工作能力、专业任务能力等，在项目实践中所起到的作用正在日益显现。

1.2.1　勘察设计阶段应用

应用 BIM 技术，设计人员可以在勘察设计阶段借助三维制图技术将工程项目的各种信息数据相整合、分类后以三维模型的形式更为直观清楚地向施工企业传达设计理念，这也是勘察行业具有标志性的一场技术革命。勘察设计阶段涉及工程勘察、管线综合、工程碰撞设计性能化分析、工程量统计以及协同设计等，是影响整个项目投资的重要阶段。

1.2.1.1　工程勘察

工程勘察信息管理是建筑设计的基础环节，现有的工程勘察设计中的地质信息管理大部分还是基于传统 CAD 二维模型的建构，表现形式比较单一，可视化表现不够形象立体。而BIM 技术提供了一个存储、处理数据信息的平台，可以将土工试验以及现场勘察的数据输入 BIM 软件，并进行数据处理分析及可视化，为勘察设计提供一定的依据。工程勘察 BIM实践表明，利用 BIM 软件将工程勘察成果可视化，实现上部建筑与其地下空间工程地质信息的三维融合具有可操作性。

1. 2. 1. 2　管线综合

应用 BIM 技术的管线综合，能够整合各专业的信息，建立建筑、结构和机电专业协调沟通的统一平台，以三维模型为基础，实现可视化的管线综合优化。特别是在大型、复杂建筑工程中，管线综合功能充分发挥了计算机对庞大数据的处理能力。目前基于 BIM 的管线综合还主要用于施工图深化设计阶段，为实现提高施工质量、缩短工期、节约成本的目的而进行优化设计。国内外可用于管线综合分析的 BIM 软件有很多，比较著名的有 Autodesk Revit Mep、MagiCAD、Navisworks 等，国产软件中有鲁班系列软件等。

1. 2. 1. 3　工程碰撞设计

工程建设单位在进行工程勘察设计作业时，现场工程施工人员需要重点对现场内部的管线进行管理，同时，需要使用 BIM 技术在计算机软件内部模拟进行管线相互碰撞的实验。工程技术人员通过应用 BIM 技术可以解决实际现场中不能开展实验的问题，也可通过相关软件分析各管线发生碰撞后可能产生的各类工作安全事故，可大幅减少由于工程设计不合理、管线交叉等造成的实际工程停工、工程项目返工等各类问题。因此，开展管线的碰撞测试，可以保证后期施工现场的安全，以及提高工程项目的品质。通过使用 BIM 技术，精确地检测工程设计图纸中的管线布局，进行工程方案的优化，以整体提高施工效果。

1. 2. 1. 4　绿色性能分析

在数据化时代背景下，大部分的建筑企业在绿色建筑施工过程中会利用计算机软件进行节能数据分析，明确建筑节能效果。BIM 技术的应用则吻合我国倡导的建筑环保节能理念，相关工作人员在应用该项技术时会注意到以往所忽视的照明、空调等设备节能效果，从而帮助相关工作人员选取合理的施工材料。

1. 2. 2　招投标阶段应用

DBB 模式即"设计-招标-建造"模式，是我国建筑工程领域常见的一种模式，此模式任务分配明确，但各参与方之间不能及时沟通、反馈，招标、建造须在图纸设计完成后才可进行，整个项目的周期长。传统模式下参建各方之间的关系如图 1-2 所示。

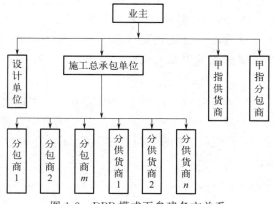

图 1-2　DBB 模式下参建各方关系

BIM 技术在招投标阶段，各方资源共享，各方之间的关系由传统模式下的博弈关系转变成如今的协作关系。招标方可直接利用设计院建好的 BIM 模型进行工程量的统计和项目特征描述，快速准确地编制完整的工程量清单，从而确定招标控制价和标底。施工单位也无须自己重新建模，利用该模型快速准确地计算出工程量，完成投标报价，避免对设计图纸理解的偏差，提高招投标的效率和准确性。基于 BIM 技术的各参与方的关系如图 1-3 所示。

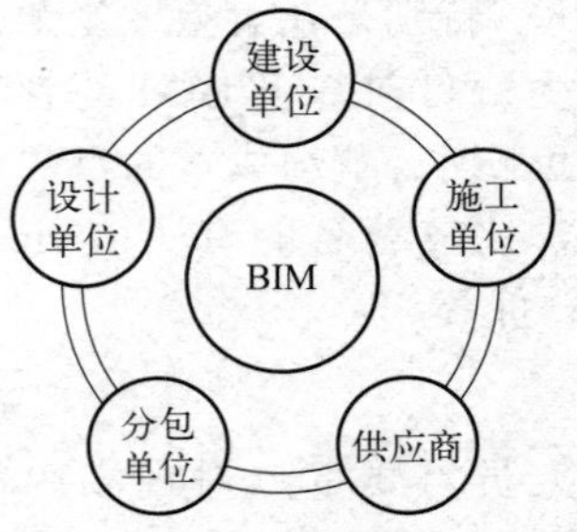

图 1-3　BIM 各参与方关系

1.2.2.1　招标阶段应用

（1）工程量统计

对于建设单位来讲，项目招标文件的设定，需要对工程量清单进行审核处理，保障数据提供方与清算方之间的对接，满足项目招标文件的实际诉求。从我国现有的电子招标交易平台来讲，BIM 技术在工程量清单编制方面的应用，有效规避了工程量核算误差的问题，BIM 技术的基准化、标准化的数据核验，可识别工程量之间存在的误差，从根本上杜绝工程造价恶意抬高的问题，提高不当利益的规避概率。除此之外，通过招标清单量的审核可以为招标方与投标方建立一个连接渠道，实现共赢。

（2）招标图纸优化

传统招标文件设定过程中，是以二维的形式对整个数据内容进行罗列与处理的，此类信息之间离散程度大，无法对不同反应单体之间形成多维度的预见，极易产生后期施工碰撞的问题。在对招标文件审核时，工作人员也无法针对二维信息查证出工程施工中的碰撞点。BIM 技术可为招标文件的设定提供一个可视化、多维化的数据模型，通过 BIM 技术的数据模拟真实反映出各类文件信息在具体执行过程中可能产生的碰撞问题，并针对此类信息进行标记处理，生成碰撞报告，后期设计优化时则可以及时改正，降低后期工程施工索赔的产生概率，以降低经济成本。

（3）招标阶段动态显示

BIM 技术可依据数据模型生成一系列的事物信息，保证对现场施工场景的精确化模拟，还可以更为全面地对已经具备的信息进行真实化表述。例如：周边环境甚至是建筑设备内部构造，均可以通过真实与模拟场景之间的切换完成对地理环境信息的映射。从数据映射角度来讲，动态化、可视化的数据分析，将工程施工阶段的外环境与内环境进行关联，对数据信息完成表述处理，增强数据之间的核对精确性，保证招标过程中文件信息的产生与利用作为合同签署的一个先决条件。例如：对周边地理环境外观渲染效果、项目整体概况以及建筑项目内部机电管道的分布情况等进行综合化的分析与匹配，每一类数据均可作为工程施工期间的一个衡量点，辅助各类数据信息的生成及表述。

（4）工期校验

利用 BIM 5D 模型，对整个项目施工过程进行模拟建设，在标底编制阶段，优化建造整合数据。通常项目工期紧张，建设内容繁杂，故而在虚拟建造中，要考虑不同施工阶段，实行流水施工。采用 BIM 技术对项目工期的可行性进行论证，有效分析项目施工方案，合理评估建设成本及招标底价。

1.2.2.2　投标阶段应用

（1）模拟施工方案

利用 BIM 技术可直观展示项目施工现场与后期运维虚拟漫游，在虚拟场景中验证建筑施工方案是否可行，针对施工重点难点问题，进行可视化虚拟施工分析。针对应用新施工技术与工艺的施工环节，分析模拟施工技术，确保新技术更具可行性，降低不确定因素的影响。在投标过程中，投标单位通过 BIM 技术对施工方案的模拟，直观地将施工方案展现给建设单位，提升技术标竞争优势，增大中标概率。

（2）模拟工程进度

工程项目施工是一系列动态过程及集合，现阶段建筑项目施工管理以网络进度图为主，由于其专业性较强、直观性较差，无法直接描述关系复杂的施工流程，对建设施工变化项目缺乏机动性。通过 BIM 技术可以将建设工程施工进度与空间信息结合，实现 5D（三维＋时间＋造价）进度模拟，准确反映施工全过程及各时间节点形象进度。在项目投标前期，应用该技术合理编制施工计划、精确掌握施工进度，优化使用施工资源以及科学地进行场地布置，对整个工程的施工进度、资源统一管理，以实现缩短工期、降低成本、提高质量的目的。投标单位应用 5D 技术将获得更多竞标优势，可以让建设单位直观地了解投标单位对投标项目的施工方法与计划。

（3）优化投标报价

通过 BIM 技术所搭建的建筑模型，可以快捷地进行施工模拟与资源优化，进而实现资金的合理化使用与计划。将建筑模型与进度计划相结合，模拟出每个阶段所对应的资金与资源，实现合理的进度计划与施工安排，进而自动得出人工、材料、机械设备等资源利用情况及相应的资金用量计划，有助于投标单位在投标阶段合理制订施工措施，准确预测工程造价，有竞争性地给出相应投标工程的投标报价等信息，使建设单位能更清晰地了解所建工程资源与资金的使用情况，帮助投标单位提升投标竞争性优势。

1.2.3　项目施工阶段应用

施工阶段是整个建筑寿命周期中持续时间最长、涉及工序最多、参与人员最多的过程，施工阶段的工作直接关系到工程质量、进度、成本的目标实现。与传统施工管理相比，应用 BIM 技术后能够更好地理解设计意图、降低施工风险以及把握施工细节。BIM 技术在施工阶段的技术应用如表 1-1 所示。

表 1-1　BIM 技术在施工阶段的应用清单

阶段	应用方面
建造准备阶段	虚拟施工
	合理布置场地
	预演关键节点
建造阶段	信息管理
	进度管理
	质量管理
	安全管理
	资金管理
	资源管理
	工程变更管理

通过 BIM 技术，在 3D 模型的基础上，结合定额、信息价、市场价等可得成本模型，考虑施工组织方案与进度安排，可得进度模型。将成本与进度结合，利用 BIM 5D 模型，模拟工程建造的过程，制订按区域、时间等划分的资源及资金需求计划，基于 BIM 进行施工管理。施工阶段的 BIM 应用流程如图 1-4 所示。

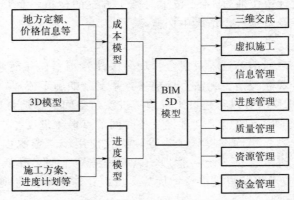

图 1-4　施工阶段 BIM 应用流程

BIM 技术在施工阶段的应用主要介绍以下几个方面。

1.2.3.1　虚拟施工

利用 BIM 技术可以进行项目虚拟场景漫游，在虚拟场景中"身临其境"地展开方案的体验和论证，还可以深入了解整个施工阶段的时间节点和工序，清晰地掌握施工过程中技术的难点和要点，确保施工方案的可靠性。随时随地直观快速地将施工计划与实际进展进行对比，同时进行有效协同，施工方、监理方，甚至非工程行业出身的业主都可以对工程项目的各种问题和情况了如指掌。通过 BIM 技术结合施工方案、施工模拟和现场视频监测，大大减少建筑质量问题、安全问题，减少返工和整改。

1.2.3.2　合理场地布置

利用 BIM 模型的可视性可对施工现场进行三维立体的施工规划，以期解决在二维施工场地布置中出现的大量问题。如建筑需要跨度大的钢结构构件时，在运输过程中就要考虑道路的安排是否能满足构件的进场运输；由于预应力钢结构的施工工艺繁杂，在作业时要运用到多台起重机，而塔式起重机旋转半径不足造成的施工碰撞也时有发生。在 Revit 中对场地进行布置、模拟，以期满足施工运输、吊机安装工程。

1.2.3.3　进度管理

将模型与进度计划、造价信息关联，得到 BIM 5D 模型，利用驾驶舱，通过虚拟施工管控项目进度。随着时间推移，模型逐渐建造起来，施工任务和造价曲线也不断变化。通过驾驶舱内的信息可以直截了当地看出任务是提前或滞后完成，还可按实际需要查看任意指定时间节点的建造情况。依据模型虚拟施工的情况，管理人员可掌握项目整体进度和资金趋势，确定相应的工期计划及资金计划。

1.2.3.4　质量管理

现场人员利用移动端查看工程模型，对比实际施工情况，将工地的项目进展、签证表单、验收记录等照片及时上传到 BIM 系统，便于管理人员随时核查现场的施工情况。当现场施工与 BIM 模型有偏差时，除了上传偏差点图片，现场人员还可将自己的意见录音反馈至系统，为质量管理工作提供参考。

1.2.3.5　资源管理

根据不同需求，基于区域、时间或构件等统计施工材料的用量进行资源管理。得到相应需求的材料用量，考虑市场价格等因素后，管理者就可以制订采购计划，适时购入材料，这样既规避了材料不足造成的工期延误风险，又避免了材料过剩导致的施工成本增加。此外，BIM 软件也可以生成派工单，进行施工班组管理，实现安全文明施工和劳动力资源的合理利用。

1.2.3.6 资金管理

对不同区域进行资金管理时，可以按造价形式查看各分部分项工程的造价及所占比例，也可以进一步查看该区域的人工、材料、机械等费用组成。管理人员进行多种形式的费用分析后，可以确定成本控制关键点，调整资金分配方案，保障项目顺利竣工。工程结算后，管理者可以对本项目的预算价、合同价、结算价等进行对比，分析总结整个工程的资金使用情况，为企业后续项目的资金管理工作提供依据。

1.2.4 运营维护阶段应用

在竣工验收和使用阶段，通过 BIM 与施工过程记录的信息进行关联，包括隐蔽工程资料在内的竣工信息集成，为后续的物业管理及业主和项目团队在未来进行的翻新、改造、扩建提供有效的历史信息。建立运维模型和维护计划，BIM 模型结合运营维护管理系统可以充分发挥空间定位和数据记录的优势，协助运维单位合理制订维护计划，分配专人专项维护工作，以降低建筑物在使用过程中出现突发状况的概率。BIM 模型是一个可视化的建筑三维模型，通过和已有建筑自动化系统进行集成，包括监控系统、门禁系统、能源管理系统、车位管理系统等，形成基于 BIM 的后管理平台。BIM 中包含大量建筑设备信息，通过导入设施管理系统，可实现三维可视化的建筑自动化运维管理，结合已有的移动终端技术，能实现运行检查和设施维护。BIM 还可以有机地整合建筑空间信息、设备的维护信息、资源管理信息等，结合运维管理系统、计算机辅助设施管理系统以及楼宇自动化系统，充分发挥可视化和数据记录的优势，制订合理的运营维护计划，最大限度地减少运营过程中紧急情况的发生。

BIM 技术在运营维护阶段的应用有以下几个方面。

1.2.4.1 竣工模型交付

BIM 竣工模型（As-built Model）应真实准确，原则上应与项目实际情况完全一致，但是由于实际操作起来有难度，目前在竣工标准的制定过程中，对 BIM 模型和实际完成情况之间的容差做出了具体规定，竣工模型的完成依赖 BIM 参数模型的信息管理，竣工模型的提交还要求包括原始模型和转换完成的 IFC 模型，提交前必须进行病毒检查，清除不必要的信息等。模型应包括必要的工程数据，比如对建筑设备，应包括基本的名称、描述、尺寸、制造商、序列编号、重量、电压等信息，这些要求都会在 BIM 标准中进行具体的规定，从而确保建设方和物业管理公司在运营阶段具备充足的信息。竣工验收后，施工方对 BIM 模型进行测试和调整后提交给业主，根据运维需求进行轻量化处理，保留运维阶段所关注的信息去除其他工程建设过程性信息，使得运维模型便于信息的高效查询和筛选。

1.2.4.2 空间管理与分析

通过 BIM 模型创建空间分配基准，使用客观的空间分配方法计算空间相关成本，确定空间类型和获悉建筑内空间的利用率，将数据库和 BIM 模型整合，及时了解建筑内空间的使用情况，分析空间使用状态、收益情况，通过智能系统跟踪空间使用情况进一步优化空间使用效率，提高投资回报率。应用 BIM 可视化特点对空间进行有效管理，处理各种空间变更的请求，记录空间的实际使用情况，根据收集和组织的空间使用信息、成本分摊比例等预测空间占用成本，合理进行空间规划，并能够抓住出现的机会和规避潜在的风险，实现空间的全过程管理。

1.2.4.3 设备管理与维护

建立设备设施基本信息维护管理台账，记录各种设备的维护保养周期及保养注意事项，根据设备使用程度制订合理的维修保养计划，通过 BIM 建立维护工作的历史记录，对重要设备的运行状态进行实时监控。对设备运行情况进行巡检管理，并按时记录设备运行情况以及出现的隐患问题，并根据制订的维修保养计划提示管理人员进行设备设施的保养。基于 BIM 模型远程控制设备、移动互联网技术和二维码标签实时掌握设备运行情况，实现设备设施的维保管理，详细记录出现故障的设备，实现过程化管理，使管理人员在设备出现故障时能够迅速基于移动端查询设备的相关文档信息进行现场故障排除，提高设备在故障时的应急响应能力，为业主进行运维管理提供便利的条件。

1.2.4.4　防灾模拟和预案管理

基于 BIM 模型的丰富信息，结合现场实时情况，及时定位事故发生地点，提供可视化的事故信息与应急资源管理信息，并查询检修所需要的相关信息。这些信息存储于 BIM 模型中，具有空间性并可实时更新。

 课程案例　BIM 设计-施工-运维应用

2019 年，北京大兴国际机场正式对外开放使用。航站楼按照节能环保理念，采取屋顶自然采光和自然通风设计，同时实施照明、空调分时控制，采用地热能源、绿色建材等绿色节能技术和现代信息技术，是国内新的标志性建筑。

在传统意义上的设计过程中，设计师和工程师需通过多种软件来设计图纸，这经常导致沟通不畅与信息滞后，但依托 BIM 技术，设计团队在集成化的数字平台上共同工作，实时协作、共享信息，使得设计团队能够更好地预测和解决潜在的设计冲突，并在早期阶段进行调整，从而减少了后期施工和运营中的问题和成本。在机场施工阶段，将 BIM 模型与施工设备和机械的信息集成在一起，施工企业能够更好地规划施工顺序，进行资源分配。BIM 模型可以提供可视化的施工计划和进度跟踪，确保施工团队按时完成任务。此外，通过 BIM 技术还可以模拟施工场景和识别潜在的安全风险，帮助施工企业减少事故和伤害的发生。在机场运维阶段，机场管理团队将 BIM 模型与机场的智能监控系统集成，可以通过 BIM 模型提供的能耗分析数据制订设备维护和保养计划，及时检测并解决设备故障，优化机场的能源利用效率，为乘客提供更好的出行体验。

通过整合设计、施工和运维过程，BIM 技术提供了高效的项目管理和协调方式，减少了设计冲突和施工问题，提高了机场的安全性和效率。

 思考题

1. 何为 BIM？
2. BIM 技术有哪些特点？
3. BIM 技术的协调性主要包含哪些方面？
4. 将 BIM 技术引入工程造价管理有哪些优势？
5. 设计阶段 BIM 应用包含哪些方面？
6. 招投标阶段 BIM 应用包含哪些方面？
7. 施工阶段 BIM 模型发挥哪些作用？
8. 竣工后 BIM 模型有哪些方面的应用？

第 2 章
工程项目全过程 BIM 造价应用

2.1　BIM 技术全过程造价概述

　　建设项目的工程造价存在于管理的每个阶段，不同阶段的具体管理措施并不相同。传统的工程造价管理一般采用分段预算，无法进行全面系统性的造价控制管理；而从项目决策到竣工验收，各阶段是息息相关的，因此需要按照可行性研究报告中的投资限额进行初步设计，按照批准的初步设计概算进行施工图设计，按照施工图预算造价编制施工图设计文件。工程造价全过程管理的目的是使建设项目投资收益最大化。工程造价管理活动贯穿于项目的立项、初步设计、施工图设计、施工、竣工验收到项目后评价等阶段，其具体表现形式是对项目的决策、设计、施工和竣工验收阶段发生的费用进行控制。BIM 作为一个建筑信息的集成体，可以很好地在项目各方之间传递信息、降低成本。同样，分布在工程建设全过程的造价管理也可以基于这样的模型完成协同、交互和精细化管理工作。将 BIM 技术应用到工程造价全过程管理中，不仅能够提升整个建筑工程造价管理的质量与效率，还能够促进建筑工程造价管理达到相关标准要求，为建筑工程顺利、有序、稳定地施工建设，创造非常好的条件。

　　（1）提升工作效率

　　在施工阶段，利用 BIM 技术可收集建筑项目基本信息，使施工人员从多个角度了解建筑项目，为施工提供便利，提高施工工作的效率。

　　在工程造价管理中，运用 BIM 技术掌握施工要求和实际情况，建立工程项目三维模型，使工程项目立体直观地展现，并利用三维模型科学地分析、设计，避免设计失误，使材料与技术的应用更加明确和有针对性。管理人员通过项目三维立体模型以及施工现场的实际情况，确定工程项目各个环节的施工管理和造价。BIM 技术的应用帮助企业或施工团队在工程造价管理中取得较好成效，解决原有因技术不足而存在的工程造价管理或施工问题，提高工作效率。

　　在设计阶段，设计人员可利用 BIM 技术，结合图纸、材料清单和施工技术要求，对工程造价管理方案进行有效设计，规避工程造价管理中的诸多影响因素。

　　因此，运用 BIM 技术可以明确工程造价管理各个环节的内容，从而提高工程造价管理工作的水平和效率。

　　（2）减少工作失误

　　安全稳定、高质量施工是施工企业追求的最高目标。传统的工程施工管理一般采用人工进行工程造价管理和施工管理，在一些比较复杂的工程项目管理中，可能会出现工程造价管理的失误，导致施工中出现错误，不仅影响了施工进度，而且增加了工程造价，影响了工程项目最终的经济效益。借助 BIM 技术，管理人员可获得更为详细、全面的建筑信息，并根据工程的实际情况确定具体材料应用数量、技术方法等，防止工程造价管理的失误，从而提高施工企业的经济效益。

（3）控制项目成本

在工程造价管理工作开展的过程中，要提升管控水平，制订合理规划，离不开精确数据的支持。BIM 技术的应用，能够为材料、人力、资金计划的制订提供必要参考依据，能够如实反映工程进展到不同阶段的具体信息，拥有传统人工计算方式不具备的优越性。

（4）实时更新数据

在工程造价管理工作开展的过程中，需要广泛收集和处理工程的各项数据信息，传统人工处理信息的方式效率低下，纸质文件容易损坏和遗失。应用 BIM 技术，能够加强建设单位各部门之间的联系，实现数据信息的实时共享，在有关文件上传后，能够实现永久保存。

（5）动态管理项目

BIM 模型，能够从不同方面、不同角度对工程产生的成本损耗进行统计和监控，与此同时，还能够设置不同的参数标准，在对数据进行不断整合的过程中，加强数据之间的联系，从多方面反映工程成本消耗情况。

2.2　BIM 技术全过程造价应用

2.2.1　BIM 项目投资决策阶段应用

通常决策阶段需要各方对项目的可行性、合理性以及项目所需要的投资做出科学的、严谨的、切实可行的评估与决策。通过引入 BIM 技术，建立 BIM 数据信息模型，对工程是否可行、项目需要投入的资金进行量化分析，然后经过 BIM 模型的能耗分析等等判断出项目的品质，建立 BIM 数据档案与过往项目做信息对比，以此为参考，为决策阶段提供更科学、更可靠的数据。建筑工程项目在最开始进行的时候，要通过对整个工程的施工设计方案进行一定的优化比较，选择出最适当的设计方案，所以从这个角度来说，在决策时期，不仅要精准地了解、掌握工程项目的具体单价，以及部分项目的具体工程量。与此同时，还要将单价工程作为前提基础，进一步比较分析，选择计算单位的具体造价。通过 BIM 技术的应用，可以及时地获取历史数据信息，进一步从大规模的信息数据中，对于造价的具体指标进行选择，为建筑工程造价管理工作的顺利展开，提供可以参考的支撑依据，比如说：可以通过相同性质的建筑工程的造价，来对目标工程的造价费用进行一定程度的概算，通过 BIM 技术数据优化、调整相关工程的具体模型，进一步对于接下来的建筑工程的投资，进行精准的估算，不断地提升建筑工程项目造价估算的精准性，以此来为建筑工程施工主体及准备工作，提供一定的资源支持。利用 BIM 技术辅助建筑项目的投资决策，显著提高项目投资分析的效率。建设单位在决策阶段可以根据不同的项目方案建立初步的建筑信息模型。BIM 数据模型的建立，结合可视化技术、虚拟建造等功能，为项目的模拟决策提供了基础。

2.2.2　BIM 项目设计阶段应用

建筑工程在具体设计的时候，主要包括两部分的内容，即施工图纸的设计，以及设计的基本概述。在设计阶段，通过对 BIM 技术在设计方案优选或限额设计，设计模型的多专业一致性检查，设计概算、施工图预算的编制管理和审核环节的应用，实现对造价的有效控制。传统设计阶段各专业基本都是各自为战，而且是流水线方式的设计模式，阻碍了各专业间的沟通，造成了设计变更频繁，且影响设计周期。根据相关的资料及信息数据显示，在建筑工程设计的过程中，整体上来说，这部分内容对于整个工程造价有非常大的影响。所以从这个角度来说，工作人员必须强化施工设计部分的优化调整，以及设计质量与效率的不断提升，为建筑工程造价管理工作顺利开展，提供坚实的基础。与此同时，可以通过 BIM 技术应用中的模型，将数据测算的方式体现出来，以此来获得最精确的建筑工程的具体造价，为建筑工程造价测算的精确度提供一定的保障。通过引入 BIM 技术之后，建立基于 BIM 的协同工作平台，让各专业能够在统一的平台之下共同作业。各参与方通过 BIM 协同平台，对自身专业的模型进行编辑与修改，例如结构工程师可以通过平台对 BIM 模型进行建筑模型受力分析及结构设计，而设备安装专业也可以通过平台进行给排水、暖通、电气等设计工作，这样 BIM 模型就包含了建筑、结构、安装的所有数字信息。

2.2.3　BIM 项目招投标阶段应用

现阶段，一个工程的承包及分包主要通过招投标形式进行，招投标采用市场自由竞价的模式，传统的招投标往往采用工程量清单模式进行招标，即招标人提供工程量清单，因此，招标人员必须提供准确、真实的工程量清单，但是项目的招标时间紧迫，缺少时间对工程量进行复核，若采用传统的手工计算方式，招标文件中某部分工程清单可能会出现较大误差，导致各投标文件不能准确地反映项目成本及规模，若投标人对工程量清单进行复核，发现个别工程量不准确，采用不平衡报价，会给该项目的后期控制带来很大风险。因此，可以运用 BIM 技术建立相关的模型，对建筑工程的数量进行详细的计算，能够第一时间发现在招标工程量清单中出现的问题，第一时间对相关的问题进行优化处理，不断提升建筑工程招标投标造价控制的科学性与合理性。

招投标阶段的工作对于建筑工程造价管理来说尤为重要，在这个阶段中，造价管理人员需要确定承包商，利用 BIM 技术构建工程量模型，在掌握工程造价数据后提取相关的材料和设备价格信息，最终拟定工程项目建设方案。部分建设单位在招投标阶段容易产生问题，影响建筑工程项目最终的造价管理效用。在解决其中的问题时，承包商需要掌握建筑工程项目建设施工的成本投入情况，最好做到对成本费用心中有数，才能够做好各项实际工作的开展。在利用 BIM 技术优化招投标阶段的造价管理时，要将重点放在施工工艺和施工流程的优化上，以此迅速掌握工程项目建设的造价信息，提高施工方案的技术含量，使其能够体现较强的经济价值，确保承包商的合法利益。这个时候就可以利用 BIM 技术，通过 BIM 技术中的模型，提取相关的工程量数据，对于工程量进行精准高效的计算，进一步为工程量清单提供准确的依据，不断地提升建筑工程量清单计算的精确性。

2.2.4　BIM 项目施工阶段应用

建筑工程在施工建设的过程中，确实会涉及很多的专业，而且还有很多类型的施工人员，在利用 BIM 技术控制建筑工程造价时，首先需要掌握其中涉及的工作内容，还要针对可能产生的问题和事件制订解决预案。BIM 技术的立体模型在建筑工程施工时期的应用，不仅能够实现建筑施工、安装施工、电气施工、给排水施工等各个专业之间的配合沟通，也能够为技术人员、施工人员提供更加精准的分析，通过立体化的信息模型，可以实现对建筑工程现场施工的动态化管理，比如说：当某一项工程的设计出现变更，那么利用 BIM 技术就可以精确地计算出相应的造价信息，并且将信息及时传递出去，实现各个项目工程施工建设资金成本状况的共享，提升整个建筑工程造价管理的质量与水平，降低人工、原材料等方面的成本。此外，BIM 技术还具备一定的碰撞与检查功能，可以实现各个专业之间的模拟联合施工，避免工程质量出现问题，而影响施工的进度。

在施工阶段，经常会出现工程变更，这不仅会引起费用偏差，还会对施工进度产生影响，一旦出现变更，不利于整个工程的顺利推进。比如一个工程中的 C0518 塑钢窗，修改成了 C1218，这就影响了门窗和砌体、保温、装饰等的工程量，造价人员手工调整较慢，可以应用 BIM 软件，直接改动参数以实现工程量的自动调整。在施工阶段，还可能出现一些构件参数变化的情况，比如某工程中的一层梁内钢筋和梁的尺寸发生了变化，利用 BIM 技术，只需要在梁的参数界面，将梁的尺寸值和钢筋参数值进行修改即可，再对修改的梁重新汇总工程量，并对汇总后的工程量套价，就可掌握由于此梁的工程量变更而导致的价格变化，从而更加方便工程造价的管理。在结算工程款时，直接在原来的工程造价表格中增加或减去发生变更的工程量即可。又比如 C0508 窗由于参数值的变化，导致原来 800mm 宽的窗户被调整为 600mm，此窗户共有 12 个，由于此参数的变化，导致工程价格也发生了变化。通过 BIM 软件直接修改该构件属性，然后电脑自动计算所有 C0508 窗的工程量，并将该工程量与预算工程量进行对比，从而很快得出工程量的变化值，大大提高了工程造价的效率。

施工阶段由于各种因素，还可能发生一定的工程索赔事件，大量的工程索赔单给工程造价的管理带来了不便。但是通过 BIM 技术，只需要将每次的索赔单输入软件的界面中，软件就会根据索赔单的金额直接进行工程款的调整，在结算工程款时，所有的索赔单金额都能够清晰地展示出来，既方便了工程价款的管理，又保证了建设单位和施工单位的权益。

在施工阶段，通过 BIM 的控制，可以帮助管理人员了解现场施工的信息，造价管理人员要把握施工阶段的成本利用情况，尤其是需要利用 BIM 技术采集建筑工程项目相关信息，全面精准地把握信息内容，从而科学配置项目建设各项施工资源。在施工阶段实施造价管理工作，要求管理人员对每个环节需要耗费的资源进行合理分析，更重要的是，需要科学调整项目建设施工进度，为造价管理的有效开展提供依据。很多建筑工程项目都需要在露天场地中进行，容易受到环境因素及人为因素等的影响。造价管理人员可以通过 BIM 技术模拟实际施工情况，对可能产生的天气进行模拟分析，提出适当的施工方法降低造价管理风险。另外，造价管理人员还可以通过信息模型的构建将工程项目建设施工计划进度与实际进度进行对比，解决建设施工中的问题，凸显造价管理的科学性。

2.2.5 BIM 项目竣工验收阶段应用

竣工结算阶段工作的开展主要是对建筑工程项目整体造价进行结算，明确成本资金的实际使用情况，从而评价造价管理水平及效用。建筑工程在竣工验收阶段，主要面临着结算这一问题，这也是建筑工程成本造价费用的一个综合性的总结，因为在施工建设过程中，会受到各种各样客观因素的制约，所以造价成本也会有一定程度的变化。施工单位应用 BIM 技术，对造价管理进行全过程的记录以及对于相关信息数据展开进一步的结算编制，从一定程度上能够减少资料损坏、丢失，记录不清楚、不全面的问题的出现，建筑工程造价单位在展开相关的审核的时候，也可以利用这项技术将整个工程造价信息数据的真实状况充分地反映出来，推动整个建筑工程项目顺利完工。

BIM 技术应用在建筑工程造价管理中，不仅可以对工程造价进行合理控制，还能将其应用到施工环节，在建筑施工中充分发挥作用，从而提升建筑工程质量。此外，BIM 技术的合理化应用不仅可以改进建筑项目中的不足，还能提升工程管理质量。加强对 BIM 技术的研究，全面发挥该技术的优势，有助于建筑工程造价管理质量的提升。

 课程案例　BIM 计量计价应用

上海中心大厦作为中国著名的超高层建筑之一，由美国 Gensler 建筑事务所设计，融合了中国的自然环境和文化底蕴，其独特优美的"龙形"流线玻璃晶体，既呈现了传统的中国优秀文化，也体现了现代中国蓬勃的生机。

在上海中心大厦的设计之初，建筑师和工程师们使用 BIM 技术进行计量与计价，更好地预测和控制项目成本，他们通过 BIM 模型集成设计图纸、材料规格和工程量信息，使得团队能够准确计算每个构件的数量、材料用量和工时等，实现精确的工程量测算。这种数字化的计量计价过程减少了人为的误差和信息丢失的可能性，提高了测算的准确性和可靠性。同时，BIM 模型还能与成本数据库相连接，自动计算材料和劳动力的成本，并生成详细的预算报告，帮助项目团队制订合理的成本控制策略。在大厦的施工过程中，施工团队使用 BIM 技术进行计量与计价可以更好地跟踪和管理材料和成本信息。通过与供应商和承包商的信息集成，BIM 模型可以实时更新材料采购、送货进度和成本变化等数据。这使得项目团队能够及时调整采购计划、控制成本，并预测可能的延期或超支情况。

上海中心大厦的建设过程中充分展示了 BIM 计量计价技术的优势。通过数字化建模和集成化管理，BIM 计量计价技术提供了精确的工程量测算、成本控制和决策支持手段，帮助项目团队实现高效、准确的建筑项目管理。

 思考题

1. BIM 技术在造价管理中的优点有哪些？
2. BIM 项目如何在决策阶段提升决策水准？
3. BIM 项目如何在设计阶段提高设计精度？
4. BIM 项目如何开展招投标工作？
5. 通过 BIM 技术如何实现工程变更？

第 3 章
BIM 技术建筑工程计量基础知识

学习目标：通过本章的学习，了解传统计量计价方式与 BIM 计量计价方式的区别与联系；了解 BIM 平台的基本操作流程以及几种基本绘图方式。

课程要求：能够结合图纸，针对不同截面类型的建筑构件，准确选择绘图方式和默认的构件类型。

3.1 BIM 技术计量计价与传统计量计价方式

3.1.1 传统计量计价方式

传统的清单定额计价模式是由地方政府根据自己统一制定的预算定额和国家统一制定的清单标准，最后形成工程造价，这种计价模式计算出来的往往都是指令性价格，不能真实地反映项目的实际费用。清单计价是由市场进行调控的计价模式，实行"量价分离"的原则，由招投标文件直接给出的工程量清单，不同企业会给出不同的填报单价，这种方法得出的造价完全取决市场并能够反映企业在施工技术、管理模式等各方面的差异。

在以往的工程量计算过程中，造价人员首先需要花费大量时间来熟悉工程图纸，为工程量计算工作的开展打下基础，其次，在计算工程量的过程中，需要严格按照规范或有关定额规定的工程量计算规则进行计算。在完成工程量计算后，造价人员需要将工程量按照计算规范或有关定额中规定的计量单位来填写换算后的工程量，工程量清单项目的计量单位一般采用基本物理计量单位或自然计量单位如：m、m^2、m^3、kg、t 等，而消耗量定额中的计量单位一般为扩大的物理计量单位或自然单位如：10m、$10m^2$、$10m^3$、100m、$100m^2$、$100m^3$。比如某工程中的独立基础所需 C30 混凝土的体积为 $256.3m^3$，其对应清单项目"010501003"的计量单位为 m^3，对应定额项目"5-1-6"的单位为 $10m^3$，因此，清单项目"010501003"的工程量为 256.3，定额项目"5-1-6"的工程量为 25.63。

对于较为复杂的大型工程，需要列举的清单定额项目也十分复杂，清单定额计量单位之间的转换也极为重要，但在传统的计量计价过程中，对于清单定额工程量的转换容易出现失误。

3.1.2 BIM 技术计量计价方式

BIM 技术的计量计价是造价人员获取设计完成的深化模型后，导入到工程量计算软件中按照定额和清单项自动出具工程量的方式。造价人员还可以通过控制建筑信息模型的参数做出调整，参数的变化联动模型进行自动搭建，便于在招投标阶段进行工程造价方案的分析。

BIM 技术在工程造价中的应用可以有效地避免传统造价在计量、计价方面出现的一些问题，通过 BIM 技术的应用，我们对计量、计价的统计将采用相应的软件进行。工程造价相关工作人员通过对 BIM 技术的运用，可以利用前期做好的相关模型并通过相应的计量标准使其自动生成工程量清单，这一程序，对工作量的减少意义重大，而且在节约时间的基础上，提高了工作效率，也避免了人为计算可能出现的失误，与传统的工程造价计量、计价相比，抛弃了复杂的程序和计算步骤，使结果更加精确，效益更加有保障。

3.2　BIM 计量平台基本构图知识

土建工程的基本构件有柱、梁、板、墙、门窗洞、楼梯、基础等，不同构件的绘制方式与其构件信息会有所不同，且在软件中的画法也会有所差异，但总体来说，构件的绘制过程需要具备基本识图知识和软件构图知识，最主要的一点就是要将图纸中的信息完整地在BIM 平台中表达出来，将图纸信息转化为构件信息，使得计算结果更加精确。

3.2.1　BIM 土建计量平台操作流程

项目的土建工程与钢筋工程的工程量计算都可以在 BIM 计量平台 GTJ2021 中实现。在计量平台的操作里，钢筋包含于混凝土构件中，因此在建立模型时，构件的钢筋工程量与混凝土的体积可以同时计算完成，这就可以极大地提高计算的工作效率。

在 BIM 平台进行实际计算时，应当先分析图纸，确定其定额规则以及计算依据之后，再进行软件操作，操作流程如图 3-1 所示。

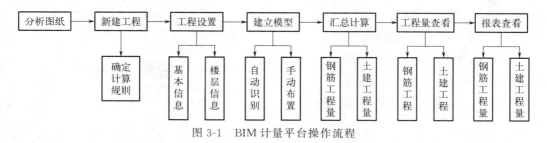

图 3-1　BIM 计量平台操作流程

在进行构件绘制时，应当根据施工图纸并结合 BIM 平台，按照先结构、后建筑；先地上、后地下；先主体、后屋面；先室内、后室外的顺序来进行构件绘制。

不同的建筑结构类型，其构件的绘制顺序也会有所不同，钢筋部分构件的具体绘制顺序如下：

① 砖混结构：砖墙→门窗洞→构造柱→圈梁。

② 框架结构：框架柱→框架梁→板。

③ 剪力墙结构：剪力墙→门窗洞→暗柱/端柱→暗梁/连梁。

④ 框架-剪力墙结构：框架柱→剪力墙→门窗洞→暗柱/端柱→暗梁/连梁→板→框架梁→砌体墙→门窗洞→过梁→构造柱。

楼梯和阳台等构件的建立一般需要用到参数化设计功能。比如楼梯中的梯段、梯梁、梯板等构件在软件中并没有独立的模型，所以软件提供了"表格输入"这一选项，因此可以使用此功能将几种构件联合成一个整体进行建模。

3.2.2　构图元件类型划分

工程实际应用中，应用软件的图元主要分为：点状构件、线状构件与面状构件。点状构件主要包括柱、门窗洞口、独立基础、桩基础、桩承台等；线状构件主要包括梁、墙、条形基础、压顶等；面状构件主要包括现浇板、筏板基础等。

不同形状的构件有着不同的绘制方式。对于点式构件主要是点画法；线状构件可以使用直线画法或弧线画法，也可以使用矩形画法进行封闭区域的绘制；对于面状构件，可以采用直线绘制边线围成面状图元的方法，也可以采用弧线画法以及点画法。考虑到各构件之间均有相互关联，平台也对应提供了多种智能布置方式，具体操作见广联达 BIM 建筑算量软件（GTJ），本处不再赘述。

3.2.3　构图元件画法划分

（1）点画法

点画法适用于绘制点式构件（如柱、独立基础）和部分面状构件（如现浇板、筏板基础等），具体操作方法如下。

第一步，在"构件列表"中选择一种已经定义的构件（如框架柱），如图 3-2 所示。

第二步，在"工具栏-绘图"中选择"点"，如图 3-3 所示。

第三步，在下方绘图区，鼠标左键单击某一点作为构件中心的插入点，完成绘制。

图 3-2　已定义构件选择（柱）　　　　图 3-3　"点"功能选择

注：对于面状构件（如现浇板、筏板基础等），在使用点命令绘制时，必须在其他构件（如梁、墙等）围成的密闭空间内才可进行点式绘制，否则会绘制失败。

（2）直线画法

直线画法主要用于绘制线状构件（如梁、墙、条形基础），需要绘制一条或多条连续的直线时，可以采用直线绘制命令，具体操作方法如下。

第一步，在"构件列表"中选择一种已经定义的构件（如框架梁），如图 3-4 所示。

第二步，在"工具栏-绘图"中选择"直线"，如图 3-5 所示。

第三步，用鼠标点取轴网中的第一点，再点取第二点即可画出一道梁，再点取第三点，就可以在第二点和第三点之间画出第二道梁，以此类推。这种画法是系统默认的画法；当需要在连续画的中间从一点直接跳到一个不连续的地方时，可单击鼠标右键临时中断，然后再到新的轴线交点上继续点取第一点开始连续画图，如图 3-6 所示。

使用直线绘制现浇板等面状图元时，采用与直线绘制梁相同的方法，不同的是要连续绘制，使绘制的线围成一个封闭的区域，形成一块面状图元，绘制结果如图 3-7 所示。

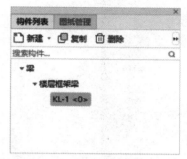

图 3-4　已定义构件选择（梁）

图 3-5　"直线"功能选择

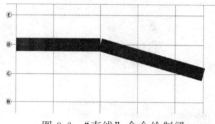

图 3-6　"直线"命令绘制梁

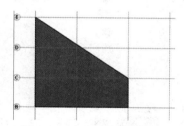

图 3-7　"直线"命令绘制板

在本章只介绍基本的命令与绘制方法，更具体的绘制方法在后几章会一一叙述。需要注意的是，BIM 计量平台的应用重点与难点在于对基本图纸的理解程度，要使得计算结果更精确，需要准确对工程图纸进行识别，并在此基础上熟悉 BIM 平台的操作功能及其应用技巧，具体来说分为以下几个方面：

① 掌握节点设置、构件设置对钢筋工程量计算的实质性影响；

② 完成构件的几何属性与空间属性的定义和绘制，并与建筑图纸准确对应；

③ 学习各类构件配筋信息的输入格式及便捷方法，准确高效地完成模型建立；

④ 掌握个性化节点或构件的变通应用，提高工程量计算的准确度。

3.2.4　BIM 土建计量平台各模块简单介绍

广联达 BIM 土建计量平台共分为九大模块，分别是：开始、工程设置、建模、工程量、视图、工具、云应用、协同建模、IGMS。

（1）开始模块

开始模块可以进行新建工程和打开工程。此模块包含工作台、应用中心、优秀案例、课程学习等子模块。"工作台"子模块可以打开最近文件或工程，如图 3-8 所示，其他子模块在此不做介绍。

（2）工程设置模块

工程设置模块可以进行工程信息，楼层信息，清单定额规则，土建、钢筋的计算设置，可以在此界面将图纸中的特殊要求进行修改，使算量更加准确。工程设置界面如图 3-9 所示，其子模块会在后续章节详细介绍，本章不做详细介绍。

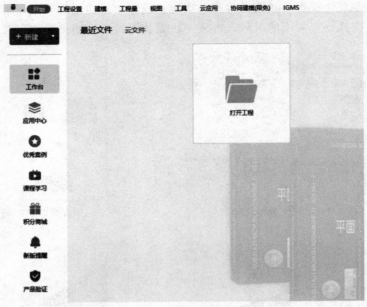

图 3-8　工作台界面

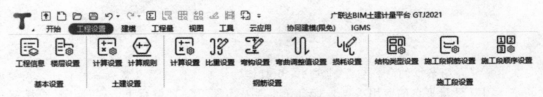

图 3-9　工程设置界面

（3）建模模块

建模模块顾名思义，其功能是对建筑算量模型进行建立，其基本子模块包含选择、图纸操作、通用操作、修改、绘图等功能。以柱模型为例，在导航栏中选中"柱"时，绘图模块后会出现"识别柱""智能布置""柱二次编辑"子模块，如图 3-10 所示；在导航栏中选中"剪力墙"时，绘图模块后会出现"识别剪力墙""智能布置""剪力墙二次编辑"子模块，如图 3-11 所示。不同构件对应的额外子模块不同，其操作方式与参数设置也不同，在后续章节会详细说明，本章不做详细介绍。

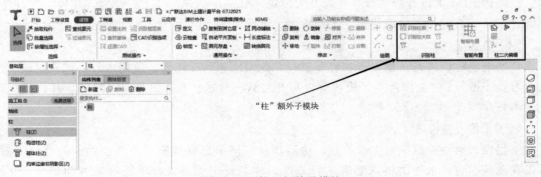

图 3-10　"柱"额外子模块

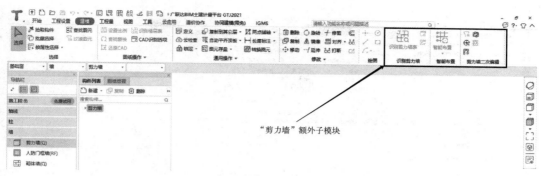

图 3-11　"剪力墙"额外子模块

（4）工程量模块

工程量模块可以查看一个或多个构件的土建和钢筋工程量，也可以查模型整体的土建和钢筋工程量，其包含"汇总""土建计算结果""钢筋计算结果""施工段计算结果""检查""报表""指标""表格算量"子模块，如图 3-12 所示。选中单个图元后可以进行单个图元工程量查看，也可以框选多个图元进行整体查看，详细功能在后续章节会说明，本章不做详细介绍。

图 3-12　工程量界面

（5）视图模块

通过视图模块包含的三个子模块，可以查看模型各个立面的二维视图，也可以进行旋转查看模型的三维立体图，操作子模块可以显示或隐藏图元，在建模过程中可以隐藏已添加的构件，方便添加其他构件；用户界面子模块主要进行软件界面各个小模块的隐藏和显示，其包含"导航栏""图纸管理""构件列表""图层管理""属性"和"显示设置"。视图模块如图 3-13 所示，详细功能及操作在后续章节会说明，本章不做详细介绍。

图 3-13　"视图"界面

（6）工具模块

工具模块包含五个子模块，分别为："选项""通用操作""测量""辅助工具""钢筋维护"，在建模过程中可以对图纸中的未知长度进行测量，还可以查看某些构件的长度、面积等属性。工具模块如图 3-14 所示。

（7）云应用模块

云应用模块如图 3-15 所示，其包含"规则下载""汇总计算""工程审核""工程对量"四个子模块，在登录同一账号的情况下可以查看模型的历史计算结果和审核结果，并且可以与模型的历史记录进行工程量的对比，更加容易了解某些参数对工程量的影响。

图 3-14　工具界面

图 3-15　云应用界面

（8）协同建模与 IGMS 模块

协同建模模块主要应用于企业，企业在设计阶段通过此模块，可以实现各个专业同时设计，在设计过程中可以减少施工图纸中的错误，各专业的设计人员也可以通过此模块相互交流，大大提高沟通效率；施工单位在反馈图纸中的错误信息时，也可以通过此模块与设计单位讨论施工过程中的困难，高效地进行图纸修改。协同建模模块如图 3-16 所示。

图 3-16　协同建模界面

IGMS 模块主要用于将 GTJ 格式的工程文件转换成 IGMS 格式的工程文件，IGMS 格式的工程文件可应用于 BIM 5D 平台中。通过 BIM 5D 平台，更加方便企业对项目的质量、进度进行控制。IGMS 模块如图 3-17 所示。

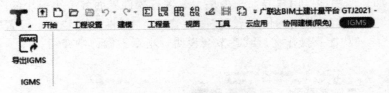

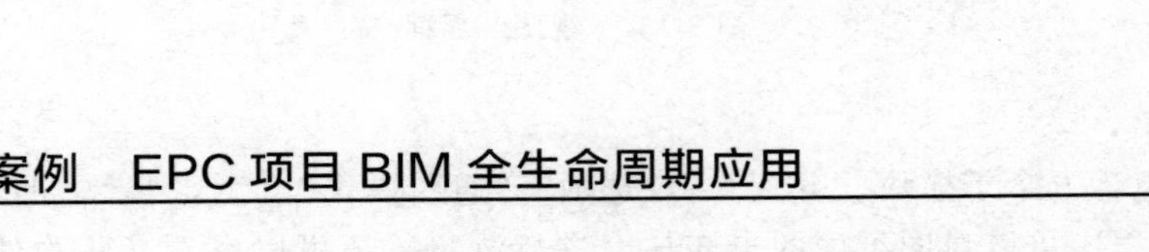

图 3-17　IGMS 界面

 课程案例　EPC 项目 BIM 全生命周期应用

北京中信大厦，是中国中信集团总部大楼，位于北京市中央商务区核心区，自动工之日起，此建筑就一直吸引着外界的目光。该建筑于 2018 年 10 月竣工，是北京新的建筑天际线，由于中信大厦的建筑外形酷似古代礼器"尊"，故也被称为"中国尊"。

在设计阶段，中国尊就采用了巨型外框筒"建筑-结构"一体化设计方式。为了能够对结构体系和结构构件更直观、更精确地描述，总承包公司运用 BIM 技术为中国尊量身定制了几何控制系统。中国尊大厦项目全生命周期的 BIM 应用，从项目设计阶段即介入，在施工阶段深度应用，竣工后在运营维护阶段增值创效，减少规划、设计、建造、运营等各个环节之间沟通障碍，提高效率、节约成本。整个项目全员参与其中，全专业协同工作，是 BIM 技术在大型复杂工程应用中落地的典范。

　　中国尊项目是国内第一个由业主主导，采用 EPC 一体化管理模式的特大型开发工程；是中国建筑师主创设计的最高建筑物；是国内第一个利用 BIM 模型、三维扫描等技术辅助项目管理，从设计、施工到运维全生命周期的项目。

 思考题

1. 传统计量计价与 BIM 计量计价有何不同？
2. 土建工程的基本构图构件有哪些？
3. BIM 计量平台基本操作流程是？
4. 框架-剪力墙结构的建模顺序是怎样的？
5. 框架结构的建模顺序是怎样的？
6. 剪力墙结构的建模顺序是怎样的？
7. 构件建立有哪些方式？图元绘制有哪些方法？
8. 如何定义标准楼层？

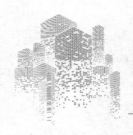

第 4 章
工程实例及 BIM 计量准备

学习目标：通过本章的学习，初步了解案例工程的项目概况、工程量计算依据、建筑及结构图纸；了解影响钢筋工程量计算的某些参数及计算规则，加深对案例工程建筑结构设计总说明的认识。

课程要求：能够自行读图、识图，通过了解案例工程图纸，进一步培养识别其他项目图纸的能力；能够独立完成 BIM 算量中的工程设置、图纸导入、图纸分割、图纸定位、图纸楼层对应、轴网识别等前期工作。

4.1 BIM 工程实例及解析

4.1.1 工程概况

本工程项目为幼儿园教学楼项目，位于山东省某市，结构形式为钢筋混凝土框架结构，基础形式为独立基础，建筑基底面积 1767.42m²；总建筑面积 3573.88m²，其中，地下建筑面积 0m²，地上建筑面积 3573.88m²。建筑高度为 8.40m，局部 10.00m，地上主体两层，无地下主体，室内外高度差为 0.45m。建筑物设计使用年限 50 年，抗震设防烈度 8 度，防火耐火设计等级为地上二级。工程首层建筑平面图见图 4-1。

4.1.2 工程量主要计算依据

在图纸建筑结构设计总说明中土建与钢筋工程量的主要计算依据有：

① 《混凝土结构施工图平面整体表示方法制图规则和构造详图（现浇混凝土框架、剪力墙、梁、板）》（22G101—1）。

② 《混凝土结构施工图平面整体表示方法制图规则和构造详图（现浇混凝土板式楼梯）》（22G101—2）。

③ 《混凝土结构施工图平面整体表示方法制图规则和构造详图（独立基础、条形基础、筏形基础、桩基础）》（22G101—3）。

清单工程量计算规范采用《房屋建筑与装饰工程工程量计算规范》（GB 50854—2013）。

定额规范采用《山东省建筑工程消耗量定额》（2016 版）及配套解释、相关规定。

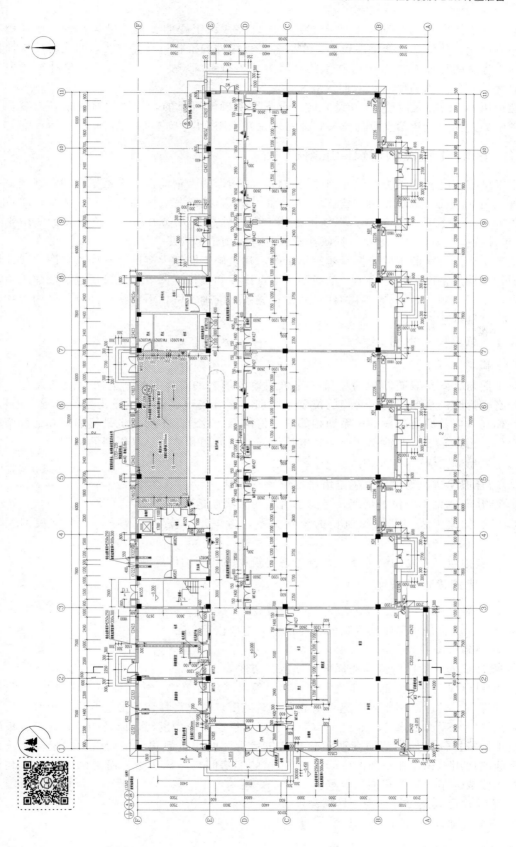

图 4-1 建筑首层平面图

本案例应用广联达 BIM 计量平台 GTJ2021，完成该工程的工程计量与计价工作，将项目任务阶段化，使学生学会平法识图，掌握各工程构件的工程量计算方法，并能将传统计量模式中工程量的计算方式与 BIM 技术的计算方式进行熟练掌握，将传统工程量计算能力与 BIM 技术计算能力有机结合，双向发展。

在运用 BIM 技术进行工程计量之前，首先要明确学习目的，了解学习规则和内容，了解图纸中的钢筋、土建信息有何意义，并将理论知识与 BIM 技术加以结合。

4.1.3　BIM 工程案例建筑图纸解析

本案例工程配套图纸为某幼儿园建设项目，结构形式为钢筋混凝土框架结构，基础为钢筋混凝土独立基础。该幼儿园总建筑面积 3573.88m^2，建筑基底面积为 1767.42m^2，建筑高度 8.40m。1～2 层为地上主体，无地下主体，室内外高差为 0.45m，建筑物设计使用年限为 50 年，抗震设防烈度为 8 度，防火耐火设计等级为地上二级。

土建工程量计算的主要依据是建筑施工图，建筑施工图纸大多由总平面布置图，建筑设计说明，各楼层平面图、立面图、剖面图，节点详图和楼梯详图等组成。通过识读建筑施工图可以对工程全貌、各结构、各构件之间位置关系有准确了解，下面将对部分关键内容结合案例图纸分别阐述。

4.1.3.1　总平面布置图

（1）概念

总平面布置图是表明新建房屋所在建筑用地范围内的总体布置，它可以反映新建、拟建、原有和拆除的房屋、构筑物等的位置和朝向，室外场地、道路、绿化等的布置，地形、地貌、标高，以及原有环境的关系和相邻建筑情况等。建筑总平面图也是房屋及其他设施施工的定位、土方施工以及绘制水、暖、电等管线总平面图和施工总平面图的依据。

（2）对编制工程预算的作用

① 结合拟建建筑物位置，确定塔吊的位置及数量。

② 结合场地总平面位置情况，考虑是否存在二次搬运。

③ 结合拟建工程与原有建筑物的位置关系，考虑土方支护、放坡、土方堆放调配等问题。

④ 结合拟建工程之间的关系，综合考虑建筑物的共有构件等问题。

4.1.3.2　建筑设计总说明

（1）概念

建筑设计说明是对拟建建筑物的总体说明。主要内容包括：

① 建筑施工图目录。

② 设计依据。设计所依据的标准、规定、文件等。

③ 项目概况。一般应包括建筑名称、建设地点、建设单位、建筑面积、建筑基底面积、建筑工程等级、设计使用年限、建筑层数和建筑高度、防火设计建筑分类和耐火等级、人防工程防护等级、屋面防水等级、地下室防水等级、抗震设防烈度等，以及能反映建筑规模的主要技术经济指标，如住宅的套型和套数（包括每套的建筑面积、使用面积、阳台建筑面积，房间的使用面积可在平面图中标注）、旅馆的客房间数和床位数、医院的门诊人次和住院部的床位数、车库的停车泊位数等。

④ 建筑物定位及设计标高、楼层高度。

⑤ 图纸尺寸标注、图纸标识。

⑥ 主要用料及构造做法。

⑦ 对采用新技术、新材料的做法说明及对特殊建筑造型和必要的建筑构造的说明。

⑧ 门窗表及门窗性能（防火、隔声、防护、抗风压、保温、空气渗透、雨水渗透等）、用料、颜色、玻璃、五金件等的设计要求。

⑨ 幕墙工程（包括玻璃、金属、石材等）及特殊的屋面工程（包括金属、玻璃、膜结构等）的性能及制作要求，平面图、预埋件安装图等以及防火、安全、隔声构造。

⑩ 电梯（自动扶梯）选择及性能说明（功能、载重量、速度、停站数、提升高度等）。

⑪ 墙体及楼板预留孔洞需封堵时的封堵方式说明。

⑫ 其他需要说明的问题。

本案例工程项目概况如图 4-2 所示。

二、项目概况
1. 项目名称：某幼儿园。
2. 建设单位：×××房地产开发有限公司。
3. 建设地点：山东省××县，南临××街，西临××路。
4. 基地概况：场地外周边相邻建筑均为新建住宅楼，楼间距满足防火和规划要求。本次设计范围是幼儿园。
5. 本次设计内容为：建筑（无人防）、结构、给排水、暖通、电气等内容。室外环境小品等应另行委托设计。
6. 主要技术经济指标：（具体指标见总平面图） 　　本工程建筑基底面积：1767.42m²，总建筑面积：3573.88m²。其中，地下建筑面积：0m²，地上建筑面积：3573.88m²。
7. 建筑层数、高度：本建筑主体地上二层，建筑高度8.40m，局部10.00m(面层按250mm厚)。
8. 建筑功能：地上二层为九班幼儿园。
9. 防火设计耐火等级地上二级。
10. 建筑结构形式为框架结构，建筑结构的类别为3类，结构的设计使用年限50年，抗震设防烈度8度。
11. 本建筑设有室内给排水系统、消火栓系统、地板采暖系统。
12. 本建筑设电力配电系统、照明系统和建筑防雷接地系统，设火灾自动报警系统、消防联动控制系统、消防专用电话系统、应急照明系统。
13. 按照《绿色建筑评价标准》(DB37/T 5097—2021)，绿建目标达到基本级绿色建筑设计要求。
14. 装配式建筑：本工程无装配式建筑内容。

图 4-2　项目工程概况

（2）编制工程预算必须考虑的问题

① 该建筑物的建设地点在哪里？（涉及税金税率、规费等费用问题。）

② 该建筑物的总建筑面积是多少？地上、地下建筑面积各是多少？（可根据经验，对此建筑物估算造价金额。）

③ 图纸中的特殊符号表示什么意思？（辅助读图。）

④ 层数是多少？层高及建筑物总高度是多少？（是否产生超高增加费。）

⑤ 填充墙体采用什么材质？厚度是多少？砌筑砂浆强度等级是多少？特殊部位墙体是否有特殊要求？（查套填充墙子目。）

⑥ 是否有关于墙体粉刷防裂的具体措施？（比如在混凝土构件与填充墙交接部位设置钢丝网片。）

⑦ 是否有相关构造柱、过梁、压顶的设置说明？（此内容不在图纸上画出，但也需计算造价。）

⑧ 门窗采用什么材质？对玻璃的特殊要求是什么？对框料的要求是什么？有什么五金？门窗的油漆情况如何？是否需要设置护窗栏杆？（查套门窗、栏杆相关子目。）

⑨ 有几种屋面？构造做法分别是什么？或者采用哪本图集？（查套屋面子目。）

⑩ 屋面排水的形式是什么？（计算落水管的工程量及查套子目。）

⑪ 外墙保温的形式是什么？保温材料及厚度如何？（查套外墙保温子目。）

⑫ 外墙装修分几种？做法分别是什么？（查套外装修子目。）

⑬ 室内有几种房间？它们的楼地面、墙面、墙裙、踢脚、天棚（吊顶）装修做法是什么？或者采用哪本图集？（查套房间装修子目。）

4.1.3.3　各层平面图

在编制工程预算时，必须思考各层平面图对于工程预算的影响，并需要思考以下问题：

（1）首层平面图

① 查看平面图，是否存在对称的情况？

② 台阶、坡道的位置在哪里？台阶挡墙的做法是否有节点引出？台阶的构造做法采用哪本图集？坡道的位置在哪里？坡道的构造做法采用哪本图集？坡道栏杆的做法是什么？（台阶、坡道的做法有时也在"建筑说明"中明确。）

③ 散水的宽度是多少？做法采用的图集号是多少？（散水做法有时也在"建筑说明"中明确。）

④ 首层的大门、门厅位置在哪里？

⑤ 首层墙体的厚度？材质？砌筑要求？（可结合"建筑说明"对照来读。）

⑥ 是否有节点详图引出标志？（如有节点引出标志，则需对照相应节点号找到详图，帮助全面理解图纸。）

⑦ 注意图纸下方对此楼层的特殊说明。

本节以案例工程首层平面图（图 4-1）为例进行识图练习：

案例工程首层平面图识图要点：

① 本工程平面图为非对称结构。

② 首层的门厅位于建筑物西南侧。

③ ±0.000 以上墙体，均为 200mm 与 100mm 厚加气混凝土砌块，轴线居中，外墙后墙墙体材料采用 200mm 厚加气混凝土砌块，外贴 80mm 厚聚合聚苯板；电缆井门槛高 300mm；门垛≤100mm 时，门垛随柱一同浇筑。

④ 房间内卫生间地面比相邻房间低 20mm，并以斜坡过渡，厨房、公共卫生间楼地面比走廊低 20mm；幼儿经常接触的 1.3m 以下的室内外墙面宜采用光滑易清洁的材料，墙角、窗台、暖气罩、窗口竖边等阳角处应做成圆角；距地 0.60~1.2m 高度内，应采用安全玻璃；食梯呼叫按钮距地面不小于 1700mm。

⑤ 窗台高度小于 900mm 处设栏杆，栏杆顶部距离可踏面高度不小于 900mm，临空高度小于 1300mm 处均设栏杆，栏杆顶部距离楼面可踏高度不小于 1300mm，栏杆竖向间距不大于 90mm。门洞详见门窗表。

⑥ 室外散水、台阶、坡道、楼梯栏杆做法详见大样图。

（2）其他层平面图

① 是否存在平面对称或户型相同的情况？

② 当前层墙体的厚度、材质、砌筑要求是什么？（可结合"建筑说明"对照来读。）

③ 是否有节点详图引出标志？（如有节点引出标志，则需对照相应节点号找到详图，以帮助全面理解图纸。）

④ 注意当前层与其他楼层平面的异同，并结合立面图、详图、剖面图综合理解。

⑤ 注意图纸下方对此楼层的特殊说明。

（3）屋面平面图

① 屋面结构板顶标高是多少？（结合层高、相应位置结构层板顶标高来识读。）

② 屋面女儿墙顶标高是多少？（结合屋面板顶标高计算出女儿墙高度。）

③ 查看屋面女儿墙详图。（理解女儿墙造型、压顶造型等信息。）

④ 屋面的排水方式如何？排水管位置及长度是多少？

⑤ 注意屋面造型平面形状，并结合相关详图理解。

⑥ 注意屋面楼梯间的信息。

4.1.3.4　立面图

在工程预算的编制时，可以通过建筑立面图大致看到建筑物前后的正立面形状、门窗、外墙裙、台阶、散水、挑檐、女儿墙、外栏杆扶手等结构，且可以明显看出各个构件的具体位置。在结合建筑立面图纸编制预算时应当注意以下几点问题：

① 室外地坪标高是多少？

② 查看立面图中门窗洞口尺寸、离地标高等信息，结合各层平面图中门窗的位置，思考过梁的信息；结合"建筑说明"中关于护窗栏杆的说明，确定是否存在护窗栏杆。

③ 结合屋顶层平面图，从立面图上理解女儿墙及屋面造型、阳台栏板、各层节点及装饰位置信息，并从立面图中理解建筑物各立面外装修的信息。

本节以案例工程南立面图（图 4-3）、北立面图（图 4-4）和东、西立面图（图 4-5）为例进行识图练习：

案例工程立面图识读要点：

① 首层室内地坪高设定为 ±0.000，室外地坪标高 −0.45m。

② 首层与二层层高均为 3.9m，女儿墙标高分别为 8.90m、10.30m、10.50m、11.30m。

③ 南侧首层、二层窗户离地高均为 0.6m，窗户高 2.60m；北侧首层、二层窗户离地高度均为 0.9m，窗户高 2.3m、3.4m。东侧首层无窗户，二层窗户离地高度为 0.9m，窗户高 2.3m；西侧首层窗户离地高度为 0.00m，窗户高 3.2m，二层窗户离地高度为 0.9m，窗户高 3.4m。

④ 外墙墙面装修涂料有：浅褐色真石漆、橘色真石漆、绿色真石漆、灰色真石漆，雨水管外刷涂料颜色与相邻墙体相同，线脚处空调格栅颜色与线脚的颜色相同。

⑤ 墙身、台阶、空调格栅等详细信息需阅读节点详图。

4.1.3.5　剖面图

剖面图的作用是对无法在平面图及立面图中表述清楚的局部进行剖切，以清楚表述建筑内部的构造，从而补充说明平面图、立面图所不能显示的建筑物内部信息。编制预算需注意以下问题。

① 结合平面图、立面图、结构板的标高信息、层高信息及建筑物剖切位置，理解建筑物内部构造的信息。

② 查看剖面图中关于首层室内外标高信息，结合平面图、立面图理解室内外高差的概念。

③ 查看剖面图中屋面标高信息，结合屋面平面图及其详图，正确理解屋面板的高差变化。

请以本案例建筑工程图纸中的轴线 1—1 剖面图（图 4-6）与轴线 2—2 剖面图（图 4-7）为例，思考以上问题。

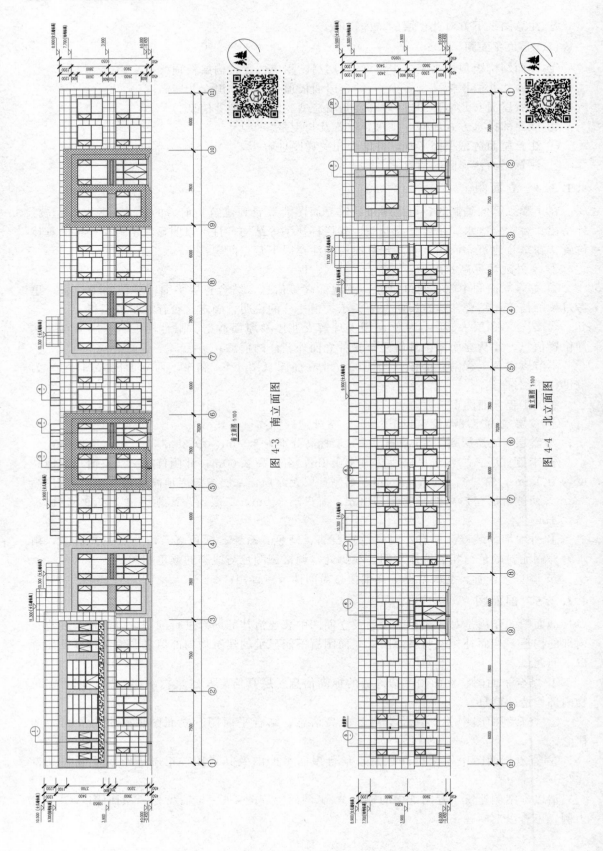

图 4-3 南立面图

图 4-4 北立面图

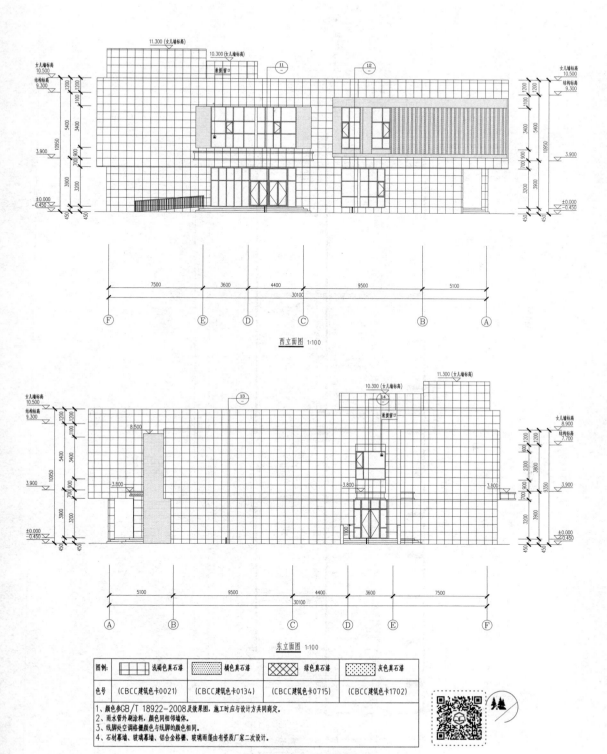

图 4-5 东、西立面图

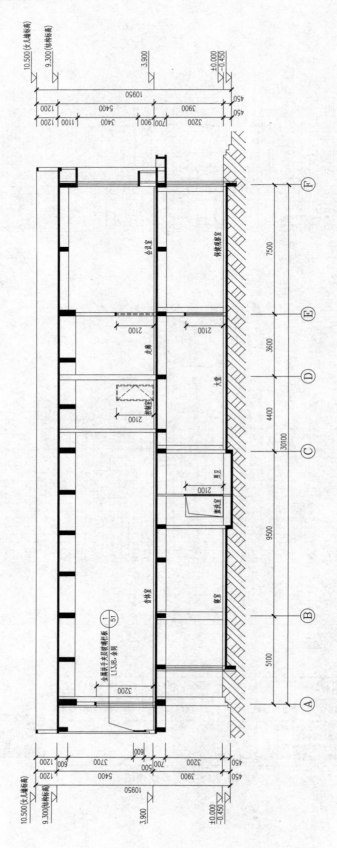

图 4-6 轴线 1—1 剖面图

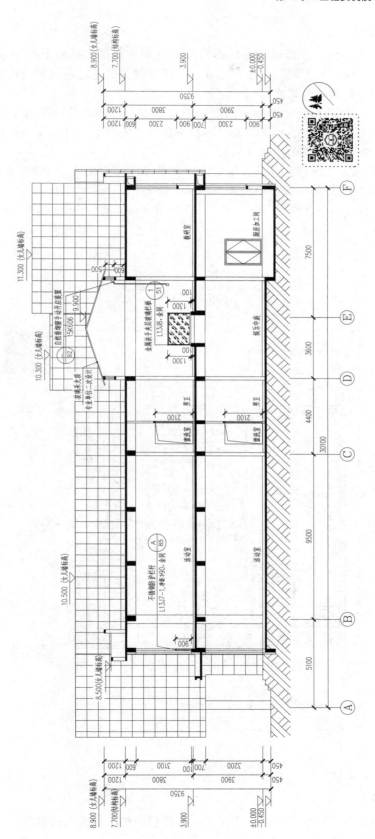

图 4-7　轴线 2—2 剖面图

4.1.3.6　楼梯详图

楼梯详图由楼梯剖面图、楼梯平面详图组成。由于平面图、立面图只能显示楼梯的位置，而无法清楚显示楼梯的走向、踏步、标高、栏杆等细部信息，因此在设计图纸中一般以楼梯详图展示。在编制预算时需注意以下问题。

① 结合平面图中楼梯位置、楼梯详图的标高信息，正确理解楼梯作为竖向交通工具的立体状况（思考关于楼梯平台、楼梯踏步、楼梯休息平台的概念，进一步理解楼梯及楼梯间装修的工程量计算及定额套用的注意事项）。

② 结合楼梯详图，掌握楼梯井的宽度，进一步思考楼梯工程量的计算规则。

③ 了解楼梯栏杆的详细位置、高度及所用到的图集。

请以本案例建筑工程图纸中的楼梯-卫生间平面图（图 4-8）与楼梯剖面图（图 4-9）为例，思考以上问题。

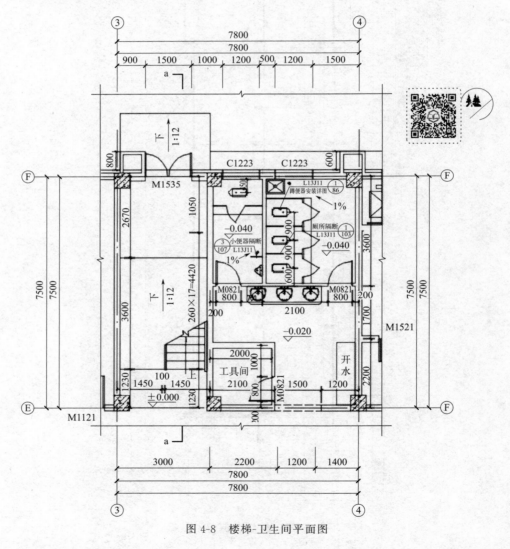

图 4-8　楼梯-卫生间平面图

4.1.3.7　节点详图

建筑节点即建筑构造的细部做法。建筑节点大样详图的作用是通过描绘建筑物的某些构件或构造处的细节来辅助建筑施工。

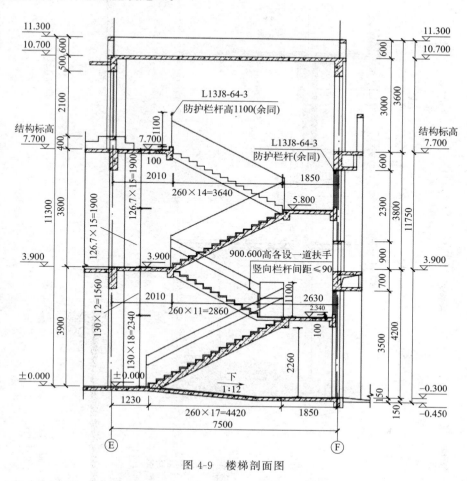

图 4-9　楼梯剖面图

建筑节点详图就是把房屋构造的局部用较大比例绘制出来，表达出构造做法、尺寸、构配件相互关系和建筑材料等，相对于平面图、立面图、剖面图而言，是一种辅助图样。在编制预算时需注意以下问题：

① 墙身节点详图可大致分为三个部分：墙身底部、墙身中部和墙身顶部。节点详图墙身底部可以查看关于台阶、散水、勒脚等构件的信息，并参照平面图查看台阶与散水的宽度是否与平面图一致。节点详图墙身中部可以查看各标高处的外装修、外保温材料的信息，查看窗台、窗户、排水檐和窗台压顶信息。节点详图墙身顶部可以查看结构标高、滴水和泛水的细部构造、女儿墙标高等信息。

② 卫生间通风井详图可以查看卫生间通风道的尺寸、屋檐滴水、卫生间内墙构件信息。

③ 门窗详图可以查看门窗洞口尺寸、门窗类型、门窗材质、门窗数量等信息。

请以本案例建筑工程图纸中的Ⓐ轴墙身详图（图 4-10）与卫生间通风井详图（图 4-11）为例，思考以上问题。

4.1.4　BIM 工程案例结构图纸解析

结构施工图是计算建筑物混凝土、模板、钢筋工程量的重要依据，正确理解与识别结构施工图是顺利推进造价工作的基础性环节。

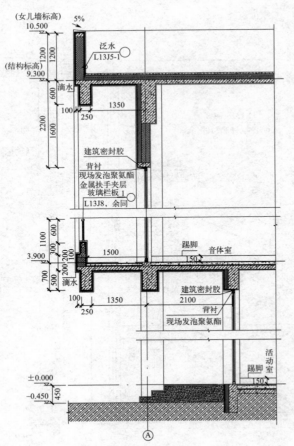

图 4-10　Ⓐ轴墙身详图

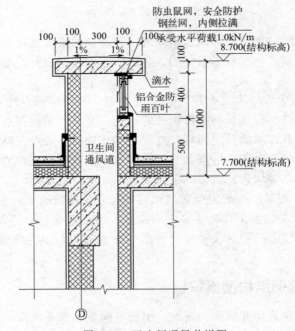

图 4-11　卫生间通风井详图

通过结构施工图，需要了解建筑物的基础结构形式，基础及垫层、柱、梁、板、墙、楼梯、台阶、散水等构件的混凝土标号、截面尺寸、长度、宽度、高度、厚度、位置、钢筋配筋、锚固形式、搭接方式，在了解以上信息的同时，也需要注意预留孔洞周围的配筋情况。

在本案例中，结构施工图由图纸目录、结构设计总说明、基础平面布置图、柱平法施工图、结构平面图、梁配筋图、板平法施工图、楼梯结构详图、墙身结构详图、屋面天井结构详图组成。下面将对结构图纸中的部分关键内容进行分析。

4.1.4.1 结构设计总说明

结构设计总说明，是对拟建建筑物结构设计的总体说明。

（1）主要内容

① 工程概况和总则。如项目地理位置、结构形式、抗震等级、设计标高等。

② 设计依据。设计所依据的标准、规定、文件，荷载所依据的规范等。

③ 工程地质情况。工程设计参数、土质情况、地下水位等。

④ 结构材料。相应构造的混凝土强度等级，见表 4-1；保证混凝土结构耐久性的基本要求、钢筋等级及锚固要求、混凝土保护层厚度，见表 4-2。

表 4-1 混凝土强度等级

编号	构件名称及范围	混凝土强度等级	备注
1	基础垫层	C15	
2	基础	C30	
3	柱	C30	
4	梁板	C30	厨房、卫生间及前室、有配水点的阳台现浇板为 P6 抗渗混凝土
5	楼梯	C30	
6	构造柱、圈梁、过梁等	C25	

标准构件按标准图集（采用 HRB400 钢筋的混凝土等级为 C20 的应改为 C25）后浇带提高一个等级

表 4-2 混凝土保护层厚度　　　　　　　　　　　单位：mm

环境类别		板、墙			梁、柱		
		C20	C25	≥C30	C20	C25	≥C30
一		20	20	15	25	25	20
二	a	25	25	20	30	30	25
	b	—	30	25	—	40	35
三 a				30			40

⑤ 分类说明建筑物各部位设计要点、构造及注意事项等。

⑥ 需要说明的隐蔽部位的构造详图，如后浇带加强筋、洞口加强筋、锚拉筋、预埋件等。

⑦ 重要部位图例等。

（2）编制预算时的注意事项

① 土质情况。在进行预算编制时，作为土石方工程组价的重要依据。

② 地下水位情况。在进行组价时，考虑是否采取排水措施，应当采取哪种排水措施。

③ 混凝土强度等级。作为套取混凝土定额时的重要依据。

④ 砌体的材质及砌筑砂浆要求。作为套取砌体定额的重要依据。

⑤ 混凝土保护层厚度。作为钢筋工程量计算的重要依据。

⑥ 其他结构详图。其他结构的详图不在平面布置图中展示出来，但应当注意其工程量的计算，如平面图角落的板加密钢筋、次梁加密钢筋、吊筋及洞口的加强筋等。

4.1.4.2 基础平面布置图

基础平面布置图包含基础平面图和基础详图，在图纸中详细描述基础的形状、长度、宽度、厚度、位置、标高、钢筋分布情况等信息。在编制预算时需注意以下问题。

① 基础的结构类型。不同的基础结构类型其套取定额过程中的条目不同，如在进行条形基础定额套取的时候，要注意是有梁条形基础还是无梁条形基础。

② 基础详图。基础详图有助于理解基础构造，里面包含基础的截面尺寸、标高、厚度、形状等信息，还可以了解基础与墙、柱之间连接部分的钢筋分布情况。

请以本案例结构工程图纸中部分基础的构造图（图 4-12）与基础详图（图 4-13）为例，思考以上问题。

DJZ03, 300/400
B: X: Φ14@130
   Y: Φ14@130

1550
1250

1250 1550

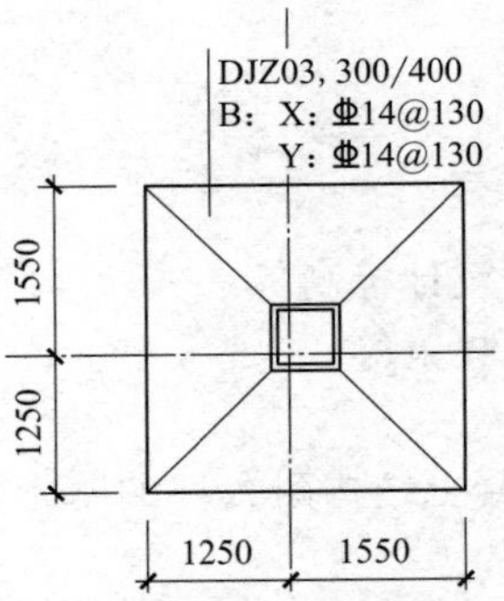

图 4-12　部分基础平面图

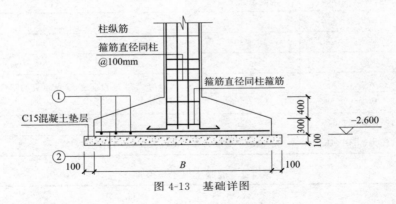

图 4-13　基础详图

案例工程部分基础平面图识图要点：

① 结合图纸及结构说明。本案例中基础结构类型为独立基础，阶数为二阶，平面类型为矩形。

② 以独立基础 DJZ03 为例，基础类型为二阶锥形，基础尺寸为 2800mm×2800mm，其底阶高 h_1 为 300mm，顶阶高 h_2 为 400mm。基础配筋情况：底阶横向（X 向）与纵向（Y 向）钢筋均为Φ14@130，即采用直径为 14mm，间距为 130mm 的 HRB400 钢筋。

③ 结合基础详图可以得知，基础底标高为 -2.6 m，基础底板下设 100mm 厚 C15 混凝土垫层，垫层每边比基础底板宽 100mm，基础与柱交接处箍筋直径同柱的箍筋直径，分布情况为间距 100mm。

4.1.4.3 柱平法施工图及柱表

柱平法施工图可以鲜明地表达柱子的各种信息。一般而言，柱平面图中可以明显看出柱子的位置，在柱定位时，利用轴线交叉点与柱边的距离进行柱位置的表达。其次是柱子编号、尺寸等信息，柱表中有柱号、标高、详细尺寸等信息。在编制预算时需注意以下问题。

① 准确把握柱子的位置信息。在进行柱定位时，要精准对照柱子 b 边和 h 边相对于轴线交叉点及墙边、梁边、板边的距离，准确理解柱子的位置。在对柱子工程量进行准确计算

的基础之上，为梁和板的工程量计算做准备。

② 柱表中对不同结构标高的柱信息有详细解释。柱表中包含柱子的结构标高，截面尺寸（$b \times h$），纵筋（包含角筋、b 边中部钢筋、h 边中部钢筋），箍筋类型及肢数。

③ 柱变截面位置的纵筋构造详图。

请以本案例结构工程图纸中部分柱平面图（图 4-14）与部分柱表（表 4-3）为例，思考以上问题。

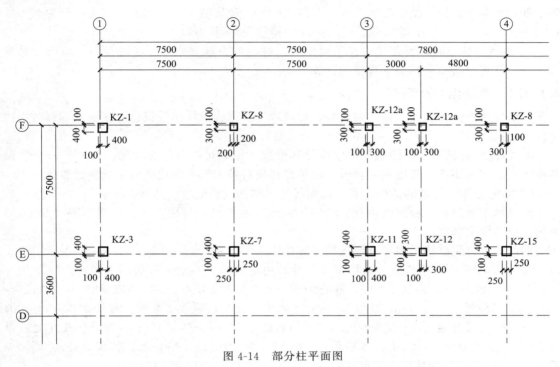

图 4-14　部分柱平面图

表 4-3　部分柱表

柱号	标高/m	截面尺寸 $b \times h$ /(mm×mm)	全部纵筋			箍筋类型号	箍筋	备注
			角筋	b 边一侧中部筋	h 边一侧中部筋			
KZ-1	基础顶～−0.100	500×500	4 ⊈ 25	3 ⊈ 25	2 ⊈ 25	1.(4×4)	⊈ 10@100	
	−0.100～3.800	500×500	4 ⊈ 25	3 ⊈ 25	2 ⊈ 25	1.(4×4)	⊈ 8@100	
	3.800～7.700	500×500	4 ⊈ 25	3 ⊈ 22	2 ⊈ 25	1.(4×4)	⊈ 8@100	
KZ-2	基础顶～−0.100	500×500	4 ⊈ 25	3 ⊈ 25	2 ⊈ 20	1.(3×4)	⊈ 10@100	
	−0.100～3.800	500×500	4 ⊈ 25	3 ⊈ 25	2 ⊈ 20	1.(4×4)	⊈ 8@100	
	3.800～7.700	500×500	4 ⊈ 25	3 ⊈ 16	3 ⊈ 22	1.(4×4)	⊈ 8@100/200	

案例工程部分柱平面定位图及柱表识图要点：

① 在柱平面图中，可以根据轴线交叉点以及柱边相对于轴线的距离来确定柱子的位置。以 KZ-1 为例，在柱平面定位布置图中，KZ-1 位于①轴与Ⓕ轴的交点上，其上柱边与Ⓕ轴之间距离为 100mm，左柱边与①轴之间距离为 100mm，假定①轴与Ⓕ轴交点在直角坐标系

中的坐标为 $(X,Y)=(0,0)$，则 KZ-1 的柱中心位置坐标为 $(X,Y)=(150,-150)$。其他柱子的定位方式与 KZ-1 相同。

② 柱表中可以得到柱子的各类信息。以 KZ-1 为例，通过柱表可以看出，结构标高将其分为三个部分：基础顶～ -0.100m，$-0.100\sim3.800$m，$3.800\sim7.700$m。三个部分的截面尺寸均为 500mm×500mm，角筋均为 $4\,\Phi\,25$，h 边一侧中部钢筋为 $2\,\Phi\,25$。但基础顶～ -0.100m 和 $-0.100\sim3.800$m 处的 b 边一侧中部钢筋为 $3\,\Phi\,25$，$3.800\sim7.700$m 处 b 边一侧中部钢筋为 $3\,\Phi\,22$。箍筋类型号均为 1.(4×4)，但基础顶～ -0.100m 处箍筋为 $\Phi\,10@100$，$-0.100\sim3.800$m 和 $3.800\sim7.700$m 处箍筋为 $\Phi\,8@100$。

③ 在读取柱表时，要尤其注意不同层之间柱子的角筋、b 边与 h 边钢筋、箍筋标号是否一致，这将直接影响钢筋工程量的计算。

4.1.4.4　首层结构平面图

首层结构平面图包含墙体、构造柱、后浇带、挑檐构造详图等信息。在编制预算时需注意以下问题。

① 构造柱信息。构造柱的布置位置及其根数、相对间距、配筋情况，马牙槎的形状及各马牙槎之间的距离，是编制预算时填写构造柱项目特征和套取构造柱定额的重要依据。

② 挑檐详图。挑檐的结构标高、截面尺寸、钢筋配筋信息、所处位置。

请以本案例结构工程图纸中首层结构平面图（图 4-15）与构造柱、挑檐详图（图 4-16）为例，思考以上问题。

案例工程首层结构平面图及构造柱、挑檐详图识图要点：

① 对于构造柱位置信息，除特殊注明外，构造柱均为 GZ1，且居墙中布置。GZ1 尺寸为 200mm×200mm，角筋 $4\,\Phi\,12$，箍筋 $\Phi\,6@100/200$，肢数为 2×2；GZ2 尺寸为 100mm× 200mm，其位置处于 200mm 厚与 100mm 厚墙体交接处，纵筋 $2\,\Phi\,12$，箍筋 $\Phi\,6@100/200$，单肢箍；GZ3 尺寸为 100mm×300mm，其位置处于 300mm 厚与 100mm 厚墙体交接处，纵筋 $2\,\Phi\,12$，箍筋 $\Phi\,6@100/200$，单肢箍；GZ4 尺寸为 200mm×300mm，其位置处于 200mm 厚与 300mm 厚墙体交接处，纵筋 $6\,\Phi\,12$，箍筋 $\Phi\,6@100/200$，肢数为 2×3。

② 对于挑檐的详细信息，应结合建筑施工图来进行解读。挑檐一檐顶标高同结构楼层，用于厚度 200mm 的墙体处，其挑板的厚度为 120mm，挑檐边距离墙体 250mm，挑板分布筋 $2\,\Phi\,6$，负筋 $\Phi\,8@200$；挑檐二檐顶标高同结构楼层，用于厚度 200mm 且板上有后砌砌块的墙体处，其挑板的厚度为 150mm，挑檐边距离墙体 500mm、600mm、700mm，挑板分布筋 $\Phi\,8@200$，负筋 $\Phi\,8@150$；挑檐三檐顶标高同结构楼层，用于厚度 300mm 的墙体处，其挑板的厚度为 120mm，挑檐边距离墙体 100mm，挑板分布筋 $1\,\Phi\,6$，负筋 $\Phi\,8@200$。

4.1.4.5　梁配筋图

梁配筋图与柱平法施工图相似，在进行识图时应区分楼层，因为每个楼层所受的荷载不同，所以每层的梁配筋图有较大差异。梁配筋图一般包含集中标注与原位标注，集中标注中会注明梁的标号、尺寸、通长筋、箍筋、拉筋等信息，集中标注一般表示贯穿整个梁的钢筋信息，而原位标注则通常表明梁跨中、支座处的钢筋信息。在编制预算时需注意以下问题。

① 在读取梁配筋图的信息时，应当将对应楼层的柱平面图、板平法施工图、建筑平面图进行结合，加深对梁配筋图的理解。

② 结合建筑平面图及板平法施工图，理解集中标注中的梁跨信息，对梁的支座初步了解，并对主梁与次梁加以区分。

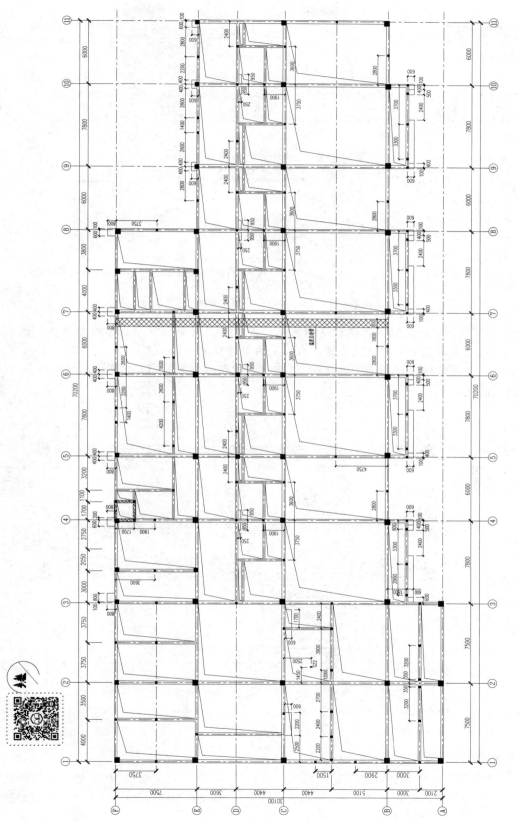

图 4-15　首层结构平面图

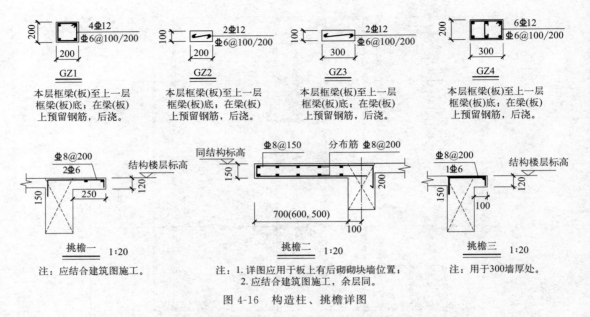

图 4-16 构造柱、挑檐详图

③ 在读取梁配筋图时，要注意梁的标高，查看是否有个别梁与其他梁标高不一致的情况，与此同时要注意梁的中轴线位置，查看是否与墙柱的一边平齐。

请以本案例结构工程图纸中标高－0.100m 梁配筋图中的 KL14 配筋图（图 4-17）为例，思考以上问题。

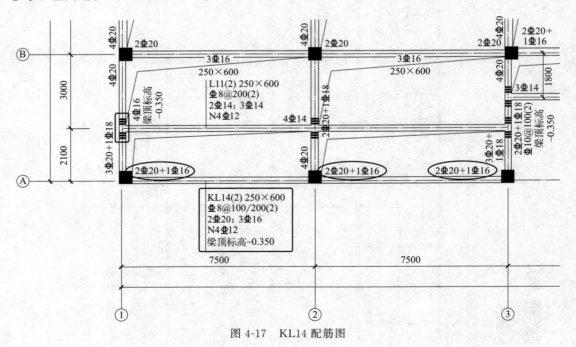

图 4-17 KL14 配筋图

案例工程 KL14 配筋图识图要点：

① 对于 KL14 的集中标注信息："KL14（2）"表示框架梁编号为 14 号，梁的跨数为 2；"250×600"表示梁截面宽度为 250mm，高为 600mm；"Φ8@100/200（2）"表示箍筋

采用直径为 8mm 的 HRB400 钢筋，在加密区的间距为 100mm，在非加密区的间距为 200mm，皆为双肢箍；"2 Φ 20、3 Φ 16"表示梁上部为 2 根直径为 20mm 的通长筋，梁下部为 3 根直径为 16mm 的通长筋；"N4 Φ 12"表示该梁有 4 根直径为 12mm 的抗扭钢筋，即在梁的两侧各 2 根；"梁顶标高−0.350"表示该梁顶的标高比当前楼层的结构标高低 0.350m，当前楼层标高为−0.100m，则该梁的梁顶结构标高为−0.450m。

② 对于 KL14 的原位标注信息：①轴与②轴之间的"2 Φ 20+1 Φ 16"表示在梁第 1 跨左支座处的上部钢筋在 2 根直径为 20mm 的钢筋基础上，又增加了 1 根直径为 16mm 的钢筋；②轴与③轴之间左右两侧的"2 Φ 20+1 Φ 16"表示在梁第 2 跨左右支座处的上部钢筋在 2 根直径为 20mm 的钢筋基础上，又增加了 1 根直径为 16mm 的钢筋。

③ 对于图中最左侧梁与 L11 的交接处，其左右两侧各 3 条线表示在此位置需设置附加箍筋，且根数为每边 3 根，其规格、直径、肢数与最左侧梁的箍筋相同。

4.1.4.6　板平法施工图

在进行板平法施工图的读取时也应当区分楼层，也应注意板的布置范围，因为每个楼层中的各个房间所受的荷载不同，所以每个楼层的板平配筋图有较大差异。不同房间的板厚度会有所差别，其受力筋与负筋的钢筋尺寸也不同，根据板包含的范围可以把板分为单个板和跨板，则板的受力筋可以相应地分为板受力筋和跨板受力筋，可以根据板受力筋所处位置不同，将其划分为面筋和底筋。在编制预算时需注意以下问题。

① 结合板平法施工图里的内容，在进行板工程量计算和预算编制时对不同房间的板厚进行区分。

② 对板钢筋进行读取时，由于板受力筋和跨板受力筋工程量的计算方式不同，需要对两者加以区分，并确定板钢筋的布置范围。

请以本案例结构工程图纸中标高 3.800m 板平法施工图中部分板施工图（图 4-18）为例，思考以上问题。

案例工程标高 3.800m 部分板施工图识图要点：

① 在读取板施工图时，要先读取图纸的注写部分。通过注写部分可以得知：除特殊注明外，板顶标高均为 3.800m，H 表示建筑完成面标高；除特殊注明外，现浇板厚均为 100mm。从左至右，图纸中第一块板厚为 110mm，第二、三、四块板厚均为 100mm，第五块板的位置为楼梯，即无现浇板，其详细构造见楼梯详图。

② 板钢筋分为板受力筋（又称底筋）与板负筋（又称面筋）。图纸中 90°弯钩的图例为板负筋，45°弯钩的图例为板受力筋。

③ 通过注写部分可以得知：板的上皮钢筋（即负筋）除特殊注明外均为 Φ 8@200，下皮钢筋（即受力筋）除特殊注明外均为 Φ 8@200，XB1 表示 Φ 6@150，均双向布置。对于②轴左右两侧的板，左侧板的底筋在图纸中未特殊注明，即为 Φ 8@200 双向布置，板的南北两侧均在垂直于梁的方向布置板负筋，北方向钢筋为 Φ 10@150，南方向钢筋为 Φ 8@100，均伸入板内 1100mm；右侧板的底筋通过图纸可知其为 Φ 8@180 双向布置，南北两侧板负筋与左侧板相同。在②轴处，即两块板的中间布置负筋，为 Φ 10@180，向左右两块板均伸出 1100mm。

4.1.4.7　楼梯结构详图

楼梯是建筑物中作为楼层间垂直交通用的构件，用于楼层之间和高差较大时的交通联系，在设有电梯、自动扶梯作为主要垂直交通手段的多层和高层建筑中也要设置楼梯。楼梯的最低和最高一级踏步间的水平投影距离为梯长，梯级的总高为梯高。一般的楼梯由踏步

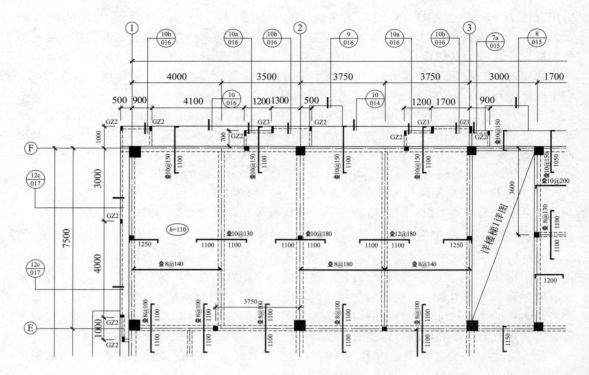

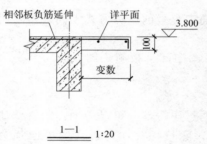

注：1. 除特殊注明外，板顶标高为3.800m，H表示建筑完成面标高；
　2. 除特殊注明外，现浇板厚为100mm；
　3. 图中上皮钢筋注标，未注明为Φ8@200；
　　图中下皮钢筋注标，XB1表示Φ6@150双向；
　　未示出的均为Φ8@200；
　4. 除特殊注明外，构造柱均为GZ1，居墙中布置，余层同；
　5. 后砌隔墙下无梁时，应按结构设计总说明附加钢筋，余层同；
　6. 板上预留洞口位置详见建施图，应根据总说明要求预埋，严禁后凿，余层同；
　7. 卫生间 ▨▨ 阴影区域板顶标高为3.600m；
　8. ▩▩ 阴影区表示温度后浇带，其他各层同位置均设。

图 4-18　标高 3.800m 部分板施工图

段、平台板、栏杆扶手、梯板组成。在编制预算时需注意以下问题。

① 结合建筑平面图，了解楼梯所处的位置、类型。

② 结合建筑立面图与结构剖面图，熟悉楼层结构标高与层高等信息，掌握楼梯的踏步高度、踢面数量、平台板与梯板的标高和尺寸等信息。

③ 由于楼梯在计价过程中需要单独列项，因此在进行混凝土工程量计算时，应当掌握梯段宽度、梯板厚度、平台板厚度、楼梯井尺寸等信息。

④ 在进行钢筋工程量计算时，除了要注重平台板、梯板钢筋工程量计算，还要注意梯梁、梯柱及滑动支座的配筋情况，避免出现遗漏。

请以本案例结构工程图纸中楼梯一 A—A 剖面图（图 4-19）与 AT1 平面图（图 4-20）为例，思考以上问题。

案例工程楼梯一 A—A 剖面图与 AT1 平面图识图要点：

① 通过识图可以得知，楼梯一的结构底标高为 −0.030m，结构顶标高为 2.310m，底部端点距Ⓔ轴 1230mm，顶部端点距Ⓕ轴 1850mm。

② 楼梯一类型为双跑楼梯，构造类型为 AT，即两个梯梁之间的矩形梯板全部由踏步构

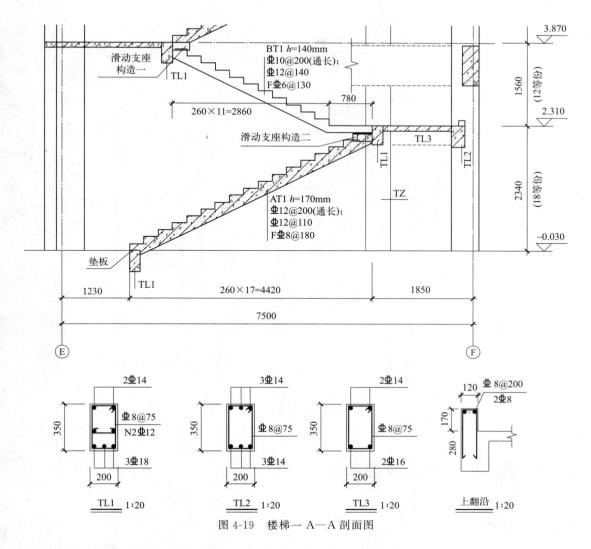

图 4-19　楼梯一 A—A 剖面图

成，踏步段两端均以梯梁为支座。结合剖面图与平面图可知，楼梯梯板水平投影长度为 4420mm，宽度 1450mm，垂直高度 2210mm；图纸中"260×17＝4420"表示楼梯踏面宽度为 260mm，踏面个数为 17；梯板厚度为 170mm，上部纵向钢筋⊈12@200（通长），下部纵向钢筋⊈12@110，分布筋上下均为⊈8@180；平台板顶标高为 2.310m，尺寸为 1850mm× 3000mm，板厚 100mm，配筋为⊈8@200，双网双向布置。

③ 平台板周围的梯梁有三种，其梁顶结构层高均为 2.310m，截面尺寸均为 200mm× 350mm。根据大样图可知：TL1 上部钢筋为 2⊈14，下部钢筋为 3⊈18，箍筋为⊈8@75，侧面受扭钢筋为 N2⊈12 即梁截面两侧各一根⊈12 的钢筋；TL2 上部钢筋为 3⊈14，下部钢筋为 3⊈14，箍筋为⊈8@75，无侧面受扭钢筋；TL3 上部钢筋为 2⊈14，下部钢筋为 2⊈16，箍筋为⊈8@75，无侧面受扭钢筋。再根据剖面图可知，TL2 的顶部有上翻沿构造，其尺寸为 120mm×170mm，上部钢筋为 2⊈8，箍筋为⊈8@200，箍筋从 TL2 的顶标高处向下伸出 280mm。

④ 在梯段末端设置有梯柱，梯柱由基础一直延伸至相应平台板顶。由图可知，梯柱截面尺寸为 200mm×450mm，纵筋为 8⊈18，箍筋为⊈10@100，2×4 肢箍。

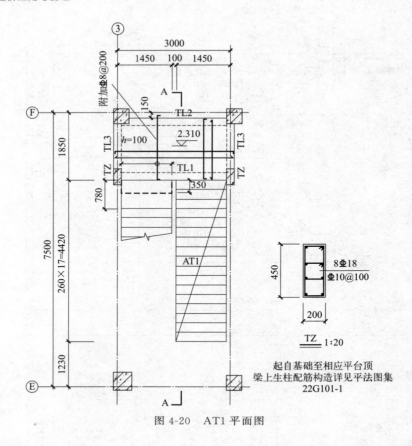

图 4-20　AT1 平面图

4.2　BIM 工程计量准备

4.2.1　任务分析

本节主要任务是在 BIM 平台即广联达 GTJ2021 中创建某幼儿园的 BIM 工程文件，并完成各项工程信息的设置与填写，熟悉软件基本界面，完成导入图纸、分割图纸、识别轴网、定位图纸、图纸楼层匹配等基础性工作。

在新建 BIM 工程文件之前，首先需要分析图纸的设计总说明，了解案例工程图纸所依据的标准图集、建筑规范、计税方式等内容。再依次将建筑物的建筑类型、建筑用途、地上地下层数、建筑面积、檐高、结构类型、基础形式、抗震结构等级、设防烈度、室外地坪、结构标高等信息结合工程图纸添加到工程文件设置当中。

将工程图纸设计总说明中的信息导入 BIM 工程文件当中的这一工作，有助于加深对设计总说明的理解。打好工程量计算的基础，对工程的各部分进行充分了解，更加准确、高效地进行工程量计算。

4.2.2　任务实施

4.2.2.1　新建工程及计算规则设置

双击软件图标，启动软件后，在软件最初界面中间点击"立即新建"选项，如图 4-21

所示，进入"新建工程"的界面，输入工程名称为"某幼儿园"，并依次选择清单规则为"房屋建筑与装饰工程计量规范计算规则（2013-山东）（R1.0.34.0）"；定额规则为"山东省建筑工程消耗量定额计算规则（2016）（R1.0.34.0）"；清单库选择"工程量清单项目计量规范（2013-山东）"；定额库选用"山东省建筑工程消耗量定额（2016）"；钢筋规则中的平法规则选用"22 系平法规则"，汇总方式选用"按照钢筋图示尺寸-即外皮汇总"，如图 4-22 所示。工程中与钢筋工程量有关的计算方式一般采用"按照钢筋图示尺寸-即外皮汇总"，但是按照"中心线汇总"计算钢筋工程量更准确，一般在工地现场计算钢筋下料长度时采用此计算方式。

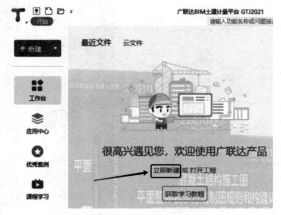

图 4-21　新建工程界面

图 4-22　计算规则选择界面

4.2.2.2　工程设置

在"新建工程"界面完成计算规则设置之后，单击最下方的"创建工程"进入"工程设置"界面，其分为"基本设置""土建设置""钢筋设置"三个部分。详细界面如图 4-23 所示。

图 4-23　工程设置详细界面

（1）基本设置

"基本设置"包含"工程信息"与"楼层设置"，在"工程信息"设置中，可以设置建筑面积、设防烈度、结构类型等信息，并且可以查看计算规则。其中，檐高、结构类型、抗震等级、设防烈度、冻土厚度等属性会影响钢筋的搭接和锚固长度；室外地坪相对±0.000 标高会影响土建的工程量，例如脚手架、垂直运输费、土石方等费用的计算。"楼层设置"中可以设置楼层标高、结构层高、对应构件的混凝土强度等级等信息。

① 工程信息

单击"基本设置"中的"工程信息"，结合工程图纸并在"工程信息"中输入相应属性的属性值。如图 4-24 所示，具体操作及各属性值如下：

工程名称：某幼儿园；

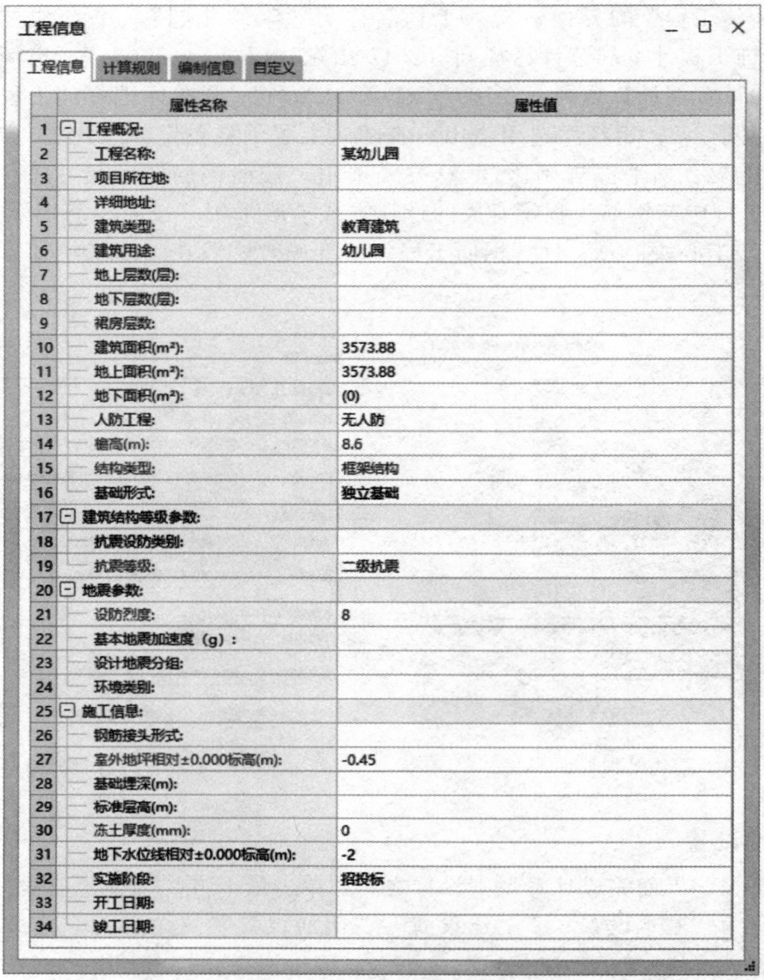

	属性名称	属性值
1	⊟ 工程概况:	
2	工程名称:	某幼儿园
3	项目所在地:	
4	详细地址:	
5	建筑类型:	教育建筑
6	建筑用途:	幼儿园
7	地上层数(层):	
8	地下层数(层):	
9	裙房层数:	
10	建筑面积(m²):	3573.88
11	地上面积(m²):	3573.88
12	地下面积(m²):	(0)
13	人防工程:	无人防
14	檐高(m):	8.6
15	结构类型:	框架结构
16	基础形式:	独立基础
17	⊟ 建筑结构等级参数:	
18	抗震设防类别:	
19	抗震等级:	二级抗震
20	⊟ 地震参数:	
21	设防烈度:	8
22	基本地震加速度（g）:	
23	设计地震分组:	
24	环境类别:	
25	⊟ 施工信息:	
26	钢筋接头形式:	
27	室外地坪相对±0.000标高(m):	-0.45
28	基础埋深(m):	
29	标准层高(m):	
30	冻土厚度(mm):	0
31	地下水位线相对±0.000标高(m):	-2
32	实施阶段:	招投标
33	开工日期:	
34	竣工日期:	

图 4-24 工程信息

建筑类型及用途：教育建筑；

建筑面积：建筑面积 3573.88m^2，其中，地上面积 3573.88m^2，地下面积 0m^2；

人防工程：无人防；

檐高：8.6m；

结构类型：框架结构；

基础形式：独立基础；

抗震等级：二级抗震；

设防烈度：8 度；

室外地坪相对±0.000 标高：－0.45m。

在计算规则选项中，可以查看已设置的清单、定额和平法规则，并可查看清单与定额库，对于钢筋损耗、钢筋报表的填写应尤为注意，要根据项目当地对钢筋损耗和钢筋报表的要求来进行设置。本案例中按照软件默认，即“钢筋损耗，不计算损耗”与“钢筋报表，全统（2000）”来进行设置，如图 4-25 所示。

在实际工程中，应当填写项目的建设单位、设计单位、施工单位、预算编制单位等信息，其不影响工程量计算，在本案例工程中则不需要填写，如图 4-26 所示。

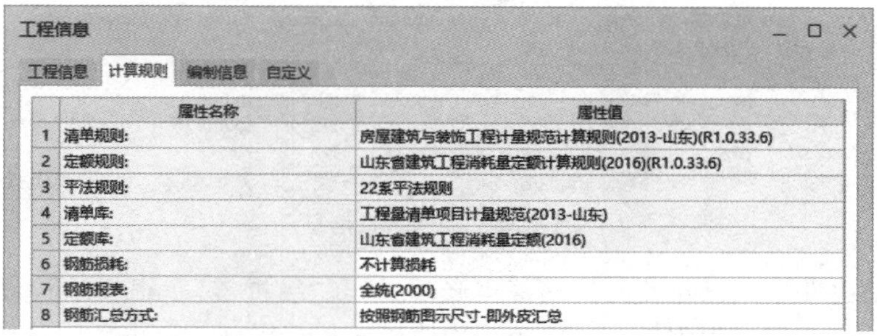
工程信息
工程信息　计算规则　编制信息　自定义

	属性名称	属性值
1	清单规则:	房屋建筑与装饰工程计量规范计算规则(2013-山东)(R1.0.33.6)
2	定额规则:	山东省建筑工程消耗量定额计算规则(2016)(R1.0.33.6)
3	平法规则:	22系平法规则
4	清单库:	工程量清单项目计量规范(2013-山东)
5	定额库:	山东省建筑工程消耗量定额(2016)
6	钢筋损耗:	不计算损耗
7	钢筋报表:	全统(2000)
8	钢筋汇总方式:	按照钢筋图示尺寸-即外皮汇总

图 4-25　计算规则

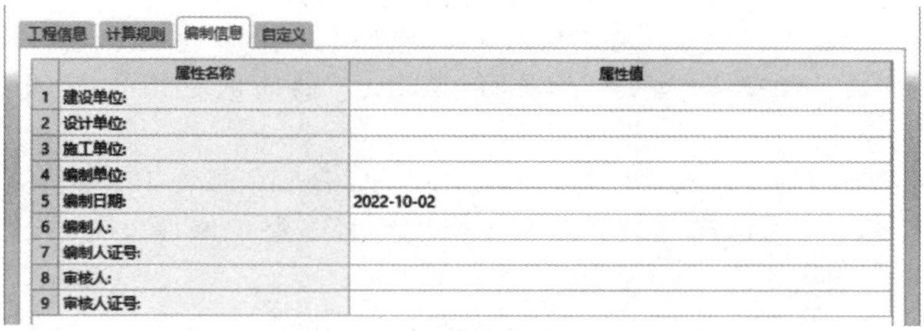
工程信息　计算规则　编制信息　自定义

	属性名称	属性值
1	建设单位:	
2	设计单位:	
3	施工单位:	
4	编制单位:	
5	编制日期:	2022-10-02
6	编制人:	
7	编制人证号:	
8	审核人:	
9	审核人证号:	

图 4-26　编制信息

② 楼层设置

单击“基本设置”中的“楼层设置”，在弹出的窗口中包含“单项工程列表”“楼层列表”“楼层混凝土强度和锚固搭接设置”三个模块。“单项工程列表”模块可以添加或删除单项工程。

在“楼层列表”模块中，要结合工程的楼层层高和结构标高对楼层进行设置，软件默认给出首层与基础层，这两个楼层不可删除，而其他楼层的增减可以通过“插入楼层”和“删除楼层”操作完成。如图 4-27，具体操作及各属性值如下：

在“楼层列表”界面，打“√”的楼层即为首层，在本界面中，只有首层才可以手动输入底标高，其他楼层，要通过输入层高的方式来调整其底标高。点击“插入楼层”，并在首层之上插入第 2 层和屋顶层。由基础平面布置图大样图可知，独立基础底标高为－2.6m，结合图纸可知首层底标高为－0.1m，故基础层层高为：－0.1－(－2.6)＝2.5m，因此在基础层层高一栏输入 2.5 即可，其底标高自动生成为－2.6。

结合结构施工图，在首层层高处输入层高为 3.9m，底标高输入－0.1m，结合板平法施工图，在首层板厚处输入 100mm；第 2 层层高处输入 3.9m，软件自动生成第 2 层底标高为 3.8m，板厚同首层输入 100mm；屋顶层层高处输入 3m，软件自动生成屋顶层底标高为 7.7m，板厚亦同首层输入 100mm。

结合建筑图纸，在首层建筑面积处输入建筑面积为 1767.42m^2，第 2 层建筑面积处输入建筑面积为 1806.46m^2。

在本模块，可以查看各个楼层的名称、层高、底标高、板厚和建筑面积等信息。输入建筑楼层信息之后如图 4-27 所示。

在“楼层混凝土强度和锚固搭接设置”模块中，可以对各个楼层中不同构件的抗震等级、混凝土强度等级、混凝土类型、砂浆标号、砂浆类型、钢筋锚固和搭接长度、保护层厚度等属性进行设置。

楼层列表（基础层和标准层不能设置为首层。设置首层后，楼层编码自动变化，正数为地上层，负数为地下层，基础层编码固定为 0）

插入楼层　删除楼层　上移　下移

首层	编码	楼层名称	层高(m)	底标高(m)	相同层数	板厚(mm)	建筑面积(m2)
☐	3	屋顶层	3	7.7	1	100	(0)
☐	2	第2层	3.9	3.8	1	100	1806.46
☑	1	首层	3.9	-0.1	1	100	1767.42
☐	0	基础层	2.5	-2.6	1	500	(0)

图 4-27　楼层列表信息

在“工程信息”中，已将建筑抗震等级修改为“二级抗震”。根据结构设计总说明，本工程框架梁、柱的抗震等级为二级，而抗震构造措施按三级施工，由于构造柱与圈梁、过梁属于抗震构造措施，故将软件默认的抗震等级“二级抗震”改为“三级抗震”。与默认值不同的抗震等级在进行手动设置后，其背景颜色会自动变为绿色。

结合结构设计总说明，混凝土强度等级：基础垫层为 C15，基础、柱、梁、板、楼梯为 C30，构造柱、圈梁、过梁等为 C25，采用 HRB400 钢筋的混凝土等级为 C20 的应改为 C25。

保护层厚度：基础为 50mm，柱为 20mm，梁为 20mm，板为 15mm。

根据图纸将各构件的抗震等级、混凝土强度等级、保护层厚度等内容设置完成后如图 4-28 所示。

楼层混凝土强度和锚固搭接设置（某幼儿园 首层 -0.10 ~ 3.80 m）

	抗震等级	混凝土强度...	混凝土类型	砂浆标号	砂浆类型	锚固						搭接						保护层厚度(mm)	备注
						H...	HRB3...	HRB...	HRB...	冷...	冷轧扭	HP...	HRB3...	HRB4...	HRB5...	冷...	冷轧扭		
垫层	(非抗震)	C15	现浇混凝土...	M5.0	水泥砂浆	(39)	(38/42)	(40/44)	(48/53)	(45)	(45)	(55)	(53/59)	(56/62)	(67/74)	(63)	(63)	(25)	垫层
基础	(非抗震)	C30	现浇混凝土...	M5.0	水泥砂浆	(30)	(29/32)	(35/39)	(43/47)	(35)	(35)	(42)	(41/45)	(49/55)	(60/66)	(49)	(49)	50	包含所有的基础构件,不含基础梁 / 承台梁 / 垫层
基础梁 / 承台梁	(二级抗震)	C30	现浇混凝土...			(35)	(33/37)	(40/45)	(49/54)	(41)	(35)	(49)	(46/52)	(56/63)	(69/76)	(57)	(49)	50	包含基础主梁、基础次梁、承台梁
柱	(二级抗震)	C30	现浇混凝土...	M5.0	混合砂浆	(35)	(33/37)	(40/45)	(49/54)	(41)	(35)	(49)	(46/52)	(56/63)	(69/76)	(57)	(49)	(20)	包含框架柱、转换柱、预制柱
剪力墙	(二级抗震)	C30	现浇混凝土...			(35)	(33/37)	(40/45)	(49/54)	(41)	(35)	(42)	(40/44)	(48/54)	(59/65)	(49)	(42)	(15)	剪力墙、预制墙
人防门框墙	(二级抗震)	C30	现浇混凝土...			(35)	(33/37)	(40/45)	(49/54)	(41)	(35)	(49)	(46/52)	(56/63)	(69/76)	(57)	(49)	(15)	人防门框墙
暗柱	(二级抗震)	C30	现浇混凝土...			(35)	(33/37)	(40/45)	(49/54)	(41)	(35)	(49)	(46/52)	(56/63)	(69/76)	(57)	(49)	20	包含暗柱、约束边缘非阴影区
端柱	(二级抗震)	C30	现浇混凝土...			(35)	(33/37)	(40/45)	(49/54)	(41)	(35)	(49)	(46/52)	(56/63)	(69/76)	(57)	(49)	20	端柱
墙梁	(二级抗震)	C30	现浇混凝土...			(35)	(33/37)	(40/45)	(49/54)	(41)	(35)	(49)	(46/52)	(56/63)	(69/76)	(57)	(49)	20	包含连梁、暗梁、边框梁
框架梁	(二级抗震)	C30	现浇混凝土...			(35)	(33/37)	(40/45)	(49/54)	(41)	(35)	(49)	(46/52)	(56/63)	(69/76)	(57)	(49)	20	包含楼层框架梁、楼层框架扁梁、屋面框架梁...
非框架梁	(非抗震)	C30	现浇混凝土...			(30)	(29/32)	(35/39)	(43/47)	(35)	(35)	(42)	(41/45)	(49/55)	(60/66)	(49)	(49)	20	包含非框架梁、井字梁、基础联系梁、次肋梁
现浇板	(非抗震)	C30	现浇混凝土...			(30)	(29/32)	(35/39)	(43/47)	(35)	(35)	(42)	(41/45)	(49/55)	(60/66)	(49)	(49)	(15)	包含现浇板、叠合板(整厚)、螺旋板、柱帽、...
楼梯	(非抗震)	C30	现浇混凝土...			(30)	(29/32)	(35/39)	(43/47)	(35)	(35)	(42)	(41/45)	(49/55)	(60/66)	(49)	(49)	(20)	包含楼梯、直形梯段、螺旋梯段
构造柱	三级抗震	C25	现浇混凝土...			(36)	(35/38)	(42/46)	(50/56)	(42)	(40)	(50)	(49/53)	(59/64)	(70/78)	(59)	(56)	(25)	构造柱
圈梁 / 过梁	三级抗震	C25	现浇混凝土...			(36)	(35/38)	(42/46)	(50/56)	(42)	(40)	(50)	(49/53)	(59/64)	(70/78)	(59)	(56)	(25)	包含圈梁、过梁
砌体墙柱	(非抗震)	C25	现浇混凝土...	M5.0	混合砂浆	(34)	(33/36)	(40/44)	(48/53)	(40)	(40)	(48)	(46/50)	(56/62)	(67/74)	(56)	(56)	20	包含砌体柱、砌体墙
其它	(非抗震)	C25	现浇混凝土...	M5.0	混合砂浆	(34)	(33/36)	(40/44)	(48/53)	(40)	(40)	(48)	(46/50)	(56/62)	(67/74)	(56)	(56)	(25)	包含除以上构件类型之外的所有构件类型
叠合板(预制底板)	(非抗震)	C25	现浇混凝土...			(34)	(33/36)	(40/44)	(48/53)	(40)	(40)	(48)	(46/50)	(56/62)	(67/74)	(56)	(56)	(20)	包含叠合板(预制底板)
支护桩	(非抗震)	C25	现浇混凝土...			(34)	(33/36)	(40/44)	(48/53)	(40)	(40)	(48)	(46/50)	(56/62)	(67/74)	(56)	(56)	(45)	支护桩
支撑梁	(非抗震)	C25	现浇混凝土...			(34)	(33/36)	(40/44)	(48/53)	(40)	(40)	(48)	(46/50)	(56/62)	(67/74)	(56)	(56)	(45)	支撑梁
桩间挂网	(非抗震)	C25	现浇混凝土...			(34)	(33/36)	(40/44)	(48/53)	(40)	(40)	(48)	(46/50)	(56/62)	(67/74)	(56)	(56)	(20)	桩间挂网

图 4-28　混凝土强度及保护层厚度等设置

楼层的钢筋锚固和搭接设置采用软件默认值，如图 4-29 所示，由于本过程仅对首层进行了设置，故在混凝土强度和锚固搭接设置完成后，要进行全楼层信息覆盖，因此要用“复制到其他楼层”命令对其他楼层信息进行设置。

在“楼层设置”的最下方找到“复制到其他楼层”命令，左键点击，弹出“复制到其他楼层”的新界面；

在项目名称（本工程名为“某幼儿园”）前点击“√”，选择全部楼层；

点击“确定”即可将信息同步到其他楼层当中。具体操作如图 4-30 所示。

（2）土建设置

“土建设置”包含“计算设置”和“计算规则”两个小模块，在创建工程之前，已经对模型的清单定额计算规则进行了选择，因此“土建设置”模块中包含的两个小模块的内容是软件默认的，如图纸中有特殊要求，则需要根据图纸的特殊规定进行更改。以基础为例，具体内容如图 4-31 与图 4-32 所示。

	锚固						搭接					
	HPB235(A...	HRB335(B...	HRB400(C...	HRB500(E...	冷轧带肋	冷轧扭	HPB235(A)...	HRB335(B)...	HRB400(C)...	HRB500(E)H...	冷轧带肋	冷轧扭
垫层	(39)	(38/42)	(40/44)	(48/53)	(45)	(45)	(55)	(53/59)	(56/62)	(67/74)	(63)	(63)
基础	(30)	(29/32)	(35/39)	(43/47)	(35)	(35)	(42)	(41/45)	(49/55)	(60/66)	(49)	(49)
基础梁 / 承台梁	(35)	(33/37)	(40/45)	(49/54)	(41)	(35)	(49)	(46/52)	(56/63)	(69/76)	(57)	(49)
柱	(35)	(33/37)	(40/45)	(49/54)	(41)	(35)	(49)	(46/52)	(56/63)	(69/76)	(57)	(49)
剪力墙	(35)	(33/37)	(40/45)	(49/54)	(41)	(35)	(42)	(40/44)	(48/54)	(59/65)	(49)	(42)
人防门框墙	(35)	(33/37)	(40/45)	(49/54)	(41)	(35)	(49)	(46/52)	(56/63)	(69/76)	(57)	(49)
暗柱	(35)	(33/37)	(40/45)	(49/54)	(41)	(35)	(49)	(46/52)	(56/63)	(69/76)	(57)	(49)
端柱	(35)	(33/37)	(40/45)	(49/54)	(41)	(35)	(49)	(46/52)	(56/63)	(69/76)	(57)	(49)
墙梁	(35)	(33/37)	(40/45)	(49/54)	(41)	(35)	(49)	(46/52)	(56/63)	(69/76)	(57)	(49)
框架梁	(35)	(33/37)	(40/45)	(49/54)	(41)	(35)	(49)	(46/52)	(56/63)	(69/76)	(57)	(49)
非框架梁	(30)	(29/32)	(35/39)	(43/47)	(35)	(35)	(42)	(41/45)	(49/55)	(60/66)	(49)	(49)
现浇板	(30)	(29/32)	(35/39)	(43/47)	(35)	(35)	(42)	(41/45)	(49/55)	(60/66)	(49)	(49)
楼梯	(30)	(29/32)	(35/39)	(43/47)	(35)	(35)	(42)	(41/45)	(49/55)	(60/66)	(49)	(49)
构造柱	(36)	(35/38)	(42/46)	(50/56)	(42)	(40)	(50)	(49/53)	(59/64)	(70/78)	(59)	(56)
圈梁 / 过梁	(36)	(35/38)	(42/46)	(50/56)	(42)	(40)	(50)	(49/53)	(59/64)	(70/78)	(59)	(56)
砌体墙柱	(34)	(33/36)	(40/44)	(48/53)	(40)	(40)	(48)	(46/50)	(56/62)	(67/74)	(56)	(56)
其它	(34)	(33/36)	(40/44)	(48/53)	(40)	(40)	(48)	(46/50)	(56/62)	(67/74)	(56)	(56)
叠合板(预制底板)	(34)	(33/36)	(40/44)	(48/53)	(40)	(40)	(48)	(46/50)	(56/62)	(67/74)	(56)	(56)
支护桩	(34)	(33/36)	(40/44)	(48/53)	(40)	(40)	(48)	(46/50)	(56/62)	(67/74)	(56)	(56)
支撑梁	(34)	(33/36)	(40/44)	(48/53)	(40)	(40)	(48)	(46/50)	(56/62)	(67/74)	(56)	(56)
桩间挂网	(34)	(33/36)	(40/44)	(48/53)	(40)	(40)	(48)	(46/50)	(56/62)	(67/74)	(56)	(56)

图 4-29　锚固与搭接设置

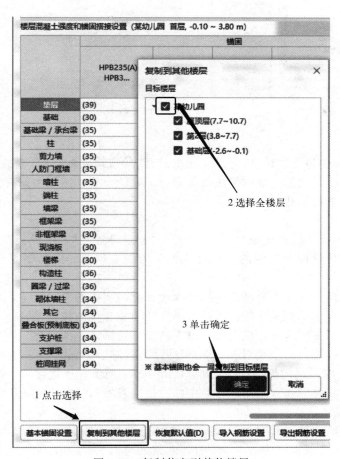

图 4-30　复制信息到其他楼层

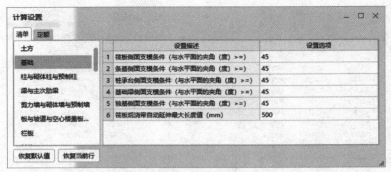

图 4-31 基础计算设置

图 4-32 基础计算规则

（3）钢筋设置

"钢筋设置"模块包含"计算设置""比重设置""弯钩设置""弯曲调整值设置""损耗设置"模块，软件已经根据选择的平法图集进行了默认设置。图纸中如有特殊要求，需要在默认设置的基础上进行手动修改。

① 计算设置

"计算设置"包含"计算规则""节点设置""箍筋设置""搭接设置""箍筋公式"五个部分。此处就以"计算设置"中的"搭接设置"为例来说明。钢筋锚固和连接部分要求如图 4-33 所示。

钢筋的锚固和连接方式需要准确理解结构设计总说明中的有关规定，例如本工程中规定钢筋的连接方式优先选用机械连接，吊板及吊柱、桁架和拱的拉杆等轴心受拉及小偏心受拉构件的纵筋不得采用绑扎连接，框支梁、框支柱、一级抗震框架梁柱、直接承受动力荷载的构件采用机械连接接头。其余构件当 d（受力钢筋直径）$\geqslant 22\mathrm{mm}$ 时采用机械连接接头；当 $12\mathrm{mm} < d < 22\mathrm{mm}$ 时，采用焊接接头；$d \leqslant 12\mathrm{mm}$ 时采用绑扎连接接头。结合设计说明中的钢筋搭接规则，将其对应到"钢筋设置"中的"搭接设置"，如图 4-34 所示。

② 比重设置

钢筋比重会影响钢筋工程量的计算，需要结合图纸准确设置。在实际工程中，直径为 $6\mathrm{mm}$ 的普通钢筋一般用直径为 $6.5\mathrm{mm}$ 的普通钢筋进行替代，故在"比重设置"模块，将直径为 $6.5\mathrm{mm}$ 的钢筋比重即"0.26"复制粘贴到直径为 $6\mathrm{mm}$ 的钢筋比重处，即用"0.26"

5. 钢筋混凝土工程

5.1 钢筋锚固和连接：

5.1.1 纵向受拉钢筋的锚固长度l_a、抗震锚固长度l_{aE}详见国标图集22G101—1。

5.1.2 纵向受拉钢筋绑扎搭接长度l_l和l_{lE}详见国标图集22G101—1。

5.1.3 受力钢筋的连接接头宜设置在受力较小处。抗震设计时，宜避开梁端、柱端箍筋加密区范围，当无法避开时，应采用机械连接接头，且接头百分率(见5.2.6条)应＜50%。吊板及吊柱、桁架和拱的拉杆等轴心受拉及小偏心受拉构件纵筋连接、不得采用绑扎连接，框支梁、框支柱、一级抗震框架梁柱、直接承受动力荷载的结构件中，应采用机械连接接头，其余构件当d(受力钢筋直径)≥22mm时采用机械连接接头，当12mm＜d＜22mm时，可采用焊接接头，d≤12mm时可采用绑扎连接接头。机械连接的接头应选用《钢筋机械连接技术规程》的Ⅱ级接头(有特别注明的除外)。连接件的混凝土保护层厚度宜满足钢最小保护层厚度的要求，连接件之间的横向净距宜≥25mm。钢筋焊接应按照《钢筋焊接及验收规程》的有关规定执行。

图 4-33　钢筋锚固和连接部分要求

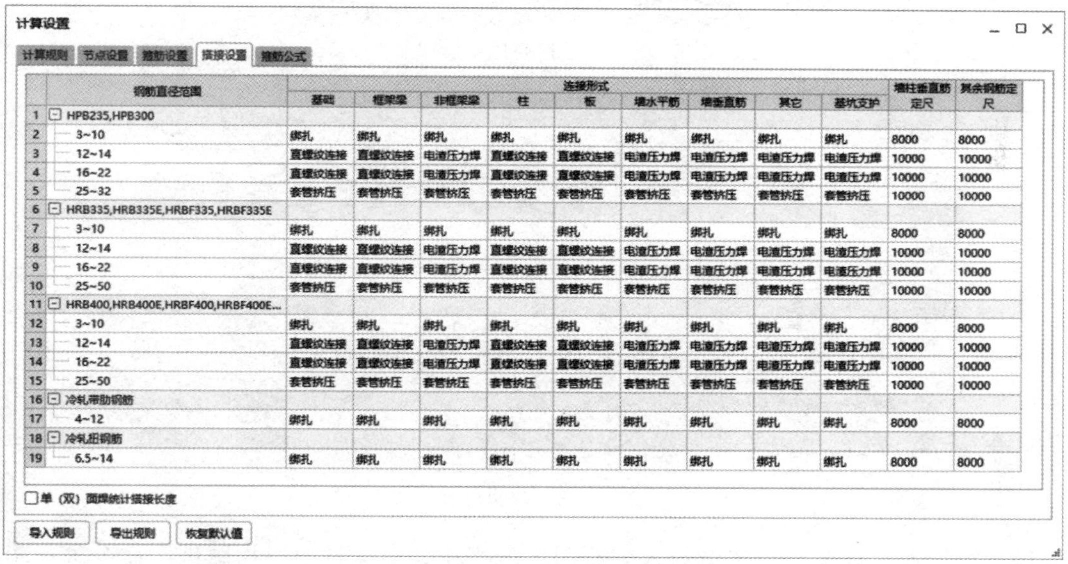

	钢筋直径范围	连接形式									墙柱垂直筋定尺	其余钢筋定尺
		基础	框架梁	非框架梁	柱	板	墙水平筋	墙垂直筋	其它	基坑支护		
1	HPB235,HPB300											
2	3~10	绑扎	绑扎	绑扎	绑扎	绑扎	绑扎	绑扎	绑扎	绑扎	8000	8000
3	12~14	直螺纹连接	直螺纹连接	电渣压力焊	直螺纹连接	直螺纹连接	电渣压力焊	电渣压力焊	电渣压力焊	电渣压力焊	10000	10000
4	16~22	直螺纹连接	直螺纹连接	电渣压力焊	直螺纹连接	直螺纹连接	电渣压力焊	电渣压力焊	电渣压力焊	电渣压力焊	10000	10000
5	25~32	套管挤压	套管挤压	套管挤压	套管挤压	套管挤压	套管挤压	套管挤压	套管挤压	套管挤压	10000	10000
6	HRB335,HRB335E,HRBF335,HRBF335E											
7	3~10	绑扎	绑扎	绑扎	绑扎	绑扎	绑扎	绑扎	绑扎	绑扎	8000	8000
8	12~14	直螺纹连接	直螺纹连接	电渣压力焊	直螺纹连接	直螺纹连接	电渣压力焊	电渣压力焊	电渣压力焊	电渣压力焊	10000	10000
9	16~22	直螺纹连接	直螺纹连接	电渣压力焊	直螺纹连接	直螺纹连接	电渣压力焊	电渣压力焊	电渣压力焊	电渣压力焊	10000	10000
10	25~50	套管挤压	套管挤压	套管挤压	套管挤压	套管挤压	套管挤压	套管挤压	套管挤压	套管挤压	10000	10000
11	HRB400,HRB400E,HRBF400,HRBF400E...											
12	3~10	绑扎	绑扎	绑扎	绑扎	绑扎	绑扎	绑扎	绑扎	绑扎	8000	8000
13	12~14	直螺纹连接	直螺纹连接	电渣压力焊	直螺纹连接	直螺纹连接	电渣压力焊	电渣压力焊	电渣压力焊	电渣压力焊	10000	10000
14	16~22	直螺纹连接	直螺纹连接	电渣压力焊	直螺纹连接	直螺纹连接	电渣压力焊	电渣压力焊	电渣压力焊	电渣压力焊	10000	10000
15	25~50	套管挤压	套管挤压	套管挤压	套管挤压	套管挤压	套管挤压	套管挤压	套管挤压	套管挤压	10000	10000
16	冷轧带肋钢筋											
17	4~12	绑扎	绑扎	绑扎	绑扎	绑扎	绑扎	绑扎	绑扎	绑扎	8000	8000
18	冷轧扭钢筋											
19	6.5~14	绑扎	绑扎	绑扎	绑扎	绑扎	绑扎	绑扎	绑扎	绑扎	8000	8000

图 4-34　钢筋搭接设置

代替“0.222”，手动修改数值的背景颜色会与默认值的背景颜色不同，具体操作如图 4-35 所示。

③ 弯钩设置

无特殊要求，弯钩设置采用软件默认，如图 4-36 所示。

4.2.2.3　CAD 导图

建筑算量模型需要以 CAD 图纸为基础进行建立，其步骤为：图纸添加→图纸分割→图纸定位→楼层表识别→楼层建立→图纸构件与楼层相匹配。导图基础操作介绍如下。

在软件导航工具栏中找到“视图”模块，其包含“视图”“操作”“用户界面”三个子模块，在“用户界面”子模块中打开“图纸管理”工具栏，已打开的工具栏背景会变成深色，如图 4-37 所示。该工具栏包含“添加图纸”“分割”“定位”和“删除”四个命令，如图 4-38 所示。

在未添加任何图纸之前，“图纸管理”工具栏中的命令，只有“添加图纸”是可以用的，其他三个命令只有在添加完图纸之后才可以使用，不可用的命令背景以灰色进行显示。若要

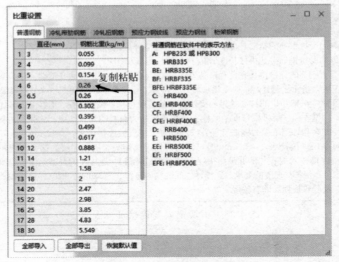

图 4-35　钢筋比重设置

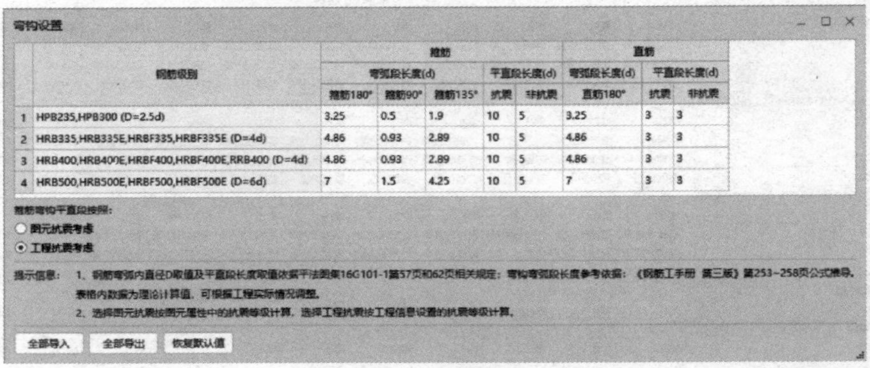

图 4-36　弯钩设置

对图纸进行管理，首先要将图纸导入到绘图区域当中，即通过"添加图纸"命令进行图纸导入。

图 4-37　视图-用户界面-图纸管理

图 4-38　"图纸管理"工具栏

在"视图-用户界面"模块中，除"图纸管理"工具栏之外，还有"导航栏""构件列表""属性""图层管理""显示设置"工具栏。"导航栏"的作用是可以查看不同类型的构件；"构件列表"工具栏的作用是可以查看不同类型构件的子构件，以"柱"命令为例，可以查看不同类型的框架柱如 KZ-1、KZ-2；"属性列表"工具栏则可以查看已建立构件的属性，并可以根据工程图纸来进行调整；"图层管理"工具栏则与 CAD 软件中的图层管理有相似之处，可以隐藏或显示特定图层，本处不再做详细介绍；"显示设置"工具栏分为"图元显示"与"楼层显示"，"图元显示"命令可以显示或隐藏特定的构件，"楼层显示"则可以选择显示或隐藏某一楼层。"视图-用户界面"各工具栏如图 4-39 所示。

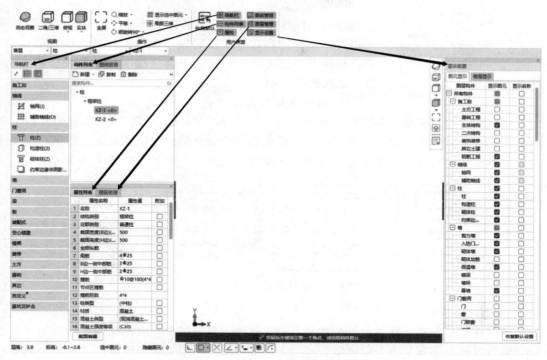

图 4-39　"视图-用户界面"各工具栏

　　为了做好模型建立的基础工作，要依次对工程图纸进行添加、分割、定位、建立楼层并与图纸匹配，最后删除对工程量计算无影响的图纸。

　　（1）添加图纸与分割图纸

　　① 添加建筑结构图纸

　　找到存放本案例工程图纸的文件夹，在里面找到"幼儿园-建筑.dwg"与"幼儿园-结构.dwg"施工图，并通过"添加图纸"命令将两张图纸依次导入到平台中。

　　添加建筑图纸的步骤如图 4-40 所示，结构图纸的添加与建筑图纸添加步骤相同。添加完图纸之后，"图纸管理"工作区如图 4-41 所示。

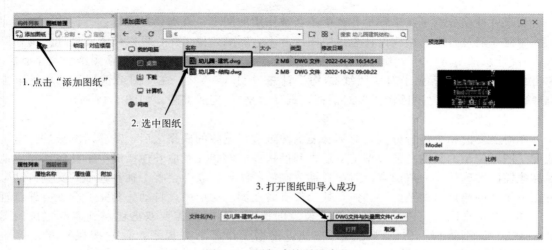

图 4-40　添加建筑图纸步骤

图 4-41 图纸添加完成

在添加完成建筑结构施工图纸后，进行图纸分割，图纸分割的目的是使得建模过程更加具有条理性，需要将用得到的图纸进行分割，并将其与楼层对应，使得工程量计算更加准确。软件提供了"自动分割"和"手动分割"两种图纸分割方法，以下依次进行介绍。

② 自动分割图纸

在"图纸管理"中双击选中并切换到"幼儿园-结构"图纸，点击"分割-自动分割"命令，软件会自动对图纸进行分割操作，已分割完的图纸边框颜色与线宽会发生变化，左半部分为已分割完成的图纸，右半部分为未分割的图纸，在图纸工作区中如图 4-42 所示。

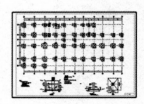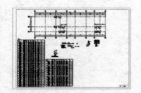

图 4-42 已自动分割完成的图纸

③ 手动分割图纸

由于某些图纸没有名称或图纸名称并不符合软件的识别标准，因此软件在自动分割命令执行完毕后可能会遗漏某些关键图纸，这类未被正确分割的图纸就必须采用"手动分割"命令来进行操作。具体操作流程如下：在"图纸管理"中选中"幼儿园-结构"，点击"图纸管理"工具栏中的"分割-手动分割"命令，按住鼠标左键框选中需要被分割的图纸，松开鼠标左键，框选中的范围出现黄色边框，单击鼠标右键进行确认，弹出"手动分割"对话框，再对手动分割出的图纸名称进行修改，填写正确的图纸名称并对应正确楼层，点击"确定"即可。以墙身大样图为例，该图纸未自动分割，因此需要进行手动分割操作。具体操作如图 4-43 所示。

注：在手动分割的操作中，选中的图纸会统一变为蓝色，属于正常现象，在填写完图纸信息并单击确定之后回归正常。

（2）删除图纸与定位图纸

① 删除图纸

如果软件误分割了在工程量计算中不会被使用的图纸，就需要对图纸进行删除处理。如在模型建立的过程中，结构设计总说明图纸并不会影响建模工作，可以作删除处理。本处以"结构设计总说明（一）"为例进行图纸删除操作，具体操作过程如下：在图纸分割完成后，单击并选中"图纸管理-未对应图纸-结构设计总说明（一）"，在"图纸管理"工具栏单击"删除"命令，弹出"删除图纸"对话框，选择"是"，完成删除。如图 4-44 所示。

② 定位图纸

在对必要的图纸进行分割与对不必要的图纸进行删除的操作之后，需要对图纸进行定位处理。图纸定位的目的是使模型上下层之间的构件能够相互对应并连接成一个整体，相应地提高建模的准确性。一般而言，对于自动分割好的图纸，软件会将①轴和Ⓐ轴的交点自动定位在工作区的原点（白色的"×"）处。但有时在同一楼层中，自动分割完的图纸所处位置不一样，会出现图纸定位基点都不在定位点的情况，此时就需要双击切换到需要定位的图纸，点击"图纸管理"中的"定位"按钮，根据工作区下方提示，首先按鼠标左键确定 CAD 图纸的基准点，将鼠标移动到①轴与Ⓐ轴的交点处，当鼠标以黄色的"×"显示时，

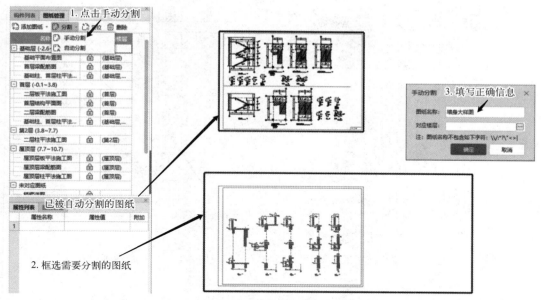

图 4-43　手动分割操作步骤

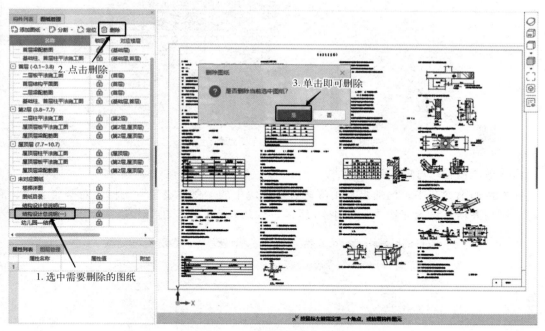

图 4-44　删除图纸操作步骤

单击鼠标左键，工作区下方提示"按鼠标左键确定定位点"，移动鼠标至工作区原点处并单击鼠标左键，完成图纸定位。定位前定位后的图纸如图 4-45 和图 4-46 所示。

　　注：在进行图纸定位时，工作区中有时不会出现白色的"×"，工作区基点在图纸之外，在选中图纸的定位基点之后，就需要在工作区中滑动鼠标滚轮，进行工作区缩放处理，直至工作区中出现工作区原点，将图纸移动到原点处。工作区基点在图纸外示意如图 4-47 所示。

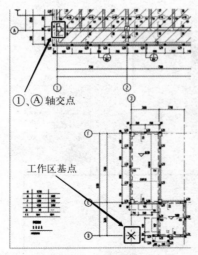

图 4-45　定位前图纸

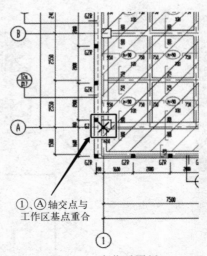

图 4-46　定位后图纸

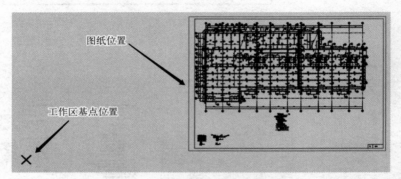

图 4-47　工作区基点在图纸外示意图

（3）建立楼层与对应图纸

在本章的第二节中，已通过“工程设置”模块中的“楼层设置”子模块对楼层名称、底标高、层高等信息设置完毕，如图 4-48 所示，故此处不必重复进行楼层建立的工作。

楼层列表（基础层和标准层不能设置为首层。设置首层后，楼层编码自动变化，正数为地上层，负数为地下层，基础层编码固定为 0）

插入楼层　删除楼层　上移　下移

首层	编码	楼层名称	层高(m)	底标高(m)	相同层数	板厚(mm)	建筑面积(m2)
☐	3	屋顶层	3	7.7	1	100	(0)
☐	2	第2层	3.9	3.8	1	100	1806.46
☑	1	首层	3.9	-0.1	1	100	1767.42
☐	0	基础层	2.5	-2.6	1	500	(0)

图 4-48　楼层列表

① 识别并建立楼层

若楼层没有建立，则可以通过“建模-图纸操作-识别楼层表”命令来进行楼层的识别工作，双击切换到含有楼层表的图纸，并将楼层表调整至绘图工作区，单击“识别楼层表”命令，按照软件提示，鼠标左键框选楼层表，右键确认，在弹出的界面进行楼层信息修改，本案例中识别楼层表结果如图 4-49 所示，在楼层表中，第一列为楼层名称，第二列为底标高，第三列为层高，识别出的内容需要与楼层表的信息一一对应，而识别出的列内容与楼层表并不一致，这就需要在识别界面更改表头，将识别出的内容与楼层表相匹配，单击倒三角下拉选择并将第一列表头改为"名称"；第二列表头改为"底标高"；第三列表头为"层高"，无须更改。在楼层识别中，并不需要倒数第一行与倒数第二行，因此选中这两行并将其删除。修改后的识别楼层表结果如图 4-50 所示。

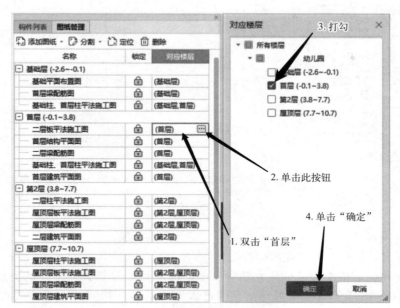

图 4-49　识别结果 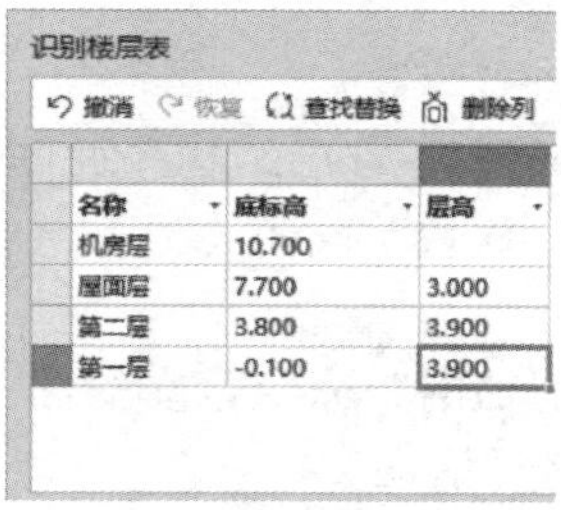　　　　　　　　　　　图 4-50　修改后结果

② 图纸与楼层关系对应

在完成楼层建立步骤之后，需要对分割的图纸进行楼层关系对应，在关系对应时应注意，施工图中的板图名中的楼层含义是该层的底板，但软件中的板模型默认建在该楼层顶部。以"二层板平法施工图"为例，其板顶标高为 3.800m，但首层顶标高为 3.800m，因此在软件中应将其对应到首层中，具体操作如下：首先鼠标左键双击二层板施工图的"对应楼层"，当对应楼层中出现"⋯"按钮时，点击此按钮，会弹出"对应楼层"选择框，在"首层"前打"√"，并点击"确定"，完成对应，具体操作及其他图纸与楼层的对应关系如图 4-51 所示。

图 4-51　图纸与楼层关系对应

4.2.2.4　识别轴网

轴网是由建筑轴线组成的网，是建筑制图的基准，建筑物的主要支承构件按照轴网定位排列，达到井然有序的效果。轴网由定位轴线（建筑结构中的墙或柱的中心线）、标志尺寸（用来标注建筑物定位轴线之间的距离大小）和轴号组成，一般而言，轴网分直线轴网、斜交轴网和弧线轴网。

（1）轴网识别

用软件识别 CAD 轴网的一般顺序为：提取轴线→提取标注→自动识别。本工程中轴网识别的操作如下：

① 提取图纸轴线

a. 双击"图纸管理-首层结构平面图"，将图纸调入绘图工作区。

b. 在"建模"模块下，点击左侧导航栏中的"轴网"，在软件菜单栏的右上方会显示出"识别轴网"命令。

c. 单击"识别轴网"命令，在绘图工作区的左上角会弹出带有提取轴线、提取标注和自动识别等信息的对话框。

d. 单击"提取轴线"，并按照提示选择任意一条轴线，当鼠标移动到轴线上时，鼠标会变成"回"形，单击轴线，软件会自动选取轴线图层，处于选中状态的轴线在工作区中变为蓝色，右键确认，被选中的轴线会自动隐藏，并被自动存放到"已提取的 CAD 图层"中。具体操作如图 4-52 所示。

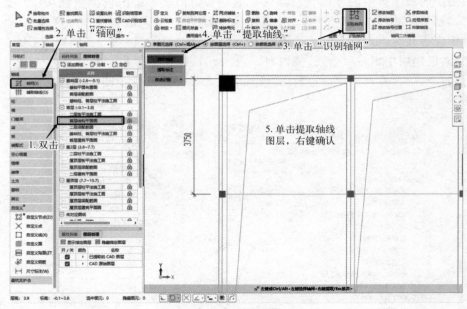

图 4-52　提取轴线操作

② 提取轴网标注

a. 单击弹出对话框中的"提取标注"。

b. 按照软件提示依次选择标注、轴号。提取标注的步骤与提取轴线的类似，右键确认之后被选中的标注也会自动隐藏并存放到"已提取的 CAD 图层"当中。提取标注的具体操作如图 4-53 所示。

③ 自动识别轴网

对话框的最下方是"自动识别"命令，其包含"自动识别""选择识别"和"识别辅轴"三个命令。"自动识别"命令用于自动识别 CAD 图纸中的轴线，自动完成轴网的识别，一般工程选择这个选项即可；"选择识别"命令用于手动识别 CAD 图纸中的轴线，该功能可以将用户选定的轴线识别成主轴线；"识别辅轴"命令可以手动识别 CAD 图纸中的辅助轴

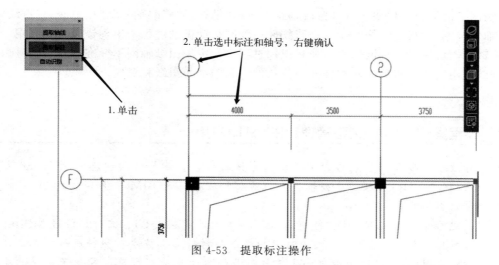

图 4-53　提取标注操作

线。对于某些轴网较为复杂的工程图纸可以采用"选择识别"和"识别辅轴"，本工程选用"自动识别"，识别结果可点击"导航栏-轴线-轴网"，在绘图区中显示。本工程识别完成的轴网如图 4-54 所示。

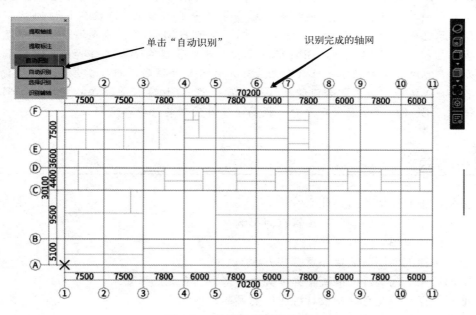

图 4-54　已识别完成的轴网

注："提取轴线""提取标注"均可按"单图元选择""按图层选择""按颜色选择"，一般选"按图层选择"。在提取轴线和提取轴线标识的过程中，如果轴线的各个组成部分在同一个图层中或用同一种颜色进行绘制，则只需一次提取即可；如果轴线包括的部分不在一个图层中或未用同一种颜色绘制，则需要依次点击标识所在的各个图层或各种颜色，直到选中全部的轴线标识。

（2）轴网修改与二次编辑

轴网二次编辑功能适用于轴网较为复杂，且在识别轴网步骤时出现一些个别问题的图纸。"轴网二次编辑"模块包含"修改轴距""修剪轴线""修改轴号""拉框修剪/折线修剪""修改轴号位置""恢复轴线"命令，若软件在轴网自动识别过程中出现错误，可以用"轴网二次编辑"模块来进行轴网修改。如在识别过程中，由于图纸轴网不标准，导致轴号识别错位，可以使用二次编辑功能修改轴号，使软件中的轴网与图纸相对应。

课程案例   BIM 工程管理、3D 打印应用

武汉绿地中心项目位于武昌内环滨江商务区核心区，建筑的面积总和为 72.86 万 m^2，由超高层主楼、SOHO 辅楼、办公辅楼、商业裙楼组成，是 BIM 技术和 3D 打印技术综合应用的一个优秀项目。

在建设过程中，通过 Revit 软件建立 BIM 模型后，转换成 STL 文件，经过 MPrint 软件处理后将数据传递到 3D 打印机，利用激光扫描以及材料熔化技术对塑料进行加工，使塑料变成建筑模型。3D 打印技术有效提高了建筑行业的自动化应用程度，缩短了材料的生产周期，能够直接打印好材料，并且在此基础上进行组装，降低组装成本。

BIM 综合信息管理平台的运用为本项目 BIM 技术应用的亮点，为了使 BIM 技术充分渗透现场项目管理、设计深化以及进度款支付、变更签证等各个方面，项目组建了 BIM 专业团队，研发出一款土建、机电、钢结构、幕墙等多专业融合的 5D 数字化协同信息管理平台，加强总承包管理的纵深影响。此平台有机融合了 BIM 技术、施工综合出图以及信息共享应用功能，包含了 BIM 规划、BIM 标准管理、计划管理等十大工作模块，通过数字化模拟施工办法，以施工前的技术深化优化为主，形成有指导性的三维模型并导出可执行的施工图纸和书面施工流程（工艺配合流程及计划调度流程），切实指导施工、解决施工问题。项目全过程运用 BIM 综合信息管理平台，提高了项目管理的效率与准确性。

思考题

1. 案例工程的结构类型是什么？
2. 总平面布置图对编制工程预算有何影响？
3. 立面图的识图要点有哪些？
4. 查看楼梯剖面图时需要注意哪些方面？
5. 案例工程不同构件的混凝土强度等级是多少？有无抗渗要求？
6. 编制预算时应注意结构设计说明中的哪些事项？
7. 柱表识图要点有哪些？
8. 梁的集中标注与原位标注有何区别与联系？
9. 读取板的钢筋标注时需要注意哪些方面？
10. 如何添加、分割和删除图纸？请简单叙述软件操作步骤。

第 5 章
BIM 地基与基础工程计量

学习目标：通过本章的学习，了解 22G101—3 平法图集中基础的结构类型与标注含义，并熟悉本案例工程的基础形式及其特点。

课程要求：能够独立完成 BIM 基础工程计量中钢筋混凝土独立基础构件的建立、识别、定位和做法套取等工作。

5.1 相关知识

基础有多种形式，按照构造形式不同可将其分为条形基础、独立基础、满堂基础和桩基础。而满堂基础又分为筏形基础和箱形基础。

施工图纸对于基础结构信息的标注方式有平面标注与截面标注两种表达方式。图纸中常见的是平面标注方式，如图 4-12 所示，截面标注方式如图 4-13 所示。对于不同基础的平面标注内容与要求详见 22G101—3 图集。

5.1.1 条形基础

条形基础是指基础长度远远大于宽度的一种基础形式，其长度大于或等于 10 倍的基础宽度，按照基础上部结构的不同可将其分为墙下条形基础、柱下条形基础。

条形基础的特点是：布置在一条轴线上且与两条以上轴线相交，有时也和独立基础相连，但截面尺寸与配筋不尽相同。

5.1.2 独立基础

独立基础，也称单独基础或柱式基础。当建筑物上部结构采用框架结构或单层排架结构承重时，基础常采用方形或矩形的独立基础，其形式有阶梯形、锥形等。独立基础有多种结构形式，如杯形独立基础、柱下单独基础，其结构形式如表 5-1 所示。

表 5-1 独立基础结构类型

类型	基础底板截面形状	代号	序号
柱下单独基础	阶梯形	DJJ	××
	锥形	DJZ	××
杯形独立基础	阶梯形	BJJ	××
	锥形	BJZ	××

5.1.3 满堂基础

满堂基础由板、梁和墙柱组合浇筑而成，一般有板式（也叫无梁式）满堂基础、梁板式（也叫片筏式）满堂基础和箱形满堂基础三种形式。板式满堂基础的板、梁板式满堂基础的梁和板等套用满堂基础定额，而其上的墙、柱则套用相应的墙柱定额。箱形基础的底板套用满堂基础定额，隔板和顶板则套用相应的墙、板定额。

5.1.4 桩基础

桩基础由基桩和连接桩顶的桩承台共同组成，是一种通过承台把若干根桩的顶部联结成整体，共同承受动静荷载的一种深基础。桩是设置于土中的竖直或倾斜的基础构件，其作用在于穿越软弱的高压缩性土层或水，将桩所承受的荷载传递到更硬、更密实或压缩性较小的地基持力层上，我们通常将桩基础中的桩称为基桩。

5.2 任务分析

5.2.1 图纸分析

完成本节任务需分析基础的形式和特点，由"幼儿园-结构"中的"基础平面布置图"可知，本工程基础均为钢筋混凝土二阶锥形独立基础，基础底标高均为 -2.600m，且有 9 种不同的尺寸。底部均有 C15 的混凝土垫层，垫层厚度 100mm，且每边宽出基础 100mm。其具体信息如表 5-2 所示。

表 5-2 独立基础信息

类型	序号	名称	混凝土强度等级	阶高 (h_1/h_2)/mm	尺寸信息（基底面/基顶面）/(mm×mm)	配筋信息
独立基础	1	DJZ01	C30	400/200	1800×1800/500×500	B：X&Y：Φ14@180
	2	DJZ02	C30	300/300	2400×2400/600×600	B：X&Y：Φ16@200
	3	DJZ03	C30	300/400	2800×2800/600×600	B：X&Y：Φ14@130
	4	DJZ04	C30	400/200	1800×1800/500×500	B：X&Y：Φ14@180
	5	DJZ05	C30	350/250	2000×2000/600×600	B：X&Y：Φ14@200
	6	DJZ06	C30	450/150	1500×1500/500×500	B：X&Y：Φ16@200
	7	DJZ07	C30	400/200	1700×1700/600×600	B：X&Y：Φ14@180
	8	DJZ08	C30	300/300	2400×2400/600×600	B：X&Y：Φ16@180
	9	DJZ09	C30	350/250	2100×2100/600×600	B：X&Y：Φ14@200

以 DJZ01 为例，其混凝土强度为 C30，h_1 为底阶，高度 400mm，h_2 为顶阶，高度 200mm，基底面尺寸为 1800mm×1800mm，基顶面尺寸为 500mm×500mm，配筋信息为 B：X&Y：Φ14@180，"B"的含义为底部，"X&Y"的含义为 X 方向和 Y 方向，"Φ14@

180"的含义为每隔 180mm 布置一根直径为 14mm 的三级钢筋。

5.2.2　建模分析

通过对图纸分析可知，本工程有 9 种二阶锥形独立基础，编号为 DJZ01～DJZ09，每种基础只有一个详细的属性标注，图纸中独立基础名称为"DJZ"而不是"DJ$_Z$"，故不需要在软件中进行查找替换。

注：软件不能自动识别下角标，若图纸中独立基础的名称含有下角标，则需要在软件中对标注进行查找，并通过批量替换操作，将下角标改为大写的字母。

由于各独立基础的阶高、尺寸和配筋信息不同，通过独立基础识别命令只可识别出基础的位置，并不能准确识别各独立基础的具体属性，因此在进行独立基础构件识别之前，可新建独立基础单元，并结合图纸准确定义其属性。

5.3　任务实施

5.3.1　独立基础模型绘制步骤

本工程基础为二阶独立基础，首先需要定义基础构件，再利用"自动识别"命令在相应位置生成图元，建立独立基础构件和识别独立基础图元的基本步骤为：

① 确定需要建立构件的楼层，在左侧导航栏中选择"基础-独立基础"。

② 双击图纸管理中的"基础层-基础平面布置图"，将工作区切换至基础层。

③ 上方工具栏中选择"通用操作-定义"，弹出基础定义界面。

④ 在构件列表中点击"新建-新建独立基础"。

⑤ 重复上一步操作，点击"新建-新建参数化独立基础单元"，并调整、补全属性值。

⑥ 建立所有独立基础构件，返回工作区，点击工作区上方的"识别独立基础"命令按照软件提示完成独立基础模型的建立。

5.3.1.1　新建独立基础构件

（1）定义构件

本案例工程以 DJZ01 为例建立独立基础构件，具体操作如下：

① 在导航栏中找到"基础-独立基础"，单击"独立基础"。

② 在构件列表中单击"新建-新建独立基础"命令，建立独立基础构件。

③ 选中新建的独立基础构件，重复"新建"命令，在下拉选框中选择"新建参数化独立基础单元"并弹出"选择参数化图形"界面，进行子构件的建立。

④ 在此界面选择"四棱锥台形独立基础"，并将 DJZ01 的阶高、底部尺寸与顶部尺寸依次输入到右侧的参数值中。由图纸可知，$a=b=1800$、$a1=b1=500$、$h=400$、$h1=200$。

⑤ 完成参数输入，单击"确定"，DJZ01 子构件建立完成。

具体操作如图 5-1 所示。

（2）编辑属性

建立完构件之后，要对构件属性和子构件属性进行修改和编辑，构件属性一般包括：长度、宽度、高度、顶标高和底标高；子构件属性一般包括：名称、截面形状、截面长度、截面宽度、高度、横向受力筋、纵向受力筋、材质类型及强度等级。

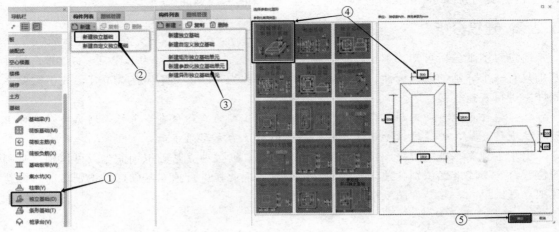

图 5-1   定义 DJZ01 构件

注：1. 在软件中由于钢筋标号难以输入，所以为了方便输入钢筋参数，用字母 A、B、C、D 分别代表一、二、三、四级钢筋，即输入"3C20"则表示 3 根直径为 20mm 的三级钢筋；输入"2B22"则表示 2 根直径为 22mm 的二级钢筋。在进行箍筋参数输入时，为了方便建模，可输入"-"来代替"@"，如"$\Phi 14@180$"可以用"C14-180"来代替，输入完成之后，软件会自动在对应的属性栏显示"$\Phi 14@180$"。

2. 蓝色属性名称是构件的统一属性，即修改的蓝色属性值会对绘图工作区中已建立的所有同名构件生效；黑色属性是构件的个别属性，即修改时只对选中的图元生效。

3. 构件名称"DJZ01<1>"后的"<1>"表示在绘图工作区中，名称为"DJZ01"的图元共有 1 个。

属性的修改步骤如下：

① 构件名称：软件默认按照 DJ-1、DJ-2 方式生成，需根据图纸实际情况对构件名称进行修改。选中基础构件，在名称处输入"DJZ01"，顶标高和底标高无需修改。

② 子构件名称：输入"DJZ-01"。

③ 子构件横向受力筋：输入"$\Phi 14@180$"或"C14-180"。

④ 子构件纵向受力筋：输入"$\Phi 14@180$"或"C14-180"。

⑤ 其余属性无需修改。

具体操作如图 5-2 所示。

本节以 DJZ01 为例，进行了独立基础构件的建立与属性的修改，可根据同样的方法，结合图纸中 DJZ02~DJZ09 的平法标注，完成其他构件的建立。建立完成的独立基础构件如图 5-3 所示。

5.3.1.2   自动识别独立基础

在建立完所有的独立基础构件之后，需要进行独立基础图元的建立，这就需要用到上方导航栏中的"识别独立基础"这一命令，识别独立基础的基本操作步骤为：识别独立基础→提取独基边线→提取独基标识→识别独立基础。

在上方工具栏的"建模"模块中找到"识别独立基础"模块，并点击"识别独立基础"命令，在绘图工作区的左上角弹出操作步骤对话框，如图 5-4、图 5-5 所示。

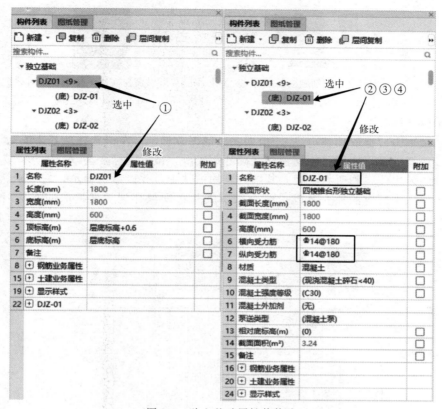

图 5-2　独立基础属性值修改

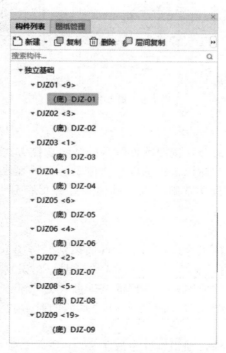

图 5-3　已建立完成的独立基础构件

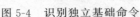

图 5-4   识别独立基础命令　　　图 5-5   识别独立基础操作步骤对话框

（1）提取独基边线

鼠标左键单击"提取独基边线"，根据工作区下方提示"左键选择独基边线"，按照软件默认的图线选择方式将鼠标移动到独立基础外边线上，鼠标图标变为"回"形，选择任意一个独立基础的外边线，则所有的独立基础边线均被选中，并以蓝色显示，右键确认选择，选择完毕后工作区中所有的独立基础边线全部消失并自动保存到"已提取的 CAD 图层"中，如图 5-6 所示。

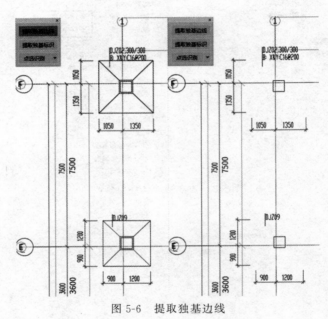

图 5-6   提取独基边线

（2）提取独基标识

点击"提取独基标识"命令，按照软件默认的图线选择方式和软件状态栏的提示，单击左键选择任意一个独立基础的标识，在选取一个标识后，所有独立基础标识均被选中并高亮显示，右键确认选择，所有独立基础标识全部消失并被保存到"已提取的 CAD 图层"中，如图 5-7 所示。

（3）识别独立基础

在完成提取独基边线和标识之后，点击"点选识别"旁边的"▼"，在下拉选框中选择"自动识别"命令，软件会自动识别并校核识别的模型，在识别完成后，会弹出如图 5-8 所示的提示框。出现此提示框的原因是本案例的基础形式为二阶锥形独立基础，在建模过程中使用的是"参数化独立基础图元"，而不是软件的默认的阶形独立基础形式，故会弹出此提示框，点击关闭即可。

在完成自动识别后，软件自动识别并生成了 50 个独立基础图元，其模型单体视图与三维视图示意如图 5-9 所示。

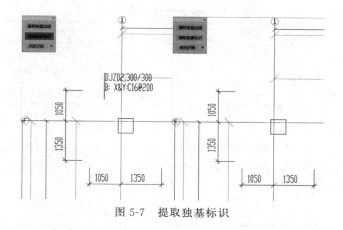

图 5-7   提取独基标识

图 5-8   独立基础校核提示框

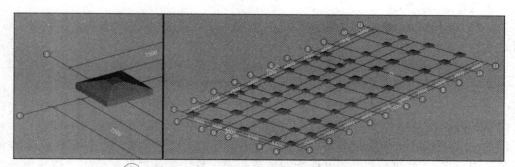

🗻 图 5-9   独立基础单体模型与整体模型三维视图

5.3.2   独立基础构件做法套用

为了准确将独立基础模型与清单、定额相匹配,需要在绘制完成独立基础模型后,对构件进行做法套用操作。

5.3.2.1   独立基础工程量计算规则

（1）清单计算规则

通过查取《房屋建筑与装饰工程工程量计算规范》（GB 50854—2013）中的表 E.1 与表 S.2 可得,独立基础需要套取的清单计算规则见表 5-3。

表 5-3   独立基础清单计算规则

项目编码	项目名称	计量单位	计算规则
010501003	独立基础	m³	按设计图示尺寸以体积计算； 不扣除伸入承台基础的桩头所占体积
011702001	基础	m²	按模板与现浇混凝土构件的接触面积计算

（2）定额计算规则

通过查取《山东省建筑工程消耗量定额》（2016 版）并结合《山东省建设工程消耗量定额与工程量清单衔接对照表》（建筑工程专业）中的 E.1、E.8、S.2 可得，独立基础清单对应的定额规则见表 5-4。

表 5-4   独立基础定额计算规则

编号	项目名称	计量单位	计算规则
5-1-6	C30 现浇混凝土独立基础	10m³	按设计图示尺寸以体积计算； 不扣除伸入承台基础的桩头所占体积
5-3-10	泵送混凝土 基础 泵车	10m³	按各混凝土构件混凝土消耗量之和计算体积
18-1-15	独立基础复合木模板	10m²	按模板与现浇混凝土构件的接触面积计算

下面以基础 "DJZ01" 为例，在 BIM 平台中进行独立基础清单及定额项目的套用。

5.3.2.2   独立基础工程量清单定额规则套用

在对构件进行清单定额的套取工作时，需要进入构件定义界面，在软件操作过程中，有两种方法可以进入构件定义界面。

第一种方法：在 "建模" 模块中的 "通用操作" 子模块找到 "定义" 功能，单击 "定义" 进入构件定义界面。

第二种方法：可以选中 "构件列表" 中的任意构件，在选中构件之后，双击构件名称，即可进入到构件定义界面。

（1）独立基础清单项目套用

本节以 "（底）DJZ-01" 构件为例，进行清单套取。

① 在上方导航栏中找到并进入 "建模-通用操作-定义" 界面，在构件列表中选中 "（底）DJZ-01" 构件，在右侧工作区中切换到 "构件做法" 界面套取相应的混凝土清单。

② 单击下方的 "查询匹配清单" 页签（若无该页签，则可以在 "构件做法-查询-查询匹配清单" 中调出），弹出与构件相互匹配的清单列表，软件默认的匹配清单 "按构件类型过滤"，在匹配清单列表中双击 "010501003 独立基础 m³"，将该清单项目导入到上方工作区中，此清单项目为独立基础构件的混凝土体积。独立基础模板清单项目编码为 "011702001"，其套取操作与独立基础混凝土体积清单项目的操作一致。套取完成的独立基础构件清单项目如图 5-10 所示。以独立基础混凝土清单项目为例，添加该清单项目的另一种方式为：单击上方构件做法工作区中的 "添加清单"，双击 "编码" 的空白处，直接输入 "010501003"，回车键确认。

③ 在完成清单项目选取之后，需要填写清单项目的项目特征，根据《房屋建筑与装饰工程工程量计算规范》（GB 50854—2013）中表 E.1 的规定：混凝土独立基础的项目特征需要描述混凝土种类和混凝土强度等级两项内容；表 S.2 中规定：混凝土基础的模板项目特征仅需描述基础类型这一项内容。单击鼠标左键选中 "010501003" 并在工作区下方的 "项目

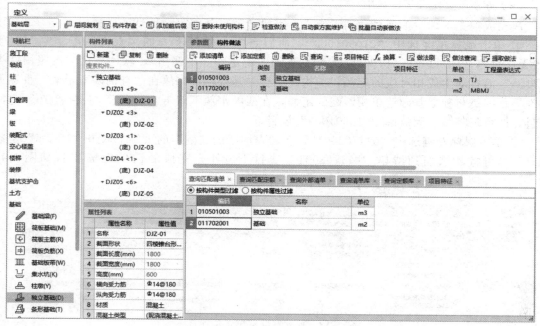

图 5-10　独立基础清单项目套用

特征"页签（若无该页签，则可以在"构件做法-项目特征"中调出）中添加混凝土种类的特征值为"商品混凝土（商砼）❶"，混凝土强度等级的特征值为"C30"；选中"011702001"并添加其项目特征值为"独立基础"。填写完成后的独立基础清单项目特征如图 5-11、图 5-12 所示。

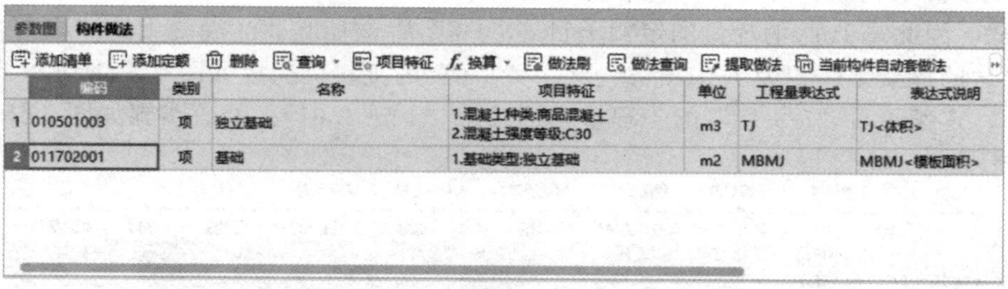

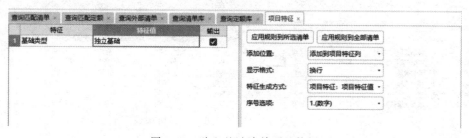

图 5-11　独立基础清单定额项目

图 5-12　独立基础清单项目特征

---

❶ 本书软件界面为简练显示，用商砼写法。

（2）独立基础定额子目套用

在完成独立基础清单项目套用工作后，需要对独立基础定额子目进行套用。

① 单击鼠标左键选中"010501003"，而后点击工作区下方的"查询匹配定额"页签（若无该页签，则可以在"构件做法-查询-查询匹配定额"中调出），软件默认"按照构件类型过滤"而自动生成相对应的定额，本构件为独立基础构件，故在"查询匹配定额"页签下软件显示的是与独立基础清单相匹配的定额，在匹配定额下双击"5-1-6"与"5-3-10"定额子目，即可将其添加到清单"010501003"项目下。

② 单击鼠标左键选中"011702001"，在"查询匹配定额"的页签下双击"18-1-5"定额子目，即可将其添加到清单"011702001"项目下。补充完成的清单定额项目如图 5-13所示。

	编码	类别	名称	项目特征	单位	工程量表达式	表达式说明	单价	综合单价	措施项目	专业	自动套
1	010501003	项	独立基础	1.混凝土种类:商品混凝土 2.混凝土强度等级:C30	m3	TJ	TJ<体积>			☐	建筑工程	☐
2	5-1-6	定	C30混凝土独立基础		m3	TJ	TJ<体积>	5686.72		☐	建筑	☐
3	5-3-10	定	泵送混凝土 泵车		m3			99.7		☐	建筑	☐
4	011702001	项	基础	1.基础类型-独立基础	m2	MBMJ	MBMJ<模板面积>			☑	建筑工程	☐
5	18-1-15	定	独立基础钢筋混凝土复合木模板木支撑		m2	MBMJ	MBMJ<模板面积>	1226.98		☑	建筑	☐

图 5-13　独立基础清单定额项目

（3）定额子目工程量表达式修改

对于定额子目"5-3-10"，其工程量表达式为空白，故此条目在汇总计算完成之后不显示工程量，因此需要对其工程量表达式进行修改，定额子目"5-3-10"的工程量需要基于子目"5-1-6"工料机构成中的混凝土实际工程量进行修改，因此可以在计价软件中查询"5-1-6"的工料机构成，每 $10m^3$ 消耗量的定额子目"5-1-6"，含有 C30 商品混凝土的体积为 $10.1m^3$，因此每 $1m^3$ 消耗量的定额子目"5-1-6"所含 C30 商品混凝土的体积为 $1.01m^3$，即需要泵送的混凝土体积为 $1.01m^3$。子目"5-1-6"的工料机构成如图 5-14所示。因此在构件做法中，定额子目"5-3-10"的工程量表达式为"TJ * 1.01"。修改步骤如图 5-15所示。

	编码	类别	名称	锁定综合单价	项目特征	单位	含量	工程量表达式	工程量	单价	综合单价	综合合价
			整个项目									60115
1	010501003001	项	独立基础	☐		m3			100		601.15	60115
	5-1-6	定	C30混凝土独立基础			10m3	0.1	QDL	10	5686.72	6011.52	60115.2

1.选中定额项目　　2.查看混凝土含量

	编码	类别	名称	规格及型号	单位	含量	数量	不含税省单价	不含税山东省价	不含税市场价	含税市场价	税率(%)
1	00010010	人	综合工日(土建)		工日	6.25	62.5	128	128	128	128	0
2	80210025	商砼	C30现浇混凝土	碎石＜40	m3	10.1	101	466.02	466.02	466.02	480	3
3	02090013	材	塑料薄膜		m2	16.3905	163.905	1.86	1.86	1.86	2.1	13
4	02270047	材	阻燃毛毡		m2	3.26	32.6	42.5	42.5	42.5	48.03	13
5	34110003	材	水		m3	0.9826	9.826	6.36	6.36	6.36	6.55	3
6	990618…	机	混凝土振捣器	插入式	台班	0.5771	5.771	8.02	8.02	8.02	8.42	

图 5-14　定额子目"5-1-6"工料机构成

（4）复制清单定额项目至其余基础构件

由于本工程的基础结构类型仅有一种，且混凝土种类与标号都一致，故所有基础构件的清单项目及定额子目都是一样的，为了提高操作效率，软件提供了一种可以将构件做法复制

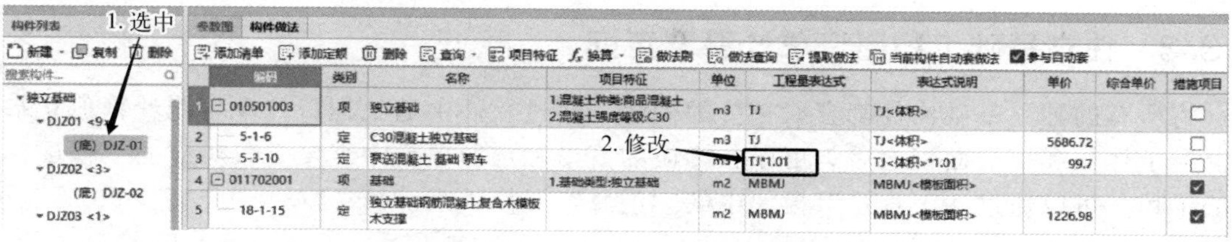

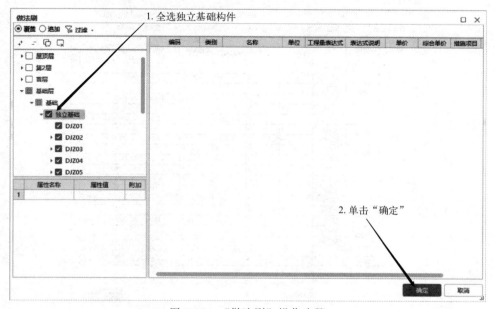

图 5-15　定额子目 "5-3-10" 工程量表达式修改

到其他同类型构件中的操作——做法刷。

① 鼠标左键单击 "编码" 与 "1" 左上方交叉处的白色方块，即可将独立基础的清单定额项目全部选中。如图 5-16 所示。

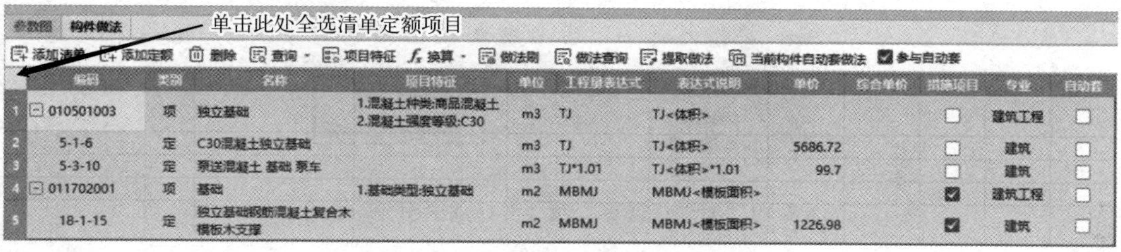

图 5-16　全选清单定额项目

② 选中清单定额项目之后，单击 "构件做法" 下方菜单栏中的 "做法刷"，此时软件会弹出 "做法刷" 界面，界面左端显示可供选择的构件名称，还可以选择 "覆盖"（将选中构件的清单定额全部清除，并添加为已选择的清单定额）或 "追加"（在选中构件的清单定额项目基础上，添加已选择的清单定额项目）的添加方式。在 "覆盖" 方式下，选择所有的基础构件，并单击确定，即可将 DJZ01 的清单定额项目复制到其他的独立基础构件中。如图 5-17 所示。

图 5-17　"做法刷" 操作步骤

5.3.3   独立基础工程量汇总计算及查询

将所有的独立基础构件都套取相应的做法，通过软件中的工程量计算功能计算独立基础的混凝土体积和模板面积之后，可以在相应的清单和定额项目中直接查看对应的工程量。构件的工程量可以通过"工程量"模块中的"汇总"子模块来计算。

5.3.3.1   独立基础工程量计算

计算工程量有两种操作方法，第一种方式：可以首先单击"汇总计算"命令，在弹出的窗口内选择需要计算的独立基础构件，单击确定；第二种方式：单击"汇总选中图元"命令，根据软件提示，在绘图工作区内框选出需要计算的构件，右键确认，即可完成工程量计算。两种计算方式如图 5-18 所示。

图 5-18   "汇总计算"和"汇总选中图元"命令

5.3.3.2   独立基础工程量查看

独立基础混凝土及模板工程量的计算结果有两种查看方式，第一种是按照构件查看工程量，第二种则是按照做法（清单定额）来查看工程量。以全部独立基础构件为例，在"工程量-土建计算结果"模块中找到"查看工程量"命令，单击此命令，并根据软件提示框选中所有构件，弹出"查看构件图元工程量"界面。"构件工程量"明细和"做法工程量"明细分别如图 5-19 和图 5-20 所示。

查看构件图元工程量

◉ 清单工程量　○ 定额工程量　☑ 显示房间、组合构件量　☑ 只显示标准层单层量　☐ 显示施工段归类

	楼层	名称		工程量名称						
				数量(个)	脚手架面积(m2)	体积(m3)	模板面积(m2)	底面积(m2)	侧面积(m2)	顶面积(m2)
1	基础层	DJZ01	DJZ01	9	0	0	0	0	0	0
2			DJZ-01	0	0	14.2983	25.92	29.16	53.5347	0.81
3		DJZ02	DJZ02	3	0	0	0	0	0	0
4			DJZ-02	0	0	7.452	8.64	17.28	25.7163	0.33
5		DJZ03	DJZ03	1	0	0	0	0	0	0
6			DJZ-03	0	0	3.6693	3.36	7.84	11.3192	0.11
7		DJZ04	DJZ04	1	0	0	0	0	0	0
8			DJZ-04	0	0	1.5887	2.88	3.24	6.0083	0
9		DJZ05	DJZ05	6	0	0	0	0	0	0
10			DJZ-05	0	0	11.1798	16.8	24	39.9912	0.945
11		DJZ06	DJZ06	4	0	0	0	0	0	0
12			DJZ-06	0	0	4.7	10.8	9	19.1524	0.36
13		DJZ07	DJZ07	2	0	0	0	0	0	0
14			DJZ-07	0	0	2.8814	5.44	5.78	10.8242	0.315
15		DJZ08	DJZ08	5	0	0	0	0	0	0
16			DJZ-08	0	0	12.42	14.4	28.8	42.8605	0.7876
17		DJZ09	DJZ09	19	0	0	0	0	0	0
18			DJZ-09	0	0	38.874	55.86	83.79	136.9729	2.09
19	小计			50	0	97.0635	144.1	208.89	346.3797	5.7475
20	合计			50	0	97.0635	144.1	208.89	346.3797	5.7475

设置分类及工程量　　导出到Excel　　　　　　　　退出

图 5-19   "构件工程量"明细

	编码	项目名称	单位	工程量	单价	合价
1	010501003	独立基础	m3	97.0635		
2	5-1-6	C30混凝土独立基础	10m3	9.70635	5686.72	55197.2947
3	5-3-10	泵送混凝土 基础泵车	10m3	9.80347	99.7	977.406
4	011702001	基础	m2	144.1		
5	18-1-15	独立基础钢筋混凝土复合木模板木支撑	10m2	14.41	1226.98	17680.7818

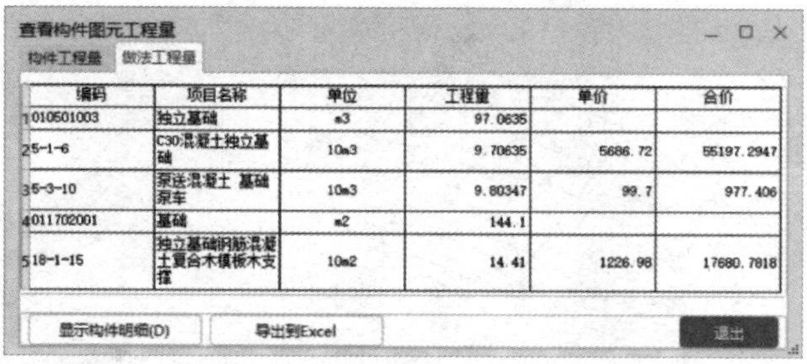

图 5-20 “做法工程量”明细

独立基础钢筋工程量的计算结果可以通过“工程量-钢筋计算结果”模块中的“查看钢筋量”“编辑钢筋”和“钢筋三维”三种方式进行查看。

以 DJZ01 和 DJZ02 为例，通过“查看钢筋量”命令，可以直接看到这两个独立基础构件归属的楼层名称、构件名称、钢筋型号和不同直径的钢筋重量，如图 5-21 所示。

	楼层名称	构件名称	钢筋总重量（kg）	HRB400		
				14	16	合计
1	基础层	DJZ01[1516]	45.254	45.254		45.254
2		DJZ02[1514]	94.484		94.484	94.484
3		合计:	139.738	45.254	94.484	139.738

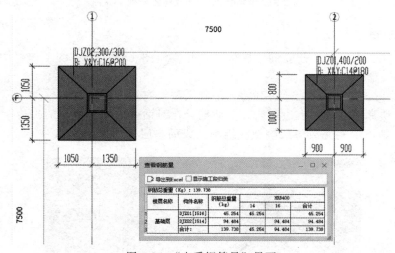

图 5-21 “查看钢筋量”界面

以 DJZ01 为例，通过“钢筋三维”命令可以在绘图工作区中查看钢筋的形状、排列方式等信息，通过“编辑钢筋”命令可以在工作区下方可以查看构件中的钢筋筋号、直径、级别、图形、计算公式、长度、根数、重量等必要信息，如图 5-22 所示。

软件提供的三种查看钢筋工程量的方式各有其相应特点，在实际工作中可以根据不同的需要进行选用。

5.3.4 独立基础垫层模型绘制步骤

建立完成混凝土独立基础模型后，需要建立独立基础底部的垫层模型，查看图纸可知，混凝土独立基础垫层的厚度为 100mm，向基础底的四周伸出宽度为 100mm。

5.3.4.1 新建垫层构件

① 在导航栏中找到“基础-垫层（X）”，单击“垫层（X）”。

② 在构件列表中单击“新建-新建面式垫层”命令，建立垫层构件。

③ 在厚度的属性值中输入“100”即可。

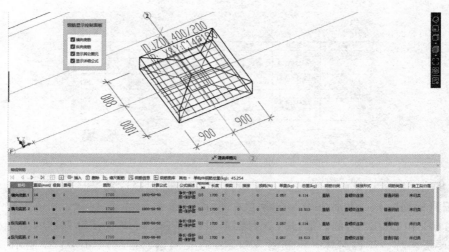

图 5-22 "编辑钢筋"与"钢筋三维"界面

5.3.4.2 绘制垫层模型

① 在构件列表内选中新建立的垫层构件，并在绘图工作区上方的工作栏中选择"建模-智能布置-独基"命令。

② 根据软件提示，拉框选择所有独立基础模型，右键确认。

③ 软件自动弹出"设置出边距离"对话框，在对话框内输入垫层的出边距离为"100"，单击"确定"，即可绘制完成垫层模型。绘制完成的垫层模型如图 5-23 所示。

图 5-23 绘制完成的独立基础与混凝土垫层模型

混凝土垫层的汇总计算及工程量查看与独立基础相同，本处不再赘述。对于混凝土垫层的清单定额项目，选取"010501001 与 2-1-28""011702001 与 18-1-1"即可，填写清单项目"010501001"的项目特征为：混凝土种类"商品混凝土"，混凝土强度等级"C15"即可，"011702001"无须填写项目特征，其余属性无须修改。混凝土垫层的清单定额项目套取步骤与独立基础构件的步骤基本一致，本处不再赘述。

5.4 地基与基础工程传统计量方式

在传统计量计价过程中，需要通过查询清单和定额规范来进行列项，再通过读取 CAD 图纸来获取基础构件的形状、尺寸、高度等信息。

5.4.1 独立基础清单定额规则选取

独立基础项目需要套取混凝土工程量清单和模板清单。根据《房屋建筑与装饰工程工程量计算规范》（GB 50854—2013）中表 E.1 的规定，独立基础的混凝土工程量清单编码为 "010501003"，其计算规则为：**按设计图示尺寸以体积计算，不扣除伸入承台基础的桩头所占体积**。由规范表 S.2，混凝土基础模板的工程量清单编码为 "011702001"，其计算规则为：**按模板与现浇混凝土构件的接触面积计算**。

在《山东省建筑工程消耗量定额》（2016 版）中，第五章对于独立基础混凝土工程量的计算有明确的要求，即其工程量**按图示尺寸以体积计算**。**柱与柱基的划分以柱基的扩大顶面为分界线**。第十八章要求模板工程量按照混凝土与模板**接触面积计算**。

通过查取《山东省建设工程消耗量定额与工程量清单衔接对照表》（建筑工程专业）中的 E.1 并结合混凝土种类，可选取清单编码 "010501003" 中的定额子条目 "5-1-6" 与泵送混凝土子目 "5-3-10"，S.2 中清单编码 "011702001" 中的定额子条目 "18-1-15"。

5.4.2　独立基础清单定额工程量计算

以 DJZ01 为例进行清单定额工程量计算，基础构件的混凝土工程量需要计算其体积。

5.4.2.1　独立基础混凝土工程量计算

按照图示尺寸可得：DJZ01 底阶的 "长×宽" 为 "1.8m×1.8m"，顶阶的 "长×宽" 为 "0.5m×0.5m"，底阶高度 0.4m，顶阶高度 0.2m，其结构形状由一个四棱柱（底阶）和一个四棱台（顶阶）组成，其中，四棱台的体积计算公式为：

$$V=(S_1+S_2+4S_0)H/6$$

式中　S_1——四棱台上底面积；

S_2——四棱台下底面积；

S_0——四棱台中截面面积；

H——四棱台高度。

故独立基础 DJZ01 的混凝土工程量：

$V=V_{底}+V_{顶}=1.8^2\times0.4+(0.5^2+1.8^2+4\times1.15^2)\times0.2/6=1.5887\mathrm{m}^3$。

泵送混凝土工程量＝混凝土工程量×1.01＝1.6046m³。

5.4.2.2　独立基础模板工程量计算

此基础的模板面积只需要计算基础底阶的侧面面积，即：$S=1.8\times0.4\times4=2.88\mathrm{m}^2$。

至此，DJZ01 的混凝土工程量和模板工程量计算完毕，经过对比可以看出，手算的工程量与软件中计算的工程量结果一致，软件的工程量计算结果如图 5-24 所示。

手算 DJZ01 的清单定额汇总如表 5-5 所示。

表 5-5　DJZ01 清单定额汇总表

序号	编码	项目名称	项目特征	单位	工程量
1	010501003001	独立基础	1. 混凝土种类:商品混凝土 2. 混凝土强度等级:C30	m³	1.5887
	5-1-6	C30 独立混凝土基础		10m³	0.15887
	5-3-10	泵送混凝土 基础 泵车		10m³	0.16046
2	011702001001	基础	基础类型:独立基础	m²	2.88
	18-1-15	独立基础钢筋混凝土 复合木模板木支撑		10m²	0.288

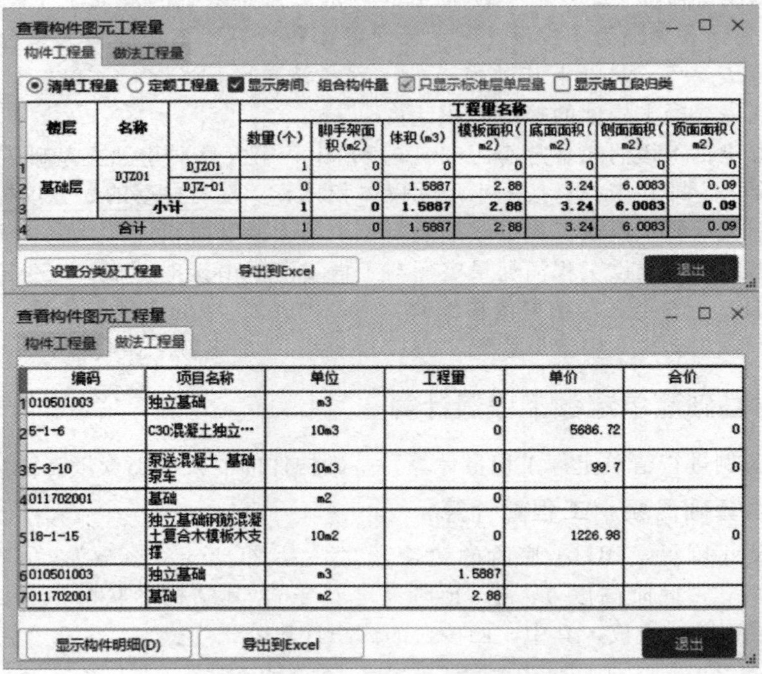

图 5-24　DJZ01 软件工程量查看

5.4.2.3　独立基钢筋工程量计算

在进行钢筋工程计价时，其计量单位是钢筋的重量。因此在计算时需要计算出钢筋的总长度，再用总长度乘以钢筋的单位长度重量，这样便可以得到钢筋的重量。但在实际计算过程中，需要计算出每根钢筋的长度，并结合钢筋根数，从而确定所需钢筋的总长度。

根据《混凝土结构施工图平面整体表示方法制图规则和构造详图（独立基础、条形基础、筏形基础、桩基础）》（22G101—3）可得：

$$独立基础钢筋单根长度 = X/Y 方向图示长度 - 2c$$

$$独立基础钢筋根数 = [Y/X 方向图示长度 - 2 \times \min(s/2, 75)]/s(向上取整) + 1$$

其中：c 表示保护层厚度；s 表示钢筋间距。

DJZ01 的 XY 向钢筋长度及根数的计算过程如下：

$$X 向钢筋长度 = 1800 - 2 \times 50 = 1700 \text{mm} = 1.7 \text{m}$$

$$X 向钢筋根数 = [1800 - 2 \times \min(180/2, 75)]/180(向上取整) + 1 = 10 + 1 = 11 \text{ 根}$$

$$Y 向钢筋长度 = 1800 - 2 \times 50 = 1700 \text{mm} = 1.7 \text{m}$$

$$Y 向钢筋根数 = [1800 - 2 \times \min(180/2, 75)]/180(向上取整) + 1 = 10 + 1 = 11 \text{ 根}$$

独立基础 DJZ01 的钢筋直径为 14mm，其钢筋单位长度重量为 1.21kg/m，故其单根钢筋的净重为：$1.7 \times 1.21 = 2.057 \text{kg}$，其钢筋总重为：$2.057 \times 22 = 45.254 \text{kg}$。BIM 平台中的钢筋工程量计算明细以及钢筋量查看分别如图 5-25 和图 5-26 所示。

通过以上对比可见，手算工程量与 BIM 工程算量的计算结果相同，但依托 BIM 技术可以大批量地对构件的工程量进行计算，在实际的工作中可以提高计算效率，减少计算偏差，节省工作时间。

图 5-25　DJZ01 钢筋计算明细

图 5-26　DJZ01 钢筋工程量查看

 思考题

1. 房屋建筑工程中的基础类型有哪些？
2. 案例工程的基础类型是什么？
3. 在软件中，钢筋型号有几种输入方式？请描述一下。
4. 自动识别独立基础的一般顺序是什么？
5. 独立基础的清单定额计算规则有何异同点？
6. 在套取混凝土基础的混凝土泵送时，应注意什么？
7. 独立基础的钢筋长度如何计算？请举例说明。

第 6 章
BIM 土石方工程计量

学习目标：通过本章的学习，了解不同类型的土方开挖与回填的施工工序，并熟悉本案例工程的土方开挖与回填的清单定额项目的内容。

课程要求：能够独立完成 BIM 土石方工程计量中土方开挖与土方回填构件的建立、识别和做法套取等工作。

在完成地基与基础工程的建模后，需要建立土方开挖及土方回填的 BIM 模型。一般而言，土方开挖是在地基与基础工程施工前的一项工作，而土方回填则是在地基与基础工程验收合格后的一项工作，但应用 GTJ2021 时，根据软件的建模顺序，当基础的 BIM 模型建立完成后，才可建立土方开挖与土方回填的 BIM 模型。

6.1 相关知识

土石方工程包括场地平整、基坑（槽）与管沟开挖、路基开挖、人防工程开挖、地坪填土、路基填筑以及基坑回填。其特点为：施工面广、工作量大且劳动任务繁重、施工复杂。

山东省定额规定，按照土石方的坚硬程度和开挖难易程度可将土壤类型分为：普通土（又称一、二类土）和坚土（又细分为三类土、四类土）。其中，一、二类土包含粉土、砂土、粉质黏土、软土、软塑红黏土等，人工开挖时可以用铁锹、镐、条锄开挖，可用机械直接铲挖满载；三类土包含黏土、碎石土、混合土、可塑红黏土、硬塑红黏土、压实填土等，人工开挖时主要用镐、条锄开挖，机械铲挖满载时需将部分刨松；四类土包含碎石土、坚硬红黏土、超盐渍土、杂填土等，人工开挖时需要全部用镐、条锄开挖，机械铲挖满载时必须普遍刨松。在进行土石方工程的清单定额套取时应注意考虑开挖深度、干湿土、运土方法、运距、土方施工措施（放坡或支挡土板）。在进行土石方工程量计算前，应根据施工现场的勘察结果，确定土壤及岩石类别。若有地下水，应确定地下水位的标高及排（降）水方法。

土方回填，是指建筑工程的填土，主要有地基填土、基坑（槽）或管沟回填、室内地坪回填、室外场地回填平整等。对地下设施工程（如地下结构物、沟渠、管线沟等）的两侧或四周及上部的回填土，应先对地下工程进行各项检查，办理验收手续后方可回填。

按照土方回填的方式可将其分为人工填土和机械填土，其中，机械填土一般包含推土机填土、铲运机填土和汽车填土。

在完成土方回填后，需要对回填土进行压实，一般的压实方法有碾压法、夯实法和振动压实法以及利用运土工具压实。对于大面积填土工程,多采用碾压和利用运土工具压实,而对于较小面积的填土工程,则宜用夯实工具进行压实。

6.2　任务分析

在本工程案例结构设计总说明中,无地下水,故无须考虑降水措施。本案例工程的基础类型为钢筋混凝土独立基础,土方开挖采用机械挖土,坑上作业,人工清理。

清单与定额规则中的土石方工程量计算规则不一致。在《房屋建筑与装饰工程工程量计算规范》(GB 50854—2013)中,对于土石方工程量的计算要求不考虑工作面宽度与放坡系数,而在《山东省建筑工程消耗量定额》(2016 版)中,需要考虑土方放坡和工作面宽度,对于机械挖普通土、基坑上作业的土方开挖,其放坡系数为 1∶0.75。假定项目施工现场无法堆放弃土,采用自卸汽车运输土方,运距为 1000m;工作面宽度自基础(含垫层)外向四周各延伸 400mm。

绘制土方模型时,需要考虑土方开挖的底标高,混凝土独立基础下有细石混凝土垫层,故对土方开挖进行标高设置时,应当考虑垫层厚度。

6.3　任务实施

6.3.1　基坑土方模型绘制步骤

6.3.1.1　新建基坑土方构件

本案例工程以①、Ⓕ轴交点处的 DJZ02 为例建立基坑土方构件,具体操作如下:

① 在导航栏中找到"土方-基坑土方(K)",单击选中"基坑土方(K)"。

② 在构件列表中单击"新建-新建矩形基坑土方"命令,建立基坑土方构件。

③ 查看图纸可知,DJZ02 的长×宽为 2400mm×2400mm,故在新建立的土方构件中输入坑底长×宽为 2400mm×2400mm,土壤类别为普通土,工作面宽 400mm,放坡系数 0.75,挖土方式采用挖掘机,其余参数无需修改。设置完成的基坑参数如图 6-1 所示。

6.3.1.2　绘制基坑土方模型

① 单击选中建立完成的土方构件,再选中绘图工作区上方"建模-智能布置-独基"命令,根据软件提示,选中 DJZ02,右键确认,即可完成布置。

② 此方式布置的土方模型的底标高为独立基础的底标高,但由于基础下方有 100mm 厚的垫层,因此需要选中绘制完成的土方模型,将基底标高降低 0.1m。绘制完成的土方模型如图 6-2 所示。

③ 以此种方式手动布置土方模型后,需要对其标高进

图 6-1　DJZ02 的基坑土方参数

行修改,若遇到独立基础底标高不同的情况,需要单独对每个基础土方的底标高进行修改,这种操作费时费力,因此软件提供了一种智能布置土方模型的方法,即在完成垫层建模后,

图 6-2   DJZ02 的基坑土方模型

在绘图工作区上方的导航栏中，选择"垫层二次编辑-生成土方"命令，在弹出的"生成土方"窗口中，依次设定土方类型为基坑土方、起始放坡位置为垫层底、生成方式为自动生成、生成范围为基坑土方、工作面宽和放坡系数分别为 400 和 0.75，设置完成后点击"确定"即可在垫层底部自动生成基坑土方，土方整体模型如图 6-3 所示。

图 6-3   独立基础土方整体模型三维视图

6.3.2   基坑土方构件做法套用

为了准确将基坑土方模型与清单、定额相匹配，需要在绘制完成基坑土方模型后，对构件进行做法套用操作。基坑土方需要套取挖基坑土方的清单项目，需要套取挖基坑土方和土方运输等定额，需套取的具体项目及套取方法如下：

6.3.2.1   基坑土方工程量计算规则

（1）清单计算规则

通过查取《房屋建筑与装饰工程工程量计算规范》（GB 50854—2013）中的表 A.1 可得，基坑土方需要套取的清单规则见表 6-1。

表 6-1   挖基坑土方清单规则

项目编码	项目名称	计量单位	计算规则
010101004	挖基坑土方	m³	按设计图示尺寸以基础垫层底面积乘以挖土深度计算

（2）定额计算规则

通过查取《山东省建筑工程消耗量定额》（2016 版）并结合《山东省建设工程消耗量定

额与工程量清单衔接对照表》（建筑工程专业）中的 A.1 可得，挖基坑土方清单项目对应的定额规则见表 6-2。

表 6-2　挖基坑土方定额规则

编号	项目名称	计量单位	计算规则
1-2-45	挖掘机挖装槽坑土方 普通土	10m³	土方开挖、运输，均按开挖前的天然密实体积计算。开挖高度按基础（含垫层）底标高至设计室外地坪之间的高度计算，考虑放坡系数与工作面宽度
1-2-58	自卸汽车运土方 运距≤1km	10m³	

下面以基坑 JK-1 为例，在 BIM 平台中进行挖基坑土方清单及定额项目的套用。

6.3.2.2　基坑土方工程量清单定额规则套用

（1）基坑土方清单项目套用

① 在上方导航栏中找到并进入"建模-通用操作-定义"界面，在构件列表中选中"JK-1"构件，在右侧工作区中切换到"构件做法"界面套取相应的清单。

② 单击下方的"查询匹配清单"页签，在匹配清单列表中双击"010101004 挖基坑土方 m³"，将该清单项目导入到上方工作区中。

③ 在完成清单项目选取之后，需要填写清单项目的项目特征，根据《房屋建筑与装饰工程工程量计算规范》（GB 50854—2013）中表 A.1 的规定：挖基坑土方的项目特征需要描述土壤类别、挖土深度和弃土运距。单击鼠标左键选中"010101004"并在工作区下方的"项目特征"页签中添加土壤类别的特征值为"一、二类土"，挖土深度的特征值为"3m内"，弃土运距的特征值为"500m"。

（2）基坑土方定额子目套用

① 单击鼠标左键选中"010101004"，而后点击工作区下方的"查询匹配定额"页签，在匹配定额下没有"1-2-45"与"1-2-58"定额子目，故需要手动添加这两种定额子目。

② 单击上方的"添加定额"命令，在新建定额子目的编码空白处输入"1-2-45"，回车键确认，重复上述操作，在空白处输入"1-2-58"，回车键确认即可。

③ 经查看可知，新添加的定额子目"1-2-45"与"1-2-58"中的工程量表达式为空白，在汇总计算后不会显示定额工程量，因此需要对其工程量表达式进行修改。双击定额子目中的工程量表达式空白处，在倒三角的下拉选项中皆选择"土方体积"即可。

④ 查询《山东省建筑工程消耗量定额》（2016 版）第一章土石方工程中的说明可知：对于机械挖土，需要乘以相应的系数，并按照系数表内的规定执行相应的人工清理子目与相应系数。机械挖土与人工清理修整系数如表 6-3 所示。

表 6-3　机械挖土及人工清理修整系数表

基础类型	机械挖土		人工清理修整	
	执行子目	系数	执行子目	系数
一般土方		0.95	1-2-3	0.063
沟槽土方	相应子目	0.90	1-2-8	0.125
地坑土方		0.85	1-2-11	0.188

⑤ 本工程的土方开挖属于地坑土石方，因此需要结合工程量消耗定额的计算规则对定额子目"1-2-45"进行单位换算。选中定额子目"1-2-45"，单击上方"换算"命令，在标准换算界面选择"机械挖土 地坑土石方 单价 * 0.85"。

⑥ 本清单项目需要额外套取人工清理定额子目并乘以修整系数。查询表 6-3 可知，人工清理定额子目为"1-2-11"，乘以修整系数 0.188，故点击上方"添加定额"命令，并在编码的空白处输入"1-2-11＊0.188"，回车键确认即可。

套取完成的挖基坑土方清单定额项目如图 6-4 所示。

	编码	类别	名称	项目特征	单位	工程量表达式	表达式说明
1	⊟ 010101004	项	挖基坑土方	1.土壤类别:一、二类土 2.挖土深度:3m 内 3.弃土运距:500m	m3	TFTJ	TFTJ＜土方体积＞
2	1-2-45 *0.85	换	挖掘机挖槽坑土方 普通土 地坑土石方 单价*0.85		m3	TFTJ	TFTJ＜土方体积＞
3	1-2-58	定	自知汽车运土方 运距≤1km		m3	TFTJ	TFTJ＜土方体积＞
4	1-2-11*0.188	换	人工挖地坑普通土 坑深≤2m 单价*0.188		m3	TFTJ	TFTJ＜土方体积＞

图 6-4　套取完成的挖基坑土方清单定额项目

其余基坑土方构件的做法与 JK-1 相同，使用"做法刷"命令直接复制至其余的基坑土方构件，本处不再描述详细过程。

课程案例　挖土方投标报价考虑不周

【案例背景】某工程进行招标时，其工程量清单中挖土方的项目特征如下：土壤类别，综合考虑；挖深度，综合考虑；投标人根据现场情况自行勘测考虑。投标人在进行投标时，没有考虑到现场的实际情况，导致此清单项目的综合单价组成如表 6-4 所示。

表 6-4　某工程挖土方清单项目综合单价组成

序号	项目编码	项目名称	单位	工程量	人工费	材料费（除税）	机械费（除税）	计费基础	管理费（除税）和利润	综合单价（除税）/元
					\multicolumn{5}{综合单价组成/元}	
1	040101001004	挖一般土方 1. 土壤类别:综合考虑土方 2. 挖深度:综合考虑 3. 投标人根据现场情况自行勘测考虑	m³		0.33		2.84	3.2	1.04	4.21
	1-1-118	反铲挖掘机（斗容量1.0m³）;装车一、二类土	100m³	0.01	0.33		2.84			

根据现场勘察结果来看，具体的实际情况有：①地下水位高，挖湿土；②进出基坑坡道；③人机配合挖土；④挖掘机垫板上作业。

【分析及结论】工程当地的定额及说明有以下内容：

① 干土、湿土、淤泥的划分以地质勘察资料为准，含水率≥25%、不超过液限的为湿土；或以地下常水位为准，常水位以上为干土，以下为湿土；含水率超过液限的为淤泥。挖湿土时，按相应定额人工、机械乘以系数 1.18，干、湿土工程量分别计算。采用井点降水的土方应按干土计算。

② 挖土机在垫板上作业，人工、机械乘以系数 1.25，搭拆垫板的费用另行计算。

③ 除大型支撑基坑土方开挖定额子目外，机械挖土方中如需人工辅助开挖（包括切边、修整底边和修整沟槽底坡度），机械挖土按实挖土方量的95%计算，人工挖土按实挖土方量的5%执行底层土质相应子目。

④ 大型支撑基坑开挖定额适用于地下连续墙、混凝土板桩、钢板桩等围护的跨度大于8m的深基坑开挖。

综合现场实际勘察情况并结合以上定额说明，投标人对于该清单项目的正确组价应如图6-5所示。

	编码	类别	名称	单位	含量	工程量表达式	工程量	单价	综合单价	综合合价
	-		整个项目							12.49
1	- 040101001001	项	挖一般土方	m3		1	1		12.49	12.49
	1-1-23 R*1.18,J*1.18, *0.05	借换	人工挖基坑土方 三类土 深度≤4m 挖湿土时 人工*1.18,机械*1.18 单价*0.05	100m3	0.01	QDL	0.01	463.42	651.57	6.52
	1-1-112 R*1.18,J*1.18, R*1.25,J*1.25, *0.95	借换	反铲挖掘机（斗容量0.6m3）装车 一、二类土 挖湿土时 人工*1.18,机械*1.18 挖土机在垫板上作业 人工*1.25,机械*1.25 单价*0.95	100m3	0.0103	QDL*1.03	0.0103	553.41	580.04	5.97

图6-5 某工程挖土方清单项目正确组价

经分析可知，按照投标人最初的组价结果，挖一般土方的综合单价为4.21元，而结合现场实际勘察结果进行组价，此清单项目的综合单价为12.49元，两者相差8.28元，结合施工现场情况的组价结果比最初的报价结果高196.6%。由此可见，投标人在进行投标时，应着重考虑招标工程量清单中需要投标人自行考虑的项目，并进行实地勘察，组价时与工程实际相贴合，避免不必要的损失。

6.3.3　土方回填模型绘制步骤

6.3.3.1　新建土方回填构件

本案例工程以①、Ⓕ轴交点处的DJZ02为例建立土方回填构件，具体操作如下：

① 在导航栏中找到"土方-基坑灰土回填"，单击选中"基坑灰土回填"。

② 在构件列表中单击"新建-新建矩形基坑灰土回填"命令，建立土方回填构件。

③ 选中新建立的土方回填构件，在构件列表中单击"新建-新建基坑灰土回填单元"命令，建立土方回填单元并修改其材质为3:7灰土，回填深度为2250mm。

④ 查看图纸可知，DJZ02的长×宽为2400mm×2400mm，垫层伸出独立基础四周100mm，故在新建立的土方回填构件"JKHT-1"中输入坑底长×宽为2600mm×2600mm，工作面宽400mm，放坡系数0.75，调整底标高为"基础底标高-0.1"，基础顶标高自动调整。设置完成的土方回填单元参数与土方回填构件参数如图6-6所示。

	属性名称	属性值	附加		属性名称	属性值	附加
1	名称	JKHT-1-1		1	名称	JKHT-1	
2	材质	3:7灰土		2	坑底长(mm)	2600	
3	深度(mm)	2250		3	坑底宽(mm)	2600	
4	备注			4	深度(mm)	2250	
5	+ 显示样式			5	工作面宽(mm)	400	
				6	放坡系数	0.75	
				7	顶标高(m)	基础底标高-0.1+2.25	
				8	底标高(m)	基础底标高-0.1	

图6-6 设置完成的土方回填单元与构件参数

6.3.3.2 绘制土方回填模型

① 单击选中建立完成的土方回填构件,再选中绘图工作区上方"建模-智能布置-独基"命令,根据软件提示,选中 DJZ02,右键确认,即可完成布置。

② 此方式布置的土方回填模型的底标高为已经设置好的底标高,且此方法可以准确布置土方回填模型,无需进行调整。绘制完成的土方回填模型如图 6-7 所示。

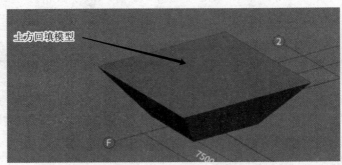

图 6-7 绘制完成的土方回填模型

6.3.4 土方回填构件做法套用

为了准确将土方回填模型与清单、定额相匹配,需要在绘制完成土方回填模型后,对构件进行做法套用操作。土方回填构件需要套取土方回填的清单项目,需要套取挖基坑土方和土方运输等定额,套取的具体项目及套取方法如下:

6.3.4.1 土方回填工程量计算规则

(1)清单计算规则

通过查取《房屋建筑与装饰工程工程量计算规范》(GB 50854—2013)中的表 A.3 可得,土方回填需要套取的清单规则见表 6-5。

表 6-5 土方回填清单规则

项目编码	项目名称	计量单位	计算规则
010103001	回填方	m^3	按挖方清单项目工程量减去自然地坪以下埋设的基础体积(包括基础垫层及其他构筑物)

(2)定额计算规则

通过查取《山东省建筑工程消耗量定额》(2016 版)并结合《山东省建设工程消耗量定额与工程量清单衔接对照表》(建筑工程专业)可得,土方回填清单项目对应的定额规则见表 6-6。

表 6-6 土方回填定额规则

编号	项目名称	计量单位	计算规则
1-4-13	挖掘机挖装槽坑土方 普通土	$10m^3$	按挖方体积减去设计室外地坪以下建筑物(构筑物)、基础(含垫层)的体积计算。
1-2-58	自卸汽车运土方 运距≤1km	$10m^3$	
1-2-53	人工装车 土方	$10m^3$	

6.3.4.2　土方回填工程量清单定额规则套用

（1）土方回填清单项目套用

① 在上方导航栏中找到并进入"建模-通用操作-定义"界面，在构件列表中选中"（底）JKHT-1"构件，在右侧工作区中切换到"构件做法"界面套取相应的清单。

注：在套取清单定额项目时，必须选取土方回填单元进行套取，若选择主构件"JKHT-1"，则汇总计算完成后的回填土工程量为 0。

② 单击下方的"查询匹配清单"页签，在匹配清单列表中未显示相匹配的清单项目，故点击上方"添加清单"命令，双击编码的空白处并输入"010103001"，回车键确认。

③ 在完成清单项目选取之后，需要填写清单项目的项目特征，根据《房屋建筑与装饰工程工程量计算规范》（GB 50854—2013）中表 A.3 的规定：回填方的项目特征需要描述密实度要求、填方材料品种等内容。单击鼠标左键选中"010103001"并在工作区下方的"项目特征"页签中添加密实度要求的特征值为"夯填"，填方材料品种的特征值为"原土"，填方来源、运距的特征值为"堆放地 500m"，回填位置的特征值为"基坑回填"。

（2）土方回填定额子目套用

① 单击鼠标左键选中"010103001"，而后点击工作区下方的"查询匹配定额"页签，在匹配定额下没有"1-4-13、1-2-58、1-2-53"定额子目，故需要手动添加定额子目。

② 单击上方的"添加定额"命令，在新建定额子目的编码空白处输入"1-4-13"，回车键确认，重复两次上述操作，在空白处输入"1-2-58""1-2-53"，回车键确认即可。

③ 经查看可知，新添加的定额子目"1-4-13""1-2-58"与"1-2-53"中的工程量表达式为空白，在汇总计算后不会显示定额工程量，因此需要对其工程量表达式进行修改。双击定额子目中的工程量表达式空白处，在倒三角的下拉选项中皆选择"基坑灰土回填体积"即可。

套取完成的回填方清单定额项目如图 6-8 所示。

	编码	类别	名称	项目特征	单位	工程量表达式	表达式说明
1	⊟ 010103001	项	回填方	1.密实度要求:夯填 2.填方材料品种:原土 3.填方来源、运距:堆放地500mm 4.回填位置:基坑回填	m3	HTHTTJ	HTHTTJ<基坑灰土回填体积>
2	— 1-4-13	定	机械夯填槽坑		m3	HTHTTJ	HTHTTJ<基坑灰土回填体积>
3	— 1-2-58	定	自卸汽车运土方 运距≤1km		m3	HTHTTJ	HTHTTJ<基坑灰土回填体积>
4	— 1-2-53	定	挖掘机装土方		m3	HTHTTJ	HTHTTJ<基坑灰土回填体积>

图 6-8　套取完成的回填方清单定额项目

其余土方回填构件的做法与"（底）JKHT-1-1"相同，使用"做法刷"命令直接复制至其余的土方回填构件即可，本处不再描述详细过程。

6.3.5　基坑土方工程量汇总计算及查询

将所有的基坑土方与土方回填构件都套取相应的做法，通过软件中的工程量计算功能计算基坑土方与土方回填的工程量之后，可以在相应的清单和定额项目中直接查看对应的工程量。构件的工程量可以通过"工程量"模块中的"汇总"子模块来计算。

6.3.5.1　基坑土方与土方回填工程量计算

使用"汇总计算"命令，在弹出的窗口内选择需要计算的构件，单击"确定"并等待计算完成即可；或使用"汇总选中图元"命令，根据软件提示，在绘图工作区内框选出需要计算的构件，右键确认，即可完成工程量计算，读者可根据实际情况选择计算方式。

6.3.5.2　基坑土方与土方回填工程量查看

基坑土方与土方回填工程量有两种查看方式，第一种是按照构件查看工程量，第二种则是按照做法（清单定额）来查看工程量。以全部基坑土方构件为例，在"工程量-土建计算结果"模块中找到"查看工程量"命令，单击此命令，并根据软件提示框选中所有图元，弹出"查看构件图元工程量"界面，其中，"构件工程量"包含"清单工程量""定额工程量"，可根据实际情况进行查看，基坑土方的"构件工程量"明细和"做法工程量"明细分别如图 6-9 和图 6-10 所示，土方回填工程量查看方式与其一致，本处不再赘述。

楼层	名称	土方体积(m3)	冻土体积(m3)	基坑土方侧面面积(m2)	基坑土方底面面积(m2)	素土回填体积(m3)
	JK-1	20.25	0	27	9	0
	JK-2	121.68	0	187.2	54.08	0
	JK-3	226.1475	0	393.3	100.51	0
基础层	JK-4	90	0	180	40	0
	JK-5	16.245	0	34.2	7.22	0
	JK-6	26.01	0	61.2	11.56	0
	JK-7	65.34	0	118.8	29.04	0
	小计	565.6725	0	1001.7	251.41	0
合计		565.6725	0	1001.7	251.41	0

图 6-9　基坑土方"构件工程量"

编码	项目名称	单位	工程量	单价	合价
1 010101004	挖基坑土方	m3	565.6725		
2 1-2-45 *0.85	挖掘机挖装槽坑土方 普通土　地坑 土石方　单价*0.85	10m3	259.52611	58.96	15301.6594
3 1-2-58	自卸汽车运土方 运距≤1km	10m3	259.52611	60.32	15654.615

图 6-10　基坑土方"做法工程量"

6.4　土石方工程传统计量方式

6.4.1　挖基坑土方清单定额规则选取

在传统计量计价过程中，需要通过查询清单和定额规范并结合工程实际来进行列项，再通过读取 CAD 图纸来获取土方开挖的开挖深度、工作面宽度等信息。

本工程土方开挖类型为基坑土方，需要套取与挖基坑土方相关的清单和定额项目。根据《房屋建筑与装饰工程工程量计算规范》（GB 50854—2013）与《山东省建筑工程消耗量定额》（2016 版），并结合《山东省建设工程消耗量定额与工程量清单衔接对照表》（建筑工程专业）中表 A.1 的内容，选取清单项目"010101004"与定额子目"1-2-45、1-2-58"。

对于基坑土方的工程量计算，清单中的计算规则为：按设计图示尺寸**以基础垫层底面积乘以挖土深度**计算；定额中的计算规则为：按设计图示**基础（含垫层）**尺寸，另**加工作面宽度、土方放坡宽度乘以开挖深度**，以体积计算。

6.4.2　挖基坑土方清单定额工程量计算

以①、Ⓕ轴交点处的 DJZ02 挖基坑土方为例进行清单定额工程量的计算。

6.4.2.1　挖基坑土方清单工程量计算

清单计算规则中，挖基坑土方无需考虑放坡系数与工作面宽度，查看独立基础结构图纸可知，DJZ02 的截面尺寸为 2400mm×2400mm，混凝土垫层伸出基础四周 100mm，故基础垫层尺寸为 2600mm×2600mm；DJZ02 的底标高为 -2.600m，垫层厚度为 100mm，故独立基础垫层的底标高为 -2.7m，设计室外地坪标高为 -0.45m，故开挖深度为：$|-2.7-(-0.45)|=2.25$m。

挖基坑土方的**清单工程量**为：$2.25×2.6×2.6=15.21$m³。

6.4.2.2　挖基坑土方定额工程量计算

在定额计算规则中，挖基坑土方需要考虑放坡系数与工作面宽度，在之前已经提及，本工程的土方放坡系数为 $1:0.75$，工作面宽度自基础（含垫层）外向四周各延伸 400mm。其中，土方放坡系数$=1:0.75=$挖土深度(H)；土方边坡的宽度$(B)=1:B/H$。土方放坡的剖面图如图 6-11 所示，其中，假设 $B=0.3$，$H=0.6$，则放坡系数为 $B/H=0.5$。

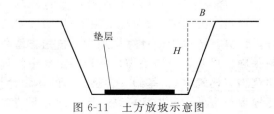

图 6-11　土方放坡示意图

本工程的挖土深度为 2.25m 故土方边坡的宽度为：$B=2.25×0.75=1.6875$m，因此土方的顶面边长为：$3.4+1.6875×2=6.775$m，其平面形状为正方形。

经分析可知，该基坑土方的三维形状为正四棱台，正四棱台的体积计算公式为：

$$V=（底面积+顶面积+中截面面积×4）×高度÷6$$

故挖基坑土方的**定额工程量**为：$（3.4×3.4+6.775×6.775+5.0875×5.0875×4）×2.25÷6=60.3717$m³。

在完成挖基坑土方的清单定额工程量计算后，通过查询《山东省建筑工程消耗量定额》（2016 版）可知，对于本工程案例的土方开挖，需要对机械挖土即定额子目"1-2-45"乘以 0.85 的修整系数，另外还需要添加修整系数为 0.188 的定额子目"1-2-11"，故挖基坑土方的工程量清单定额汇总如表 6-7。

表 6-7　挖基坑土方工程量清单定额汇总表

序号	编码	项目名称	项目特征	单位	工程量
1	010101004001	挖基坑土方	1. 土壤类别：一、二类土 2. 挖土深度：3m 内 3. 弃土运距：500m	m^3	15.21
	1-2-45 * 0.85	挖掘机挖装槽坑土方 普通土		$10m^3$	6.03717
	1-2-58	自卸汽车运土方 运距≤1km		$10m^3$	6.03717
	1-2-11 * 0.188	人工挖地坑普通土 坑深≤2m		$10m^3$	6.03717

至此，DJZ02 的挖基坑土方工程量计算完毕，经过对比可以看出，手算的工程量与软件中计算的工程量结果一致，软件的工程量计算结果如图 6-12 所示。

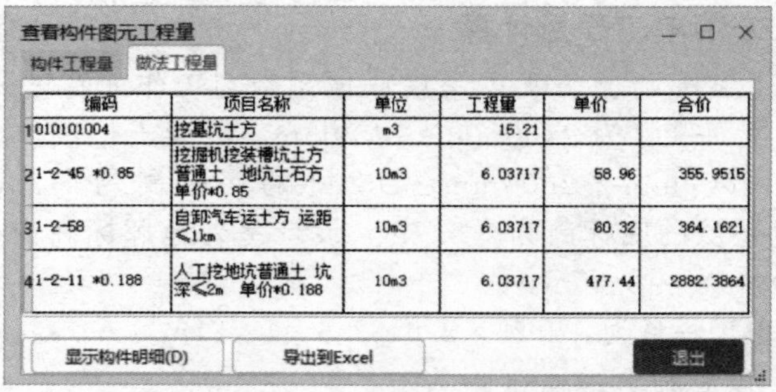

	编码	项目名称	单位	工程量	单价	合价
1	010101004	挖基坑土方	m3	15.21		
2	1-2-45 *0.85	挖掘机挖装槽坑土方 普通土　地坑土石方 单价*0.85	10m3	6.03717	58.96	355.9515
3	1-2-58	自卸汽车运土方 运距≤1km	10m3	6.03717	60.32	364.1621
4	1-2-11 *0.188	人工挖地坑普通土 坑深≤2m　单价*0.188	10m3	6.03717	477.44	2882.3864

图 6-12　DJZ02 挖基坑土方软件工程量查看

6.4.3　土方回填清单定额规则选取

根据《房屋建筑与装饰工程工程量计算规范》(GB 50854—2013) 与《山东省建筑工程消耗量定额》(2016 版)，并结合《山东省建设工程消耗量定额与工程量清单衔接对照表》(建筑工程专业)，选取清单项目“010103001”与定额子目“1-4-13”“1-2-58”“1-2-53”。

对于土方回填的工程量计算，清单中的计算规则为：按**挖方清单项目工程量减去自然地坪以下埋设的基础（包括基础垫层及其他构筑物）**体积；定额中的计算规则为：按**挖方体积减去设计室外地坪以下建筑物（构筑物）、基础（含垫层）**的体积计算。

假设本工程案例自然地坪与室外设计地坪标高一致。即参照清单和定额计算规则所扣减的构件体积相同。

6.4.4　土方回填清单定额工程量计算

以①、Ⓕ轴交点处的 DJZ02 土方回填为例进行清单定额工程量的计算。在 6.4.2 节中已计算完成土方开挖的清单定额工程量，因此只需要计算并减去开挖土方体积内所包含的基础、垫层及其他构筑物的体积即可。

结合基础平面布置图、标高－0.100m 梁配筋图、基础顶～3.800m 柱平法施工图可知，此位置的开发土方包含混凝土垫层、独立基础 DJZ02、框架柱 KZ-1、框架梁 KL19 与 KL1 构件，由于清单和定额的计算规则相同，但清单计算规则中的土方回填不需要考虑放坡系数与工作面，而定额计算规则中的土方回填需要同时考虑放坡系数与工作面，因此，两种计算规则下的回填方所含的构件体积不同。

查看图纸可知，垫层平面尺寸为 2600mm×2600mm，厚度为 100mm；独立基础**底阶为**

长方体，其平面尺寸为 2400mm×2400mm，厚度为 300mm；独立基础**顶阶为正四棱台**，其顶部平面尺寸为 600mm×600mm，底部平面尺寸为 2400mm×2400mm，厚度为 300mm；框架柱截面尺寸为 500mm×500mm，柱埋深高度为基础顶至室外地坪＝−0.45−(−2.0)＝1.55m；框架梁截面尺寸皆为 250mm×600mm，梁埋深高度为梁底标高至室外地坪标高＝−0.45−(−0.7)＝0.25m。

清单计算规则下回填土方中所含的构件体积＝垫层＋基础＋框架柱＋框架梁。

垫层体积＝$2.6×2.6×0.1＝0.676m^3$

基础体积＝底阶体积＋顶阶体积＝$2.4×2.4×0.3+(2.4×2.4+0.6×0.6+1.5×1.5×4)×0.3÷6＝1.728+0.756＝2.484m^3$

框架柱体积＝$0.5×0.5×1.55＝0.3875m^3$

框架梁体积＝$0.25×0.25×(0.95+0.95)＝0.1188m^3$

故土方回填的**清单体积**＝$15.21−(0.676+2.484+0.3875+0.11875)＝11.5438m^3$。

定额计算规则下回填土方中所含的构件体积：

垫层体积、基础体积、框架柱体积与清单中所含体积一致。

框架梁体积＝$0.25×0.25×(0.95+0.95+1.6875+1.6875)＝0.3297m^3$

故土方回填的**定额体积**＝$60.3717−(0.676+2.484+0.3875+0.3297)＝56.4945m^3$。

故回填土方的工程量清单定额汇总如表 6-8。

表 6-8　回填土方工程量清单定额汇总表

序号	编码	项目名称	项目特征	单位	工程量
1	010103001001	回填方	1. 密实度要求:夯填 2. 填方材料品种:原土 3. 填方来源、运距:堆放地 500m 4. 回填位置:基坑回填	m³	11.5438
	1-4-13	机械夯填槽坑		10m³	5.64945
	1-2-58	自卸汽车运土方运距≤1km		10m³	5.64945
	1-2-53	挖掘机装土方		10m³	5.64945

至此，DJZ02 的土方回填工程量计算完毕，读者可以自行建立其余独立基础的回填模型并将手算的工程量与软件计算的工程量进行比对，软件中的工程量如图 6-13 所示。

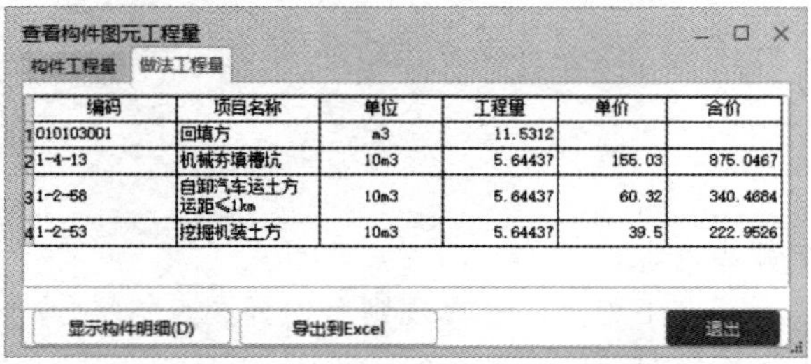

图 6-13　DJZ02 土方回填软件工程量查看

通过以上对比可见，手算工程量与 BIM 计算工程量的结果基本一致，但两者的计算结果有微小误差。依托 BIM 技术可以大批量地对构件的工程量进行计算，在实际的工作中可以提高计算效率，减少计算偏差，节省工作时间。

课程案例　回填土组价错误，招标控制价不合理

【案例背景】某工程进行招标时，工程量清单中某项招标项目控制价过高，价格设置不合理。且该工程的招标文件规定，分部分项清单报价高于、低于控制价的分部分项清单价的10%要扣分。其具体项目的工程量清单如表 6-9 所示。

表 6-9　某工程回填土工程量清单

序号	项目编码	项目名称	项目特征	计量单位	工程数量	金额/元		
						综合单价（除税）	合价（除税）	其中:暂估价(除税)
1	040103001001	台背回填10%石灰土	1. 密实度要求:压实度≥96%（重型压实标准） 2. 填方材料品种:10%石灰土 3. 分层厚度:100mm	m³	21306	887.59	18910992.54	

经审查得知，招标单位对此清单项目的组价如表 6-10 所示。

表 6-10　某工程回填土清单项目招标单位组价

序号	项目编码	项目名称	单位	工程量	综合单价组成/元					综合单价（除税）/元
					人工费	材料费（除税）	机械费（除税）	计费基础	管理费（除税）和利润	
1	040103001001	台背回填 10%石灰土 1. 密实度要求:压实度≥96%（重型压实标准） 2. 填方材料品种:10%石灰土 3. 分层厚度:100mm	m³		85.62	761.68	7.66	100.1	32.63	887.59
	3-5-1	垫层、拱上和台背填料 2:8 灰土	10m³	0.1	85.62	64.51	7.66			
	Z0400005@1	水泥抹灰砂浆 1:2	m³	1.367		697.17				
		材料费中暂估价合计								

【分析及结论】在编制招标控制价时，招标人对招标控制价的价格组成审核不够充分，由此导致此清单项目的综合单价过高。因此，在工作过程中，需要准确了解每一清单项的价格组成，提高工作准确率。

 思考题

1. 土石方工程包括哪些内容？
2. 清单和定额中，土石方工程量的计算规则有何异同点？
3. 在软件中建立土方构件时应注意什么？
4. 生成土方模型有哪些方法，请具体阐述。
5. 如采用机械挖沟槽土方，在计价时需要注意什么？
6. 独立基础体积如何计算？
7. 如何得到挖基坑土方的清单定额汇总表？

第 7 章
BIM 柱工程计量

学习目标： 通过本章的学习，熟悉组成建筑主体的结构构件——柱的内容，了解 22G101—1 平法图集中柱构件的结构类型与标注含义，并了解本案例工程中柱子的结构形式及特点。

课程要求： 能够独立完成 BIM 主体工程中钢筋混凝土柱构件的建立、识别、定位和做法套取等工作。

7.1 相关知识

在进行柱工程量计算之前，首先需要了解与钢筋混凝土柱相关的平法知识，再将本工程的图纸与平法知识相结合，更好地掌握工程量计算原理；在柱工程量计算的过程中，要加深对《房屋建筑与装饰工程工程量计算规范》（GB 50854—2013）与《山东省建筑工程消耗量定额》（2016 版）中对于柱清单定额项目的理解，准确地计算柱的工程量。柱平法知识主要包含柱子类型以及柱钢筋的平法注写方式两个部分。

7.1.1 柱类型及编号

按照柱子的功能可将其划分为框架柱、转换柱、芯柱等。其中，转换柱又叫框支柱，在 22G101—1 平法图集中，不同类型柱子的代号如表 7-1 所示。

表 7-1 柱编号

柱类型	代号	编号
框架柱	KZ	××
转换柱	ZHZ	××
芯柱	XZ	××

（1）框架柱

框架柱就是在框架结构中承受梁和板传来的荷载，并将荷载传给基础的柱子，是主要的竖向支撑结构，也是框架结构中承受荷载最大的构件，在图纸中通常用代号"KZ"表示。

（2）转换柱

转换柱（又名框支柱）是支承转换梁的框架柱子。因为建筑功能要求，需要下部提供大空间，因此上部部分竖向构件不能直接连续贯通落地，而通过水平转换结构与下部竖向构件连接。当布置的转换梁支撑上部的剪力墙的时候，转换梁叫框支梁，支撑框支梁的柱子就叫作框支柱（转换柱），在图纸中通常用代号"ZHZ"表示。

（3）芯柱

芯柱是指在砌块内部空腔中插入竖向钢筋并浇灌混凝土后形成的砌体内部的钢筋混凝土小柱（不插入钢筋的称为素混凝土芯柱），分为砌块芯柱和框架柱芯柱两种，在图纸中通常用代号"XZ"表示。

砌块芯柱指在建筑工程中空心混凝土砌块砌筑时，在混凝土砌块墙体中，砌块的空心部分插入钢筋后，再灌入流态混凝土，使之成为钢筋混凝土柱的结构及施工形式。而框架柱芯柱就是在框架柱截面中三分之一左右的核心部位配置附加纵向钢筋及箍筋而形成的内部加强区域。

7.1.2 柱钢筋平面注写方式

柱钢筋的平面注写方式有两种，第一种是列表注写方式，第二种是截面注写方式。

7.1.2.1 列表注写

列表注写方式是在柱平面布置图上，分别在同一编号的柱中选择一个或几个截面标注几何参数代号（反映截面对轴线的偏心情况），用简明的柱表标明柱号、柱段起止标高、几何尺寸（含截面对轴线的偏心情况）与配筋数值，并配以各种柱截面形状及箍筋类型图。柱表中自柱根部（基础顶面标高）往上以变截面位置或配筋改变处为界分段注写，具体注写方法详见 22G101—1 平法图集。

本工程案例中柱列表注写的部分内容如表 7-2 所示。

表 7-2   柱列表注写

柱号	标高/m	截面尺寸 b×h /(mm×mm)	全部纵筋				箍筋	备注
			角筋	b 边一侧中部筋	h 边一侧中部筋	箍筋类型号		
KZ5	基础顶～－0.100	450×450	4Φ25	2Φ25	1Φ20	1.(4×3)	Φ10@100	
	－0.100～3.800	450×450	4Φ25	2Φ25	1Φ20	1.(4×3)	Φ8@100/200	
KZ6	基础顶～－0.100	450×450	4Φ22	3Φ20	3Φ20	1.(4×3)	Φ10@100	
	－0.100～3.800	450×450	4Φ22	3Φ20	3Φ20	1.(4×3)	Φ8@100/200	

7.1.2.2 截面注写

截面注写方式是在分标准层绘制的柱平面布置图的柱截面上，分别在同一编号的柱中选择一个截面，直接注写截面尺寸和配筋数值。柱截面注写方式有以下几个要点：

① 在柱定位图中，按一定比例放大绘制柱截面配筋图，在其编号后再注写截面尺寸（按不同形状标注所需数值）、角筋、中部纵筋及箍筋。

② 柱的竖筋数量及箍筋形式直接画在大样图上，并集中标注在大样旁边。

③ 当柱纵筋采用同一直径时，可标注全部钢筋；当纵筋采用两种直径时，需将角筋和各边中部筋的具体数值分开标注；当柱采用对称配筋时，可仅在一侧注写腹筋。

④ 必要时，可在一个柱平面布置图上用小括号"（ ）"和尖括号"＜＞"区分和表达不同标准层的注写数值。

⑤ 如柱的分段截面尺寸和配筋均相同，仅分段截面与轴线的关系不同时，可将其编为同一柱号。但此时应在未画配筋的柱截面上注写该截面与轴线关系的具体尺寸。

截面注写方式示例如图 7-1 所示，具体注写方法详见 22G101—1 平法图集。

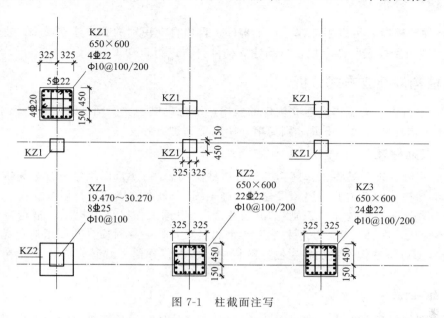

图 7-1　柱截面注写

7.2　任务分析

7.2.1　图纸分析

完成本章任务需明确柱子清单定额的计算内容，包含混凝土与模板的工程量，由"幼儿园-结构"中的"基础顶～3.800m 柱平法施工图""3.800～7.700m 柱平法施工图""7.700～10.700m 柱平法施工图"与"－0.100m 结构平面图"可知，本工程案例的柱子类型包含框架柱、梁上柱与构造柱（构造柱属于二次结构，在本章中不进行建模分析）。

其中，框架柱与构造柱的截面形状为矩形，梁上柱的截面形状为 L 形，框架柱编号为 KZ1～KZ21，构造柱编号为 GZ1～GZ4，梁上柱编号仅有 LZ22。

在柱表中，KZ3 与 KZ10 在标高 3.800～7.700m 处的 h 边一侧中部筋注有"（2 根并筋）"，2 根并筋又称双并筋，即柱子 h 边每两条钢筋紧挨着布置，双并筋构造与三并筋构造分别如图 7-2 和图 7-3 所示。

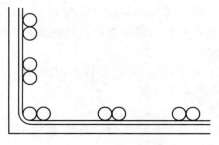

图 7-2　双并筋构造

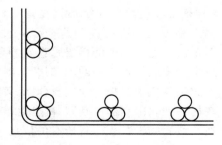

图 7-3　三并筋构造

7.2.2　建模分析

在进行柱建模时，可以手动建立柱子构件，再用自动识别的方式建立模型；也可以先用BIM 平台中"识别柱表"命令批量自动建立构件，再进行自动识别。

7.2.3　柱构件建立方式分析

在 BIM 平台中，为了提高建立构件的效率，平台提供了"识别柱表"和"识别柱大样"两种批量建立构件的方式，下面分别简单介绍以上两种方式。

7.2.3.1　识别柱表

① 在"图纸管理"处将工作区切换至含有柱配筋表的 CAD 图纸进行柱表识别，本处选择"幼儿园-结构"图纸中的"屋顶层柱平法施工图"，且在首层中进行后续操作。

② 在上方导航栏中选择"识别柱-识别柱表"，根据工作区下方提示，框选需要识别的柱表，右键确认，在弹出的"识别柱表"界面将各项指标一一对应，与图纸对比无误后，单击"识别"，即可将柱构件添加在左侧导航栏中，本处仅作简单描述，具体操作在后续部分会提及。

7.2.3.2　识别柱大样

① 在"图纸管理"处将工作区切换至含有柱大样图的 CAD 图纸进行柱大样识别，本处选择"幼儿园-结构"图纸中的"屋顶层柱平法施工图"，在图名的右侧有 LZ22 的大样图，由于 LZ22 仅在标高 7.700～10.700m 即屋顶层中出现，故应将工作区切换到屋顶层中再进行后续操作。

② 在上方导航栏中选择"识别柱-识别柱大样"，根据工作区左上角提示，需要进行提取边线、提取标注、提取钢筋线操作，提取完成后可以根据实际需要进行点选识别、自动识别或框选识别操作，识别完成后即可在左侧导航栏的构件列表中查看已建立的柱构件，本处仅作简单描述，具体操作在后续部分会提及。

7.3　任务实施

本节分别以框架柱和梁上柱为例，来说明框架柱和梁上柱在 BIM 平台中的绘制及工程量计算。

7.3.1　框架柱构件绘制步骤

本工程框架柱截面均为矩形，在建立柱模型之前，需要首先定义框架柱构件，再利用"自动识别"命令在相应位置生成图元。建立框架柱构件和识别框架柱图元的基本步骤为：

① 确定需要建立构件的楼层，在左侧导航栏中选择"柱"。

② 双击"图纸管理"中的"首层-基础柱、首层柱平法施工图"，将工作区切换至首层。

③ 上方工具栏中选择"通用操作-定义"，弹出柱定义界面。

④ 在构件列表中点击"新建-新建矩形柱"。

⑤ 在"截面编辑"界面将所有的信息准确填写完成，继续点击"新建-新建矩形柱"命令，重复"截面编辑"命令，直至所有框架柱构件建立完成。

⑥ 建立所有框架柱构件，返回工作区，点击工作区上方的"识别柱"命令按照软件提

示完成框架柱模型的建立。

以上步骤为建立框架柱构件的基本操作步骤，为了提高建立构件的效率，以下内容通过"识别柱表"命令来建立框架柱构件。

7.3.1.1　新建框架柱构件

（1）识别柱表定义构件

本节以首层为例，建立框架柱构件，具体操作如下：

① 将图纸切换至"幼儿园-结构"，找到柱表所在的"屋顶层柱平法施工图"图纸，在上方工具栏中找到并单击"识别柱-识别柱表"命令。

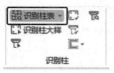

图 7-4　"识别柱表"命令

② 根据软件提示拉框选择柱表，已选中的柱表变为蓝色，右键确认。在工作区中会弹出"识别柱表"对话框，"识别柱表"命令如图 7-4 所示。

③ 拉框选择并识别左侧柱表，在弹出的"识别柱表"对话框中点击"识别"，若软件识别错误，则不会生成构件，且对话框的某些单元格的背景会变为红色，如图 7-5 所示。

图 7-5　软件识别错误提示

④ 在上一步中，单元格背景变红是由软件本身设定的识别内容与图纸不对应导致的，重新检查图纸可以发现：标高 3.800～7.700m 楼层中 KZ3 和 KZ10 的 h 边有 2 根并筋，软件不会识别并筋，需要对并筋内容进行删除，并手动建立构件。KZ9 和 KZ9a、KZ12 和 KZ12a、KZ14 和 KZ14a 的箍筋不同，但处于图纸的同一行，因此需要将"识别柱表"界面中箍筋的括号内容删除，并在此界面重新添加三行，手动将 KZ9a、KZ12a、KZ14a 的配筋信息输入"识别柱表"的表格中。

由于本图纸中的柱表分两部分，故需要重复进行"识别柱表"操作。

（2）修改识别柱表信息

① 并筋修改。首先对识别柱表界面中的红色部分单元格内容进行修改，双击 KZ-3 对应的红色单元格，删除"（2 根并筋）"内容，并将"5C25"改为"3C25"；同理，将 KZ-10 对应的红色单元格内容"（2 根并筋）"删除，并将"6C25"改为"3C25"。

② 增减框架柱。将识别柱表界面"KZ-9（KZ-9a）"中的"（KZ-9a）"删除，再将其对应两个红色单元格中的"（C10@100）"删除，仅保留"C8@100/200"内容；选中"KZ-9"所在的行，点击上方工具栏中的"插入行"命令三次，将"KZ-9"的三行配筋内容复制粘贴到此处，双击"KZ-9"并将其柱号名称修改为"KZ-9a"，将后两行"箍筋"内容修改为"C10@100"。将"KZ-12（KZ-12a）"中的"（KZ-12a）"删除，再将其对应的三个红色单元格中的"（C10@100）"删除，仅保留"C8@100/200"内容；选中"KZ-12"所在的行，点击上方工具栏中的"插入行"命令四次，将"KZ-12"的四行配筋内容复制粘贴到此处，双击"KZ-12"并将其柱号名称修改为"KZ-12a"，将后三行"箍筋"内容修改为"C10@100"。将"KZ-14（KZ-14a）"中的"（KZ-14a）"删除，再将其对应的一个红色单元格中的"（C10@100）"删除，仅保留"C8@100/200"内容；选中"KZ-14"的最后一行，点击上方工具栏中的"插入行"命令三次，将"KZ-14"的三行配筋内容复制粘贴到此处，双击"KZ-14"并将其柱号名称修改为"KZ-14a"，将其第二行"箍筋"内容修改为"C10@100"，并单击"识别"。修改完成的"识别柱表"如图 7-6 所示。

注：已修改内容的单元格背景颜色依然为红色，这并不影响构件的识别工作。

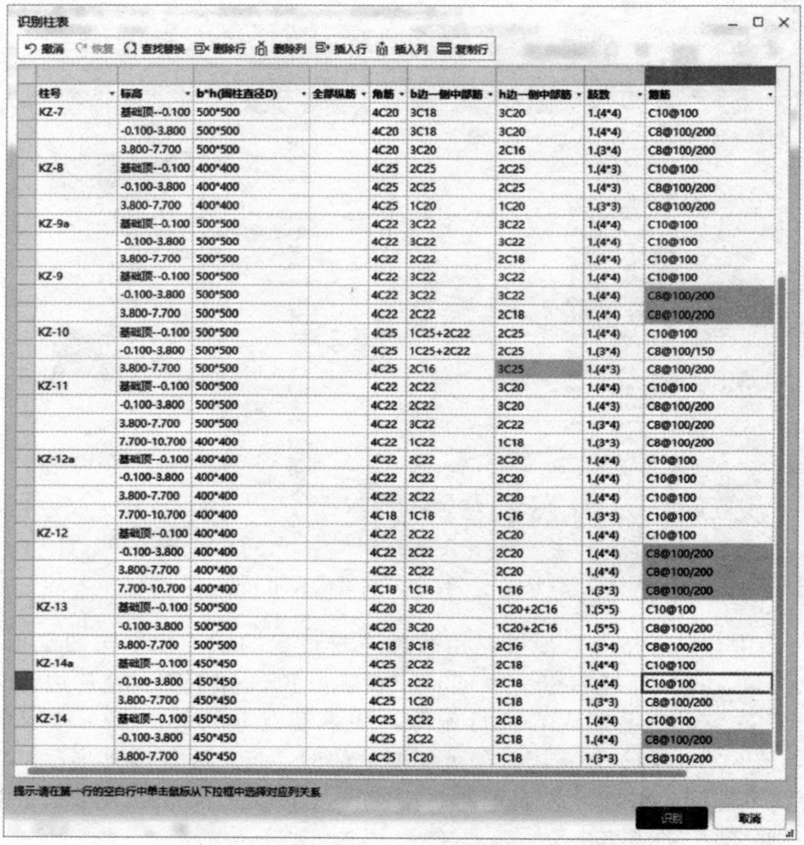

柱号	标高	b*h(圆柱直径D)	全部纵筋	角筋	b边一侧中部筋	h边一侧中部筋	箍数	箍筋
KZ-7	基础顶--0.100	500*500		4C20	3C18	3C20	1.(4*4)	C10@100
	-0.100-3.800	500*500		4C20	3C18	3C20	1.(4*4)	C8@100/200
	3.800-7.700	500*500		4C20	3C20	2C16	1.(3*4)	C8@100/200
KZ-8	基础顶--0.100	400*400		4C25	2C25	2C25	1.(4*3)	C10@100
	-0.100-3.800	400*400		4C25	2C25	2C25	1.(4*3)	C8@100/200
	3.800-7.700	400*400		4C25	1C20	1C20	1.(3*3)	C8@100/200
KZ-9a	基础顶--0.100	500*500		4C22	3C22	3C22	1.(4*4)	C10@100
	-0.100-3.800	500*500		4C22	2C22	3C22	1.(4*4)	C10@100
	3.800-7.700	500*500		4C22	2C22	2C18	1.(4*4)	C10@100
KZ-9	基础顶--0.100	500*500		4C22	3C22	3C22	1.(4*4)	C10@100
	-0.100-3.800	500*500		4C22	3C22	3C22	1.(4*4)	C8@100/200
	3.800-7.700	500*500		4C22	2C22	2C18	1.(4*4)	C8@100/200
KZ-10	基础顶--0.100	500*500		4C25	1C25+2C22	2C25	1.(4*4)	C10@100
	-0.100-3.800	500*500		4C25	1C25+2C22	2C25	1.(3*4)	C8@100/150
	3.800-7.700	500*500		4C25	2C16	3C25	1.(3*4)	C8@100/200
KZ-11	基础顶--0.100	500*500		4C22	2C22	3C20	1.(4*4)	C10@100
	-0.100-3.800	500*500		4C22	2C22	3C20	1.(4*4)	C8@100/200
	3.800-7.700	500*500		4C22	3C22	2C22	1.(3*4)	C8@100/200
	7.700-10.700	400*400		4C22	1C22	1C18	1.(3*3)	C8@100/200
KZ-12a	基础顶--0.100	400*400		4C22	2C22	2C20	1.(4*4)	C10@100
	-0.100-3.800	400*400		4C22	2C22	2C20	1.(4*4)	C10@100
	3.800-7.700	400*400		4C22	2C22	2C20	1.(4*4)	C10@100
	7.700-10.700	400*400		4C18	1C18	1C16	1.(3*3)	C10@100
KZ-12	基础顶--0.100	400*400		4C22	2C22	2C20	1.(4*4)	C10@100
	-0.100-3.800	400*400		4C22	2C22	2C20	1.(4*4)	C8@100/200
	3.800-7.700	400*400		4C22	2C22	2C20	1.(4*4)	C8@100/200
	7.700-10.700	400*400		4C18	1C18	1C16	1.(3*3)	C8@100/200
KZ-13	基础顶--0.100	500*500		4C20	3C20	1C20+2C16	1.(5*5)	C10@100
	-0.100-3.800	500*500		4C20	3C20	1C20+2C16	1.(5*5)	C8@100/200
	3.800-7.700	500*500		4C18	3C18	2C16	1.(3*4)	C8@100/200
KZ-14a	基础顶--0.100	450*450		4C25	2C22	2C18	1.(4*4)	C10@100
	-0.100-3.800	450*450		4C25	2C22	2C18	1.(4*4)	C10@100
	3.800-7.700	450*450		4C25	1C20	1C18	1.(3*3)	C8@100/200
KZ-14	基础顶--0.100	450*450		4C25	2C22	2C18	1.(4*4)	C10@100
	-0.100-3.800	450*450		4C25	2C22	2C18	1.(4*4)	C8@100/200
	3.800-7.700	450*450		4C25	1C20	1C18	1.(3*3)	C8@100/200

图 7-6   修改完成的"识别柱表"界面

识别并修改完成 KZ1～KZ14 的柱表之后，需要重复识别柱表的操作，对第二部分柱表中的 KZ15～KZ21 进行识别，由于 KZ15～KZ21 的内容不需要进行修改，故在框选完成后可以直接识别成功。第二部分柱表识别界面如图 7-7 所示。

在识别柱表并进行修改之后，单击"识别柱表"界面右下角的"识别"，若输入的钢筋信息无误，则会弹出"识别柱表"对话框，并且软件自动建立的框架柱构件会在左侧导航栏中显示，识别柱表对话框与框架柱构件分别如图 7-8 和图 7-9 所示。

图 7-7　第二部分柱表的识别界面

图 7-8　构件识别完成

图 7-9　框架柱构件

（3）截面箍筋查看修改

在完成柱构件识别工作之后，需要对每一个柱截面箍筋进行查看，保证箍筋布置具有对称性，以下内容以 KZ15 为例进行操作。

① 在工作区左侧构件列表中找到"KZ-15"，鼠标左键双击"KZ-15"进入构件"截面编辑"界面，如图 7-10 所示。

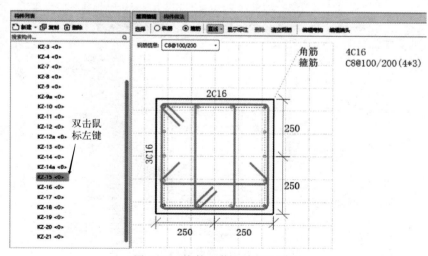

图 7-10　构件"截面编辑"界面

② 在"截面编辑"界面可以看出，KZ-15 的箍筋肢数为"4×3"，但 h 边中部的箍筋贴近下方的 b 边，按照对称性应当将 h 边中部箍筋布置在正中央，单击鼠标左键选中中部箍

筋，按 Del 键删除，在上方命令栏依次选取"箍筋""直线"进行箍筋绘制，鼠标首先移动到左侧 h 边中心的纵筋，当出现"×"标志时单击鼠标左键，再将鼠标移动到右侧 h 边中心的纵筋处，当出现"×"标志时单击鼠标左键，而后可以通过上下拉动鼠标确定弯钩的方向，确定好之后单击鼠标右键，完成箍筋的绘制工作，修改后的 KZ-15 箍筋布置图如图 7-11 所示。其他柱构件的箍筋修改方式与 KZ-15 相同。

（4）修改含并筋框架柱

在第（2）步中，柱表中标高 $3.800\sim7.700$m 的框架柱 KZ-3 与 KZ-10 的 h 边一侧中部筋都含有两根并筋，软件不能在识别柱表的过程中将并筋布置到柱构件中，因此需要手动布置并筋，其布置步骤如下：

① 在导航栏的上方将楼层切换到标高为 $3.800\sim7.700$m 的楼层即"第 2 层"，具体操作如图 7-12 所示。

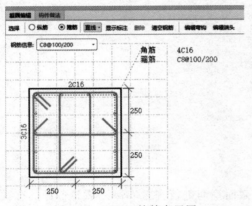

图 7-11　KZ-15 箍筋布置图

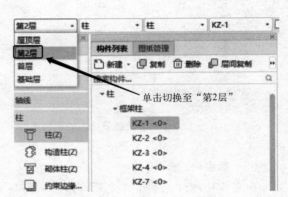

图 7-12　切换至"第 2 层"

② 完成楼层切换工作之后，在构件列表中找到"KZ-3"，鼠标左键双击"KZ-3"进入构件"截面编辑"界面，如图 7-13 所示。

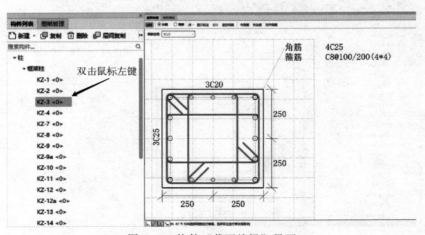

图 7-13　构件"截面编辑"界面

③ 查看图纸，KZ3 的 h 边一侧中部筋钢筋型号为"2 ⬱ 25"，因此要在 h 边中部箍筋的四个角各放置一根 ⬱ 25 的钢筋。首先需要在"截面编辑"界面的左上角输入"1C25"；再将

钢筋以"点"布置，将新布置的钢筋移至靠近中部箍筋的四个角，并靠近中部箍筋内的四个角筋，找到合适的位置，当箍筋背景色变为蓝色时，单击鼠标左键进行布置，新布置的钢筋在"截面编辑"界面以淡蓝色显示。

④ 当布置右下角钢筋时候，要将钢筋布置在箍筋弯钩内，首先移动鼠标将新布置的钢筋移动到与箍筋内部右下角的钢筋重合，按住 Shift 键，单击鼠标左键，弹出"请输入偏移值"对话框，在"正交偏移"处输入"X＝－20"，"Y＝20"，即可布置成功。KZ-3 的并筋布置如图 7-14 所示。

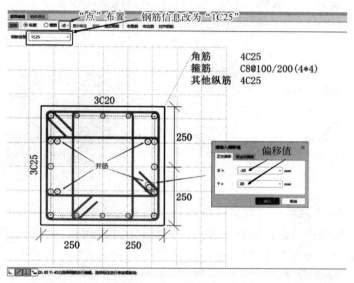

图 7-14　KZ-3 并筋布置图

⑤ 以上便是标高 3.800～7.700m 框架柱 KZ-3 的并筋布置方法，KZ-10 的并筋布置步骤与 KZ3 相同，其并筋布置如图 7-15 所示。

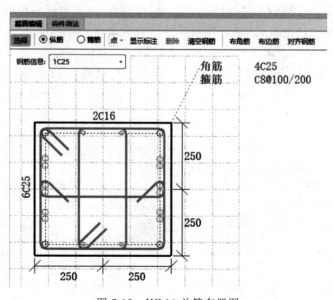

图 7-15　KZ-10 并筋布置图

7.3.1.2 自动识别框架柱

建立完成柱构件之后，需要建立柱模型，将 CAD 图纸中的柱批量绘制成模型需要用到上方工作区的"识别柱"功能，如图 7-16 所示。

通过"识别柱"命令建立柱模型的步骤如下：

① 在"图纸管理"中，双击首层图纸中的"基础柱、首层柱平面定位图"，将楼层切换至首层，并将图纸在工作区内显示。

② 点击绘图工作区上方工具栏中的"识别柱"，在绘图工作区左上角出现含有"提取边线""提取标注""点选识别"等命令的对话框，如图 7-17 所示。需要按照次序依次进行操作。

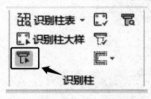

图 7-16   "识别柱"功能

图 7-17   "识别柱"对话框

③ 提取边线。在"识别柱"对话框中选择"提取边线"命令，根据软件提示选取任意柱边线，软件默认按照柱边线图层进行选取，故所有柱边线可以一次性被选中，已选中的柱边线背景色变为蓝色，单击鼠标右键确认，所有柱的边线消失，并自动保存到"已提取的 CAD 图层"中，提取成功。

④ 提取标注。在"识别柱"对话框中选择"提取标注"命令，根据软件提示选取任意柱标注，软件默认按照柱标注图层进行选取，故所有柱标注可以一次性被选中，在选择柱标注时应注意，需要选取柱名称、柱尺寸信息，且需要调整工作区中图纸的大小检查所有柱标注是否已经全部选中，已选中的柱标注背景色变为蓝色，单击鼠标右键确认，所有柱的标注消失，并自动保存到"已提取的 CAD 图层"中，提取成功。

⑤ 识别构件。打开"点选识别"的下拉选框，有"自动识别""框选识别""点选识别""按名称识别"四个选项，点击"自动识别"，软件会自动建立柱模型，识别数量如图 7-18 所示，自动建立模型后，软件会自动校核模型，通过校核后工作区上方会显示如图 7-19 所示的提示。

图 7-18   识别完成柱的数量

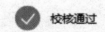

图 7-19   "校核通过"提示

在完成自动识别后，软件自动识别并生成了 50 个框架柱图元，其模型单体视图与三维视图如图 7-20 所示。

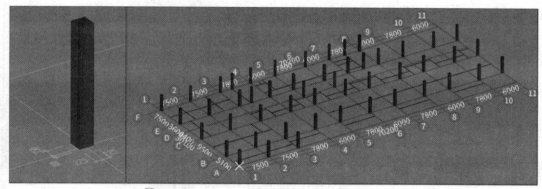

图 7-20　框架柱单体模型与整体模型三维视图

7.3.2　梁上柱构件绘制步骤

7.3.2.1　新建梁上柱构件

（1）识别大样定义构件

本案例工程屋顶层中的柱 LZ22 为 L 形柱，且该柱的截面尺寸与钢筋配筋在图纸中以大样图的方式进行标注，因此在软件中使用"识别柱大样"的功能建立此构件。

① 双击左侧"图纸管理"中的"屋顶层-屋顶层柱平法施工图"，将 LZ22 的大样图拖至工作区的中央，鼠标左键单击上方工作栏中的"识别柱-识别柱大样"，在工作区的左上角出现"提取边线""提取标注""提取钢筋线"等选项，需按照次序进行操作。

② 提取边线。鼠标单击"提取边线"，根据软件提示，将鼠标移动至 LZ22 的柱边线，单击鼠标左键选中柱边线，选中后单击鼠标右键进行确认，柱边线消失，并自动保存到"已提取的 CAD 图层"中，提取成功。

③ 提取标注。鼠标单击"提取标注"，根据软件提示，将鼠标移动至 LZ22 的标注处，单击鼠标左键进行选取，在选取时应同时选中柱的尺寸信息和配筋信息，选中后单击鼠标右键进行确认，柱标注消失，并自动保留到"已提取的 CAD 图层"中，提取成功。

④ 提取钢筋线。鼠标单击"提取钢筋线"，根据软件提示，将鼠标移动至 LZ22 的钢筋线处，单击鼠标左键进行选取，在选取时应同时选中柱的纵筋和箍筋，选中后单击鼠标右键进行确认，钢筋线消失，并自动保存到"已提取的 CAD 图层"中，提取成功。

⑤ 自动识别。在"点选识别"的下拉选框中选择"自动识别"，软件会自动识别并校核 LZ22 的构件信息，识别成功后在构件列表中显示。

（2）梁上柱构件截面查看

双击构件列表中的"LZ-22"，检查其纵筋和箍筋的位置是否与图纸保持一致，查看到的该构件截面信息如图 7-21 所示。

7.3.2.2　自动识别梁上柱

自动识别梁上柱的步骤与识别框架柱的步骤一致，本处不再赘述，已经识别的梁上柱模型在工作区内的单体视图和三维视图如图 7-22 所示。

7.3.2.3　基础层框架柱标高解释

基础层框架柱模型建立完成之后，检查柱构件的标高发现，默认的柱底标高为"基础底标高（−2.6）"，如图 7-23 所示。

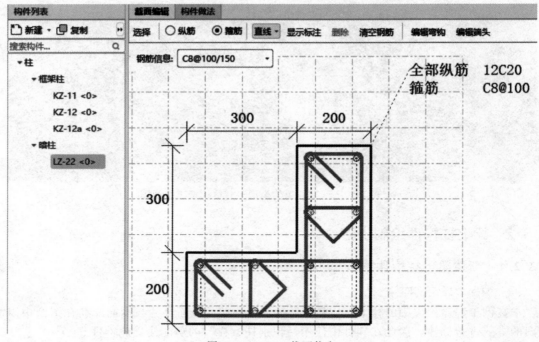

图 7-21　LZ-22 截面信息

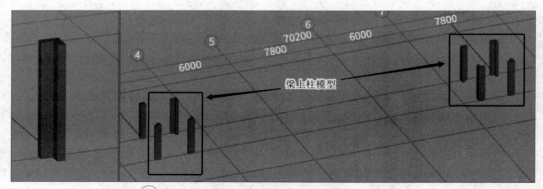

图 7-22　梁上柱单体模型与整体模型三维视图

　　虽然绘图工作区中基础层柱模型的底标高与图纸中的不符，但软件在计算过程中会将与基础重叠部分的框架柱混凝土工程量进行自动扣减，因此不需要修改柱底标高。

7.3.3　框架柱构件做法套用

　　为了准确将柱子的模型与清单、定额相匹配，需要在建立完成柱模型后，对框架柱构件进行做法套用操作。

7.3.3.1　框架柱工程量计算规则

　　（1）清单计算规则

　　通过查取《房屋建筑与装饰工程工程量计算规范》（GB 50854—2013）中的表 E.2 与表 S.1、表 S.2 可得，钢筋混凝土框架柱需要套取的清单规则见表 7-3。

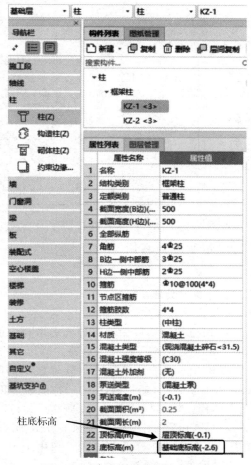

图 7-23　默认的基础层柱底标高

表 7-3　框架柱清单计算规则

项目编码	项目名称	计量单位	计算规则
010502001	矩形柱	m³	按设计图示尺寸以体积计算； 框架柱的柱高:应自柱基上表面至柱顶高度计算
011701002	外脚手架	m²	按所服务对象的垂直投影面积计算
011702002	矩形柱	m²	按模板与现浇混凝土构件的接触面积计算； 柱、梁、墙、板连接的重叠部分,不计入模板面积

（2）定额计算规则

通过查询《山东省建筑工程消耗量定额》（2016 版）并结合《山东省建设工程消耗量定额与工程量清单衔接对照表》（建筑工程专业）中的 E.2、E.8、S.1、S.2 可得，独立基础清单对应的定额规则见表 7-4。

表 7-4　框架柱定额计算规则

编号	项目名称	计量单位	计算规则
5-1-14	C30 现浇混凝土矩形柱	10m³	按设计图示尺寸以体积计算； 框架柱的柱高:应自柱基上表面至柱顶高度计算

续表

编号	项目名称	计量单位	计算规则
5-3-12	泵送混凝土柱、墙、梁、板泵车	$10m^3$	按各混凝土构件混凝土消耗量之和计算体积
17-1-6	外脚手架 钢管架 单排≤6m	$10m^2$	按所服务对象的垂直投影面积计算
18-1-36	现浇混凝土模板 矩形柱 复合木 模板 钢支撑	$10m^2$	按模板与现浇混凝土构件的接触面积计算； 柱、梁、墙、板相互连接的重叠部分均不计算模板面积
18-1-48	现浇混凝土模板 柱支撑高度>3.6m 每增 1m 钢支撑	$10m^2$	柱、墙（竖直构件）模板支撑超高分段计算，自高度>3.6m，第一个1m为超高1次，第二个1m为超高2次，以此类推；不足1m，按1m计算

下面以首层框架柱 KZ1 为例，在 BIM 平台中进行清单及定额项目的套用。

7.3.3.2　框架柱工程量清单定额规则套用

（1）框架柱清单项目套用

本节以 KZ1 构件为例，进行清单套取。

① 在上方导航栏中找到并进入"建模-通用操作-定义"界面，在构件列表中选中"KZ-1"构件，在右侧工作区中切换到"构件做法"界面套取相应的混凝土清单。

② 单击下方的"查询匹配清单"页签（若无该页签，则可以在"构件做法-查询-查询匹配清单"中调出），弹出与构件相互匹配的清单列表，软件默认的匹配清单"按构件类型过滤"，在匹配清单列表中双击"010502001 矩形柱 m^3"，将该清单项目导入到上方工作区中，此清单项目为框架柱的混凝土体积；柱模板清单项目编码为"011702002"，在匹配清单列表中双击"011702002 矩形柱 m^2"，将该清单项目导入到上方工作区中；由于匹配清单项目中没有"011701002 外脚手架"，因此需要进行手动输入，单击上方"构件做法"工作区中的"添加清单"，双击"编码"的空白处，直接输入"011701002"，回车键确认。套取完成的框架柱清单项目如图 7-24 所示。

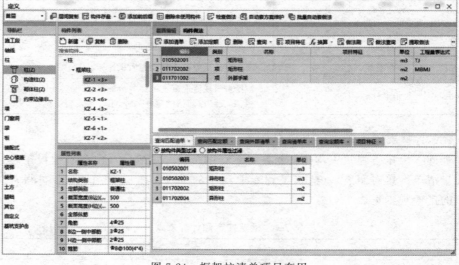

图 7-24　框架柱清单项目套用

③ 在完成清单项目选取之后，需要填写清单项目的项目特征，根据《房屋建筑与装饰工程工程量计算规范》（GB 50854—2013）中表 E.2 的规定：混凝土矩形柱的项目特征需要描述混凝土种类和混凝土强度等级两项内容；表 S.1 中规定：外脚手架的项目特征需要描述搭设方式、搭设高度、脚手架材质三项内容；表 S.2 中没有规定矩形柱模板的项目特征，为了表达明确，在项目特征处手动添加模板材质。单击鼠标左键选中"010502001"并在工作区下方的"项目特征"页签（若无该页签，则可以在"构件做法-项目特征"中调出）中添加混凝土种类的特征值为"商品混凝土"，混凝土强度等级的特征值为"C30"；选中"011702002"并在项目特征下方的空白处单击鼠标右键添加项目特征，在特征处输入"模板类型"，在特征值处输入"复合木模板"，回车键确认；选中"011701002"并添加搭设方式的特征值为"单排"，搭设高度的特征值为"6m 内"，脚手架材质特征值为"钢管脚手架"。填写完成后的框架柱清单项目特征如图 7-25 所示。

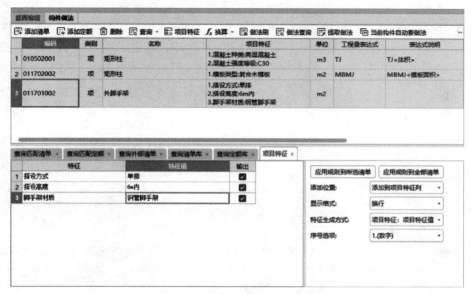

图 7-25　框架柱清单项目特征

（2）框架柱定额子目套用

在完成框架柱清单项目套用工作后，需对框架柱清单项目对应的定额子目进行套用。

① 单击鼠标左键选中"010502001"，而后点击工作区下方的"查询匹配定额"页签（若无该页签，则可以在"构件做法-查询-查询匹配定额"中调出），软件默认"按照构件类型过滤"而自动生成相对应的定额，本构件为框架柱构件，故在"查询匹配定额"页签下软件显示的是与框架柱清单相匹配的定额，在匹配定额下双击"5-1-14"与"5-3-12"定额子目，即可将其添加到清单"010501001"项目下。

② 单击鼠标左键选中"011702002"，在"查询匹配定额"的页签下双击"18-1-36"与"18-1-48"定额子目，即可将其添加到清单"011702002"项目下。

③ 单击鼠标左键选中"011701002"，在"查询匹配定额"的页签下没有与其相匹配的定额，故需要手动输入定额子目。单击上方"构件做法"工作区中的"添加定额"，双击定额"编码"的空白处，直接输入"17-1-6"，回车键确认，添加完成。补充完成的框架柱清单定额项目如图 7-26 所示。

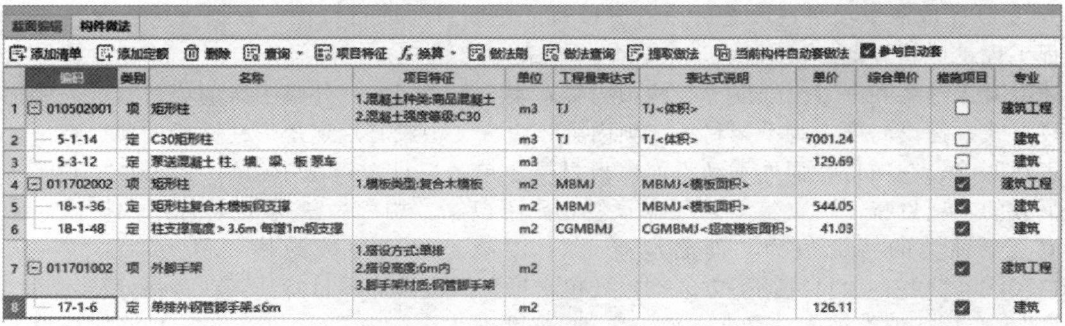

	编码	类别	名称	项目特征	单位	工程量表达式	表达式说明	单价	综合单价	措施项目	专业
1	010502001	项	矩形柱	1.混凝土种类:商品混凝土 2.混凝土强度等级:C30	m3	TJ	TJ<体积>			☐	建筑工程
2	5-1-14	定	C30矩形柱		m3	TJ	TJ<体积>	7001.24		☐	建筑
3	5-3-12	定	泵送混凝土 柱、墙、梁、板 泵车		m3			129.69		☐	建筑
4	011702002	项	矩形柱	1.模板类型:复合木模板	m2	MBMJ	MBMJ<模板面积>			☑	建筑工程
5	18-1-36	定	矩形柱复合木模板钢支撑		m2	MBMJ	MBMJ<模板面积>	544.05		☑	建筑
6	18-1-48	定	柱支撑高度＞3.6m 每增1m钢支撑		m2	CGMBMJ	CGMBMJ<超高模板面积>	41.03		☑	建筑
7	011701002	项	外脚手架	1.搭设方式:单排 2.搭设高度:6m内 3.脚手架材质:钢管脚手架	m2					☑	建筑工程
8	17-1-6	定	单排外钢管脚手架≤6m		m2			126.11		☑	建筑

图 7-26　框架柱清单定额项目

（3）定额子目工程量表达式修改

对于定额子目“5-3-12”，其工程量表达式为空白，故此条目在汇总计算完成之后不显示工程量，因此需要对其工程量表达式进行修改，定额子目“5-3-12”的工程量需要基于子目“5-1-14”工料机构成中的混凝土实际工程量进行修改，因此可以在计价软件中查询“5-1-14”的工料机构成，每 $10m^3$ 消耗量的子目“5-1-14”，含有 C30 商品混凝土的体积为 $9.8691m^3$，因此每 $1m^3$ 消耗量的定额子目“5-1-14”所含 C30 商品混凝土的体积为 $0.98691m^3$，即需要泵送的混凝土体积为 $0.98691m^3$。子目“5-1-14”的工料机构成如图 7-27 所示。因此在构件做法中，定额子目“5-3-12”的工程量表达式为“TJ＊0.98691”。修改步骤如图 7-28 所示。

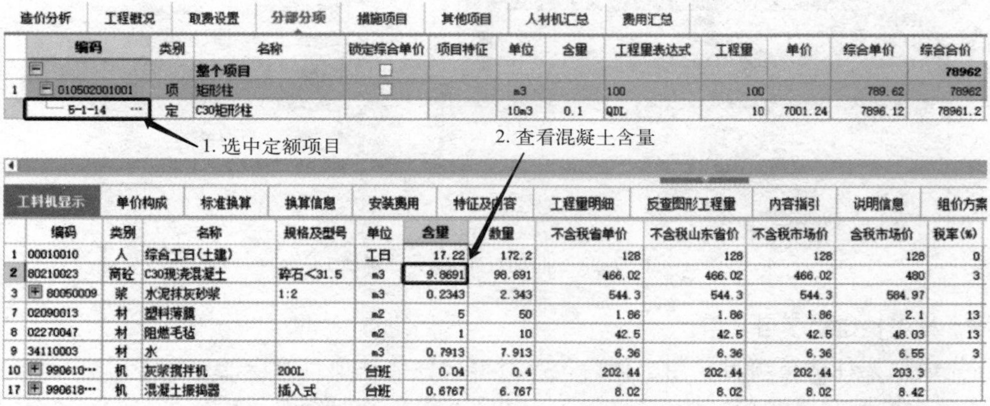

	编码	类别	名称	锁定综合单价	项目特征	单位	含量	工程量表达式	工程量	单价	综合单价	综合合价
			整个项目	☐								78962
1	010502001001	项	矩形柱	☐		m3		100	100		789.62	78962
	5-1-14	定	C30矩形柱			10m3	0.1	QDL	10	7001.24	7896.12	78961.2

	编码	类别	名称	规格及型号	单位	含量	数量	不含税省单价	不含税山东省价	不含税市场价	含税市场价	税率(%)
1	00010010	人	综合工日(土建)		工日	17.22	172.2	128	128	128	128	0
2	80210023	商砼	C30现浇混凝土	碎石＜31.5	m3	9.8691	98.691	466.02	466.02	466.02	480	3
3	80050009	浆	水泥抹灰砂浆	1:2	m3	0.2343	2.343	544.3	544.3	544.3	584.97	
7	02090013	材	塑料薄膜		m2	5	50	1.86	1.86	1.86	2.1	13
8	02270047	材	阻燃毛毡		m2	1	10	42.5	42.5	42.5	48.03	13
9	34110003	材	水		m3	0.7913	7.913	6.36	6.36	6.36	6.55	3
10	990610···	机	灰浆搅拌机	200L	台班	0.04	0.4	202.44	202.44	202.44	203.3	
17	990618···	机	混凝土振捣器	插入式	台班	0.6767	6.767	8.02	8.02	8.02	8.42	

图 7-27　定额子目“5-1-14”工料机构成

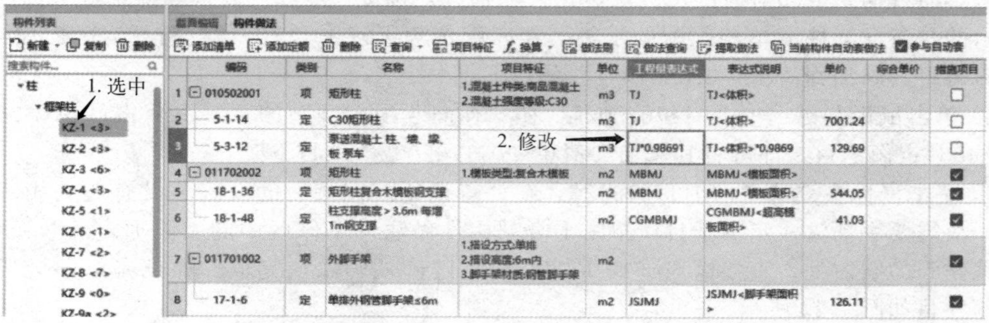

	编码	类别	名称	项目特征	单位	工程量表达式	表达式说明	单价	综合单价	措施项目
1	010502001	项	矩形柱	1.混凝土种类:商品混凝土 2.混凝土强度等级:C30	m3	TJ	TJ<体积>			☐
2	5-1-14	定	C30矩形柱		m3	TJ	TJ<体积>	7001.24		☐
3	5-3-12	定	泵送混凝土 柱、墙、梁、板 泵车		m3	TJ*0.98691	TJ<体积>*0.9869	129.69		☐
4	011702002	项	矩形柱	1.模板类型:复合木模板	m2	MBMJ	MBMJ<模板面积>			☑
5	18-1-36	定	矩形柱复合木模板钢支撑		m2	MBMJ	MBMJ<模板面积>	544.05		☑
6	18-1-48	定	柱支撑高度＞3.6m 每增1m钢支撑		m2	CGMBMJ	CGMBMJ<超高模板面积>	41.03		☑
7	011701002	项	外脚手架	1.搭设方式:单排 2.搭设高度:6m内 3.脚手架材质:钢管脚手架	m2					☑
8	17-1-6	定	单排外钢管脚手架≤6m		m2	JSJMJ	JSJMJ<脚手架面积>	126.11		☑

图 7-28　定额子目“5-3-12”工程量表达式修改

（4）复制清单定额项目至其余框架柱构件

由于首层的框架柱均为矩形柱，且混凝土种类与标号都一致，故首层所有框架柱构件的清单项目及定额子目都是一样的，使用"做法刷"命令将"KZ-1"的清单定额项目复制到其他框架柱构件。

① 鼠标左键单击"编码"与"1"左上方交叉处的白色方块，即可将框架柱的清单定额项目全部选中。如图 7-29 所示。

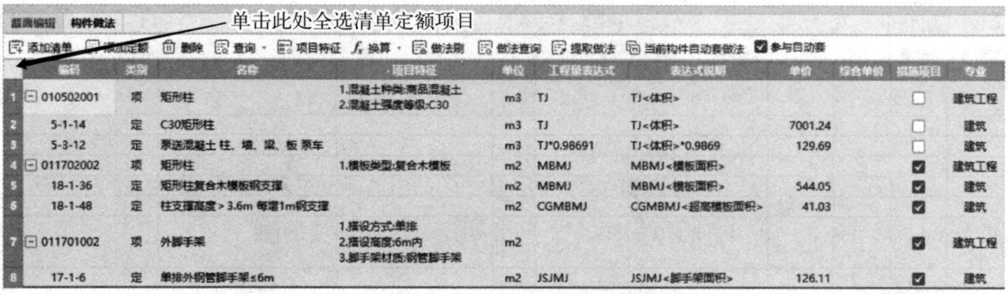

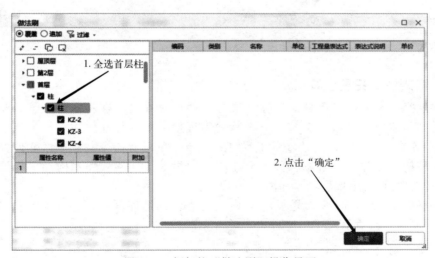

图 7-29　全选清单定额项目

② 运用"做法刷"操作将"KZ-1"的做法复制粘贴至首层其他柱构件，将"KZ-1"的清单和定额项目全部选中后，点击"构件做法"菜单栏中的"做法刷"，此时软件弹出"做法刷"提示框，在"覆盖"的添加方式下，选择所有的框架柱构件，并单击确定，即可将"KZ-1"的清单定额项目复制到其他的基础层框架柱构件中。框架柱"做法刷"操作界面与成功操作提示分别如图 7-30 和图 7-31 所示。

图 7-30　框架柱"做法刷"操作界面

图 7-31　操作成功提示

7.3.4　框架柱工程量汇总计算及查询

将所有的框架柱构件都套取相应的做法，通过软件中的工程量计算功能计算框架柱的混凝土体积和模板面积之后，可以在相应的清单和定额项目中直接查看对应的工程量。构件的工程量可以通过"工程量"模块中的"汇总"子模块来计算。

图 7-32　工程量汇总模块

7.3.4.1　框架柱工程量计算

在绘图工作区上方找到"工程量"模块中的"汇总计算"命令，在弹出的窗口内选择需要计算的柱构件，选中"首层-柱"构件，单击确定进行工程量计算，工程量汇总模块与选中框架柱计算分别如图 7-32 和图 7-33 所示。

计算时也可以先框选出需要计算工程量的图元，然后点击"汇总选中图元"命令，汇总计算结束之后弹出如图 7-34 的对话框。

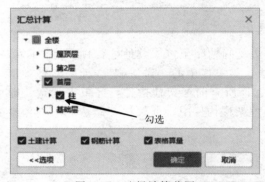

图 7-33　选择计算范围

图 7-34　计算完成对话框

7.3.4.2　框架柱工程量查看

框架柱混凝土及模板工程量的计算结果有两种查看方式，第一种是按照构件查看工程量，第二种则是按照做法（清单定额）来查看工程量。以全部框架柱构件为例，在"工程量-土建计算结果"模块中找到"查看工程量"命令，单击此命令，并根据软件提示选中所有首层框架柱构件，弹出"查看构件图元工程量"界面。框架柱的"构件工程量"明细和"做法工程量"明细分别如图 7-35 和图 7-36 所示。

框架柱钢筋工程量的计算结果可以通过"工程量-钢筋计算结果"模块中的"查看钢筋量""编辑钢筋"和"钢筋三维"三种方式进行查看。

以 KZ-1、KZ-3、KZ-7 与 KZ-8 为例，通过"查看钢筋量"命令，可以直接看到这四个框架柱模型所归属的楼层名称、构件名称、钢筋型号和钢筋总重量，如图 7-37 所示。

以 KZ-1 为例，通过"钢筋三维"命令可以在绘图工作区中查看钢筋的形状、排列方式等信息，通过"编辑钢筋"命令可以在工作区下方查看构件中的钢筋筋号、直径、级别、图形、计算公式、长度、根数、重量等必要信息，KZ-1 的"钢筋三维"界面以及"钢筋编辑"界面分别如图 7-38 和图 7-39 所示。

软件提供的三种查看钢筋工程量的方式各有其特点，在实际工作中可以根据不同的需求选用。

查看构件图元工程量　　— □ ×

构件工程量　做法工程量

◉ 清单工程量　○ 定额工程量　☑ 显示房间、组合构件量　☑ 只显示标准层单层量　□ 显示施工段归类

	楼层	名称	工程量名称							
			周长(m)	体积(m3)	模板面积(m2)	超高模板面积(m2)	数量(根)	脚手架面积(m2)	高度(m)	截面面积(m2)
1	首层	KZ-1	6	2.925	23.4	3.9	3	65.52	11.7	0.75
2		KZ-10	2	0.975	7.8	1.3	1	21.84	3.9	0.25
3		KZ-11	2	0.975	7.8	1.3	1	21.84	3.9	0.25
4		KZ-12	1.6	0.624	6.24	1.04	1	20.28	3.9	0.16
5		KZ-12a	3.2	1.248	12.48	2.08	2	40.56	7.8	0.32
6		KZ-13	4	1.95	15.6	2.6	2	43.68	7.8	0.5
7		KZ-14	5.4	2.3694	21.06	3.51	3	63.18	11.7	0.6075
8		KZ-14a	1.8	0.7898	7.02	1.17	1	21.06	3.9	0.2025
9		KZ-15	2	0.975	7.8	1.3	1	21.84	3.9	0.25
10		KZ-16	3.6	1.5796	14.04	2.34	2	42.12	7.8	0.405
11		KZ-17	3.2	1.248	12.48	2.08	2	40.56	7.8	0.32
12		KZ-18	1.8	0.7898	7.02	1.17	1	21.06	3.9	0.2025
13		KZ-19	5.4	2.3694	21.06	3.51	3	63.18	11.7	0.6075
14		KZ-2	6	2.925	23.4	3.9	3	65.52	11.7	0.75
15		KZ-20	1.8	0.7898	7.02	1.17	1	21.06	3.9	0.2025
16		KZ-21	1.6	0.624	6.24	1.04	1	20.28	3.9	0.16
17		KZ-3	12	5.85	46.8	7.8	6	131.04	23.4	1.5
18		KZ-4	6	2.925	23.4	3.9	3	65.52	11.7	0.75
19		KZ-5	1.8	0.7898	7.02	1.17	1	21.06	3.9	0.2025
20		KZ-6	1.8	0.7898	7.02	1.17	1	21.06	3.9	0.2025
21		KZ-7	4	1.95	15.6	2.6	2	43.68	7.8	0.5
22		KZ-8	11.2	4.368	43.68	7.28	2	141.96	27.3	1.12
23		KZ-9a	4	1.95	15.6	2.6	2	43.68	7.8	0.5
24		小计	92.2	41.7794	359.58	59.93	50	1061.58	195	10.7125
25		合计	92.2	41.7794	359.58	59.93	50	1061.58	195	10.7125

设置分类及工程量　　导出到Excel　　　　退出

图 7-35　首层框架柱 "构件工程量" 明细

查看构件图元工程量　　— □ ×

构件工程量　做法工程量

编码	项目名称	单位	工程量	单价	合价
1 010502001	矩形柱	m3	41.7714		
2 5-1-14	C30矩形柱	10m3	4.17714	7001.24	29245.1597
3 5-3-12	泵送混凝土 柱、墙、梁、板 泵车	10m3	4.12238	129.69	534.6315
4 011702002	矩形柱	m2	328.2925		
5 18-1-36	矩形柱复合木模板 钢支撑	10m2	35.95	544.05	19558.5975
6 18-1-48	柱支撑高度>3.6m 每增1m钢支撑	10m2	5.993	41.03	245.8928

显示构件明细(D)　　导出到Excel　　　　退出

图 7-36　首层框架柱 "做法工程量" 明细

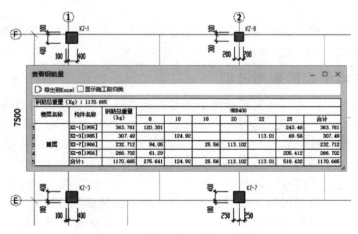

查看钢筋量　　— □ ×

⬇ 导出到Excel　□ 显示施工段归类

钢筋总重量（Kg）：1170.665

	楼层名称	构件名称	钢筋总重量(kg)	HRB400						
				8	10	18	20	22	25	合计
1	首层	KZ-1[1955]	363.761	120.301					243.46	363.761
2		KZ-3[1965]	307.49		124.92			113.01	69.56	307.49
3		KZ-7[1966]	232.712	94.05		25.56	113.102			232.712
4		KZ-6[1956]	266.702	61.29					205.412	266.702
5		合计:	1170.665	275.641	124.92	25.56	113.102	113.01	518.432	1170.665

图 7-37　"查看钢筋量" 界面

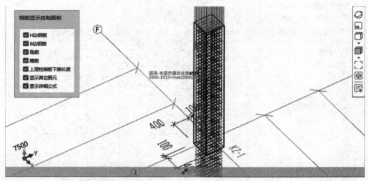

图 7-38   KZ-1"钢筋三维"界面

筋号	直径(mm)	级别	图号	图形	计算公式	公式描述	长度	根数	搭接	损耗(%)
1 角筋.1	25	Φ	1	4517	5800-1933*e ux (3900/6, 500, 5 00)	层高-本层的露出长度+上层 露出长度	4517	2	1	0
2 角筋.2	25	Φ	1	4517	5800-2808*e ux (3900/6, 500, 5 00)+1*35*d	层高-本层的露出长度+上层 露出长度+错开距离	4517	2	1	0
3 B边纵筋.1	25	Φ	1	4517	5800-2808*e ux (3900/6, 500, 5 00)+1*35*d	层高-本层的露出长度+上层 露出长度+错开距离	4517	3	1	0
4 B边纵筋.2	25	Φ	1	4517	5800-1933*e ux (3900/6, 500, 5 00)	层高-本层的露出长度+上层 露出长度	4517	3	1	0
5 H边纵筋.1	25	Φ	1	4517	5800-2808*e ux (3900/6, 500, 5 00)+1*35*d	层高-本层的露出长度+上层 露出长度+错开距离	4517	2	1	0
6 H边纵筋.2	25	Φ	1	4517	5800-1933*e ux (3900/6, 500, 5 00)	层高-本层的露出长度+上层 露出长度	4517	2	1	0
7 箍筋.1	8	Φ	195	460 460	2*(460+460)+2*(12.89*d)		2046	59	0	0
8 箍筋.2	8	Φ	195	251 460	2*(460+251)+2*(12.89*d)		1628	59	0	0
9 箍筋.3	8	Φ	195	181 460	2*(460+181)+2*(12.89*d)		1488	59	0	0

图 7-39   KZ-1"编辑钢筋"界面

7.4   框架柱传统计量方式

在传统计量计价过程中,对于框架柱的工程量计算,需要通过查询清单和定额规范来进行列项,再通过读取 CAD 图纸来获取框架柱构件的形状、尺寸、高度等信息。

7.4.1   框架柱清单定额规则选取

框架柱构件需要套取混凝土工程量清单和模板清单。根据《房屋建筑与装饰工程工程量计算规范》(GB 50854—2013)中表 E.2 的规定,框架柱的混凝土工程量清单编码为"010502001",其计算规则为:按设计图示尺寸以**体积**计算,框架柱的**柱高应自柱基上表面至柱顶高度计算**。由表 S.2,框架柱模板的工程量清单编码为"011702002",其计算规则为:按**模板与现浇混凝土构件**的**接触面积**计算。由表 S.1,需套取的脚手架工程量清单编码为"011701002",其计算规则为:按所服务对象的**垂直投影面积**计算。

在《山东省建筑工程消耗量定额》(2016 版)中,第五章对于框架柱混凝土工程量的计算有明确的要求,即其工程量按图示尺寸以**体积**计算,**框架柱的柱高,自柱基上表面至柱顶**

高度计算。第十八章要求柱模板工程量按**模板与混凝土构件**的**接触面积**计算。

通过查取《山东省建设工程消耗量定额与工程量清单衔接对照表》（建筑工程专业）中的 E.2 选取清单编码 "010502001" 下定额子条目 "5-1-14" 与泵送混凝土子目 "5-3-12"；S.2 中清单编码 "011702002" 下的定额子条目 "18-1-36" 与 "18-1-48"；S.1 中清单编码 "011701002" 下的定额子条目 "17-1-6"。

7.4.2　框架柱清单定额工程量计算

以首层图纸中①轴与Ⓕ轴交界处的框架柱 KZ1 为例进行清单定额工程量计算。

7.4.2.1　框架柱混凝土工程量计算

框架柱混凝土的工程量需要计算柱体积。按照图纸可得：首层框架柱 KZ1 横截面 "长×宽"（$b \times h$）为 "0.5m×0.5m"，由柱表可得其高度为 3.9m，形状为四棱柱体。

故框架柱 KZ1 的混凝土工程量：

$V_{柱}$ ＝底面积×高＝（长×宽）×高＝（0.5×0.5）×3.9＝0.975m³。

泵送混凝土工程量＝混凝土工程量×0.9869＝0.9622m³。

7.4.2.2　框架柱模板工程量计算

在《房屋建筑与装饰工程工程量计算规范》（GB 50854—2013）表 S.2 中，对于柱、梁、墙、板相互连接的重叠部分，均不计算模板面积。而在《山东省建筑工程消耗量定额》（2016 版）中，对于柱模板的计算有以下规定：柱、梁相交时，不扣除梁头所占柱模板面积；柱、板相交时，不扣除板厚所占柱模板面积。其区别如表 7-5 所示。

表 7-5　柱模板计算规则对比

规范名称	柱模板计算规则	重叠部分
《房屋建筑与装饰工程工程量计算规范》（GB 50854—2013）	柱、梁、墙、板相互连接的重叠部分均不计算模板面积	扣除
《山东省建筑工程消耗量定额》（2016 版）	柱、梁相交时，不扣除梁头所占柱模板面积；柱、板相交时，不扣除板厚所占柱模板面积	不扣除

对比两种规则，《房屋建筑与装饰工程工程量计算规范》（GB 50854—2013）对于柱模板工程量计算的描述更加准确，为体现两者之间的差异性，本节分别采用《房屋建筑与装饰工程工程量计算规范》（GB 50854—2013）与《山东省建筑工程消耗量定额》（2016 版）的计算规则来进行柱模板工程量的计算。

根据《山东省建筑工程消耗量定额》（2016 版）模板工程量计算规则：现浇混凝土柱、梁、墙、板的模板支撑（简称为 "支模"）高度按如下计算：

柱、墙：地（楼）面支撑点至构件顶坪；

梁：地（楼）面支撑点至梁底；

板：地（楼）面支撑点至板底坪。

对于先回填后施工地上主体的建筑，支模起点为室外地坪标高或回填标高；先施工地上主体后回填的建筑，支模起点为独立基础上平面标高；如果在结构标高±0.00m 处有框架梁或者基础梁，就从梁上平面标高开始算。

本工程地上主体先回填后施工，且在结构标高±0.00m 处无框架梁或基础梁。故首层框架柱的支模起点标高为室外地坪标高：－0.45m。

框架柱模板的工程量按模板与现浇混凝土构件的接触面积计算，在实际的工程施工当中，框架柱与梁、板有重叠部分，对于①轴与Ⓕ轴交界处的框架柱 KZ1 来说，其顶标高为 3.800m，底标高−0.100m，柱高 3.9m，与其相互连接的梁为 KL1 与 KL19，KL1 的截面尺寸为 250mm×600mm，KL19 的截面尺寸为 250mm×600mm，与 KZ1 右下角相连接的板厚为 110mm。

按照《房屋建筑与装饰工程工程量计算规范》（GB 50854—2013）规则计算。KZ1 的模板面积计算公式为：

$S =$ 原始模板面积 −（KL1 重叠面积）−（KL19 重叠面积）− 板重叠面积

KZ1 的模板面积为：$S = 0.5 \times 3.9 \times 4 - (0.25 \times 0.6) - (0.25 \times 0.6) \times 2 - 0.11 \times 0.5 = 7.295 \text{m}^2$。

由于首层柱 KZ1 的高度为 3.9m，超过了 3.6m，因此还需要计算超高模板面积，超高部分的模板高度为 $3.8 + 0.45 - 3.6 = 0.65 \text{m}$，故 KZ1 的超高模板面积计算公式为：

$S_{超} =$ 原始超高模板面积 −（KL1 重叠面积）−（KL19 重叠面积）− 板重叠面积

$S_{超} = 0.65 \times 0.5 \times 4 - (0.25 \times 0.6) - (0.25 \times 0.6) \times 2 - 0.11 \times 0.5 = 0.795 \text{m}^2$

按照《山东省建筑工程消耗量定额》（2016 版）规则计算。

KZ1 的模板面积为：$S =$ 原始模板面积 $= 0.5 \times 3.9 \times 4 = 7.8 \text{m}^2$

KZ1 的超高模板面积为：$S =$ 原始超高模板面积 $= 0.65 \times 0.5 \times 4 = 1.3 \text{m}^2$

至此，KZ1 的混凝土工程量、模板工程量和超高模板工程量计算完毕，经过对比可以看出，手算的工程量与软件中计算的结果一致，软件的工程量计算结果如图 7-40 所示。

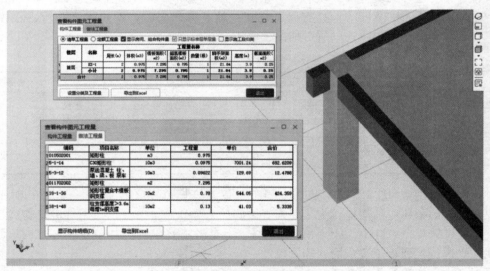

图 7-40　KZ1 工程量查看

手算 KZ1 的清单定额汇总如表 7-6 所示。

表 7-6　KZ1 清单定额汇总表

序号	编码	项目名称	项目特征	单位	工程量
1	010502001001	矩形柱	1. 混凝土种类：商品混凝土 2. 混凝土强度等级：C30	m³	0.975
	5-1-4	C30 矩形柱		10m³	0.0975
	5-3-12	泵送混凝土 柱、墙、梁、板 泵车		10m³	0.0962

续表

序号	编码	项目名称	项目特征	单位	工程量
2	011702002001	矩形柱	模板类型:复合木模板	m²	7.295
	18-1-36	矩形柱 复合木模板 钢支撑		10m²	0.78
	18-1-48	柱支撑高度＞3.6m 每增 1m 钢支撑		10m²	0.13

7.4.3　框架柱钢筋工程量计算

在进行钢筋工程计价时，其计量单位是钢筋的重量。因此在计算时需要计算出钢筋的总长度，再用总长度乘以钢筋单位长度的重量，这样便可以得到钢筋的重量。但在实际计算过程中，需要计算出每根钢筋的长度，并结合钢筋根数，从而确定所需钢筋的总长度。

对于首层 KZ1，由于篇幅有限，本节仅以其**纵向钢筋的单根长度**以及**一组箍筋的长度**为例进行计算。

（1）KZ1 纵向钢筋单根长度计算

《混凝土结构施工图平面整体表示方法制图规则和构造详图（现浇混凝土框架、剪力墙、梁、板）》（22G101—1）"KZ 纵向钢筋连接构造"中的"机械连接"部分对于柱纵向钢筋的长度规定如图 7-41 所示。

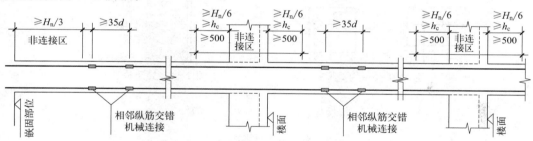

图 7-41　框架柱机械连接部位纵向钢筋构造

图中，H_n 为所在楼层的柱净高，d 为钢筋直径，h_c 为柱截面的长边尺寸。通过分析可得首层 KZ1 的纵向钢筋长度计算公式为：

纵筋长度＝层高－本层露出长度＋上层露出长度

相邻纵筋长度＝层高－本层露出长度＋上层露出长度＋错开距离

注：柱净高 H_n 为下层梁顶面标高至本层梁底面的高度，KZ1 净高为基础梁顶标高至 KL19 与 KL1 梁底的高度，即从 －0.100～3.200m，故 KZ1 的柱净高度 H_n 为 3.3m。

角筋的长度＝3900－3300/3＋max（3900/6，500，500）＝3450mm

在相邻纵筋长度的计算公式中，本层露出长度＝$H_n/3$＋35d，由于 KZ1 的钢筋直径全为 25mm，故本层露出长度＝3300/3＋35×25＝1100＋875＝1975mm。

相邻角筋长度＝3900－1975＋max（3900/6，500，500）＋35×25＝3450mm

框架柱 KZ1 的纵筋型号直径为 25mm，其钢筋单位长度重量为 3.85kg/m，故其单根纵向钢筋的净重为：3.45×3.85＝13.2825kg≈13.283kg。BIM 平台中的 KZ1 纵向钢筋工程量计算明细如图 7-42 所示。

筋号	层位(mm)	级别图号	图形	计算公式	公式描述	弯曲调整(mm)	长度	根数	搭接	损耗(%)	单重(kg)	总重(kg)
1 角筋.1	25	⊕ 1	3450	3900-1100+max(3900/6, 500, 500)	层高-本层的露出长度+上层露出长度	(0)	3450	2	1	0	13.283	26.566
2 角筋.2	25	⊕ 1	3450	3900-1975+max(3900/6, 500, 500)+1*35*d	层高-本层的露出长度+上层露出长度+错开距离	(0)	3450	2	1	0	13.283	26.566
3 B边纵筋.1	25	⊕ 1	3450	3900-1975+max(3900/6, 500, 500)+1*35*d	层高-本层的露出长度+上层露出长度+错开距离	(0)	3450	3	1	0	13.283	39.849
4 B边纵筋.2	25	⊕ 1	3450	3900-1100+max(3900/6, 500, 500)	层高-本层的露出长度+上层露出长度	(0)	3450	3	1	0	13.283	39.849
5 H边纵筋.1	25	⊕ 1	3450	3900-1975+max(3900/6, 500, 500)+1*35*d	层高-本层的露出长度+上层露出长度+错开距离	(0)	3450	2	1	0	13.283	26.566
6 H边纵筋.2	25	⊕ 1	3450	3900-1100+max(3900/6, 500, 500)	层高-本层的露出长度+上层露出长度	(0)	3450	2	1	0	13.283	26.566

图 7-42　KZ1 纵向钢筋计算明细

（2）KZ1 箍筋长度计算

KZ1 的箍筋肢数为 4×4 肢箍，其构造形式如图 7-43 所示。

《混凝土结构施工图平面整体表示方法制图规则和构造详图（现浇混凝土框架、剪力墙、梁、板）》（22G101—1）对于封闭箍筋弯钩的构造规定如图 7-44 所示。

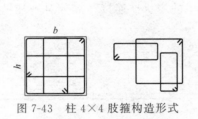

图 7-43　柱 4×4 肢箍构造形式

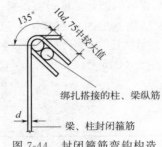

图 7-44　封闭箍筋弯钩构造

不同型号箍筋弯钩的弯曲弧段长度如表 7-7 所示。

表 7-7　箍筋弯弧段长度

钢筋级别	箍筋弯弧段长度		
	180°弯钩	90°弯钩	135°弯钩
1　HRB400,HRB400E,HRBF400,HRBF400E,RRB440($D=4d$)	4.86d	0.93d	2.89d
2　HRB500,HRB500E,HRBF500,HRBF500E($D=6d$)	7d	1.5d	4.25d

对于 KZ1，其箍筋型号为三级钢，直径为 8mm，在计算长度时应分三段，KZ1 的横截面尺寸以及对箍筋的划分如图 7-45 所示。

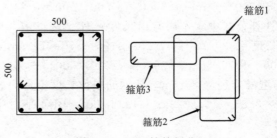

图 7-45　KZ1 箍筋划分

箍筋 1 长度＝2×[(b 边长－2×保护层厚度＋h 边长－2×保护层厚度)＋弯钩长度]；

其中，弯钩长度＝max(10d,75)＋弯弧段长度＝12.89d；

故箍筋 1 长度＝2×[(500－2×20＋500－2×20)＋max(10×8,75)＋2.89×8]≈2046mm。

箍筋 2 长度＝2×(箍筋 2 的 b 边长度＋箍筋 2 的 h 边长度)＋2×弯钩长度；

其中，箍筋 2 的 b 边长度＝2×(柱的 b 边长度－2×保护层厚度－2×箍筋直径－1×柱纵筋直径)/4＋1×柱纵筋直径＋2×箍筋直径＝2×(500－40－16－25)/4＋25＋16＝250.5≈251mm；

箍筋 2 的 h 边长度＝柱的 h 边长度－2×保护层厚度＝500－40＝460mm；

故箍筋 2 长度＝2×(251＋460)＋2×12.89×8＝1628.24≈1628mm。

箍筋 3 长度＝2×(箍筋 3 的 b 边长度＋箍筋 3 的 h 边长度)＋2×弯钩长度；

其中，箍筋 3 的 b 边长度＝柱的 b 边长度－2×保护层厚度＝500－40＝460mm；

箍筋 3 的 h 边长度＝(柱的 h 边长度－2×保护层厚度－2×箍筋直径－1×柱纵筋直径)/3＋1×柱纵筋直径＋2×箍筋直径＝(500－40－16－25)/3＋25＋16＝180.66≈181mm；

故箍筋 3 长度＝2×(460＋181)＋2×12.89×8＝1488.24≈1488mm。

至此，单组箍筋的长度计算完毕。BIM 平台中的 KZ1 箍筋工程量与手算箍筋工程量一致，BIM 平台中箍筋计算明细如图 7-46 所示。

筋号	直径(mm)	级别	图号	图形	计算公式	公式描述	弯曲调整数	长度	根数	搭接	损耗(%)	单重(kg)	总重(kg)
7 箍筋.1	8	Φ	195	460 / 460	2*(460+460)+2*(12.89*d)		(0)	2046	40	0	0	0.808	32.32
8 箍筋.2	8	Φ	195	251 / 460	2*(460+251)+2*(12.89*d)		(0)	1628	40	0	0	0.643	25.72
9 箍筋.3	8	Φ	195	181 / 460	2*(460+181)+2*(12.89*d)		(0)	1488	40	0	0	0.588	23.52

图 7-46　KZ1 箍筋计算明细

通过以上分析可见，手算框架柱的工程量与依托 BIM 平台进行工程量计算的结果相同，但按照传统手工计算钢筋工程量的工作量太大。因此依托 BIM 技术可以对构件的工程量进行大批量计算，在实际的工作中可以提高计算效率，减少计算偏差，节省工作时间。

 思考题

1. 平法图集中，柱子有哪些类型？如何表示？

2. 柱子的列表注写方式和截面注写方式有何异同点？

3. 何为并筋，请简要叙述。

4. 在建模过程中，柱有哪些绘制和编辑方法，如何实现操作？

5. 如何绘制异形柱模型？

6. 如何正确套取柱的清单定额？请简要描述步骤。

7. 框架柱的模板面积该如何计算？

8. 框架柱箍筋的长度如何计算？

第 8 章
BIM 梁工程计量

学习目标: 通过本章的学习,熟悉组成建筑主体结构构件——梁的内容,了解 22G101—1 平法图集中梁构件的结构类型与标注含义,并了解本案例工程中不同梁的结构形式及特点。

课程要求: 能够独立完成 BIM 主体工程中钢筋混凝土梁构件的建立、识别、定位和做法套取等工作。

8.1 相关知识

在进行梁工程量计算之前,首先需要了解与钢筋混凝土梁相关的平法知识,再将本工程的图纸与平法知识相结合,更好地掌握工程量计算原理;在梁工程量计算的过程中,要加深对《房屋建筑与装饰工程工程量计算规范》(GB 50854—2013)与《山东省建筑工程消耗量定额》(2016 版)中对于梁清单定额项目的理解,准确地计算梁的工程量。梁平法知识主要包含梁类型以及梁钢筋的平法注写方式两个部分。

8.1.1 梁类型及编号

梁有很多种类型,但一般分为楼层框架梁、屋面框架梁、框支梁、非框架梁、悬挑梁等不同类型。在 22G101—1 平法图集中,不同类型梁的代号如表 8-1 所示。

表 8-1　梁编号

梁类型	代号	序号	跨数及是否带有悬挑
楼层框架梁	KL	××	(××)、(××A)或(××B)
楼层框架扁梁	KBL	××	(××)、(××A)或(××B)
屋面框架梁	WKL	××	(××)、(××A)或(××B)
框支梁	KZL	××	(××)、(××A)或(××B)
托柱转换梁	TZL	××	(××)、(××A)或(××B)
非框架梁	L	××	(××)、(××A)或(××B)
悬挑梁	XL	××	(××)、(××A)或(××B)
井字梁	JZL	××	(××)、(××A)或(××B)

注:(××A)为一端有悬挑,(××B)为两端有悬挑,悬挑不计入跨数。

【例】KL7(5A) 表示第 7 号框架梁,5 跨,一端有悬挑;L9(7B) 表示第 9 号非框架梁,7 跨,两端有悬挑。

本节选取几个常见且具有代表性的梁进行介绍。

（1）楼层框架梁

框架梁是指两端与框架柱相连的梁，或者两端与剪力墙相连但高跨比不小于 5 的梁。在结构设计中，对于框架梁还有另一种观点，即需要参与抗震的梁。纯框架结构随着高层建筑的兴起而越来越少见，而剪力墙结构中的框架梁则是主要参与抗震的梁，在图纸中通常用代号"KL"表示。

（2）屋面框架梁

屋面框架梁位于整个建筑结构的顶面，其主要作用是承受屋架的自重和屋面的活荷载，其上所受力包括楼面恒荷载和活荷载。恒荷载一般指屋面框架梁构件的自重，屋面活荷载包括上人时的人体重量、积雪、积灰、雨水等，在图纸中通常用代号"WKL"表示。

（3）框支梁

框支梁指的是当布置的转换梁支撑上部剪力墙的时候，转换梁即为框支梁，支撑框支梁的柱子就叫作框支柱。其由来是根据建筑功能要求，需要下部大空间，上部部分竖向构件不能直接连续贯通落地，通过水平转换结构与下部竖向构件连接，在图纸中通常用代号"KZL"表示。

（4）非框架梁

非框架梁设置在框架梁之间，且与框架梁直接连接，其作用是将楼板的重量先传给框架梁。非框架梁通过楼面先将负荷传向框架梁，再由框架梁传给框架柱，所以与框架梁相比，受力有所不同。在图纸中通常用代号"L"表示。

（5）悬挑梁

悬挑梁两端并不都有支撑，其一端埋在或者浇筑在支撑物上，而另一端伸出支撑物。其特点是可为固定、简支或自由段。长跨面筋在下，短跨面筋在上，在图纸中通常用代号"XL"表示。

8.1.2　梁平面注写方式

梁钢筋及尺寸的平法表示有两种，第一种是集中标注方式，第二种是原位标注方式，集中标注表达梁的通用数值，原位标注表达梁的特殊数值。当集中标注中的某项数值不适用于梁的某部位时，则将该项数值原位标注，施工时，原位标注取值优先。梁平面注写方式如图 8-1 所示。

本节以图 8-1 为例，详细解释图中梁集中标注及原位标注的含义，本处仅作为梁标注解读参考，具体情况需要根据工程图纸进行分析。

（1）集中标注

梁的集中标注用来表达梁的通用数值。在图 8-1 中，"KL2"表示梁为第 2 号框架梁；"（2A）"表示梁跨为 2，一端有悬挑；"300×650"表示梁截面尺寸为 300mm×650mm；"φ8@100/200（2）"表示箍筋采用直径为 8mm 的 HPB300 钢筋，加密区的箍筋间距是 100mm，非加密区的箍筋间距是 200mm，为双肢箍；"2Φ25"表示梁的上部通长钢筋采用 2 根直径为 25mm 的 HRB400 钢筋；"G4φ10"表示梁两侧共有 4 根直径为 10mm 的构造钢筋，每侧 2 根，其型号为 HPB300；"（-0.100）"表示梁顶标高为 -0.100m。

（2）原位标注

原位标注通常用来表达梁的特殊数值。以截面 1—1 为例，"2Φ25+2Φ22"表示梁截面 1—1 处的上部钢筋为 2 根直径 25mm 和 2 根直径 22mm 的 HRB400 钢筋；"6Φ25　2/4"

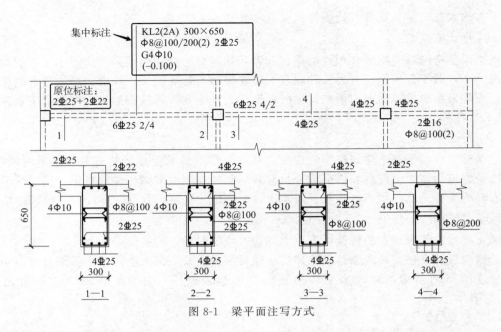

图 8-1   梁平面注写方式

表示梁下部通长钢筋为 6 根直径 25mm 的 HRB400 钢筋, 其排列方式自上而下为 2 根和 4 根。截面详细配筋信息参考图 8-1 中的 "1—1"。

8.2   任务分析

8.2.1   图纸分析

完成本节任务需明确梁清单定额的计算内容, 包含混凝土与模板的工程量, 由 "幼儿园-结构" 中的 "标高-0.100m 梁配筋图" "标高 3.800m 梁配筋图" "标高 7.700m 梁配筋图" 与 "机房层顶梁配筋图" 可知, 本工程案例中的梁类型包含框架梁、非框架梁与屋面框架梁。

框架梁、非框架梁、屋面框架梁的截面形状皆为矩形。有部分梁的顶标高与图纸的标高不一致, 因此在建模过程中注意梁顶标高的调整, 并在建模完成后对照结构图纸对梁顶标高进行校核, 检查梁模型的信息是否与图纸一一对应, 保证模型的准确性。

8.2.2   建模分析

在进行梁建模时, 可以采用手动方式在构件列表中建立梁构件, 再用自动识别的方式建立模型; 也可以先用 BIM 平台中 "识别梁" 命令批量自动建立构件, 再进行自动识别。在模型建立完成后, 需要对梁构件的原位标注进行校核, 确保工程量计算的准确性。

8.2.3   梁构件建立方式分析

在 BIM 平台中, 平台提供了 "手动建立梁构件" 和 "通过 CAD 识别梁构件" 两种建立梁构件的方式。为了提高工程算量的效率, 通常采用自动识别 CAD 图纸的方式来建立梁模型, 下面分别简单介绍以上两种建立方式。

8.2.3.1　手动建立梁构件

① 在左侧导航栏中找到"梁-梁（L）"，单击"梁（L）"。

② 在构件列表中单击"新建-新建矩形梁"命令，建立梁构件。

③ 选中新建的梁构件，并结合图纸，在下方"属性列表"中对需要建立的梁构件的属性进行修改，完成梁构件的建立。

8.2.3.2　识别 CAD 图建立梁构件

① 在图纸管理中双击"梁配筋图"，将绘图工作区切换至需要绘制模型的楼层，并将梁配筋图调整至工作区中心，方便建模。

② 在左侧导航栏中找到"梁-梁（L）"，并单击"梁（L）"，将上方建模命令区切换至梁的绘制及识别界面。

③ 点击"识别梁"命令区中的"识别梁"命令，在绘图工作区的左上角弹出操作提示框，提示框中的内容包含"提取边线""提取标注""识别梁""编辑支座""识别原位标注"等命令，完成所有操作。识别完成后在构件导航栏会自动建立梁构件，并在绘图工作区中建立模型。

8.3　任务实施

以首层顶部框架梁为例，即采用"标高 3.800m 梁配筋图"在 BIM 平台中进行梁的绘制及工程量计算，本节提供"手动建模"和"CAD 图识别"两种建模方式，具体操作如下：

8.3.1　手动绘制梁模型步骤

8.3.1.1　手动建立梁构件

下面以图纸"标高 3.800m 梁配筋图"中"KL1"为例，手动建立梁构件。

① 在图纸管理中找到并双击"首层-二层梁配筋图（由于首层梁顶标高为 3.800m，与二层底标高一致，故图纸命名为二层梁配筋图）"，将绘图工作区切换至首层，并调整图纸使其处于绘图工作区中部位置。

② 在左侧导航栏中找到"梁-梁（L）"，并单击"梁（L）"；点击"构件列表"页签，单击"新建-新建矩形梁"命令，建立梁构件。

③ 选中新建的梁构件，查看图纸中 KL1 的标注，将 KL1 的各项属性输入在"属性列表"当中。

④ 查看图纸中 KL1 的集中标注为：KL1（4A）250×600、Φ8@100/200（2）、2Φ25、N4Φ12。

⑤ 在"属性列表"中输入以下参数：名称 KL-1（4A）、跨数量 4A、截面宽度 250、截面高度 600、箍筋 C8-100/200、肢数 2、上部通长筋 2C25、无下部通长筋、侧面构造或受扭筋 N4C12。输入完成的参数如图 8-2 所示。

8.3.1.2　绘制梁模型并修改参数

① 建立完成梁构件后，需要在绘图工作区绘制 KL-1（4A）。在工作区上方的导航栏处选择"建模-绘图-直线"命令，

图 8-2　KL-1（4A）属性值

根据提示并结合图纸，完成 KL-1(4A) 的绘制。

② 绘制完成后的 KL-1(4A) 呈红色，是因为未对图纸中 KL1 的原位标注进行输入，选中 KL-1(4A)，并在上方导航栏处选择"建模-梁二次编辑-原位标注"命令，在绘图工作区下方弹出"梁平法表格"，结合图纸对梁的具体参数进行调整和修改。

③ 通过读取图纸，对于 KL1 的 0 跨（KL1 的一端悬挑）部分，其上通长筋为"2Φ25/2Φ22"，在"梁平法表格"中将 0 跨上通长筋参数输入"2C25/2C22"；下部钢筋为"2Φ14"，在 0 跨下部钢筋参数输入"2C14"；箍筋为"Φ8@100(2)"，将 0 跨箍筋的默认参数根据图纸修改为"C8-100(2)"。

④ 对于 1 跨（ⒶⒷ轴之间）部分，其上部左支座与右支座钢筋均为"2Φ25/2Φ22"，在 1 跨上部左支座钢筋和右支座钢筋处输入"2C25/2C22"；下部钢筋为"2Φ20+1Φ16"，在 1 跨下部处输入"2C20+1C16"。

⑤ 对于 2 跨（Ⓑ©轴之间）部分，其截面尺寸为 300mm×700mm，故首先应在 2 跨截面处输入"300 * 700"，并调整"距左边线距离"为"125"；其上部左支座钢筋为"4Φ25"，在 2 跨上部左支座钢筋处输入"4C25"；上部右支座钢筋为"2Φ25+2Φ22/2Φ22"，在 2 跨上部右支座钢筋处输入"2C25+2C22/2C22"；下部钢筋"2Φ25+3Φ22"，在 2 跨下部钢筋处输入"2C25+3C22"；侧面原位标注钢筋"N6Φ12"，在侧面原位标注筋处输入"N6C12"。

⑥ 对于 3 跨（©Ⓔ轴之间）部分，其截面尺寸为 300mm×600mm，故首先应在 3 跨截面处输入"300 * 600"，并调整"距左边线距离"为"125"；其上部右支座钢筋为"4Φ25"，在 3 跨上部右支座钢筋处输入"4C25"；下部钢筋参数为"5Φ25"，故在 3 跨下部钢筋处输入"5C25"；侧面原位标注筋"N4Φ16"，在侧面原位标注钢筋处输入"N4C16"；箍筋为"Φ10@100/150(2)"，故将 3 跨箍筋的参数修改为"C10-100/150（2）"。

⑦ 对于 4 跨（ⒺⒻ轴之间）部分，其上部左支座钢筋为"4Φ25 2/2"，在 4 跨上部左支座钢筋处输入"4C25 2/2"；上部右支座钢筋为"3Φ25"，在 4 跨上部右支座钢筋处输入"3C25"；下部钢筋参数为"2Φ25+1Φ22"，故在 4 跨下部钢筋处输入"2C25+1C22"。

输入和修改完成的 KL-1(4A) 原位标注参数如图 8-3 所示。

名称	跨号	截面(B*H)	距左边线距离	上通长筋	上部钢筋			下部钢筋		侧面钢筋			箍筋	肢数
					左支座钢筋	跨中钢筋	右支座钢筋	下通长筋	下部钢筋	侧面通长筋	侧面原位标注筋	拉筋		
KL-1(4A)	0	(250*600)	(125)	2Φ25/2Φ22					2Φ14	N4Φ12		(Φ6)	Φ8@100(2)	2
	1	(250*600)	(125)		2Φ25/2Φ22		2Φ25/2Φ22		2Φ20+1Φ16			(Φ6)	Φ8@100/200(2)	2
	2	300*700	125		4Φ25		2Φ25+2Φ22/2Φ22		2Φ25+3Φ22		N6Φ12	(Φ6)	Φ8@100/200(2)	2
	3	300*600	125				4Φ25		5Φ25		N4Φ16	(Φ6)	Φ10@100/150(2)	2
	4	(250*600)	(125)		4Φ25 2/2		3Φ25		2Φ25+1Φ22			(Φ6)	Φ8@100/200(2)	2

图 8-3　KL-1(4A) 原位标注参数

以上为手动建立 KL-1(4A) 模型的步骤。值得注意的是，在手动建立梁模型之前，首先需要根据梁的集中标注，将梁的通用属性值输入至构件信息；再根据梁的原位标注，按照梁跨的先后顺序输入构件的钢筋及截面尺寸信息，并对集中标注中的信息加以修正，提高模型的准确性。

但手动建立梁模型的步骤比较费时费力，故软件提供了一种省时省力的方法进行梁模型的建立，即"识别梁"功能，该功能可以将 CAD 图纸中的二维梁直接识别为三维的梁模型，可以大大地节省建模时间，提高工作效率。

8.3.2　识别 CAD 图绘制梁模型步骤

识别 CAD 图绘制梁模型的基本步骤为：提取梁边线、标注→识别梁构件→编辑支座→

识别原位标注→识别吊筋及次梁加筋。

8.3.2.1　提取梁边线及标注

下面以首层顶梁即图纸"标高 3.800m 梁配筋图"为例，依托 CAD 图自动识别命令绘制梁模型。

① 在"图纸管理"界面双击"首层-二层梁配筋图（由于首层梁顶标高为 3.800m，与二层底标高一致，故图纸命名为二层梁配筋图）"，将工作区切换至首层，并将图纸"标高 3.800m 梁配筋图"拖至绘图工作区中心。

② 在左侧导航栏中找到并点击"梁-梁（L）"，并点击"构件列表"。调试完成的界面如图 8-4 所示。

③ 在上方命令栏的"建模-识别梁"模块中找到并单击"识别梁"命令，在绘图工作区的左上角弹出提取和识别梁模型的命令框，如图 8-5 所示。

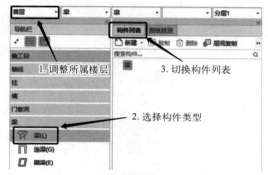

图 8-4　调试完成的构件建立界面

图 8-5　"识别梁"命令提示框

④ 点击"提取边线"，选择任意一条梁边线，被选中的梁边线会高亮显示，选中所有梁边线后右键确认，已提取的梁边线从工作区中消失，并自动保存到"图层管理-已提取的 CAD 图层"当中。

注：由于某些图纸的梁边线类型不同或不在同一图层中，因此在提取梁边线时，需要通过调整图纸大小来查看梁边线是否被全部选中。

⑤ 点击"自动提取标注"，选中任意一条梁的标注，例如"KL-1(4A)"，所有同图层的梁标注皆被选中并高亮显示。检查未被选中的梁标注，选中所有的梁标注后，右键确认，已提取的梁标注从工作区中消失，并自动保存到"图层管理-已提取的 CAD 图层"当中。

8.3.2.2　自动识别梁构件

① 在工作区左上角的提示框中，找到"点选识别梁"右侧的"▼"，在下拉选框中有"自动识别梁""框选识别梁"和"点选识别梁"三个命令可供选择，对于较为复杂的工程或不太规范的图纸，需要使用"框选识别梁""点选识别梁"命令对构件进行详细识别，而对于本工程，选择"自动识别梁"命令即可，识别梁的下拉选择框如图 8-6 所示。

② 选择"自动识别梁"命令，软件在执行完命令后，工作区中会自动弹出"识别梁选项"窗口，其内容为各个梁的名称、截面、钢筋等信息，需对照图纸对窗口中的各个参数进行检查，检查无误后单击"继续"即可，如图 8-7 所示。

图 8-6　识别梁的三种方式

图 8-7 "识别梁选项"窗口

③ 识别结果在绘图区域中显示，并弹出"校核梁图元"窗口，校核无误后软件会自动在构件列表中建立梁构件，即"自动识别梁"命令可以批量创建梁构件，建立完成的框架梁构件和非框架梁构件如图 8-8 和图 8-9 所示。

图 8-8　框架梁构件

图 8-9　非框架梁构件

图 8-10 "自动识别
原位标注"命令

④ 完成梁构件建立后，需要识别图纸中梁的原位标注，点击"点选识别原位标注"右侧的"▼"，在下拉选框中有"自动识别原位标注""框选识别原位标注""点选识别原位标注"和"单构件识别原位标注"四个命令可供选择。对于较为复杂的工程或不太规范的图纸，需要使用"框选识别原位标注""点选识别原位标注""单构件识别原位标注"命令对原位标注进行详细识别，而对于本工程，选择"自动识别原位标注"命令即可，如图 8-10 所示。

单击"自动识别原位标注"命令，软件对梁的原位标注进行识别，识别完成后会弹出识别"提示"，直接点击"确定"即可，如图 8-11 所示。软件自动校核原位标注，若校核过程中出现问题，则会弹出"校核原位标注"对话框，双击问题，即可定位到需要修改的位置，"校核原位标注"对话框如图 8-12 所示。

⑤ 修改原位标注。以图纸最左侧的梁 KL1(4A) 为例进行修改，在上方导航栏处选择"建模-梁二次编辑-原位标注"命令，选中需要修改原位标注的梁模型，在绘图工作区下方

弹出"梁平法表格",图纸中"0 跨"的上通长筋为"2⚿25/2⚿22",故在"梁平法表格"中将 0 跨上通长筋的参数"2C25"修改为"2C25/2C22"。

图 8-11　识别"提示"框

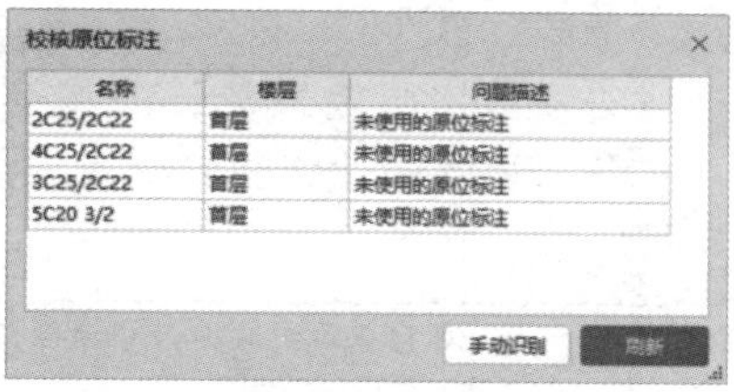

图 8-12　"校核原位标注"对话框

⑥ 识别吊筋及次梁加筋。在上方导航栏处选择"建模-识别梁-识别吊筋"命令,根据软件提示,选择图纸中吊筋与加筋的钢筋线与标注,右键确认,钢筋线及标注从工作区消失,并保存到已提取的 CAD 图层当中。需提取的钢筋线及标注如图 8-13 所示。

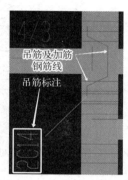

提取完成后,执行识别命令,点击"点选识别"右侧的"▼",在下拉选框中有"自动识别""框选识别"和"点选识别"三个命令可供选择,一般项目选择"自动识别"即可,识别命令如图 8-14 所示。选择后弹出"识别吊筋"窗口,结合图纸在"无标注的吊筋信息"中输入"2C14",在"无标注的次梁加筋"信息中输入"6C8",如图 8-15 所示。

图 8-13　吊筋及次梁加筋

⑦ 建立完成的梁模型在工作区中的三维视图如图 8-16 所示。

图 8-14　"识别吊筋"命令

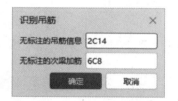

图 8-15　"识别吊筋"参数修改

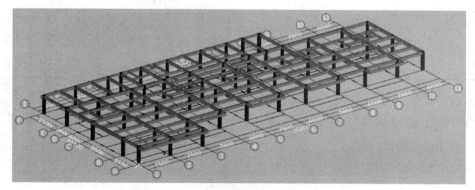

图 8-16　梁模型三维视图

8.3.3　梁构件做法套用

为了准确将梁模型与清单、定额相匹配,需要在绘制完成梁模型后,对梁构件进行做法套用操作。

8.3.3.1　梁工程量计算规则

（1）清单计算规则

通过查取《房屋建筑与装饰工程工程量计算规范》（GB 50854—2013）中的表 E.3 与表 S.1、表 S.2 可得，钢筋混凝土梁需要套取的清单规则见表 8-2。

表 8-2　梁清单计算规则

项目编码	项目名称	计量单位	计算规则
010503002	矩形梁	m³	按设计图示尺寸以体积计算； 伸入墙内的梁头、梁垫并入梁体积内； 梁长：1. 梁与柱连接时，梁长算至柱侧面； 2. 主梁与次梁连接时，次梁长算至主梁侧面
011701002	外脚手架	m²	按所服务对象的垂直投影面积计算
011702006	矩形梁	m²	按模板与现浇混凝土构件的接触面积计算； 柱、梁、墙、板连接的重叠部分，不计入模板面积

（2）定额计算规则

通过查询《山东省建筑工程消耗量定额》（2016 版）并结合《山东省建设工程消耗量定额与工程量清单衔接对照表》（建筑工程专业）中的 E.3、E.8、S.1、S.2 可得，梁清单对应的定额规则见表 8-3。

表 8-3　梁定额计算规则

编号	项目名称	计量单位	计算规则
5-1-19	C30 框架梁、连续梁	10m³	按设计图示尺寸以体积计算； 伸入墙内的梁头、梁垫并入梁体积内； 梁长：1. 梁与柱连接时，梁长算至柱侧面； 2. 主梁与次梁连接时，次梁长算至主梁侧面
5-3-12	泵送混凝土 柱、墙、梁、板 泵车	10m³	按各混凝土构件混凝土消耗量之和计算体积
17-1-7	外脚手架 钢管架 双排 ≤6m	10m²	按所服务对象的垂直投影面积计算
18-1-56	现浇混凝土模板 矩形梁 复合木模板 对拉螺栓 钢支撑	10m²	按模板与现浇混凝土构件的接触面积计算； 柱、梁、墙、板连接的重叠部分不计模板面积
18-1-70	现浇混凝土模板 梁支撑高度＞3.6m 每增 1m 钢支撑	10m²	超高次数＝（支模高度－3.6）/1（遇小数进为 1，不足 1 按照 1 计算） 超高工程量＝超高构件全部模板面积×超高次数

下面以首层框架梁 KL1（4A）为例，在 BIM 平台中进行清单及定额项目的套用。

8.3.3.2　梁工程量清单定额规则套用

（1）框架梁清单项目套用

本节以 KL1（4A）构件为例，进行清单套取。

① 在上方导航栏中找到并进入"建模-通用操作-定义"界面，在构件列表中选中"KL1（4A）"构件，在右侧工作区中切换到"构件做法"界面套取相应的混凝土清单。

② 单击下方的"查询匹配清单"页签（若无该页签，则可以在"构件做法-查询-查询匹配清单"中调出），弹出与构件相互匹配的清单列表，软件默认的匹配清单"按构件类型过滤"，在匹配清单列表中双击"010503002 矩形梁 m³"，将该清单项目导入到上方工作区中，

此清单项目为框架梁的混凝土体积；梁模板清单项目编码为"011702006"，在匹配清单列表中双击"011702006 矩形梁 m²"，将该清单项目导入到上方工作区中；由于匹配清单项目中没有"011701002 外脚手架"，因此需要进行手动输入，单击上方构件做法工作区中的"添加清单"，双击"编码"的空白处，直接输入"011701002"，回车键确认。套取完成的框架梁清单项目如图 8-17 所示。

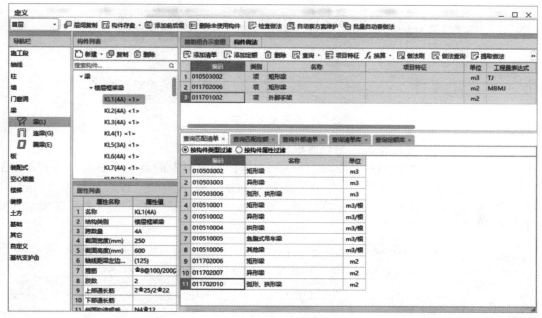

图 8-17　框架梁清单项目套用

③ 在完成清单项目选取之后，需要填写清单项目的项目特征，根据《房屋建筑与装饰工程工程量计算规范》（GB 50854—2013）中表 E.3 的规定：混凝土矩形梁的项目特征需要描述混凝土种类和混凝土强度等级两项内容；表 S.1 中规定：外脚手架的项目特征需要描述搭设方式、搭设高度、脚手架材质三项内容；表 S.2 规定：矩形梁模板的项目特征需要描述支撑高度。单击鼠标左键选中"010503002"并在工作区下方的"项目特征"页签（若无该页签，则可以在"构件做法-项目特征"中调出）中添加混凝土种类的特征值为"商品混凝土"，混凝土强度等级的特征值为"C30"；选中"011702006"并在工作区下方的"项目特征"页签中添加支撑高度的特征值为"3.9m"；选中"011701002"并添加搭设方式的特征值为"双排"，搭设高度的特征值为"6m 内"，脚手架材质特征值为"钢管脚手架"。填写完成后的框架梁清单项目特征如图 8-18 所示。

（2）框架梁定额子目套用

在完成框架梁清单项目套用工作后，需对框架梁清单项目对应的定额子目进行套用。

① 单击鼠标左键选中"010503002"，而后点击工作区下方的"查询匹配定额"页签（若无该页签，则可以在"构件做法-查询-查询匹配定额"中调出），软件默认"按照构件类型过滤"而自动生成相对应的定额，本构件为框架梁构件，故在"查询匹配定额"页签下软件显示的是与框架梁清单相匹配的定额，在匹配定额下双击"5-1-19"与"5-3-12"定额子目，即可将其添加到清单"010503002"项目下。

② 单击鼠标左键选中"011702006"，在"查询匹配定额"的页签下双击"18-1-56"与

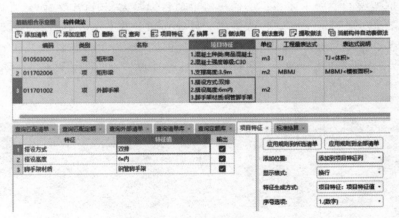

图 8-18　框架梁清单项目特征

"18-1-70" 定额子目,即可将其添加到清单 "011702006" 项目下。

③ 单击鼠标左键选中 "011701002",在 "查询匹配定额" 的页签下没有与其相匹配的定额,故需要手动输入定额子目。单击上方构件做法工作区中的 "添加定额",双击定额 "编码" 的空白处,直接输入 "17-1-7",回车键确认,添加完成。补充完成的框架梁清单定额项目如图 8-19 所示。

	编码	类别	名称	项目特征	单位	工程量表达式	表达式说明	单价	综合单价	措施项目	专业
1	⊟ 010503002	项	矩形梁	1.混凝土种类:商品混凝土 2.混凝土强度等级:C30	m3	TJ	TJ<体积>			☐	建筑工程
2	5-1-19	定	C30框架梁、连续梁		m3	TJ	TJ<体积>	6224.47		☐	建筑
3	5-3-12	定	泵送混凝土柱、墙、梁、板泵车		m3			129.69		☐	建筑
4	⊟ 011702006	项	矩形梁	1.支撑高度:3.9m	m2	MBMJ	MBMJ<模板面积>			☑	建筑工程
5	18-1-56	定	矩形梁复合木模板对拉螺栓钢支撑		m2	MBMJ	MBMJ<模板面积>	604.4		☑	建筑
6	18-1-70	定	梁支撑高度>3.6m 每增1m钢支撑		m2	CGMBMJ	CGMBMJ<超高模板面积>	45.12		☑	建筑
7	⊟ 011701002	项	外脚手架	1.搭设方式:双排 2.搭设高度:6m内 3.脚手架材质:钢管脚手架	m2					☑	建筑工程
8	17-1-7	定	双排外钢管脚手架≤6m		m2			172.4		☑	建筑

图 8-19　框架梁清单定额项目

（3）定额子目工程量表达式修改

对于定额子目 "5-3-12",其工程量表达式为空白,故此条目在汇总计算完成之后不显示工程量,因此需要对其工程量表达式进行修改,定额子目 "5-3-12" 的工程量需要基于子目 "5-1-19" 工料机构成中的混凝土实际工程量进行修改,因此可以在计价软件中查询 "5-1-19" 的工料机构成,每 $10m^3$ 消耗量的子目 "5-1-19",含有 C30 商品混凝土的体积为 $10.1m^3$,因此每 $1m^3$ 消耗量的定额子目 "5-1-19" 所含 C30 商品混凝土的体积为 $1.01m^3$,即需要泵送的混凝土体积为 $1.01m^3$。子目 "5-1-19" 的工料机构成如图 8-20 所示。因此在构件做法中,定额子目 "5-3-12" 的工程量表达式为 "TJ * 1.01"。修改步骤如图 8-21 所示。

（4）复制清单定额项目至其余梁构件

由于首层的框架梁截面形状均为矩形,且混凝土种类与标号都一致,故首层所有框架梁构件的清单项目及定额子目都是一样的,使用 "做法刷" 命令将 KL1(4A) 的清单定额项目复制到其他梁构件。

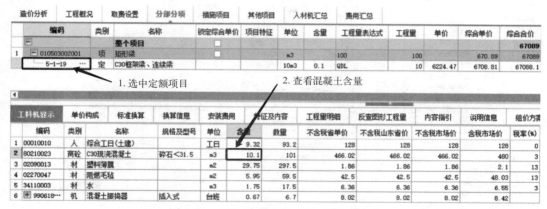

图 8-20　定额子目"5-1-19"工料机构成

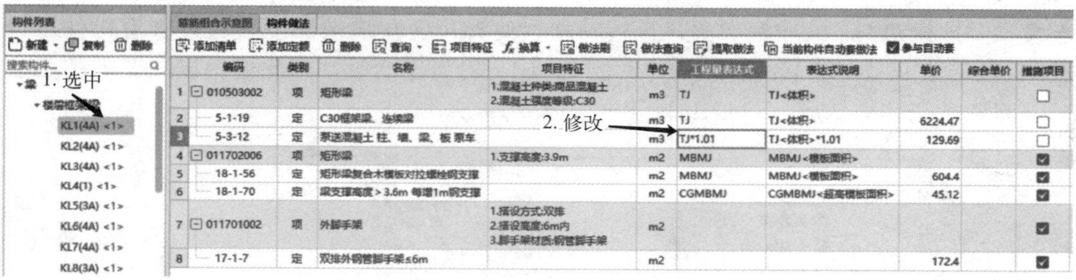

图 8-21　定额子目"5-3-12"工程量表达式修改

① 鼠标左键单击"编码"与"1"左上方交叉处的白色方块，即可将框架梁的清单定额项目全部选中。如图 8-22 所示。

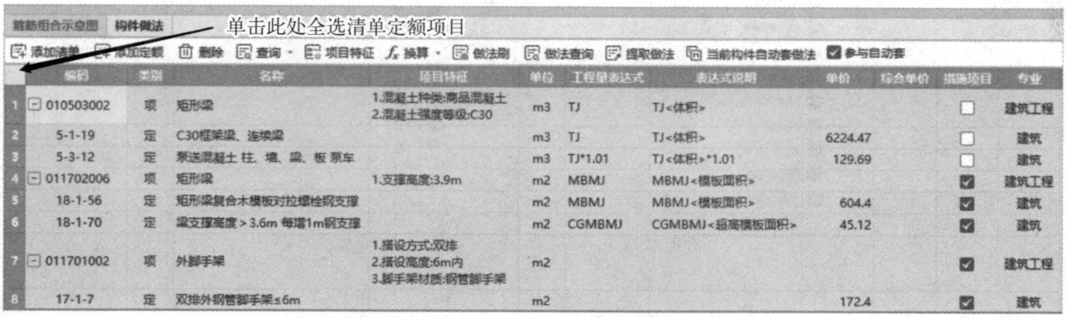

图 8-22　全选清单定额项目

② 运用"做法刷"操作将 KL1(4A) 的做法复制粘贴至首层其他框架梁构件。将 KL1(4A) 的清单和定额项目全部选中后，点击"构件做法"菜单栏中的"做法刷"，此时软件新弹出"做法刷"提示框，在"覆盖"的添加方式下，选择所有的框架梁构件，由于定额项目"5-1-19"不适用于非框架梁，因此在覆盖框架梁做法的过程中，仅保留框架梁构件，在"过滤"命令下选择"同类型属性"，在弹出的"按同类型属性过滤"窗口中选择"结构类别"，在右侧包含界面选择"楼层框架梁"，单击"确定"，即可仅保留框架梁构件。具体操作如图 8-23 所示。

筛选完成框架梁构件后，"梁"构件下仅有"框架梁"构件，全选框架梁构件并点击

图 8-23   过滤框架梁构件

"确定"即可完成框架梁的做法套用，由于"5-1-19"定额包含连续梁，因此也需要对非框架连续梁（即梁跨≥2 的非框架梁）进行筛选，使其包含在该做法下，通过查看构件可以发现，L1、L10、L13、L14、L15、L16、L17、L19 均为连续梁，因此选中以上非框架梁。筛选完成的构件在"做法刷"窗口中的显示如图 8-24 所示。

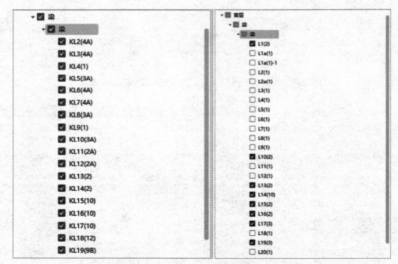

图 8-24   筛选完成后的"框架梁"与"连续梁"构件

图 8-25   操作成功提示

完成筛选后，单击"确定"，即可将 KL1（4A）的清单定额项目复制到其他的首层梁构件中，操作成功提示如图 8-25 所示。

（5）修改非框架单梁定额并复制做法

非框架单梁（指跨数为 1 的非框架梁）的定额子目与框架梁相比有所区别，其清单项目"010503002"下的混凝土体积定额子目需要使用"5-1-20"而非"5-1-19"，因此，对于非框架单梁仅需修改一条定额子目，其项目特征与框架梁相同。

① 以非框架单梁 L1a 为例，修改完成后的清单定额项目如图 8-26 所示。

② 通过查看构件列表中的非框架梁构件发现，L1a-1、L2、L2a、L3、L5、L5、L6、

	编码	类别	名称	项目特征	单位	工程量表达式	表达式说明	单价	综合单价	措施项目
1	⊟ 010503002	项	矩形梁	1.混凝土种类:商品混凝土 2.混凝土强度等级:C30	m3	TJ	TJ<体积>			☐
2	5-1-20	定	C30单梁、斜梁、异形梁、拱形梁		m3	TJ	TJ<体积>	6388.5		☐
3	5-3-12	定	泵送混凝土 柱、墙、梁、板 泵车		m3	TJ*1.01	TJ<体积>*1.01	129.69		☐
4	⊟ 011702006	项	矩形梁	1.支撑高度:3.9m	m2	MBMJ	MBMJ<模板面积>			☑
5	18-1-70	定	梁支撑高度>3.6m 每增1m钢支撑		m2	CGMBMJ	CGMBMJ<超高模板面积>	35.03		☑
6	18-1-56	定	矩形梁复合木模板对拉螺栓钢支撑		m2	MBMJ	MBMJ<模板面积>	604.4		☑
7	⊟ 011701002	项	外脚手架	1.搭设方式:双排 2.搭设高度:6m内 3.脚手架材质:钢管脚手架	m2					☑
8	17-1-7	定	双排外钢管脚手架≤6m		m2	JSJMJ	JSJMJ<脚手架面积>	161.08		☑

图 8-26　非框架单梁清单定额项目

L7、L8、L9、L11、L12、L18、L20 均为单梁,因此将"L1a"的做法复制到上述构件中即可。单梁的清单定额项目的复制步骤与框架梁一致,本处不再赘述。

8.3.4　梁工程量汇总计算及查询

将所有的梁构件都套取相应的做法,通过软件中的工程量计算功能计算梁的混凝土体积和模板面积之后,可以在相应的清单和定额项目中直接查看对应的工程量。构件的工程量可以通过"工程量"模块中的"汇总"子模块来计算。

8.3.4.1　梁工程量计算

在绘图工作区上方找到工程量模块中的"汇总计算"命令,在弹出的窗口内选择需要计算的梁构件,选中"首层-梁"构件,单击"确定"进行工程量计算,工程量汇总模块与选中框架梁计算分别如图 8-27 和图 8-28 所示。

计算时也可以先框选出需要计算工程量的图元,然后点击"汇总选中图元"命令,汇总计算结束之后弹出如图 8-29 所示的对话框。

图 8-27　工程量汇总模块

图 8-28　选择计算范围

图 8-29　"计算汇总"对话框

8.3.4.2　梁工程量查看

梁混凝土及模板工程量的计算结果有两种查看方式,第一种是按照构件查看工程量,第二种则是按照做法(清单定额)来查看工程量。以首层全部梁构件为例,在"工程量-土建计算结果"模块中找到"查看工程量"命令,单击此命令,并根据软件提示框选中所有首层梁构件,弹出"查看构件图元工程量"界面。梁的"构件工程量"明细和"做法工程量"明细分别如图 8-30 和图 8-31 所示。

梁钢筋工程量的计算结果可以通过"工程量-钢筋计算结果"模块中的"查看钢筋量""编辑钢筋""钢筋三维"三种方式进行查看。

以 L13、KL14、L10 为例,通过"查看钢筋量"命令,可以直接看到这三个梁模型所

图 8-30　首层梁"构件工程量"明细

楼层	名称	土建工总类别	体积(m3)	模板面积(m2)	超高模板面积(m2)	脚手架面积(m2)	截面周长(m)	梁净长(m)	轴线长度(m)	梁侧面积(m2)	截面面积(m2)	截面高度(m)	截面宽度(m)
	KL3(4A)	梁	5.9918	46.18	18.0375	124.95	7.2	29.4	31.575	37.165	0.695	2.5	1.1
		小计	5.9918	46.18	18.0375	124.95	7.2	29.4	31.575	37.165	0.695	2.5	1.1
	KL4(1)	梁	1.035	9.925	9.925	29.325	1.7	6.9	7.475	8.2	0.15	0.6	0.25
		小计	1.035	9.925	9.925	29.325	1.7	6.9	7.475	8.2	0.15	0.6	0.25
	KL5(3A)	梁	4.7565	37.88	22.955	105.625	5.6	24.9	26.775	30.41	0.57	1.9	0.9
		小计	4.7565	37.88	22.955	105.625	5.6	24.9	26.775	30.41	0.57	1.9	0.9
	KL6(4A)	梁	4.7295	37.735	22.81	105.1875	5.6	24.75	26.775	30.31	0.57	1.9	0.9
		小计	4.7295	37.735	22.81	105.1875	5.6	24.75	26.775	30.31	0.57	1.9	0.9
	KL7(4A)	梁	4.7295	37.575	22.65	105.1875	5.6	24.75	26.75	30.15	0.57	1.9	0.9
首层		小计	4.7295	37.575	22.65	105.1875	5.6	24.75	26.75	30.15	0.57	1.9	0.9
	KL8(3A)	梁	4.7565	38.1	23.175	105.825	5.6	24.9	26.775	30.63	0.57	1.9	0.9
		小计	4.7565	38.1	23.175	105.825	5.6	24.9	26.775	30.63	0.57	1.9	0.9
	KL9(1)	梁	1.02	9.86	9.86	28.9	1.7	6.8	7.475	8.16	0.15	0.6	0.25
		小计	1.02	9.86	9.86	28.9	1.7	6.8	7.475	8.16	0.15	0.6	0.25
	L1(2)	梁	0.9	10.42	10.42	31.875	1.6	7.5	8.025	8.92	0.12	0.6	0.2
		小计	0.9	10.42	10.42	31.875	1.6	7.5	8.025	8.92	0.12	0.6	0.2
	L10(2)	梁	2.1675	20.9525	20.9525	61.4125	1.7	14.45	15	17.34	0.15	0.6	0.25
		小计	2.1675	20.9525	20.9525	61.4125	1.7	14.45	15	17.34	0.15	0.6	0.25
	L11(1)	梁	3.33	32.19	32.19	94.35	5.1	22.2	23.4	26.64	0.45	1.8	0.75
		小计	3.33	32.19	32.19	94.35	5.1	22.2	23.4	26.64	0.45	1.8	0.75
	L12(1)	梁	1.1175	10.8025	10.8025	31.6625	1.7	7.45	7.8	8.94	0.15	0.6	0.25
		小计	1.1175	10.8025	10.8025	31.6625	1.7	7.45	7.8	8.94	0.15	0.6	0.25
	L13(2)	梁	2.1675	20.9525	20.9525	61.4125	1.7	14.45	15.025	17.34	0.15	0.6	0.25
		小计	2.1675	20.9525	20.9525	61.4125	1.7	14.45	15.025	17.34	0.15	0.6	0.25
	L14(10)	梁	20.1076	194.3724	194.3724	569.7126	3.4	134.05	140.4	160.86	0.3	1.2	0.5
		小计	20.1076	194.3724	194.3724	569.7126	3.4	134.05	140.4	160.86	0.3	1.2	0.5
	L15(2)	梁	2.192	26.44	26.44	116.45	4.8	27.4	29.4	20.96	0.32	1.6	0.8
		小计	2.192	26.44	26.44	116.45	4.8	27.4	29.4	20.96	0.32	1.6	0.8
	L16(2)	梁	0.74	9.25	9.25	39.3125	1.2	9.25	9.8	7.4	0.08	0.4	0.2
		小计	0.74	9.25	9.25	39.3125	1.2	9.25	9.8	7.4	0.08	0.4	0.2

图 8-31　首层梁"做法工程量"明细

编码	项目名称	单位	工程量	单价	合价
1 010503002	矩形梁	m3	136.8837		
2 5-1-19	C30框架梁、连续梁	10m3	13.68837	6224.47	85202.8484
3 5-3-12	泵送混凝土 柱、墙、梁、板 泵车	10m3	13.8253	129.69	1793.0032
4 011702006	矩形梁	m2	1396.1991		
5 18-1-56	矩形梁复合木模板 对拉螺栓钢支撑	10m2	141.63592	604.4	85604.75
6 18-1-70	梁支撑高度>3.6m 每增1m钢支撑	10m2	117.9401	45.12	5321.4573
7 010503002	矩形梁	m3	14.9301		
8 5-1-20	C30单梁、斜梁、异形梁、拱形梁	10m3	1.49301	6388.5	9538.0944
9 5-3-12	泵送混凝土 柱、墙、梁、板 泵车	10m3	1.50795	129.69	195.566

属楼层名称、构件名称、钢筋型号和不同直径的钢筋重量，如图 8-32 所示。

以 L1a 为例，通过"钢筋三维"命令可以在绘图工作区中查看钢筋的形状、排列方式等信息，通过"编辑钢筋"命令可以在工作区下方查看构件中的钢筋筋号、直径、级别、图形、计算公式、长度、根数、重量等必要信息，L1a 的"钢筋三维"界面以及"钢筋编辑"界面分别如图 8-33 和图 8-34 所示。

软件提供的三种查看钢筋工程量的方式各有其相应特点，在实际工作中可以根据不同的需要进行选用。

	楼层名称	构件名称	钢筋总重量（kg）	HPB300		HRB400							
				6	合计	8	12	14	16	18	20	22	合计
1	首层	KL14(2)[2513]	331.822	7.4	7.4	60.3	54.38	9.947	12.92	77.196	15.047	94.632	324.422
2		L10(2)[2533]	279.307	7.6	7.6	49.58	55.34		40.987	125.8			271.707
3		L13(2)[2538]	346.314	7.6	7.6	49.58	55.34			16.536	41.314	175.944	338.714
4		合计：	957.443	22.6	22.6	159.46	165.06	9.947	53.907	219.532	56.361	270.576	934.843

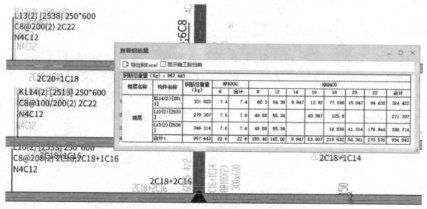

图 8-32　“查看钢筋量”界面

图 8-33　L1a“钢筋三维”界面

	筋号	直径(mm)	级别	图号	图形	计算公式	公式描述	弯曲调整(mm)	长度	根数	搭接	损耗(%)	单重(kg)	总重(kg)	钢筋归类	搭接形式	钢筋类型
1	1跨.上通长筋1	18	⌀	64	270 4210 270	350-20+15*d +3700+200-20+15*d	支座宽-保护层+…	75	4675	2	0	0	9.35	18.7	直筋	电渣压力焊	普通钢筋
2	1跨.左支座筋1	18	⌀	18	270 1070	350-20+15*d+3700/5	支座宽-保护层+…	37	1303	1	0	0	2.606	2.606	直筋	电渣压力焊	普通钢筋
3	1跨.侧面受扭筋1	12	⌀	64	180 4210 240	350-20+15*d +3700+200-20+35*d-200+20	支座宽-保护层+…	50	4580	2	0	0	4.067	8.134	直筋	电渣压力焊	普通钢筋
4	1跨.下部钢筋1	14	⌀	64	210 4210 210	350-20+15*d +3700+200-20+15*d	支座宽-保护层+…	58	4572	3	0	0	5.532	16.596	直筋	电渣压力焊	普通钢筋
5	1跨.箍筋1	8	⌀	195	360 160	2*((200-2*20)+(400-2*20)) +2*(12.89*d)		50	1196	19	0	0	0.472	8.968	箍筋	绑扎	普通钢筋
6	1跨.拉筋1	6	⌀	485	160	(200-2*20)+2*(75+1.9*d)		(0)	333	10	0	0	0.087	0.87	箍筋	绑扎	普通钢筋

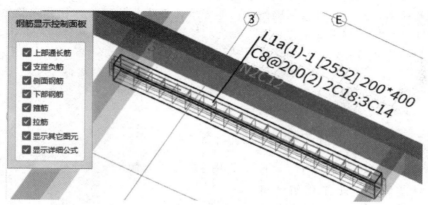

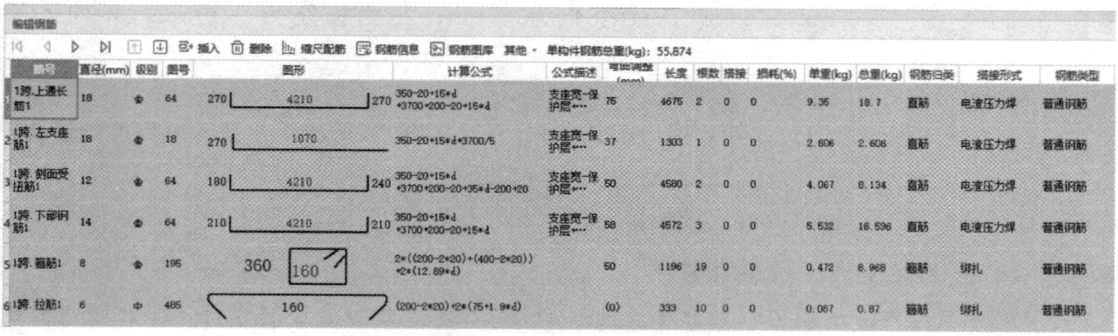

图 8-34　L1a“编辑钢筋”界面

8.4　梁传统计量方式

在传统计量计价过程中，对于梁工程量的计算，需要通过查询清单和定额规范来进行列项，再通过读取 CAD 图纸来获取各个梁构件的形状、尺寸、高度等信息。本节以首层框架梁 KL9 为例来进行清单定额的选取以及工程量的计算。

8.4.1　框架梁清单定额规则选取

框架梁构件需要套取混凝土工程量清单和模板清单。根据《房屋建筑与装饰工程工程量计算规范》（GB 50854—2013）中表 E.3 的规定，矩形框架梁的混凝土工程量清单编码为"010503002"，其计算规则为：按设计图示尺寸以**体积**计算；**伸入墙内的梁头、梁垫并入梁体积内；梁与柱连接时，梁长算至柱侧面；主梁与次梁连接时，次梁长算至主梁侧面**。由表 S.2，矩形框架梁的模板工程量清单编码为"011702006"，其计算规则为：按模板与现浇混凝土构件的**接触面积**计算；**柱、梁、墙、板相互连接的重叠部分均不计算模板面积**。由表 S.1，需套取的脚手架工程量清单编码为"011701002"，其计算规则为：按所服务对象的**垂直投影面积**计算。

在《山东省建筑工程消耗量定额》（2016 版）中，第五章对于梁混凝土工程量的计算有明确的要求，即按照图示**断面尺寸乘以梁长**以体积计算；**梁与柱连接时，梁长算至柱侧面；主梁与次梁连接时，次梁长算至主梁侧面；伸入墙体的梁头、梁垫体积并入梁体积内计算**。第十八章对于梁模板工程量规定：按照混凝土与模板的**接触面积**计算。

通过查取《山东省建设工程消耗量定额与工程量清单衔接对照表》（建筑工程专业）中的 E.3 选取清单编码"010503002"下定额子条目"5-1-19"与泵送混凝土子目"5-3-12"；选取 S.2 中清单编码"011702006"下的定额子条目"18-1-56"与"18-1-70"；选取 S.1 中清单编码"011701002"下的定额子条目"17-1-7"。

8.4.2　框架梁清单定额工程量计算

以"标高 3.800m 梁配筋图"中 KL9 为例进行清单定额工程量计算。

8.4.2.1　框架梁混凝土工程量计算

框架梁的混凝土的工程量需要计算梁体积。按照"标高 3.800m 梁配筋图"中 KL9 的集中标注并结合"标高 3.800m 板配筋图"可得：KL9 的截面形状为矩形，截面尺寸"长×宽"（$b \times h$）为"0.25m×0.6m"；梁净长为 6.8m；左侧板厚为 110mm，并伸入梁内 150mm。

故框架梁 KL9 的混凝土工程量：

$V_{梁}$＝截面积×梁净长－伸入梁内的板体积＝（长×宽）×梁净长－伸入梁内的板体积
＝（0.25×0.6）×6.8－0.11×6.8×0.15＝0.9078m³。

泵送混凝土工程量＝混凝土工程量×1.01＝0.9169m³。

8.4.2.2　框架梁模板工程量计算

《房屋建筑与装饰工程工程量计算规范》（GB 50854—2013）中对于柱、梁、墙、板相互连接的重叠部分，均不计算模板面积。而在《山东省建筑工程消耗量定额》（2016 版）中，对于梁模板的计算有以下规定：梁、板相连接时，梁侧壁模板算至板下坪，即扣除板与梁的重叠部分。两者对比如表 8-4 所示。

表 8-4　梁模板计算规则对比

规范名称	梁模板计算规则	梁板相交部分
《房屋建筑与装饰工程工程量计算规范》（GB 50854—2013）	柱、梁、墙、板相互连接的重叠部分均不计算模板面积	扣除

续表

规范名称	梁模板计算规则	梁板相交部分
《山东省建筑工程消耗量定额》（2016 版）	梁、板相连接时，梁侧壁模板算至板下坪	扣除

对比两种规则，对于梁板相交部分的梁模板工程量，均予以扣除。

对于先回填后施工地上主体的建筑，其支模起点为室外地坪标高或回填标高；先施工地上主体后回填的建筑，支模起点为独立基础上平面标高；如果在结构标高±0.00m 处有框架梁或者基础梁，就从梁上平面标高开始算。

本工程地上主体先回填后施工，且在结构标高±0.00m 处无框架梁或基础梁。故首层框架梁的支模起点标高为室外地坪标高：−0.45m。

KZ9 的模板面积计算公式为：

$$S = 原始模板面积 − 板重叠面积 = （梁左右两侧面积 + 梁下侧面积）− 板重叠面积$$
$$= 梁净长 × （梁左侧高度 + 梁右侧高度 + 梁底部宽度）− 板重叠面积$$

KZ9 的模板面积为：$S = 6.8 × (0.6 + 0.6 + 0.25) − 6.8 × 0.11 = 9.112 m^2$。

通过查询《山东省建筑工程消耗量定额》（2016 版）第十八章的规定：梁模板支撑高度为地（楼）面支撑点至梁底，故 KL9 模板的支撑高度为 $3.8 + 0.45 − 0.6 = 3.65 m > 3.6 m$，因此还需要计算超高模板面积，梁、板（水平构件）模板支撑超高的工程量计算如下式：

$$超高次数 = （支模高度 − 3.6m）/1（遇小数进为 1，不足 1 按 1 计算）$$
$$超高模板工程量（m^2）= 超高构件的全部模板面积 × 超高次数$$

故 KL9 的超高次数为：$(3.65 − 3.6)/1 = 0.05（不足 1 按 1 计算）= 1$

超高模板工程量 $S_{超} = 9.112 × 1 = 9.112 m^2$

至此，KL9 的混凝土工程量、模板工程量和超高模板工程量计算完毕，经过对比可以看出，手算的工程量与软件中计算的结果一致，软件中的计算结果如图 8-35 所示。

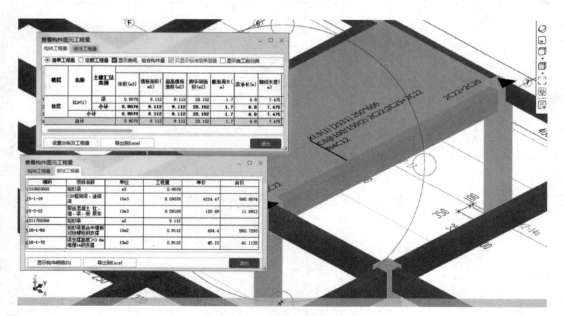

图 8-35　KL9 软件工程量查看

手算 KL9 的清单定额汇总如表 8-5 所示。

表 8-5　KL9 清单定额汇总表

序号	编码	项目名称	项目特征	单位	工程量
1	010503002001	矩形梁	1. 混凝土种类:商品混凝土 2. 混凝土强度等级:C30	m³	0.9078
	5-1-19	C30 框架梁、连续梁		10m³	0.09078
	5-3-12	泵送混凝土 柱、墙、梁、板 泵车		10m³	0.09619
2	011702006001	矩形梁	支撑高度:3.9m	m²	9.112
	18-1-56	矩形梁 复合木模板 对拉螺栓 钢支撑		10m²	0.9112
	18-1-70	梁支撑高度>3.6m 每增 1m 钢支撑		10m²	0.9112

8.4.3　框架梁钢筋工程量计算

对于首层 KL9，由于篇幅有限，本节以其**上下部通长钢筋单根长度**、**左右支座处单根钢筋长度**以及**一组箍筋的长度**为例进行计算。在进行计算之前，需要了解平法图集中关于梁钢筋构造的知识才可进行手动算量。

《混凝土结构施工图平面整体表示方法制图规则和构造详图（现浇混凝土框架、剪力墙、梁、板）》（22G101—1）"楼层框架梁 KL 纵向钢筋构造"中对于框架梁钢筋长度的规定如图 8-36 所示。

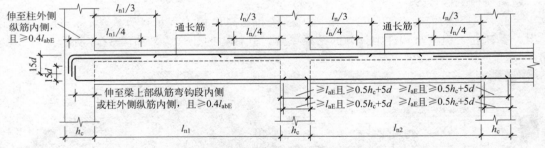

图 8-36　楼层框架梁纵向钢筋构造

在上图中，l_n 表示梁净长，即两支座（柱子）之间梁长度，l_{n1} 表示第 1 跨梁的净长度，l_{n2} 则表示第 2 跨梁的净长度；l_{abE} 表示抗震设计时受拉钢筋基本锚固长度，关于此参数可以参考表 8-6（22G101—1 图集中的表格）；h_c 为柱截面尺寸；d 指钢筋直径。

表 8-6　抗震设计时受拉钢筋基本锚固长度 l_{abE}

钢筋种类	抗震等级	混凝土强度等级							
		C25	C30	C35	C40	C45	C50	C55	≥C60
HPB300	一、二级	39d	35d	32d	29d	28d	26d	25d	24d
	三级	36d	32d	29d	26d	25d	24d	23d	22d
HRB400 HRBF400	一、二级	46d	40d	37d	33d	32d	31d	30d	29d
	三级	42d	37d	34d	30d	29d	28d	27d	26d

钢筋种类	抗震等级	混凝土强度等级							
		C25	C30	C35	C40	C45	C50	C55	≥C60
HRB500 HRBF500	一、二级	55d	49d	45d	41d	39d	37d	36d	35d
	三级	50d	45d	41d	38d	36d	34d	33d	32d

本工程抗震等级为二级，梁钢筋型号为 HRB400，梁混凝土强度等级为 C30，通过查表 8-6 可知，梁受拉钢筋锚固长度：$l_{abE}=40d$

① KL9 上部通长筋单根长度计算

通过分析图纸可得 KL9 的上部通长筋单根长度计算公式为：

上部通长筋＝max[（左侧支座宽－保护层），$0.4l_{abE}$]＋左侧钢筋弯折长度＋梁净长＋

max[（右侧支座宽－保护层），$0.4l_{abE}$]＋右侧钢筋弯折长度

上式中，$0.4l_{abE}=0.4\times40d=16d$；左右弯折长度＝15$d$；梁净长＝6.8m；$d=22$mm；

故上部通长筋＝max[（450－20），16×22]＋15×22＋6800＋max[（450－20），16×22]＋

15×22＝430＋330＋6800＋430＋330＝8320mm。

经计算得出，KL9 上部通长钢筋的长度为 8320mm，但此数值是按照钢筋的外皮长度计算得出的理论数值。在实际的工程应用当中，钢筋长度的取值为实际的下料长度，且钢筋定额中的工程量也是按照下料长度计取的，因此在完成钢筋的理论长度计算后，需要扣减钢筋弯曲调整值，从而得到下料长度。关于钢筋的弯曲调整值如表 8-7 所示。

表 8-7　钢筋弯曲调整值

弯曲形式	HRB400(C) HRB400E(CE) HRBF400(CF) HRBF400E(CFE) RRB400(D)	HRB500(E) HRB500E(EE) HRBF500(EF) HRBF500E(EFE)	
	$D=4d$	$d\leqslant25$ $D=6d$	$d>25$ $D=7d$
90°弯折	2.08d	2.5d	2.72d
135°弯折	0.11d	－0.25d	－0.42d
30°弯折	0.3d	0.31d	0.32d
45°弯折	0.52d	0.56d	0.59d
60°弯折	0.85d	0.96d	1.01d
30°弯起	0.33d	0.35d	0.37d
45°弯起	0.63d	0.72d	0.76d
60°弯起	1.12d	1.33d	1.44d

注：弯曲调整值默认数据参考《钢筋工手册 第三版》第 239～253 页推导依据。

D 取值来源于 22G101—1 图集"钢筋弯折的弯弧内直径 D"。

由于本工程 KL9 钢筋的弯折角度为 90°，钢筋型号为 HRB400，查表 8-7 可知钢筋弯曲调整值为 2.08d，故上部通长钢筋的下料长度＝8320－2.08×22－2.08×22≈8228mm。

② KL9 左支座钢筋单根长度计算

通过分析图纸可得 KL9 的左支座钢筋单根长度计算公式为：

左支座钢筋＝max[（左侧支座宽－保护层），$0.4l_{abE}$]＋弯折长度＋搭接长度

上式中，$0.4l_{abE}=0.4\times40d=16d$；弯折长度$=15d$；搭接长度$=l_n/3$；$d=22$mm；

故左支座钢筋$=\max[(450-20),16\times22]+15\times22+6800/3\approx3027$mm；

左支座钢筋下料长度$=3027-2.08\times22=2981$mm。

③ KL9 右支座钢筋单根长度计算

通过分析图纸可得 KL9 的右支座钢筋单根长度计算公式为：

右支座钢筋$=\max[($右侧支座宽$-$保护层$),0.4l_{abE}]+$弯折长度$+$搭接长度

上式中，$0.4l_{abE}=0.4\times40d=16d$；弯折长度$=15d$；搭接长度$=l_n/3$；$d=20$mm；

故右支座钢筋$=\max[(450-20),16\times20]+15\times20+6800/3\approx2997$mm；

右支座钢筋下料长度$=2997-2.08\times20=2955$mm。

④ KL9 侧面受扭筋单根长度计算

通过分析图纸可得 KL9 的侧面受扭钢筋单根长度计算公式为：

侧面受扭筋$=\max[($左侧支座宽$-$保护层$),0.4l_{abE}]+$左侧钢筋弯折长度$+$梁净长$+$
$\qquad\qquad \max[($右侧支座宽$-$保护层$),0.4l_{abE}]+$右侧钢筋弯折长度

上式中，$0.4l_{abE}=0.4\times40d=16d$；左右弯折长度$=15d$；梁净长$=6.8$m；$d=12$mm；

故受扭钢筋$=\max[(450-20),16\times12]+15\times12+6800+\max[(450-20),16\times12]+$
$\qquad\qquad 15\times12=430+180+6800+430+180=8020$mm；

侧面受扭钢筋下料长度$=8020-2.08\times12-2.08\times12\approx7970$mm。

⑤ KL9 下部通长筋单根长度计算

由于下部通长筋包含直径为 22mm 与 25mm 的钢筋，故本处仅选取直径为 25mm 的钢筋计算，22mm 直径的下部通长钢筋长度与直径 25mm 的钢筋长度计算过程相同。

通过分析图纸可得 KL9 的下部钢筋单根长度计算公式为：

下部通长筋$=\max[($左侧支座宽$-$保护层$),0.4l_{abE}]+$左侧钢筋弯折长度$+$梁净长$+$
$\qquad\qquad \max[($右侧支座宽$-$保护层$),0.4l_{abE}]+$右侧钢筋弯折长度

上式中，$0.4l_{abE}=0.4\times40d=16d$；左右弯折长度$=15d$；梁净长$=6.8$m；$d=25$mm；

故下部通长筋$=\max[(450-20),16\times25]+15\times25+6800+\max[(450-20),16\times25]+$
$\qquad\qquad 15\times25=430+375+6800+430+375=8410$mm；

下部通长钢筋下料长度$=8410-2.08\times25-2.08\times25=8306$mm。

⑥ KL9 箍筋长度计算

KL9 的箍筋肢数为双肢箍，箍筋直径为 8mm，其构造形式如图 8-37 所示。

箍筋长度$=2\times(b$边长$-2\times$保护层厚度$+h$边长$-2\times$保护层厚度$)+$弯钩长度

其中，弯钩长度$=\max(10d,75)+$弯弧段长度$=12.89d$。

注：弯钩构造及弯钩长度参考"框架柱钢筋工程量计算"中的图 7-44 与表 7-7。

故箍筋长度$=2\times(250-2\times20+600-2\times20)+2\times12.89\times8\approx1746$mm；

箍筋下料长度$=1746-3\times2.08\times8=1696$mm。

⑦ KL9 拉筋单根长度

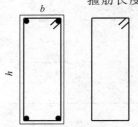

图 8-37　双肢箍构造形式

拉筋是为提高钢筋骨架的整体性而起拉结作用的钢筋，本工程框架梁中的拉筋只勾住主筋。KL9 的拉筋直径为 6mm，其在梁内的位置如图 8-38 所示。

拉筋长度$=b$边长度$-2\times$保护层厚度$+$弯钩长度

其中，弯钩长度$=\max(10d,75)+$弯弧段长度$=75+1.9d$。

注：弯钩构造及弯钩长度参考"框架柱钢筋工程量计算"中的图 7-44 与表 7-7。

故拉筋长度＝250－2×20＋2×(75＋1.9×6)≈383mm。

在拉筋长度的计算过程中，其弯弧段长度已包含弯曲值，故下料长度为 383mm。

至此，单根钢筋及箍筋、拉筋的长度计算完毕。BIM 平台中的 KL9 的单根钢筋工程量与手算钢筋工程量一致，BIM 平台中 KL9 钢筋的计算明细如图 8-39 所示。

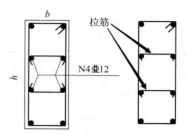

图 8-38　KL9 截面拉筋位置示意

图 8-39　BIM 平台中 KL9 钢筋工程量

通过以上分析可见，手算框架梁的工程量与依托 BIM 平台进行工程量计算的结果相同，但按照传统手工计算钢筋工程量的工作量太大。因此依托 BIM 技术可以对构件的工程量进行大批量计算，在实际的工作中可以提高计算效率，减少计算偏差，节省工作时间。

思考题

1. 平法图集中，梁有哪些类型？如何表示？

2. 梁的注写方式有哪些？具体符号有何含义？举例说明。

3. 梁模型的绘制和编辑方式有哪些，请简要说明。

4. KL1(4A) 有何含义？

5. 框架梁图元有哪些主要属性？

6. 如何调整梁的标高，有几种方式，分别如何操作？

7. 自动识别梁的基本步骤是？

8. 如何正确描述梁的工程量清单项目特征？

9. 框架梁的超高模板面积如何计算？

10. 框架梁的上下部通长钢筋长度如何计算？请举例说明。

第 9 章
BIM 板工程计量

学习目标：通过本章的学习，熟悉组成建筑主体结构构件——板的内容，了解 22G101—1 平法图集中板构件的结构类型与标注含义，并了解本案例工程中板的形式及特点。

课程要求：能够独立完成 BIM 主体工程中钢筋混凝土板构件的建立、识别、定位和做法套取等工作。

9.1 相关知识

在进行板工程量计算之前，首先需要了解与钢筋混凝土板相关的平法知识，再将本工程的图纸与平法知识相结合，更好地掌握工程量计算原理；在板工程量计算的过程中，要加深对《房屋建筑与装饰工程工程量计算规范》（GB 50854—2013）与《山东省建筑工程消耗量定额》（2016 版）中对于板清单定额项目的理解，准确地计算板的工程量。

钢筋混凝土板是用钢筋混凝土材料制成的板，是房屋建筑和各种工程结构中的基本结构或构件，常用作屋盖、楼盖、平台、墙、挡土墙、基础、地坪、路面、水池等，应用范围极广。按照其形状可分为方板、圆板和异形板。按结构的受力作用方式分为单向板和双向板。板平法知识主要包含板类型以及板的平法注写方式两个部分。

9.1.1 板类型及编号

板有很多种类型，但一般分为楼面板、屋面板和悬挑板等。在 22G101—1 平法图集中，不同类型板的代号如表 9-1 所示。

表 9-1 板类型及代号

板类型	代号	序号
楼面板	LB	××
屋面板	WB	××
悬挑板	XB	××

（1）楼面板

楼面板全称为楼面现浇板，是楼板层中的承重部分。其作用为承受水平方向的竖直荷载并将建筑物分隔为若干层，楼板是墙、柱水平方向的支撑及联系杆件，能够保持墙柱的稳定性，可以承受来自人和家具的重量、自重等竖向荷载，还能承受水平方向传来的荷载（如风荷载、地震荷载）并把这些荷载传给墙、柱，再由墙、柱传给基础。在图纸中通常用代号"LB"表示。

（2）屋面板

屋面板全称为屋面现浇板，是可直接承受屋面荷载的板。与楼板的工艺相比，在完成混凝土养护后，根据工程实际在其表面铺设防水层、防火层、保温隔热层等其他材料。在图纸中通常用代号"WB"表示。

（3）悬挑板

悬挑板是只有一端支承或固定，其余一面或几面悬挑的板，其受力钢筋设置在板面上，分布钢筋放在受力筋的下方，板厚为悬挑长的 1/35，且根部不小于 80mm，由于悬挑的根部与端部承受的弯矩不同，悬挑板的端部厚度比根部厚度要小些。在图纸中通常用代号"XB"表示。

9.1.2　板平法注写方式

板钢筋和尺寸的平法表示有两种，第一种是集中标注方式，第二种是原位标注方式。

（1）集中标注

集中标注表达板的通用数值，其基本内容包含：板标号、板厚、纵筋、板与所在图纸标高不同的高差。纵向钢筋按板块的下部纵筋和上部贯通纵筋分别注写（当板块上部不设贯通纵筋时则不注），并以 B 代表下部纵筋，以 T 代表上部贯通纵筋，B&T 代表下部与上部；X 向纵筋以 X 打头，Y 向纵筋以 Y 打头，两向纵筋配置相同时以 X&Y 打头。

【例 1】　有一楼面板注写为：LB5、$h=110$、B：XΦ12@120；YΦ10@110

表示 5 号楼面板；板厚 110mm；板下部配置纵筋 X 向为Φ12 的钢筋且间隔为 120mm；Y 向为Φ10 的钢筋且间隔为 110mm；板上部未配置贯通纵筋。

【例 2】　有一楼面板注写为：LB5、$h=110$、B：XΦ10/12@120；YΦ10@110

表示 5 号楼面板；板厚 110mm；板下部配置纵筋 X 向为Φ12、Φ10 的钢筋且间隔为 120mm，隔一布一；Y 向为Φ10 的钢筋且间隔为 110mm；板上部未配置贯通纵筋。

板的集中标注如图 9-1 所示。

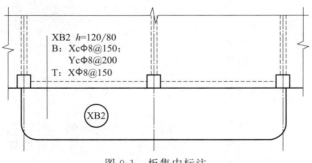

图 9-1　板集中标注

图 9-1 中的集中标注表示：2 号悬挑板；板根部厚度 120mm，端部厚度 80mm；板下部配置纵筋 X 向为Φ8 的钢筋且间隔为 150mm，Y 向为Φ8 的钢筋且间隔为 200mm；板上部配置纵筋 X 向为Φ8 的钢筋且间隔为 150mm，上部 Y 向未配置纵筋。

（2）原位标注

板原位标注一般在支座处注明。其内容为：板支座上部非贯通纵筋和悬挑板上部受力钢筋。板支座原位标注的钢筋，应在配置相同跨的第一跨表达（当在梁悬挑部位单独配置时则在原位表达）。在配置相同跨的第一跨（或梁悬挑部位），垂直于板支座（梁或墙）绘制一段适宜长度的中粗实线（当该筋通长设置在悬挑板或短跨板上部时，实线段应画至对边或贯通短跨），以该线段代表支座上部非贯通纵筋，并在线段上方注写钢筋编号（如①、②等）、配筋值、横向连续布置的跨数（注写在括号内，且当为一跨时可不注写）以及是否横向布置到梁的悬挑端。

【例3】 （××）为连续布置的跨数，（××A）为连续布置的跨数及一端的悬挑部位，（××B）为连续布置的跨数及两端的悬挑梁部位。

板支座上部非贯通筋又称板负筋，其自支座中线向板内的伸出长度，注写在线段的下方位置；当中间支座负筋向支座两侧对称伸出时，可仅在支座一侧线段下方标注伸出长度，另一侧不注，板对称负筋标注如图 9-2 所示。其原位标注含义为：该支座处钢筋型号为 Φ 12，且间距为 120mm，向支座左右两侧各伸出 1800mm。

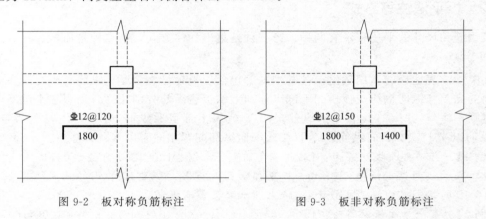

图 9-2   板对称负筋标注   图 9-3   板非对称负筋标注

当板负筋向支座两侧非对称伸出时，应分别在支座两侧线段下方注写伸出长度，板非对称负筋标注如图 9-3 所示。其原位标注含义为：该支座处钢筋型号为 Φ 12，且间距为 150mm，向支座左侧伸出 1800mm，向支座右侧伸出 1400mm。

9.2 任务分析

9.2.1 图纸分析

完成本节任务需明确板清单定额的计算内容，包含混凝土与模板的工程量，通过分析"幼儿园-结构"中的"3.800m 板平法施工图"可知，本层现浇板构件仅包含有梁板，且除特殊注明外，首层板的顶标高均为 3.800m，H 表示建筑完成面标高，即 $H=3.900$m；除特殊注明外，现浇板厚为 100mm；图中板上部钢筋，未注明的钢筋型号为 Φ 8@200；下部钢筋 XB1 表示 Φ 6@150 双向布置，未标出的板下部钢筋型号为 Φ 8@200 双向布置。

通过仔细观察图纸，首层现浇板的顶标高除卫生间为 3.600m 外，其他现浇板顶标高均为 3.800m；板的厚度共有两种，分别为 100mm 和 110mm，其中，除更衣室、食库、进线间兼电井、值班室顶板厚度为 110mm 外，其他房间的顶板厚度均为 100mm。在建模过程中应根据图纸提示准确调整板的标高和厚度。

9.2.2　建模分析

在进行板模型建模时，可以采用手动方式在构件列表中建立板构件，再用自动识别的方式在绘图工作区内建立模型；也可以选用 BIM 平台中"识别板"命令批量自动建立构件，再进行自动识别。在模型建立完成后，需要对板构件的标注进行校核，确保工程量计算的准确性。

9.2.3　板构件建立方式分析

在 BIM 平台中，平台提供了"手动建立板构件"和"通过 CAD 识别板构件"两种建立板构件的方式。为了提高工程算量的效率，通常采用自动识别 CAD 图纸的方式来建立板模型，下面分别简单介绍以上两种建立方式。

9.2.3.1　手动建立板构件

① 在左侧导航栏中找到"板-现浇板（B）"，单击"现浇板（B）"。

② 在构件列表中单击"新建-新建现浇板"命令，建立板构件。

③ 选中新建的板构件，并结合图纸，在下方"属性列表"中对需要建立的板构件的属性进行修改，完成板构件的建立。

9.2.3.2　识别 CAD 图建立板构件

① 在图纸管理中双击"二层板平法施工图"，将绘图工作区切换至需要绘制模型的楼层，并将板平法施工图调整至工作区中心，方便建模。

② 在左侧导航栏中找到"板-现浇板（B）"，并单击"现浇板（B）"，将上方建模命令区切换至板的绘制及识别界面。

③ 点击"识别现浇板"命令区中的"识别板"命令，在绘图工作区的左上角弹出操作提示框，提示框中的内容包含"提取板标识""提取板洞线""自动识别板"等命令，根据命令提示并依次完成所有操作。识别完成后在构件导航栏会自动建立板构件，并在绘图工作区中建立模型。

9.3　任务实施

以首层顶板为例，即采用"标高 3.800m 板配筋图"在 BIM 平台中进行板的绘制及工程量计算，本节提供"手动建模"和"CAD 图识别"两种建模方式，具体操作如下：

9.3.1　手动绘制板模型步骤

9.3.1.1　手动建立板构件

下面以图纸"标高 3.800m 板平法施工图"中的板为例，手动建立板构件。

① 在图纸管理中找到并双击"首层-二层板平法施工图（由于工程案例中首层板顶标高为 3.800m，与二层层底标高一致，故图纸命名为二层板平法施工图）"，将绘图工作区切换至首层，并调整图纸使其处于绘图工作区中部位置。

② 在左侧导航栏中找到"板-现浇板（B）"，并单击"现浇板（B）"；点击右侧"构件列表"页签，单击"新建-新建现浇板"命令，建立板构件。

③ 选中新建的板构件，查看图纸中板的厚度的标注，将板的各项属性输入在"属性列表"当中。

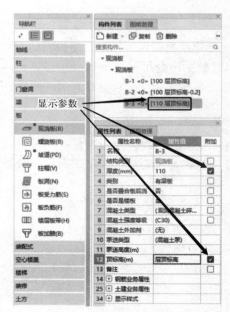

图 9-4　板构件及参数输入

④ 由于本层板均为有梁现浇板，且板厚度有 100mm 和 110mm 两种，除卫生间板顶标高为 3.600m 之外，其余板顶标高均为 3.800m，为了加以区分，将板构件名称分别命名为"B-1""B-2"和"B-3"。分别建立三种板构件，并在属性列表中分别输入"B-1"的厚度为"100"，板顶标高无需调整；"B-2"的厚度为"100"，板顶标高调整为"层顶标高－0.2"；"B-3"的厚度为"110"，板顶标高无需调整。点击属性后的"√"，即可将选中的属性显示在构件后，建立完成的板构件及参数输入如图 9-4 所示。

9.3.1.2　绘制板模型

BIM 平台提供了多种手动绘制板模型的操作，对于矩形板的绘制，有三种基本绘制方法，分别为：点绘制、直线绘制和矩形绘制。

① 点绘制。在构件列表中选中需要绘制的板构件，并选择绘图工作区上方的导航栏中"建模-绘图-点"命令，在需要绘制板的位置的孔洞内单击鼠标左键，即可布置完成，需要注意的是，"点"命令布置板模型，需要在封闭区域内布置，即该区域被梁、墙环绕形成闭环。本处以①、②、Ⓔ、Ⓕ轴之间的左侧板为例进行点绘制，绘制时需要注意板厚和标高，具体操作如图 9-5 所示。

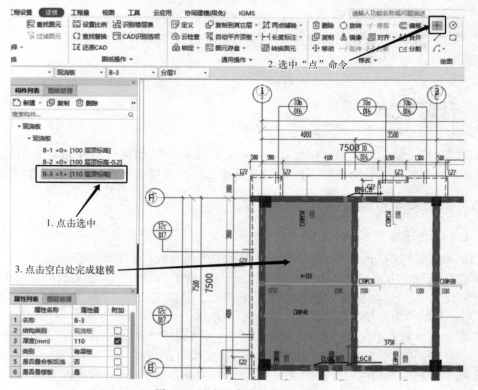

图 9-5　"点"命令绘制板步骤

由图9-5可以看出，绘制完成后的板呈高亮显示。在使用"点"命令布置板的过程中，软件会自动检测封闭区域。若在非封闭区域布置，则会出现如图9-6的提示，而且不能在此处使用"点"命令绘制板图元。

② 直线与矩形绘制。即使用"直线"或"矩形"绘制命令将直线相互连接形成闭合区域或用矩形框选出板的形状并建立板图元。以上两种命令可以在非闭环区域使用，在使用"直线"和"矩形"命令绘制板图元的过程中不会出现如图9-6的提示。

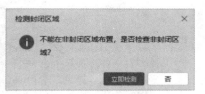

图9-6　非封闭区域检测提示

9.3.1.3　手动建立板受力钢筋构件

由于每个板的配筋信息有所区别，且板支座处的钢筋信息也并不完全一致，故在板构件的属性列表中无钢筋选项。因此模型中完成板模型建立后，需要对其进行钢筋建模，板钢筋包含"受力筋"和"负筋"两大类，本处以①、②、Ⓔ、Ⓕ轴之间的两块板为例，对板的受力筋和负筋依次建模。

结构图纸中的"结构设计总说明（二）"对于除注明外的现浇板内分布钢筋（面筋）的规定如表9-2所示。

表9-2　除注明外的现浇板内分布钢筋型号

楼板厚度	≤80mm	90～100mm	110～130mm	140～180mm	190～250mm
分布钢筋	⏀6@250	⏀6@200	⏀6@150	⏀8@200	⏀8@150

① 由图纸可知，左侧板厚度为110mm，故钢筋信息为：X向底筋的型号为⏀8@140，Y向底筋的型号为⏀8@200，X向面筋的型号为⏀6@150，Y向面筋的型号为⏀6@150。

② 在工作区左侧导航栏中找到"板-板受力筋（S）"，并单击"板受力筋（S）"；点击右侧"构件列表"页签，单击"新建-新建板受力筋"命令，建立板受力筋构件。

③ 在构件列表中分别建立三个受力筋构件 SLJ-1、SLJ-2、SJL-3，在属性列表中分别输入"底筋，C8-140""底筋，C8-200"和"面筋，C6-150"。

9.3.1.4　绘制板受力钢筋模型

在构件列表中点击需要布置的板受力筋，软件会自动切换到"布置受力筋"命令，按照工作区上方提示，可以选择"单板""多板"布置受力筋，并且可以自定义板的布置方向。本处选择"单板""XY方向"布置钢筋，绘图工作区左上角弹出"智能布置"对话框，在钢筋信息中选择板钢筋信息，输入完成后单击板模型，即可将钢筋布置在板上。布置左侧板钢筋的具体操作如图9-7所示，右侧板钢筋布置方式同左侧板，此处不再赘述。

9.3.1.5　手动建立板负筋构件

对于相互连接的两块混凝土板，在其连接位置需要配置板负筋。通过查看图纸，左右侧两块板连接的位置处，板负筋型号为⏀10@130，并向左右两侧各伸出1100mm。

① 在工作区左侧导航栏中找到"板-板负筋（F）"，并单击"板负筋（F）"；点击导航栏右侧"构件列表"页签，单击"新建-新建板负筋"命令，建立板负筋构件。

② 在构件列表中建立负筋构件 FJ-1，在属性列表中输入钢筋信息为：⏀10@130，左右侧标注均为1100。

9.3.1.6　绘制板负筋模型

在构件列表中点击需要布置的板负筋，软件会自动切换到"布置负筋"命令，按照工作

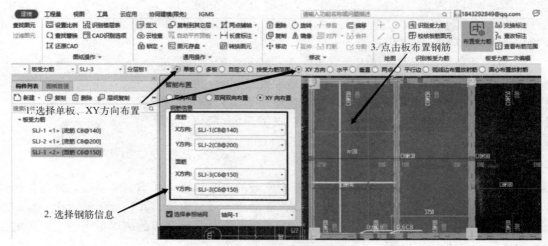

图 9-7　布置板受力筋操作

区上方提示，可以选择"按梁布置""按圈梁布置""按连梁布置""按墙布置""按板边布置"负筋。本处选择"按梁"布置板负筋，选择两板间的梁，单击即可布置完毕。布置板支座负筋的具体操作如图 9-8 所示。

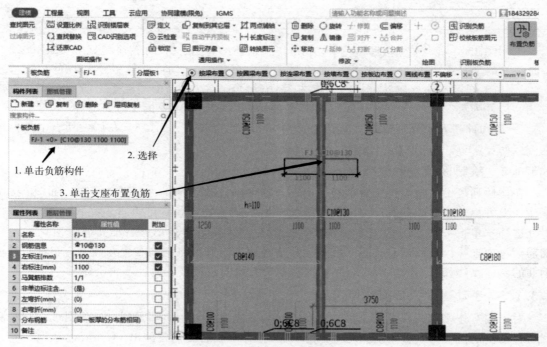

图 9-8　布置板负筋操作

以上为手动建立板模型、板受力钢筋和板负筋的基本步骤。值得注意的是，在手动建立板模型之前，首先需要确定不同房间顶板的厚度、顶标高，从而准确建立板模型，其次再根据图纸信息建立板受力筋及负筋，根据图纸标注配置板的钢筋信息。

由于手动建立板模型的步骤比较费时费力，故软件提供了一种省时省力的方法进行板模型及钢筋的建立，即"识别板"功能，该功能可以将 CAD 图纸中的二维板直接识别为三维的板模型，同时还可以批量识别板钢筋的信息并建立钢筋模型，可以大大地节省建模时间，提高工作效率。

9.3.2　识别 CAD 图绘制板模型步骤

识别 CAD 图绘制板模型的基本步骤为：

提取板标识→提取板洞线→自动识别板。

9.3.2.1　提取板标识及板洞线

① 在工作区上方导航栏处选择"建模-识别现浇板-识别板"命令，在绘图工作区左上角弹出如图 9-9 所示的"识别板"命令对话框。

② 点击"提取板标识"，选择任意一块板的信息，所有被提取的板信息以高亮显示，右键确认，选中的板信息及板线会从 CAD 图纸中消失，并自动保存到"已经提取的 CAD 图层"中。

图 9-9　"识别板"命令对话框

③ 点击"提取板洞线"功能，需选中图纸板洞线，右键确认。在此处不建议对板洞线进行提取，建议在建立完成板模型后，通过"板洞（N）"命令对板洞进行单独绘制，此案例板洞数量较少，单独绘制即可。

9.3.2.2　自动识别板

点击"自动识别板"，软件自动弹出"识别板选项"界面，如图 9-10 所示。本案例工程结构类型为框架结构，所以现浇板默认以梁为支座，按照默认设置"确定"即可。之后会弹出"识别板选项"界面，需要确定"无标注板"的板厚，根据图名下的注写可知：除特殊注明外，现浇板厚为 100mm，故在图 9-11 所示的弹窗中输入无标注板的厚度为"100"mm，修改 XB1 的板厚为"100"mm，"确定"之后即可完成首层现浇板构件的识别。

图 9-10　"识别板选项"界面

图 9-11　板厚修改

9.3.2.3　删除、修改板及卫生间板顶标高

由于本工程案例图纸不够规范，在识别过程中识别了楼梯间的板，因此需要删除楼梯间顶板，在左侧导航栏中切换到板界面，选择需要删除的板模型，点击并删除即可。

读取图纸左下角 1—1 大样图可知，延伸出的板厚为 100mm，且板顶标高为 3.800m，故选中符合条件的板，使用直线或矩形命令将首层顶板补齐。

根据图名下的注释，卫生间板顶标高为 3.600m，而首层板顶标高为 3.800m，故选中全部卫生间的混凝土板，在属性列表中将顶标高修改为"层顶标高-0.2"。

建立完成的首层顶板模型在绘图工作区中的三维视图如图 9-12 所示。

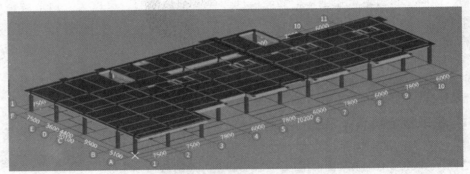

图 9-12　首层板模型三维视图

9.3.2.4　自动识别板负筋及跨板受力筋

① 在左侧导航栏中找到并选中"板-板负筋（F）"，并在工作区上方的导航栏处选择"建模-识别板负筋-识别负筋"命令，在绘图工作区左上角弹出如图 9-13 所示的"识别负筋"对话框，最后一行有"点选识别负筋"和"自动识别负筋"两种识别方式。

图 9-13　"识别负筋"
对话框

② 提取板筋线。单击"提取板筋线"，根据软件提示，将图纸中所有板负筋及跨板受力筋的钢筋线选中，右键确认，已提取的钢筋线会自动消失并保存到"已提取的 CAD 图层"中。

③ 提取板筋标注。单击"提取板筋标注"，根据软件提示，将板图纸中的板钢筋标注（伸出支座的尺寸和钢筋型号）全部选中，右键确认，已提取的钢筋标注会自动消失并保存到"已提取的 CAD 图层"中。

④ 自动识别负筋。单击"自动识别板筋"，软件在执行完命令后，工作区中会自动弹出"识别板筋选项"窗口，需要通过读取图纸信息对其进行填写，填写完成后的内容如图 9-14 所示。

⑤ 点击继续，弹出"自动识别板筋"窗口，如图 9-15 所示。窗口内包含负筋的名称、钢筋信息、钢筋类别，点击窗口最右侧的"◈"按钮，即可定位到想要查看的钢筋位置，单击"确定"即可完成识别。

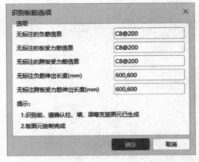

图 9-14　填写完成的"识别板筋选项"窗口　　　　图 9-15　"自动识别板筋"窗口

⑥ 校核板筋图元。自动识别完成板受力筋后，软件自动对已识别的图元进行校核，并弹出"校核板筋图元"窗口，如图 9-16 所示。双击钢筋名称，软件自动定位到相对相应的钢筋处，并结合图纸对钢筋信息进行修改。

对于"布筋重叠"的钢筋图元，可以查看图纸中相同位置的钢筋布置方式，比对图纸和钢筋模型，没有问题可以忽略，或与设计单位进行沟通确定是否修改图纸；对于"未标注钢筋信息"的图元，在第④步中已经调整，可以直接忽略；对于"未标注伸出长度"的钢筋图元，可以双击该提示直接定位到图元所在位置，选中该钢筋直接修改伸出长度即可。对于其他钢筋，可以自行检查模型，并查看其支座的伸出长度是否符合工程实际，若某一钢筋不符合工程实际，选中并修改伸出长度即可，某支座处的板负筋伸出板外，需要对其进行修改，修改前后如图 9-17 和图 9-18 所示。

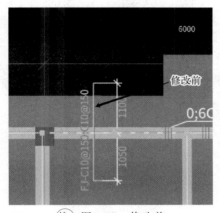

图 9-16 "校核板筋图元"对话框

图 9-17 修改前

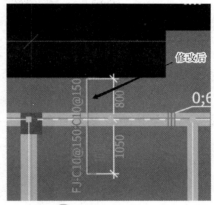

图 9-18 修改后

至此，板负筋及跨板受力筋的识别已经完成，对于本工程案例，图纸中仅有板负筋及跨板受力筋的标注，因此仅可对这两种钢筋进行自动识别，图纸中未给出板底筋和面筋的标注，需要手动建立构件和布置模型（手动建立受力筋的方法和步骤在之前的小节已给出，本处不再赘述）。建立完成的板及板钢筋模型三维视图如图 9-19 所示。

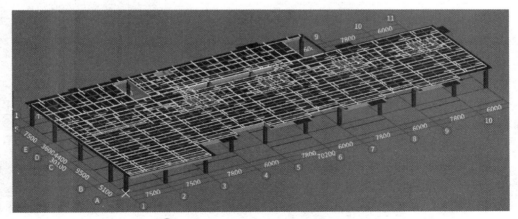

图 9-19 板及板钢筋模型三维视图

9.3.3　板构件做法套用

为了准确将板模型与工程量清单、定额相匹配，需要在绘制完成板模型后，对板构件进行做法套用操作。在准确套取板定额前，首先需要了解板的类型，根据板传递荷载的方式不同，可以将板分为有梁板、无梁板和平板。具体的区别如图 9-20 所示。

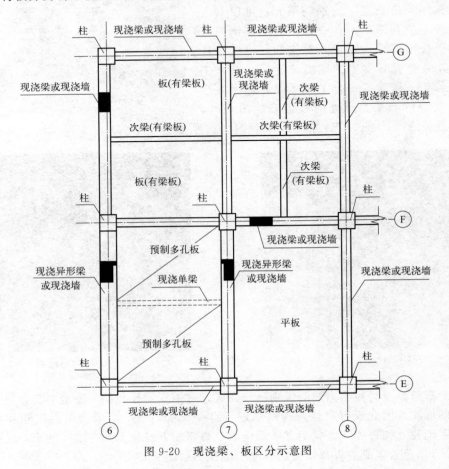

图 9-20　现浇梁、板区分示意图

观察图纸中梁和板的结构形式可以判断出：在"3.800m 板平法施工图"中，⑦、⑧、Ⓔ、Ⓕ轴间板类型为平板，其余现浇板均为有梁板，因此在选取清单定额规则时需要加以区分。

9.3.3.1　板工程量计算规则

通过查询《山东省建筑工程消耗量定额》（2016 版）第十七章"脚手架工程"说明可知：现浇混凝土圈梁、过梁、楼梯、雨篷、阳台、挑檐中的梁和挑梁，**各种现浇混凝土板、楼梯，不单独计算脚手架**。因此对于板的清单定额套取，无需选择脚手架项目。

（1）清单计算规则

① 通过查取《房屋建筑与装饰工程工程量计算规范》（GB 50854—2013）中的表 E.5 与表 S.2 可得，钢筋混凝土有梁板需要套取的清单规则见表 9-3。

② 通过查取《房屋建筑与装饰工程工程量计算规范》（GB 50854—2013）中的表 E.5 与表 S.2 可得，钢筋混凝土平板需要套取的清单规则见表 9-4。

表 9-3　有梁板清单计算规则

项目编码	项目名称	计量单位	计算规则
010505001	有梁板	m³	按设计图示尺寸以体积计算； 不扣除单个面积≤0.3m² 的柱、垛及孔洞所占体积； 有梁板按梁、板体积之和计算
011702014	有梁板	m²	按模板与现浇混凝土构件的接触面积计算； 柱、梁、墙、板连接的重叠部分，不计入模板面积

表 9-4　平板清单计算规则

项目编码	项目名称	计量单位	计算规则
010505003	平板	m³	按设计图示尺寸以体积计算； 不扣除单个面积≤0.3m² 的柱、垛及孔洞所占体积； 有梁板按梁、板体积之和计算
011702016	平板	m²	按模板与现浇混凝土构件的接触面积计算； 柱、梁、墙、板连接的重叠部分，不计入模板面积

（2）定额计算规则

① 通过查询《山东省建筑工程消耗量定额》（2016 版）并结合《山东省建设工程消耗量定额与工程量清单衔接对照表》（建筑工程专业）中的 E.5、E.8、S.2 可得，有梁板清单对应的定额规则见表 9-5。

表 9-5　有梁板定额计算规则

编号	项目名称	计量单位	计算规则
5-1-31	C30 有梁板	10m³	按设计图示尺寸以体积计算； 不扣除单个面积≤0.3m² 的柱、垛及孔洞所占体积； 有梁板按梁、板体积之和计算
5-3-12	泵送混凝土 柱、墙、梁、板 泵车	10m³	按各混凝土构件混凝土消耗量之和计算体积
18-1-92	现浇混凝土模板 有梁板 复合木模板 钢支撑	10m²	按模板与现浇混凝土构件的接触面积计算； 柱、梁、墙、板连接的重叠部分不计模板面积
18-1-104	现浇混凝土模板 板支撑高度 >3.6m 每增 1m 钢支撑	10m²	超高次数＝(支模高度－3.6)/1(遇小数进为 1，不足 1 按照 1 计算)； 超高工程量＝超高构件全部模板面积×超高次数

② 通过查询《山东省建筑工程消耗量定额》（2016 版）并结合《山东省建设工程消耗量定额与工程量清单衔接对照表》（建筑工程专业）中的 E.5、E.8、S.2 可得，平板清单对应的定额规则见表 9-6。

表 9-6　平板定额计算规则

编号	项目名称	计量单位	计算规则
5-1-33	C30 平板	10m³	按设计图示尺寸以体积计算； 不扣除单个面积≤0.3m² 的柱、垛及孔洞所占体积； 有梁板按梁、板体积之和计算
5-3-12	泵送混凝土 柱、墙、梁、板 泵车	10m³	按各混凝土构件混凝土消耗量之和计算体积
18-1-100	现浇混凝土模板 平板 复合木模板 钢支撑	10m²	按模板与现浇混凝土构件的接触面积计算； 柱、梁、墙、板连接的重叠部分不计模板面积

续表

编号	项目名称	计量单位	计算规则
18-1-104	现浇混凝土模板 板支撑高度 >3.6m 每增 1m 钢支撑	10m²	超高次数＝(支模高度－3.6)/1(遇小数进为 1,不足 1 按照 1 计算); 超高工程量＝超高构件全部模板面积×超高次数

下面以首层有梁板为例,在 BIM 平台中进行清单及定额项目的套用。

9.3.3.2 板工程量清单定额规则套用

本节仅以首层有梁板为例,进行清单套取,平板的清单定额套取方式与有梁板相同。

(1)有梁板清单项目套用

① 在上方导航栏中找到并进入"建模-通用操作-定义"界面,在构件列表内选中"无标注板(有梁板)"构件,并在右侧工作区中切换到"构件做法"界面套取相应的混凝土清单。

② 单击下方的"查询匹配清单"页签(若无该页签,则可以在"构件做法-查询-查询匹配清单"中调出),弹出与构件相互匹配的清单列表,软件默认的匹配清单"按构件类型过滤",在匹配清单列表中双击"010505001 有梁板 m³",将该清单项目导入到上方工作区中,此清单项目为有梁板的混凝土体积;梁模板清单项目编码为"011702014",在匹配清单列表中双击"011702014 有梁板 m²",将该清单项目导入到上方工作区中。套取完成的有梁板清单项目如图 9-21 所示。

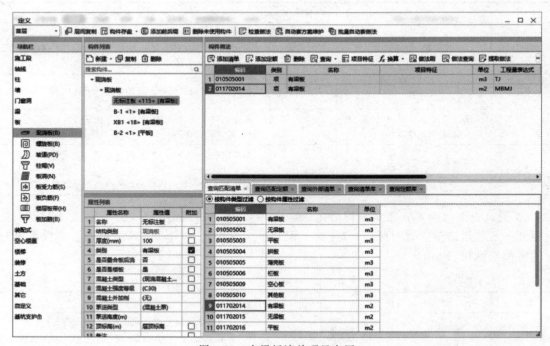

图 9-21　有梁板清单项目套用

③ 在完成清单项目选取之后,需要填写清单项目的项目特征,根据《房屋建筑与装饰工程工程量计算规范》(GB 50854—2013)中表 E.5 的规定:现浇混凝土有梁板的项目特征需要描述混凝土种类和混凝土强度等级两项内容;表 S.2 规定:有梁板模板的项目特征需要

描述支撑高度。单击鼠标左键选中"010505001"并在工作区下方的"项目特征"页签（若无该页签，则可以在"构件做法-项目特征"中调出）中添加混凝土种类的特征值为"商品混凝土"，混凝土强度等级的特征值为"C30"；选中"011702014"并在工作区下方的"项目特征"页签中添加支撑高度的特征值为"3.9m"。填写完成后的有梁板清单项目特征如图 9-22 所示。

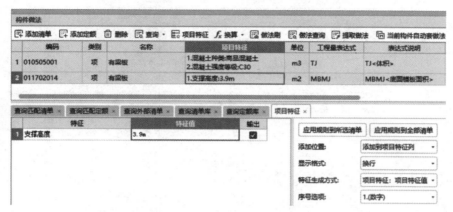

图 9-22　有梁板清单项目特征

（2）有梁板定额子目套用

在完成有梁板清单项目套用工作后，需对框架梁清单项目对应的定额子目进行套用。

① 单击鼠标左键选中"010505001"，而后点击工作区下方的"查询匹配定额"页签（若无该页签，则可以在"构件做法-查询-查询匹配定额"中调出），软件默认"按照构件类型过滤"而自动生成相对应的定额，本构件为有梁板构件，故在"查询匹配定额"页签下软件显示的是与有梁板清单相匹配的定额，在匹配定额下双击"5-1-31"与"5-3-12"定额子目，即可将其添加到清单"010505001"项目下。

② 单击鼠标左键选中"011702014"，在"查询匹配定额"的页签下双击"18-1-92"与"18-1-104"定额子目，即可将其添加到清单"011702014"项目下。添加完成的有梁板清单定额项目如图 9-23 所示。

	编码	类别	名称	项目特征	单位	工程量表达式	表达式说明	单价	综合单价	措施项目
1	☐ 010505001	项	有梁板	1.混凝土种类:商品混凝土 2.混凝土强度等级:C30	m3	TJ	TJ<体积>			☐
2	5-1-31	定	C30有梁板		m3	TJ	TJ<体积>	6046.43		☐
3	5-3-12	定	泵送混凝土 柱、墙、梁、板 泵车		m3	TJ*1.01	TJ<体积>*1.01	129.69		☐
4	☐ 011702014	项	有梁板	1.支撑高度:3.9m	m2	MBMJ	MBMJ<底面模板面积>			☑
5	18-1-92	定	有梁板复合木模板钢支撑		m2	MBMJ+CMBMJ	MBMJ<底面模板面积> +CMBMJ<侧面模板面积>	535.64		☑
6	18-1-104	定	板支撑高度＞3.6m每增1m钢支撑		m2	CGMBMJ	CGMBMJ<超高模板面积>	44.18		☑

图 9-23　有梁板清单定额项目

（3）定额子目工程量表达式修改

对于定额子目"5-3-12"，其工程量表达式为空白，故此条目在汇总计算完成之后不显示工程量，因此需要对其工程量表达式进行修改，定额子目"5-3-12"的工程量需要基于子目"5-1-31"工料机构成中的混凝土实际工程量进行修改，因此可以在计价软件中查询"5-1-31"的工料机构成，每 $10m^3$ 消耗量的子目"5-1-31"，含有 C30 商品混凝土的体积为

10.1m^3，因此每 1m^3 消耗量的定额子目"5-1-31"所含 C30 商品混凝土的体积为 1.01m^3，即需要泵送的混凝土体积为 1.01m^3。子目"5-1-31"的工料机构成如图 9-24 所示。因此在构件做法中，定额子目"5-3-12"的工程量表达式为"TJ * 1.01"。修改步骤如图 9-25 所示。

图 9-24　定额子目"5-1-31"工料机构成

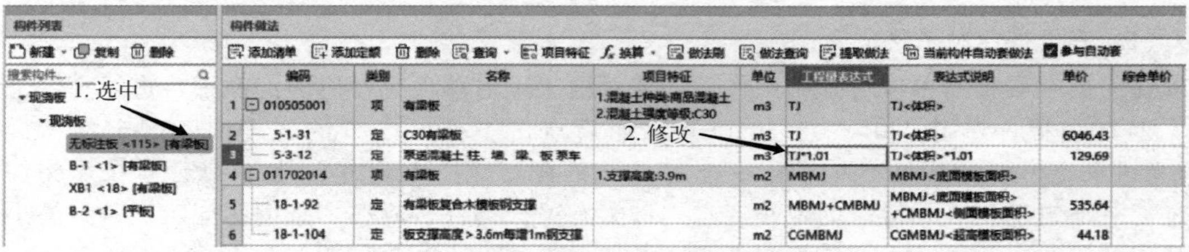

图 9-25　定额子目"5-3-12"工程量表达式修改

（4）复制清单定额项目至其余有梁板构件

由于首层板多数为有梁板，且混凝土种类与标号都一致，故可使用"做法刷"命令将清单定额项目复制到其他有梁板构件。

① 鼠标左键单击"编码"与"1"左上方交叉处的白色方块，即可将有梁板的清单定额项目全部选中，如图 9-26 所示。

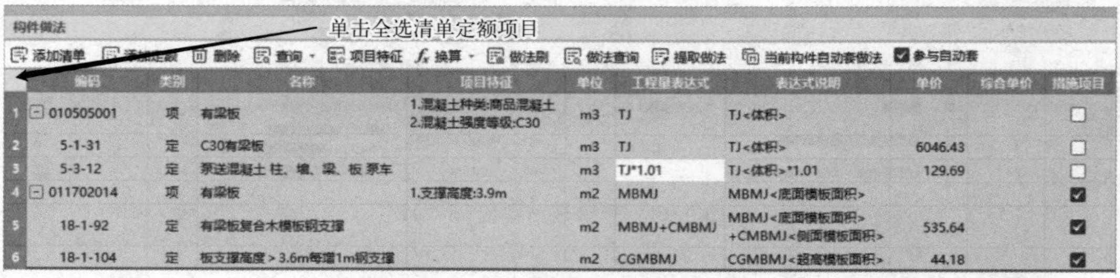

图 9-26　全选清单定额项目

② 运用"做法刷"操作将有梁板的做法复制粘贴至首层其他有梁板构件，并单击"确定"即可。对于平板的清单定额套用，其方法与有梁板类似，本处不做解释。需选中的有梁板构件如图 9-27 所示。

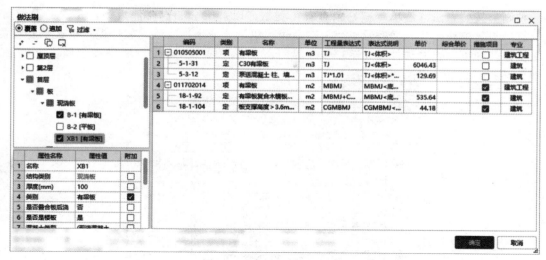

图 9-27 有梁板做法刷界面

9.3.4 板工程量汇总计算及查询

将所有的板构件都套取相应的做法，通过软件中的工程量计算功能计算板的混凝土体积和模板面积之后，可以在相应的清单和定额项目中直接查看对应的工程量。构件的工程量可以通过"工程量"模块中的"汇总"子模块来计算。

9.3.4.1 板工程量计算

在绘图工作区上方找到工程量模块中的"汇总计算"命令，在弹出的窗口内选择需要计算的板构件，选中"首层-板"构件，单击"确定"进行工程量计算，选中板计算工程量如图 9-28 所示。

计算时也可以先框选出需要计算工程量的图元，然后点击"汇总选中图元"命令，汇总计算结束之后弹出如图 9-29 所示的对话框。

图 9-28 选择计算范围

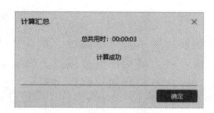

图 9-29 计算完成对话框

9.3.4.2 板工程量查看

板的混凝土及模板工程量的计算结果有两种查看方式，第一种是按照构件查看工程量，第二种则是按照做法（清单定额）来查看工程量。以首层全部板构件为例，在“工程量-土建计算结果”模块中找到“查看工程量”命令，单击此命令，并根据软件提示框选中所有首层板构件，弹出“查看构件图元工程量”界面。板的“构件工程量”明细和“做法工程量”明细分别如图 9-30 和图 9-31 所示。

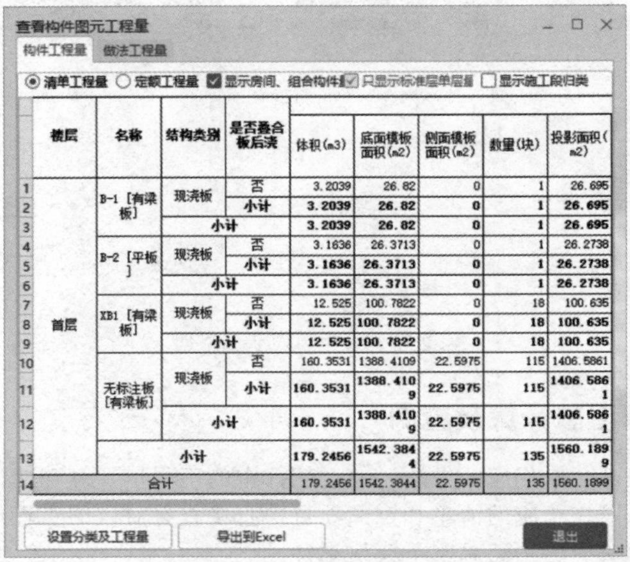
查看构件图元工程量
构件工程量　做法工程量
清单工程量　定额工程量　显示房间、组合构件量　只显示标准层单层量　显示施工段归类

	楼层	名称	结构类别	是否叠合板后浇	体积(m3)	底面模板面积(m2)	侧面模板面积(m2)	数量(块)	投影面积(m2)
1	首层	B-1 [有梁板]	现浇板	否	3.2039	26.82	0	1	26.695
2				小计	3.2039	26.82	0	1	26.695
3			小计		3.2039	26.82	0	1	26.695
4		B-2 [平板]	现浇板	否	3.1636	26.3713	0	1	26.2738
5				小计	3.1636	26.3713	0	1	26.2738
6			小计		3.1636	26.3713	0	1	26.2738
7		XB1 [有梁板]	现浇板	否	12.525	100.7822	0	18	100.635
8				小计	12.525	100.7822	0	18	100.635
9			小计		12.525	100.7822	0	18	100.635
10		无标注板 [有梁板]	现浇板	否	160.3531	1388.4109	22.5975	115	1406.5861
11				小计	160.3531	1388.4109	22.5975	115	1406.5861
12			小计		160.3531	1388.4109	22.5975	115	1406.5861
13		小计			179.2456	1542.3844	22.5975	135	1560.1899
14	合计				179.2456	1542.3844	22.5975	135	1560.1899

设置分类及工程量　导出到Excel　退出

图 9-30　首层顶板“构件工程量”明细

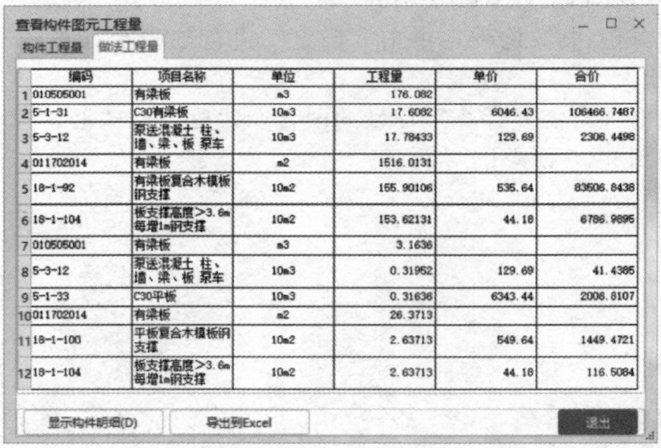
查看构件图元工程量
构件工程量　做法工程量

	编码	项目名称	单位	工程量	单价	合价
1	010505001	有梁板	m3	176.082		
2	5-1-31	C30有梁板	10m3	17.6082	6046.43	106466.7487
3	5-3-12	泵送混凝土 柱、墙、梁、板 泵车	10m3	17.78433	129.69	2306.4498
4	011702014	有梁板	m2	1516.0131		
5	18-1-92	有梁板复合木模板钢支撑	10m2	155.90106	535.64	83506.8438
6	18-1-104	板支撑高度>3.6m每增1m钢支撑	10m2	153.62131	44.18	6786.9895
7	010505001	有梁板	m3	3.1636		
8	5-3-12	泵送混凝土 柱、墙、梁、板 泵车	10m3	0.31952	129.69	41.4385
9	5-1-33	C30平板	10m3	0.31636	6343.44	2006.8107
10	011702014	有梁板	m2	26.3713		
11	18-1-100	平板复合木模板钢支撑	10m2	2.63713	549.64	1449.4721
12	18-1-104	板支撑高度>3.6m每增1m钢支撑	10m2	2.63713	44.18	116.5084

显示构件明细(D)　导出到Excel　退出

图 9-31　首层顶板“做法工程量”明细

钢筋计算结果可以通过“查看钢筋量”“钢筋三维”“编辑钢筋”三种方式来查看。对于柱、梁、剪力墙构件可直接点击模型查看钢筋工程量，不同的是，由于板钢筋是单独建立的模型，因此需要分别切换到“板受力筋”和“板负筋”界面查看其工程量。

在左侧导航栏“板”界面，分别切换到“板受力筋（S）”和“板负筋（F）”页签，分别框选想要查看的板筋范围，点击上方的“工程量-钢筋计算结果-查看钢筋量”命令，可以看到该板的钢筋总重量和不同级别、不同直径钢筋重量，如图 9-32 和图 9-33 所示。

点击“钢筋三维”命令可以查看钢筋在板中的形状、排列和直径的差别，直观形象地观察钢筋，如图 9-34 所示。

图 9-32　受力筋工程量查看

图 9-33　负筋工程量查看

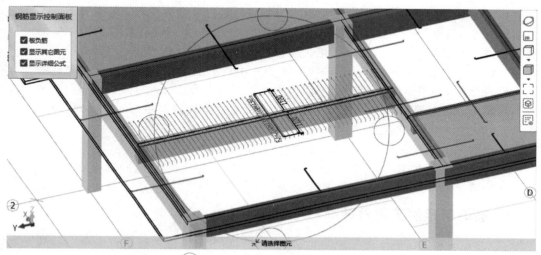

图 9-34　板"钢筋三维"查看

点击"编辑钢筋"命令，可以查看某钢筋的筋号、直径、级别、计算公式、长度、根数、质量等重要信息，如图 9-35 所示。

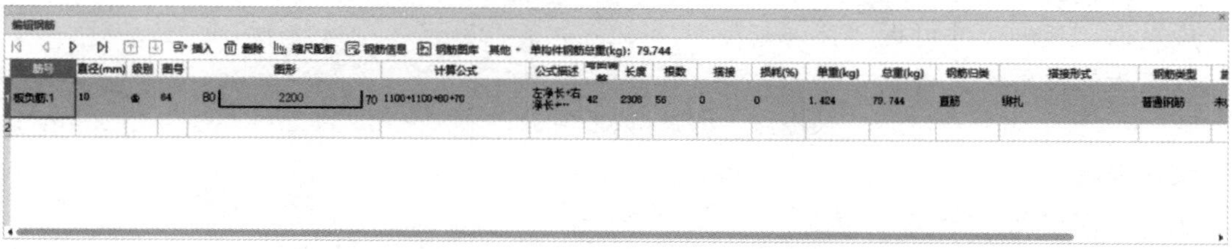

图 9-35　板"编辑钢筋"界面

软件提供的三种查看钢筋工程量的方式各有其相应特点，在实际工作中可以根据不同的需要进行选用。值得注意的是，由于板混凝土构件和钢筋构件分别建模，因此无法同时查看板底筋和面筋、负筋在板内的排列方式，仅可同时查看板底筋、面筋的位置或同时查看负筋的位置。

9.4　板传统计量方式

在传统计量计价过程中，对于板工程量的计算，需要先查询清单和定额规范来进行列项，再通过读取 CAD 图纸来获取板尺寸、厚度等信息。本节以"3.800m 板平法施工图"

中①、②、Ⓔ、Ⓕ轴内左侧板为例进行清单定额的选取以及工程量的计算。

首先需要对板的类型进行判断，在上节中已判断出此板的类型为有梁板。

9.4.1 板清单定额规则选取

有梁板构件需要套取混凝土工程量清单和模板清单。根据《房屋建筑与装饰工程工程量计算规范》（GB 50854—2013）中表 E.5 的规定，现浇混凝土有梁板的混凝土工程量清单编码为"010505001"，其计算规则为：按设计图示尺寸以体积计算，不扣除≤0.3m² 的单个柱、垛及孔洞所占体积；**有梁板（包括主、次梁与板）按梁、板体积之和计算**。但在实际的工程应用中，对于有梁板的工程量，可以**针对梁、板进行单独列项和工程量计算**。

由表 S.2，有梁板的模板工程量清单编码为"011702014"，其计算规则为：按模板与现浇混凝土构件的接触面积计算；柱、梁、墙、板相互连接的重叠部分均不计算模板面积。

在《山东省建筑工程消耗量定额》（2016 版）中，第五章对于板混凝土工程量的计算有明确的要求，即按照图示面积乘以板厚以体积计算。第十八章对于板模板工程量规定：按照混凝土与模板的接触面积计算；板、柱相接时，**板与柱接触的面积≤0.3m² 时，不予扣除**；面积>0.3m² 时，应予扣除。

通过查取《山东省建设工程消耗量定额与工程量清单衔接对照表》（建筑工程专业）中的 E.5 选取清单编码"010505001"下定额子条目"5-1-31"与泵送混凝土子目"5-3-12"；选取 S.2 中清单编码"011702014"下的定额子条目"18-1-92"与"18-1-104"。

9.4.2 板清单定额工程量计算

以"3.800m 板平法施工图"中①、②、Ⓔ、Ⓕ轴内左侧板为例进行清单定额的选取以及工程量的计算。

9.4.2.1 板混凝土工程量计算

板的混凝土工程量需要计算板体积。本案例工程将有梁板和梁的工程量单独列项计算，因此在计算板的混凝土工程量时扣除相交部分梁和柱的工程量。在"3.800m 板平法施工图"中量取该板的尺寸可得"长×宽"为"7.2m×3.725m"。

故该板的混凝土工程量：

$V_板＝[(长×宽)-柱面积]×厚度＝[(7.2×3.725)-0.25×0.25×2]×0.11≈2.936m^3$；

泵送混凝土工程量＝板混凝土工程量×1.01＝2.965m³。

9.4.2.2 板模板工程量计算

《房屋建筑与装饰工程工程量计算规范》（GB 50854—2013）中对于柱、梁、墙、板相互连接的重叠部分，均不计算模板面积。而在《山东省建筑工程消耗量定额》（2016 版）中，对于板模板工程量的计算有以下规定：板、柱相接时，板与柱接触面积≤0.3m² 时，不予扣除；面积>0.3m² 时，应予扣除。两者对比如表 9-7 所示。

表 9-7   板模板计算规则对比

规范名称	板模板计算规则	柱板相交部分
《房屋建筑与装饰工程工程量计算规范》 （GB 50854—2013）	柱、梁、墙、板相互连接的 重叠部分均不计算模板面积	扣除
《山东省建筑工程消耗量定额》 （2016 版）	板、柱相互接触	≤0.3m² 不扣除 >0.3m² 扣除

对于柱板相交部分，通过查阅图纸可得，柱板接触面积为：$0.25\times0.25\times2=0.125m^2$。由于接触面积$<0.3m^2$，故在计算板模板工程量时不予扣除。

该板的模板面积计算公式为：

$$S=长\times宽=7.2\times3.725=26.82m^2$$

通过查询《山东省建筑工程消耗量定额》（2016 版）第十八章的规定：梁模板支撑高度为地（楼）面支撑点至板底坪，故该板模板的支撑高度为 $3.8+0.45-0.11=4.14m>3.6m$，因此还需要计算超高模板面积，梁、板（水平构件）模板支撑超高的工程量计算如下式：

$$超高次数=(支模高度-3.6m)/1(遇小数进为1，不足1按1计算)$$

$$超高模板工程量(m^2)=超高构件的全部模板面积\times超高次数$$

故该板的超高次数为：$(4.14-3.6)/1=0.54$（不足 1 按 1 计算）$=1$；

超高模板工程量 $S_{超}=26.82\times1=26.82m^2$。

至此，该板的混凝土工程量、模板工程量和超高模板工程量计算完毕，计算结果如图 9-36 所示。

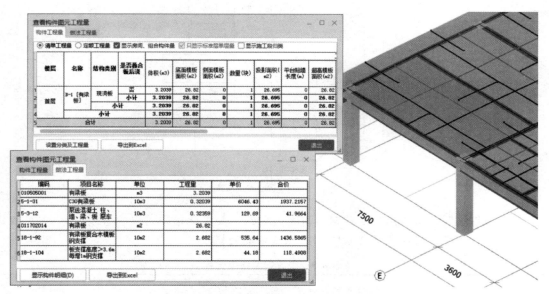

图 9-36　软件中板的工程量查看

经过对比可以看出，手算的混凝土工程量与软件中计算的结果并不完全一致，这是由于软件在建立板模型时，默认将板伸入了框架梁中，而在清单定额的计算规则中规定：**有梁板按照梁、板体积之和进行计算，**因此计算工程量的过程中，软件将板四周梁的混凝土体积一并计算，但在工程量汇总时会自动扣除梁所占的板体积，并不影响建筑总体的混凝土工程量。

手算此板的清单定额汇总如表 9-8 所示。

表 9-8　板清单定额汇总表

序号	编码	项目名称	项目特征	单位	工程量
1	010502001001	有梁板	1. 混凝土种类:商品混凝土 2. 混凝土强度等级:C30	m^3	2.936
	5-1-31	C30 有梁板		$10m^3$	0.2936
	5-3-12	泵送混凝土 柱、墙、梁、板 泵车		$10m^3$	0.2965

续表

序号	编码	项目名称	项目特征	单位	工程量
2	011702014001	有梁板	支撑高度:3.9m	m²	26.82
	18-1-92	有梁板 复合木模板 钢支撑		10m²	2.682
	18-1-104	板支撑高度>3.6m 每增1m 钢支撑		10m²	2.682

9.4.3　板钢筋工程量计算

板钢筋包含板受力筋和板负筋，由于篇幅有限，本节仅以图纸中①、②、Ⓔ、Ⓕ轴间左侧板的受力筋和其左侧的支座负筋进行板钢筋工程量的计算。在进行计算之前，需要了解关于板钢筋长度及根数的知识才可进行手动算量。楼板中的钢筋分类如图 9-37 所示。

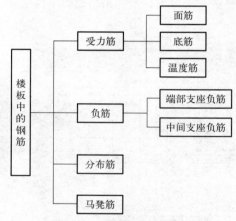

图 9-37　楼板钢筋分类

计算板钢筋时，需要用到受拉钢筋锚固长度 l_a，关于此参数可以参考表 9-9。本处仅列出部分内容，全部内容请参考 22G101—1 图集中的表格。

表 9-9　受拉钢筋锚固长度

钢筋种类	混凝土强度等级							
	C25		C30		C35		C40	
	$d\leqslant25$	$d>25$	$d\leqslant25$	$d>25$	$d\leqslant25$	$d>25$	$d\leqslant25$	$d>25$
HPB300	$34d$	—	$30d$	—	$28d$	—	$25d$	—
HRB400 HRBF400 RRB400	$40d$	$44d$	$35d$	$39d$	$32d$	$35d$	$29d$	$32d$
HRB500 HRBF500	$48d$	$53d$	$43d$	$47d$	$39d$	$43d$	$36d$	$40d$

本工程板的混凝土强度等级为 C30，钢筋类型为 HRB400，且板钢筋直径均<25mm，故受拉钢筋锚固长度 $l_a=35d$。计算板钢筋的公式及计算过程如下：

① 板上部面筋：

$$板面受力筋单根长度=净跨长+锚固长度\times2$$

其中，锚固长度：当支座宽-保护层$\geqslant l_a$时，直锚，直锚长度$=l_a$；

当支座宽－保护层$<l_a$ 时，弯锚，弯锚长度＝支座宽－保护层＋15d 。
$$根数＝分布范围/板筋间距（向上取整）$$

板净长 7200mm；净宽 3725mm；X 向面筋参数Φ6@150；Y 向面筋参数Φ6@150。

由于板上部面筋的钢筋直径均为 6mm，锚固长度 l_a＝35×6＝210mm＜支座宽－保护层＝500－15＝485mm，故采用直锚形式。

上部 X 向面筋单根长度＝3725＋210×2＝4145mm；根数 7200/150＝48 根；

上部 Y 向面筋单根长度＝7200＋210×2＝7620mm；根数 3725/150＝24.8＝25 根。

软件中板上部面筋的计算结果如图 9-38 所示。

筋号	直径(mm)	级别	图号	图形	计算公式	公式描述	弯曲调整(0)	长度	根数
SLJ-3.1	6	Φ	1	7620	7200+35*d+35*d	净长+设定锚固+设定锚固	(0)	7620	25
SLJ-3.1	6	Φ	1	4145	3725+35*d+35*d	净长+设定锚固+设定锚固	(0)	4145	48

图 9-38　板上部面筋计算

② 板下部底筋：
$$板底受力筋单根长度＝净跨长＋左伸长度＋右伸长度＋弯钩长度×2$$
$$（仅当钢筋为一级钢时,末端需加 180°弯钩）$$

其中，伸出长度：端支座为梁、圈梁、剪力墙时，伸出长度＝max（1/2 支座宽，5d），端支座为砌体墙时，伸出长度＝max（1/2 墙厚，120，板厚）；180°弯钩长度＝6.25d。
$$板下部钢筋分布范围＝净跨长－1/2 板筋间距×2$$
$$根数＝分布范围/板筋间距（向上取整）＋1$$

板净长 7200mm；净宽 3725mm；X 向面筋参数Φ8@140；Y 向面筋参数Φ8@200；且板四周梁支座宽度均为 250mm，钢筋为三级钢，无需计算弯钩长度。
$$下部 X 向底筋单根长度＝3725＋max(250/2,5×8)＋max(250/2,5×8)＝3975mm$$
$$根数＝(7200－140)/140＋1＝51.4＝52 根$$
$$下部 Y 向底筋单根长度＝7200＋max(250/2,5×8)＋max(250/2,5×8)＝7450mm$$
$$根数＝(3725－200)/200＋1＝18.6＝19 根$$

软件中板下部底筋的计算结果如图 9-39 所示。

筋号	直径(mm)	级别	图号	图形	计算公式	公式描述	弯曲调整	长度	根数	搭接
SLJ-1.1	8	Φ	1	3975	3725+max(250/2,5*d)+max(250/2,5*d)	净长+设定锚固+设定锚固	(0)	3975	52	0
SLJ-2.1	8	Φ	1	7450	7200+max(250/2,5*d)+max(250/2,5*d)	净长+设定锚固+设定锚固	(0)	7450	19	0

图 9-39　板下部底筋计算

③ 负筋：
$$端支座板负筋长度＝板内净尺寸＋锚入长度＋弯折长度$$

其中，锚入长度：支座宽－保护层$\geqslant l_a$ 时，直锚，直锚锚入长度＝l_a；支座宽－保护层$<l_a$ 时，弯锚，弯锚长度＝支座宽－保护层＋15d 。
$$中间支座板负筋长度＝左标注长度＋右标注长度＋弯折长度×2（注意标注的长度是否含支座宽）$$
$$负筋根数＝布筋范围/板负筋间距＋1$$

$$弯折长度＝板厚－保护层×2（保护层为板的保护层）$$
$$布筋范围＝净跨长－1/2 板筋间距×2$$

板左侧负筋为端支座负筋，钢筋参数为Φ8@200，且从支座处向板内右侧伸出的长度为 1250mm；支座宽－保护层＝250－15＝235＜l_a＝35×8＝280，故弯锚。

$$端支座板负筋长度＝板内净长＋（支座宽－保护层＋15d）＋（板厚－保护层×2）$$
$$＝1125＋（250－15＋15×8）＋（110－15×2）＝1560mm$$

上式计算的是负筋的理论长度，但由于负筋两端有 90°弯钩，因此在实际工程应用当中需要扣除弯钩的弯曲调整值，查表可知，弯曲调整值为 2.08d。

故负筋下料长度＝1560－2.08×8×2＝1527mm。

通过以上分析可见，手算现浇混凝土板的工程量与依托 BIM 平台进行工程量计算的结果相同，但按照传统手工计算钢筋工程量的工作量太大。因此依托 BIM 技术可以对构件的工程量进行大批量计算，在实际的工作中可以提高计算效率，减少计算偏差，节省工作时间。

 课程案例　钢筋混凝土板工程变更

【案例背景】某工程钢筋混凝土楼板最初设计厚度为 100mm，已能满足荷载要求，现如今施工企业提出水电埋管难度较大，为便于施工，要求设计变更为 120mm 厚楼板；原设计为 C25 混凝土，施工企业为提前拆模加快进度，要求改用 C30 混凝土。设计单位仅从设计角度考虑，同意将板厚 100mm 改为 120mm 厚，C25 改用 C30。建设单位认为设计已认可不会有问题，也确认签章，这样楼板增厚 20mm 和 C30 与 C25 级混凝土的差价均由建设单位承担，工程造价无形提高。

【分析及结论】在此案例中："楼板增厚 20mm、改用 C30 混凝土"均属于施工组织设计中的技术措施，修改增加楼板厚度或改用高级别的混凝土，其差价一般由施工单位自行解决，不予调整。

 思考题

1. 平法图集中，板有哪些类型？如何表示？
2. 板的注写方式有哪些？具体符号有何含义？举例说明。
3. 板模型的绘制和编辑方式有哪些？
4. 在不同的房间中，板的标高如何调整？
5. 自动识别楼面板的基本步骤是？
6. 平板和有梁板有何区别，如何判断？
7. 布置板受力筋和负筋的方式有几种？请简要说明操作步骤。
8. 如何正确套取板的清单定额？请简要描述。
9. 板的超高模板面积如何计算？

第 10 章
BIM 楼梯工程计量

学习目标：通过本章的学习，熟悉组成建筑主体结构构件——楼梯的内容，了解 22G101—2 平法图集中楼梯构件的结构类型与标注含义，并了解本案例工程中楼梯的结构形式及特点。

课程要求：能够独立完成 BIM 主体工程中钢筋混凝土楼梯构件的建立、识别、定位和做法套取等工作。

10.1 相关知识

在进行钢筋混凝土楼梯工程量计算之前，首先需要了解与钢筋混凝土楼梯相关的平法知识，再将本工程的图纸与平法知识相结合，更好地掌握工程量计算原理；在楼梯工程量计算的过程中，要加深对《房屋建筑与装饰工程工程量计算规范》（GB 50854—2013）与《山东省建筑工程消耗量定额》（2016 版）中对于楼梯清单定额项目的理解，准确地计算楼梯的工程量。

现浇钢筋混凝土楼梯是指将楼梯段、平台和平台梁现场浇筑成一个整体的楼梯，其整体性好，抗震性强。按构造的不同可将其分为板式楼梯和梁式楼梯两种。

板式楼梯：是一块斜置的板，其两端支承在平台梁上，平台梁支承在砖墙上。

梁式楼梯：是指在楼梯段两侧设有斜梁，斜梁搭置在平台梁上。荷载由踏步板传给斜梁，再由斜梁传给平台梁。

根据楼梯中间有无休息平台及休息平台数量可将其划分为单跑楼梯、双跑楼梯和多跑楼梯，梯段的平面形状包含直线、折线和曲线。单跑楼梯指连接上下层的楼梯梯段无论是否改变方向，中间都没有休息平台，根据投影面形状的不同可将单跑楼梯简单分为直行单跑、折型单跑、双向单跑等，适用于层高较低的建筑；双跑楼梯应用最为广泛，一般存在于两个楼层之间，包括两个平行而方向相反的梯段和一个中间休息平台，常见的双跑楼梯有双跑直上、双跑曲折、双跑对折等形式，在设计时，通常将两个梯段做成等长，节约面积，适用于一般民用建筑和工业建筑；三跑楼梯有三折式、丁字式和分合式等，多用于公共建筑。

根据梯段与平台连接形式的不同，设计时可将其分为 AT 型、BT 型、CT 型等不同类型的楼梯，其区别如表 10-1 所示。关于不同代号楼梯具体的结构区别请参考《混凝土结构施工图平面整体表示方法制图规则和构造详图（现浇混凝土板式楼梯）》（22G101—2）图册。

表 10-1   楼梯类型及区别

梯板代号	特征	截面形状
AT	梯板的主体为踏步段,除踏步段外,梯板可包括低端平板、高端平板以及中位平板。梯板两端分别以(低端和高端)梯梁为支座	全部由踏步段构成
BT		由低端平板和踏步段构成
CT		由踏步段和高端平板构成
DT		由低端平板、踏步段和高端平板构成
ET		由低端踏步段、中位平板和高端踏步段构成

10.2   任务分析

完成本节任务需明确楼梯清单定额的计算内容,一般而言,楼梯的工程量按照水平投影面积进行计算,因此只需要熟悉各楼梯的尺寸及结构形式即可。此处以楼梯二为例进行图纸分析、建模分析。

10.2.1   图纸分析

根据"楼梯详图"中"楼梯二"的剖面图和平面图可知,梯段的集中标注为"AT1 $h=$ 140mm ⚍10@180(通长);⚍12@130 F⚍6@200"。

其含义为此楼梯的类型为 1 号 AT 型楼梯,且梯板厚度为 140mm,梯板上部的通长钢筋型号为⚍10@180,下部通长钢筋型号为⚍12@130,梯板分布筋型号为⚍6@200。

根据"标高-0.030~1.920m 楼梯平面图"可知,楼梯的休息平台板四周有三种类型的梯梁,在梯段的左右两侧有两根梯柱,在 TL2 的上部有翻沿构造,梯梁、梯柱和翻沿的截面构造和钢筋信息在楼梯平面图右侧,由于篇幅有限,本处不再赘述,详细的构件做法在楼梯的建模过程中会提及。

10.2.2   建模分析

在进行楼梯建模时,需要手动建立参数化楼梯构件,在参数化编辑界面,结合楼梯剖面图及平面图,将梯梁、梯段的尺寸信息和钢筋信息输入到相应位置,再将建立好的楼梯模型用"点"命令布置到相应位置。虽然楼梯构件需要整体建模,但在参数化编辑界面没有提及梯柱和平台板的任何信息,因此在建立完成楼梯模型后,需要手动建立梯柱和平台板构件,使楼梯模型更加完善、准确。

10.3   任务实施

10.3.1   绘制楼梯模型步骤

10.3.1.1   建立参数化楼梯构件

下面以结构图纸中的楼梯二为例,建立参数化楼梯构件。

① 在图纸管理中找到并双击"首层-首层柱平法施工图",将绘图工作区切换至首层,并调整图纸使其处于绘图工作区中部位置。

② 在左侧导航栏中找到"楼梯-楼梯（R）"，并单击"楼梯（R）"；点击右侧"构件列表"页签，单击"新建-新建参数化楼梯"命令，进入"参数化截面类型"选择界面。新建参数化楼梯命令及参数化截面类型选择界面如图 10-1 所示。

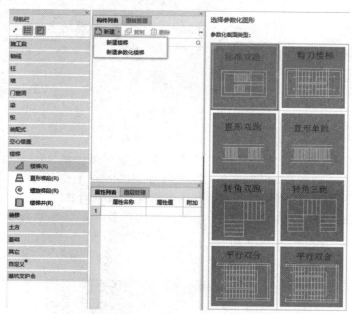

图 10-1　参数化楼梯截面选择界面

③ 查看楼梯二的截面形状，在截面选择界面选取"标准双跑"型楼梯新建楼梯构件，查看图纸中楼梯的各项参数，经过比对可以发现：在参数化界面，楼梯的走向是：下半部分梯段位于楼梯平面图的左侧，上半部分梯段位于楼梯平面图的右侧；而在图纸中楼梯下半部分梯段位于楼梯平面图的右侧，因此参数化界面中的 TB1 对应的是图纸中的"标高－0.030～1.920m 楼梯平面图"；图纸中楼梯上半部分梯段位于楼梯平面图的左侧，因此参数化界面中的 TB2 对应的是图纸中的"标高 1.920～3.870m 楼梯平面图"。在建模完成后，利用"修改"模块中的"镜像"命令调整楼梯方向即可。

④ 输入梯板及平台板的水平参数。结合图纸，TB1 的踏步宽×踏步数为 260×14；TB2 的踏步宽×踏步数为 260×14；平台板长为 1800mm；梯板 1 与梯板 2 的宽度均为 1750mm；平台板底筋与面筋均为 $\oplus 8@200$。输入完成的参数如图 10-2 所示。

图 10-2　梯板及平台板水平参数

⑤ 输入 TB1 梯板参数。结合图纸，梯板厚度为 140mm；踏步高度为 130mm（1950mm/15）；梯板底筋为 $\oplus 12@130$；梯板面筋为 $\oplus 10@180$；梯板分布筋为 $\oplus 6@130$。TB2 梯板的参数与 TB1 一致，本处不再赘述，输入完成的梯板参数如图 10-3 所示。

⑥ 输入梯梁参数。在上方属性栏中输入梯井宽度为"100"，踢脚线高度为"130"，平台板厚度为"140"，板搁置长度为"100"，梁搁置长度为"0"。参数化界面中的 TL1 与 TL2 等同于图纸中的 TL1，故在参数化界面中输入 TL1 与 TL2 的参数为：截面宽度

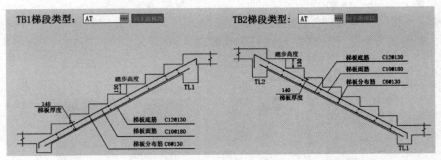

图 10-3　梯板参数

"200"，截面高度 "350"，上部钢筋 "2C14"，下部钢筋 "3C18"，箍筋 "C8-75"，侧面钢筋 "N2C12"，拉筋 "C8-75"。参数化界面中的 TL3 等同于图纸中的 TL2，故在参数化界面中输入 TL3 的参数为：截面宽度 "200"，截面高度 "350"，上部钢筋 "3C14"，下部钢筋 "3C14"，箍筋 "C8-75"，无侧面钢筋和拉筋。参数化界面中的 PTL1 与 PTL2 等同于图纸中的 TL3，故在参数化界面中输入 PLT1 与 PTL2 的参数为：截面宽度 "200"，截面高度 "350"，上部钢筋 "2C14"，下部钢筋 "3C16"，箍筋 "C8-75"，无侧面钢筋和拉筋。输入完成的梯梁参数如图 10-4 所示。

属性名称	梯井宽度	踢脚线高度	平台板厚度	板搁置长度	梁搁置长度
属性值	100	130	140	100	0

	TL1	TL2	TL3	PTL1	PTL2
截面宽度	200	200	200	200	200
截面高度	350	350	350	350	350
上部钢筋	2C14	2C14	3C14	2C14	2C14
下部钢筋	3C18	3C18	3C14	3C16	3C16
箍筋	C8@75(2)	C8@75(2)	C8@75(2)	C8@75(2)	C8@75(2)
侧面钢筋	N2C12	N2C12	CWGJ	CWGJ	CWGJ
拉筋	C8@75	C8@75	LJ	LJ	LJ

图 10-4　梯梁参数

10.3.1.2　绘制并优化楼梯模型

① 楼梯绘制。切换到软件左侧导航栏 "楼梯" 模块，找到 "楼梯（R）" 构件，点击新建好的楼梯构件 "LT-1"，点击软件菜单栏上方的 "点" 命令；根据软件下方状态栏提示 "按鼠标左键指定插入点，鼠标右键确认" 即可进行楼梯构件的绘制。需要注意的是，软件中楼梯默认从左侧爬楼，而图纸中的楼梯是从右侧爬楼。因此绘制完成楼梯的模型后，需要用到绘图工作区上方的 "建模-修改-镜像" 命令，将楼梯的上楼位置左右互换，完成此操作后再将楼梯移动到对应位置即可完成绘制。楼梯三维视图如图 10-5 所示。

② 绘制梯柱。查看楼梯详图可知，在楼梯平台板的左下角与右下角，均配置梯柱，因此为了提高楼梯工程量计算的准确性，需手动建立并绘制梯柱构件。梯柱构

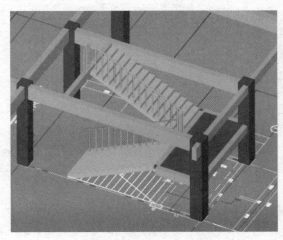

图 10-5　楼梯三维视图

件按照框架柱建立即可，查看图纸可知，梯柱截面尺寸 $B \times H = 200\text{mm} \times 450\text{mm}$，角筋 $4\Phi18$，H 边中部筋 $2\Phi18$，箍筋 $\Phi10@100$，底标高为层底标高，顶标高为平台板顶，即 1.92m。建立构件后将其布置到相应位置即可。

③ 绘制平台板。在楼梯的参数化编辑界面无法建立楼梯二层的平台板，因此需要单独使用"板"命令对二楼平台板进行绘制，由图纸可知，平台板厚为 100mm，XY 向面筋和底筋均为 $\Phi8@200$，其绘制方式与现浇板构件一致，本处不再详细介绍绘制过程。优化完成的楼梯模型三维视图如图 10-6 所示。

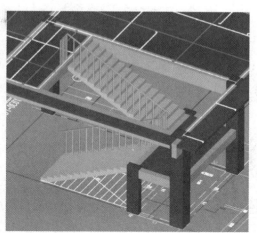

图 10-6　优化完成的楼梯三维图

10.3.2　楼梯构件做法套用

为了准确将楼梯模型与清单、定额相匹配，需要在绘制完成楼梯模型后，对楼梯构件进行做法套用操作。梯梁清单定额项目的选取参考框架梁，梯柱清单定额项目的选取参考框架柱。

10.3.2.1　楼梯工程量计算规则

（1）清单计算规则

通过查取《房屋建筑与装饰工程工程量计算规范》（GB 50854—2013）中的表 E.6 与表 S.2 可得，钢筋混凝土楼梯需要套取的清单规则见表 10-2。

表 10-2　钢筋混凝土楼梯清单计算规则

项目编码	项目名称	计量单位	计算规则
010506001	直形楼梯	m^2	1. 以平方米计算,按设计图示尺寸以水平投影面积计算。不扣除宽度≤500mm 的楼梯井,伸入墙内部分不计算。 2. 以立方米计算,按设计图示尺寸以体积计算
011702024	楼梯	m^2	按楼梯(包括休息平台、平台梁、斜梁和楼层板的连接梁)的水平投影面积计算,不扣除宽度≤500mm 的楼梯井所占面积,楼梯踏步、踏步板、平台梁等侧面模板不另计算,伸入墙内部分亦不增加

（2）定额计算规则

通过查询《山东省建筑工程消耗量定额》（2016 版）并结合《山东省建设工程消耗量定额与工程量清单衔接对照表》（建筑工程专业）中的 E.6、E.8、S.2 可得，有梁板清单对应的定额规则见表 10-3。

表 10-3　钢筋混凝土楼梯定额计算规则

编号	项目名称	计量单位	计算规则
5-1-39	现浇混凝土 直形楼梯板厚 100mm 无斜梁	$10m^2/10m^3$	整体楼梯包括休息平台、平台梁、楼梯底板、斜梁及楼梯的连接梁、楼梯段,按水平投影面积计算,不扣除宽度≤500mm 的楼梯,伸入墙内部分不另增加
5-1-43	现浇混凝土 楼梯板厚每增减 10mm	$10m^2$	按(梯板厚－100mm)/10 进行计算
5-3-14	泵送混凝土 其他构件泵车	$10m^3$	按各混凝土构件的混凝土消耗量之和,以体积计算

续表

编号	项目名称	计量单位	计算规则
18-1-110	现浇混凝土模板 楼梯 直形 木模板木支撑	$10m^2$	按水平投影面积计算,不扣除宽度≤500mm 楼梯井所占面积。楼梯的踏步、踏步板、平台梁等侧面模板,不另计算,伸入墙内部分亦不增加

10.3.2.2 楼梯工程量清单定额规则套用

本节以首层楼梯二为例,进行清单套取。

（1）楼梯清单项目套用

① 在上方导航栏中找到并进入"建模-通用操作-定义"界面,在构件列表内选中"楼梯-楼梯(R)-LT-1"构件,并在右侧工作区中切换到"构件做法"界面套取相应的混凝土清单。

② 单击下方的"查询匹配清单"页签（若无该页签,则可以在"构件做法-查询-查询匹配清单"中调出）,弹出与构件相互匹配的清单列表,软件默认的匹配清单"按构件类型过滤",在匹配清单列表中双击"010506001 直形楼梯 m^2/m^3",将该清单项目导入到上方工作区中,此清单项目为直形楼梯的水平投影面积;现浇钢筋混凝土楼梯模板的清单项目编码为"011702024",在匹配清单列表中双击"011702024 楼梯 m^2",将该清单项目导入到上方工作区中。套取完成的楼梯清单项目如图 10-7 所示。

图 10-7 楼梯清单项目套用

③ 在完成清单项目选取之后,需要填写清单项目的项目特征,根据《房屋建筑与装饰工程工程量计算规范》（GB 50854—2013）中表 E.6 的规定:现浇混凝土直形楼梯的项目特征需要描述混凝土种类和混凝土强度等级两项内容;表 S.2 规定:楼梯模板的项目特征仅需要描述楼梯类型。单击鼠标左键选中"010506001"并在工作区下方的"项目特征"页签（若无该页签,则可以在"构件做法-项目特征"中调出）中添加混凝土种类的特征值为"商品混凝土",混凝土强度等级的特征值为"C30",楼梯形式的特征值为"无斜梁";选中"011702024"清单项目并在工作区下方的"项目特征"页签中添加楼梯构件形式的特征值为"直形"。填写完成后的楼梯清单项目特征如图 10-8 所示。

（2）楼梯定额子目套用

在完成有梁板清单项目套用工作后,需对框架梁清单项目对应的定额子目进行套用。

① 单击鼠标左键选中"010506001",而后点击工作区下方的"查询匹配定额"页签,在匹配定额下双击"5-1-39"与"5-3-14"定额子目,即可将其添加到清单"010506001"项目下。

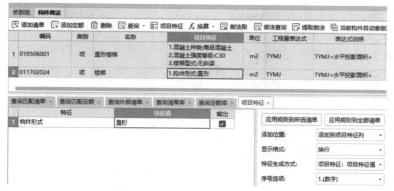

图 10-8　楼梯清单项目特征

　　② 单击鼠标左键选中"011702024"，在"查询匹配定额"的页签下双击"18-1-110"定额子目，即可将其添加到清单"011702024"项目下。添加完成的楼梯清单定额项目如图 10-9 所示。

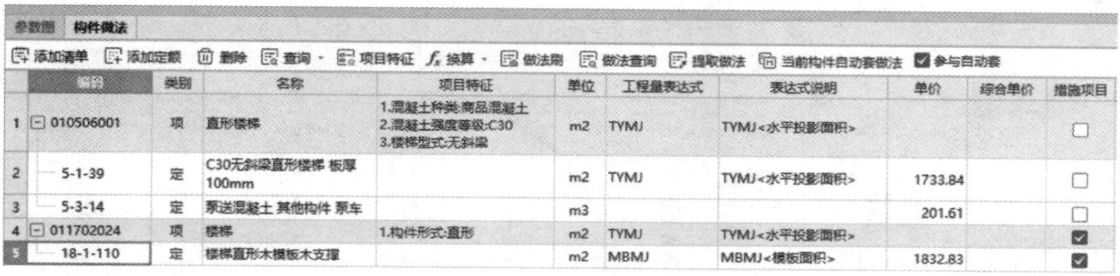

	编码	类别	名称	项目特征	单位	工程量表达式	表达式说明	单价	综合单价	措施项目
1	⊟ 010506001	项	直形楼梯	1.混凝土种类:商品混凝土 2.混凝土强度等级:C30 3.楼梯型式:无斜梁	m2	TYMJ	TYMJ<水平投影面积>			☐
2	5-1-39	定	C30无斜梁直形楼梯 板厚100mm		m2	TYMJ	TYMJ<水平投影面积>	1733.84		☐
3	5-3-14	定	泵送混凝土 其他构件 泵车		m3			201.61		☐
4	⊟ 011702024	项	楼梯	1.构件形式:直形	m2	TYMJ	TYMJ<水平投影面积>			☑
5	18-1-110	定	楼梯直形木模板木支撑		m2	MBMJ	MBMJ<模板面积>	1832.83		☑

图 10-9　楼梯清单定额项目

（3）定额子目标准换算

　　定额项目"5-1-39"描述的是板厚为 100mm 的直形楼梯，但本工程案例的楼梯底板厚度均为 140mm，因此需要对定额项目"5-1-39"进行单位换算。选中"5-1-39"，在上方找到"换算"命令并单击，在清单定额项目下方弹出"标准换算"界面，在"实际厚度"中输入参数为"140"，软件自动将定额项目"5-1-43"添加到定额"5-1-39"中。操作步骤如图 10-10 所示。

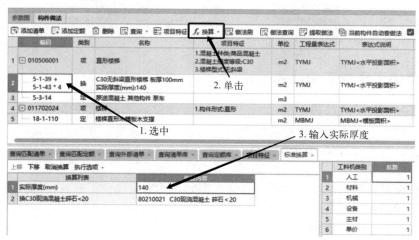

图 10-10　梯板厚度标准换算操作步骤

（4）定额子目工程量表达式修改

对于定额子目"5-3-14"，其工程量表达式为空白，故此条目在汇总计算完成之后不显示工程量，因此需要对其工程量表达式进行修改，定额子目"5-3-14"的工程量需要基于换算后的子目"（5-1-39）＋（5-1-43）* 4"工料机构成中的混凝土实际工程量进行修改，因此可以在计价软件中查询"（5-1-39）＋（5-1-43）* 4"的工料机构成，查询可知，每 $10m^2$ 消耗量的 140mm 厚楼梯板，含有 C30 商品混凝土的体积为 $2.62m^3$，因此每 $1m^2$ 消耗量的 140mm 厚楼梯板所含 C30 商品混凝土的体积为 $0.262m^3$，即需要泵送的混凝土体积为 $0.262m^3$。换算后的定额子目"（5-1-39）＋（5-1-43）* 4"工料机构成如图 10-11 所示。因此在构件做法中，定额子目"（5-1-39）＋（5-1-43）* 4"的工程量表达式为"TYMJ * 0.262"。修改步骤如图 10-12 所示。

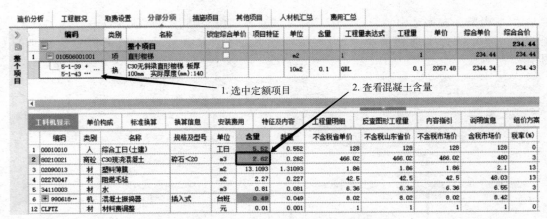

图 10-11   140mm 厚楼梯板工料机构成

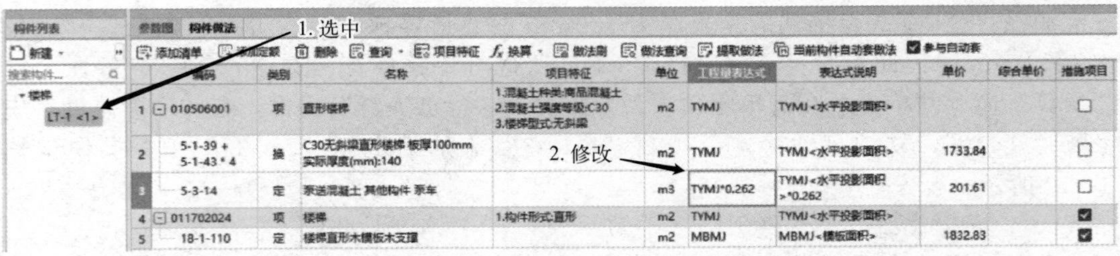

图 10-12   工程量表达式修改

10.3.3   楼梯工程量汇总计算及查询

10.3.3.1   楼梯工程量计算

在绘图工作区上方找到工程量模块中的"汇总计算"命令，在弹出的窗口内选择需要计算的楼梯构件，选中"首层-楼梯"构件，单击"确定"进行工程量计算，选中楼梯计算其工程量如图 10-13 所示。

计算时也可以先框选出需要计算工程量的图元，然后点击"汇总选中图元"命令，汇总计算结束之后弹出如图 10-14 所示的对话框。

10.3.3.2   楼梯工程量查看

楼梯的混凝土及模板工程量的计算结果有两种查看方式，第一种是按照构件查看工程量，第二种则是按照做法（清单定额）来查看工程量。以首层楼梯构件为例，使用"查看工程量"命令，并根据软件提示框选中所有首层楼梯构件，弹出"查看构件图元工程量"界面。楼梯的"构件工程量"明细和"做法工程量"明细分别如图 10-15 和图 10-16 所示。

图 10-13　选择计算范围　　　　　　　图 10-14　计算完成对话框

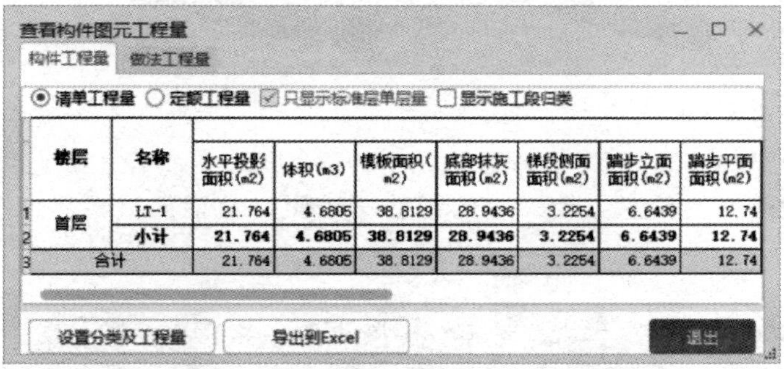

楼层	名称	水平投影面积(m2)	体积(m3)	模板面积(m2)	底部抹灰面积(m2)	梯段侧面面积(m2)	踏步立面面积(m2)	踏步平面面积(m2)
首层	LT-1	21.764	4.6805	38.8129	28.9436	3.2254	6.6439	12.74
	小计	21.764	4.6805	38.8129	28.9436	3.2254	6.6439	12.74
合计		21.764	4.6805	38.8129	28.9436	3.2254	6.6439	12.74

图 10-15　楼梯"构件工程量"明细

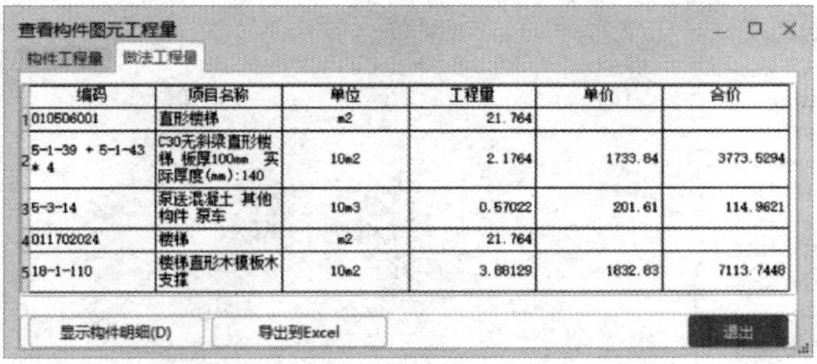

编码	项目名称	单位	工程量	单价	合价
010506001	直形楼梯	m2	21.764		
5-1-39 + 5-1-43 * 4	C30无斜梁直形楼梯 板厚100mm 实际厚度(mm):140	10m2	2.1764	1733.84	3773.5294
5-3-14	泵送混凝土 其他构件 泵车	10m3	0.57022	201.61	114.9621
011702024	楼梯	m2	21.764		
18-1-110	楼梯直形木模板木支撑	10m2	3.68129	1832.63	7113.7448

图 10-16　楼梯"做法工程量"明细

楼梯钢筋工程量的计算结果可以通过"工程量-钢筋计算结果"模块中的"查看钢筋量""编辑钢筋"和"钢筋三维"三种方式进行查看。

以楼梯二为例，通过"查看钢筋量"命令，可以直接看到楼梯模型所属楼层名称、构件名称、钢筋型号和不同直径的钢筋重量，如图 10-17 所示。

通过"钢筋三维"命令可以在绘图工作区中查看钢筋的形状、排列方式等信息，通过

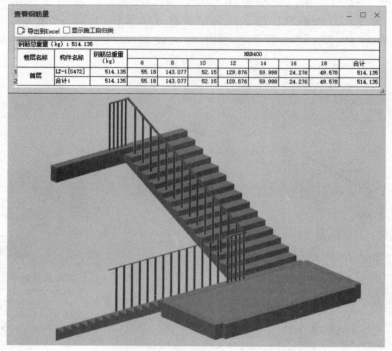

图 10-17　"查看钢筋量"界面

"编辑钢筋"命令可以在工作区下方查看构件中的钢筋筋号、直径、级别、图形、计算公式、长度、根数、重量等必要信息，楼梯二的钢筋三维图以及钢筋编辑界面分别如图 10-18 和图 10-19 所示。

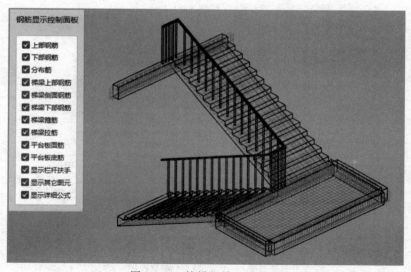

图 10-18　楼梯钢筋三维界面

　　软件提供的三种查看钢筋工程量的方式各有其相应特点，在实际工作中可以根据不同的需要进行选用。由于梯柱和二楼的楼梯平台板是单独建立的模型，因此不能同时查看楼梯、梯柱和二楼平台板的钢筋工程量。

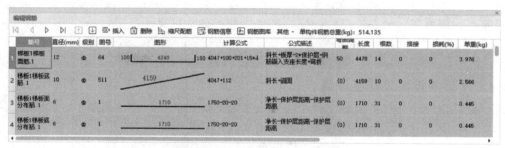

图 10-19　楼梯编辑钢筋界面

10.4　楼梯传统计量方式

在传统计量计价过程中，需要通过查询清单和定额规范来进行列项，再通过读取 CAD 图纸来获取楼梯构件的形状、尺寸、高度等信息。

10.4.1　楼梯清单定额规则选取

钢筋混凝土楼梯构件需要套取混凝土工程量清单和模板清单。根据《房屋建筑与装饰工程工程量计算规范》（GB 50854—2013）中表 E.6 的规定，现浇混凝土直形楼梯的混凝土工程量清单编码为"010506001"，其计算规则为：以平方米计算；按设计图示尺寸以水平投影面积计算；不扣除宽度≤500mm 的楼梯井，伸入墙内部分不计算；以立方米计算，按设计图示尺寸以体积计算。在实际的工程应用中，**通常以平方米即水平投影面积计算楼梯的工程量**。

由表 S.2，楼梯的模板工程量清单编码为"011702024"，其计算规则为：按楼梯（包括休息平台、平台梁、斜梁和楼层板的连接梁）的**水平投影面积**计算，**不扣除宽度≤500mm 的楼梯井所占面积**，楼梯踏步、踏步板、平台梁等侧面模板不另计算，伸入墙内部分亦不增加。

在《山东省建筑工程消耗量定额》（2016 版）中，第五章对于混凝土楼梯工程量的计算有明确的要求，即整体楼梯包括休息平台、平台梁、楼梯底板、斜梁及楼梯的连接梁、楼梯段，按水平投影面积计算，不扣除宽度≤500mm 的楼梯井所占面积，伸入墙内部分不另增加。第十八章对于楼梯模板工程量规定：现浇钢筋混凝土楼梯，按水平投影面积计算，**不扣除宽度≤500mm 楼梯井所占面积**。楼梯的踏步、踏步板、平台梁等侧面模板，不另计算，伸入墙内部分亦不增加。

通过查取《山东省建设工程消耗量定额与工程量清单衔接对照表》（建筑工程专业）中的 E.5 并结合楼梯板的实际厚度，选取清单编码"010506001"下定额子条目"5-1-39"与"5-1-43"；选取 E.8 中泵送混凝土定额子目"5-3-14"；选取 S.2 中清单编码"011702024"下的定额子条目"18-1-110"。

10.4.2　楼梯清单定额工程量计算

以"楼梯二 B—B 剖面图"中的楼梯为例进行清单定额的选取以及工程量的计算。

10.4.2.1　楼梯工程量计算

在楼梯的定额计算规则中，以楼梯的水平投影面积计算，水平投影面积包含休息平台、平台梁、楼梯底板、斜梁及楼梯的连接梁、楼梯段。泵送 140mm 梯板厚度的楼梯混凝土体积为：水平投影面积×0.262。量取 CAD 图纸中楼梯的水平尺寸可得：

$$楼梯水平投影面积＝3.6×7.2＋0.2×1.2875＋0.2×1.2375＝26.425m^2$$
$$泵送混凝土工程量＝楼梯水平投影面积×0.262＝6.923m^3$$

10.4.2.2　楼梯模板工程量计算

现浇钢筋混凝土楼梯的模板工程量按其水平投影面积计算，楼梯的踏步、踏步板、平台梁等侧面模板不另计算。故楼梯模板面积与楼梯水平投影面积一致。

$$楼梯模板面积＝楼梯水平投影面积＝26.425m^2$$

至此，楼梯二的混凝土工程量、模板手动计算的工程量计算完毕，软件中的计算结果如图 10-20 所示。

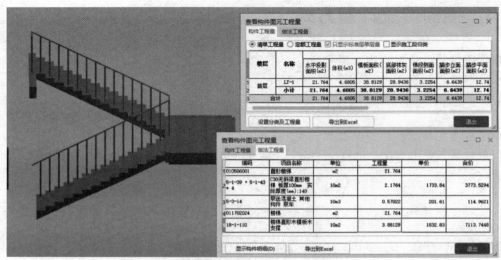

图 10-20　软件中楼梯的工程量查看

经过对比可以看出，手算的楼梯清单定额工程量与软件中计算的结果并不完全一致，这是由于软件在建立楼梯模型时，并不包含二层的楼梯板，因此软件在计算楼梯水平投影面积时少计算了一块板的面积；对于楼梯的模板工程量，软件默认计算了楼梯平台梁、梯板、踏步的侧面面积，因此与手算的工程量有所差别。

手动计算楼梯工程量的清单定额汇总如表 10-4 所示。

表 10-4　楼梯工程量清单定额汇总表

序号	编码	项目名称	项目特征	单位	工程量
1	010506001001	直形楼梯	1. 混凝土种类:商品混凝土 2. 混凝土强度等级:C30 3. 楼梯形式:无斜梁	m^2	26.425
	5-1-31＋ 5-1-43 * 4	C30 无斜梁直形楼梯 板厚 100mm 实际厚度(mm):140		$10m^2$	2.6425
	5-3-14	泵送混凝土 其他构件 泵车		$10m^3$	0.6923
2	011702024001	楼梯	1. 构件形式:直形	m^2	26.425
	18-1-110	楼梯直形木模板木支撑		$10m^2$	2.6425

10.4.3　楼梯钢筋工程量计算

楼梯平台板的钢筋计算方法与现浇板一致；平台梁的钢筋计算方法与框架梁一致，本处不再赘述，仅选取梯板底筋、面筋和分布筋的长度进行计算。在计算之前需要提前了解 AT 型楼梯的钢筋构造形式，《混凝土结构施工图平面整体表示方法制图规则和构造详图（现浇混凝土板式楼梯）》（22G101—2）中 AT 型楼梯的梯板配筋如图 10-21 所示。

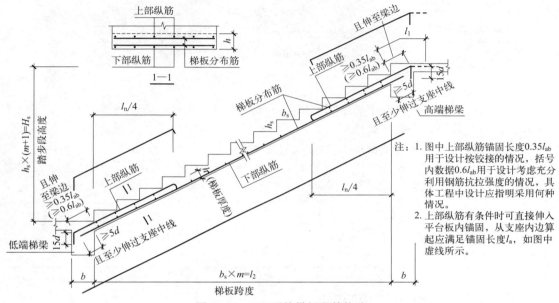

图 10-21　AT 型楼梯板配筋构造

在本工程案例中，楼梯的上部纵筋通长布置，查看楼梯平法规则可知，梯板上部纵筋由底部弯折长度、中部斜长、锚入支座长度和弯折长度构成。

其中，对于本工程中的楼梯，梯板厚度 140mm，楼梯保护层厚度 20mm，上部纵筋信息为 $\Phi 10@180$，下部纵筋信息为 $\Phi 12@130$，分布筋信息为 $\Phi 6@130$。

① 梯板上部纵筋

由于上部纵筋通长布置，故其组成部分有：底部弯折、中部长度、支座弯折长度。

$$底部弯折长度＝板厚－2×保护层＝140－20－20＝100mm$$
$$（中部长度）^2＝(3.84-0.02-0.02)^2+(1.95-0.02-0.02)^2＝18.0881$$
$$故中部长度＝4253mm$$
$$支座弯折长度＝15d＝15×10＝150mm$$
$$总长度＝100＋4253＋150＝4503mm$$

上式计算的是楼梯板上部纵筋的理论长度，但由于梯板底部和梯板上部均有 90°弯折，因此在实际工程中需扣除弯曲调整值，查表可知，90°弯折的弯曲调整值为 $2.08d$。

故上部钢筋的下料长度＝$4503-2×2.08×10＝4461mm$。

② 梯板下部纵筋

梯板下部纵筋由斜钢筋长度与锚入支座的长度组成。

楼梯下部纵筋＝斜长度＋锚入长度＝$4047＋112＝4159mm$。

③ 梯板分布筋

梯板分布筋分为上部分布筋与下部分布筋,其长度相同,

梯板分布筋长度＝梯板宽度－保护层×2＝1750－20×2＝1710mm。

软件中关于梯板底筋、面筋和分布筋的计算结果如图 10-22 所示。

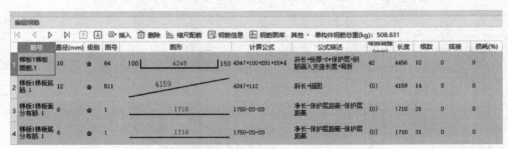

筋号	直径(mm)	级别	图号	图形	计算公式	公式描述	弯曲调整(mm)	长度	根数	搭接	损耗(%)
1	梯板1梯板 面筋.1	10	Φ	64	100 ⌐ 4248 ⌐ 150	4047+100+201+15*d	斜长+板厚-2*保护层+钢筋面入支座长度+弯折	42	4456	10	0	0
2	梯板1梯板底筋.1	12	Φ	511	4159	4047+112	斜长+锚固	(0)	4159	14	0	0
3	梯板1梯板面分布筋.1	6	Φ	1	1710	1750-20-20	净长-保护层距离-保护层距离	(0)	1710	31	0	0
4	梯板1梯板底分布筋.1	6	Φ	1	1710	1750-20-20	净长-保护层距离-保护层距离	(0)	1710	31	0	0

图 10-22　楼梯板钢筋计算

经过对比可以发现,软件中的计算结果与手算结果有所差异,但差别并不大,这是由于在手算的计算过程中,不能准确地量取斜钢筋的长度而产生的误差。

手算现浇混凝土楼梯的工程量与依托 BIM 平台进行工程量计算的结果有微小误差,但按照传统手工计算钢筋工程量的工作量太大,且容易产生误差。因此依托 BIM 技术可以对构件的工程量进行大批量计算,在实际的工作中可以提高计算效率,减少计算偏差,节省工作时间。

 思考题

1. 楼梯有哪些类型,如何表示?
2. 参数化楼梯中梯梁和平台板的搁置长度有何作用?
3. 参数化楼梯模型与图纸中的上下楼方向相反,该如何调整?
4. 在套取楼梯定额时,楼梯板实际厚度为 150mm,如何操作?
5. 软件计算的楼梯工程量和手算的有何区别?
6. 楼梯板底筋如何计算?请举例说明。

第11章
BIM 二次结构工程计量

学习目标： 通过本章的学习，能够正确定义并绘制二次结构如填充墙、门窗、墙洞、圈梁、过梁、构造柱的模型，并正确套取清单定额项目。

课程要求： 能够独立在 BIM 平台中完成二次结构的建模，并具备相应的平法知识，读懂工程图纸；了解二次结构的施工方式及施工工艺；熟练掌握二次结构的工程量清单计算规则和定额计算规则，并了解两者之间的区别与联系。

11.1 建模初步分析

二次结构是指在一次结构（指主体结构的承重构件部分）施工完毕以后才施工的结构，是框架结构、剪力墙结构或框架-剪力墙结构建筑物中的一些非承重结构或围护结构，比如砌体、构造柱、过梁、止水反梁、女儿墙、填充墙、隔墙等。二次结构的施工时间在主体承重结构施工后，在装饰装修施工开始之前。

11.1.1 建筑标高与结构标高

在本工程案例中，查看结构图纸中的结构楼层表可知，首层的结构标高为−0.100m，二层的结构标高为3.800m。查看建筑立面图可知，首层的建筑标高为±0.000m，二层的建筑标高为3.900m。两者相差100mm。这是由于结构标高是结构施工完成后的楼地面标高，在做完结构施工后，要在楼地面上方铺设面层，面层铺设完成后的楼地面标高即为楼层的建筑标高。

11.1.2 二次结构模型绘制顺序

二次结构的绘制顺序和主体结构略有差异，因为过梁需要布置在门窗洞口的上方，构造柱需要通过砌体墙确定水平位置，圈梁和门窗洞口需要以砌体墙为载体（即在没有砌体墙模型的位置不能绘制圈梁和门窗洞口）进行绘制，故二次结构中各类构件的绘制顺序应为：砌体墙→门窗洞口→过梁→构造柱/抱框柱→圈梁。在绘制过程中需要注意抱框柱和构造柱的区别，以及门窗洞口上方是否需要布置过梁。

11.2 填充墙工程量计算

在进行填充墙工程量计算之前，首先要了解填充墙相关的平法知识与计算规则，再将本工程的图纸与平法知识相结合，更好地掌握工程量计算原理，准确计算填充墙工程量。

11.2.1　相关知识

　　墙体根据结构受力情况不同，有承重墙和非承重墙之分。建筑中的非承重墙除填充墙之外，还包含隔墙、幕墙等。

　　填充墙指在框架结构中起到围护和分隔作用的墙体，属于建筑非结构构件，对建筑结构的安全性影响较小，填充墙在框架结构中一般填充于框架柱之间，其自身并不承重，但填充墙自身的荷载由梁柱承担。框架结构中填充墙如图 11-1 所示。

　　幕墙是主要悬挂于建筑外部骨架之间的轻质墙，如图 11-2 所示。

图 11-1　填充墙

图 11-2　幕墙

　　虽然填充墙属于非承重构件，但是在实际的工程中需要布置墙内的通长筋、横向短筋和砌体加筋。

　　砌体通长筋的作用是提高砌体墙的整体性，属于受力钢筋，一般在墙内横向通长布置。横向短筋与通长筋对应设置，一般在图纸结构设计说明中会提及。砌体加筋是根据抗震要求所设置的在墙体与柱子的连接处伸入砌体一定长度的钢筋，其目的是使墙与柱连接成一个整体，加强建筑结构的整体性与稳定性。

11.2.2　任务分析

11.2.2.1　图纸分析

　　本工程的二次结构需要认真分析结构设计总说明和建筑设计总说明，本工程中涉及的填充墙均需要计算砌块的工程量，在建筑说明中对于墙体工程的说明如图 11-3 所示。

> 2. 墙体工程
> 2.1 墙体的基础部分见结施；承重钢筋混凝土墙体、梁等钢筋构件详见结施。
> 2.2 外围护墙采用200mm厚加气混凝土砌块。
> 2.3 埋入地坪以下墙体，除钢筋混凝土墙体外，采用烧结砖，M5.0水泥砂浆砌筑，墙体材料详见结施。
> 2.4 地上外围护填充墙采用蒸压加气混凝土砌块，M5.0专用砂浆。
> 2.5 建筑物内隔墙采用200、100mm厚等级A3.5加气混凝土砌块，M5.0专用砂浆，内隔墙都要砌至梁或结构板底。

图 11-3　墙体工程施工工艺

建筑图纸中涉及的砌体墙信息可以归纳为如表 11-1 所示的内容。

表 11-1　砌体墙信息

序号	类型	砌筑砂浆	材质	墙厚/mm	备注
1	内/外墙	M5.0 水泥砂浆	烧结砖	200	地下墙
2	内墙	M5.0 水泥砂浆	烧结砖	100	地下墙
3	外墙	M5.0 专用砂浆	A3.5 蒸压加气混凝土砌块	200	梁下墙
4	内墙	M5.0 专用砂浆	A3.5 蒸压加气混凝土砌块	200	梁下墙
5	内墙	M5.0 专用砂浆	A3.5 蒸压加气混凝土砌块	100	梁下墙

11.2.2.2　建模分析

软件仅提供了砌体墙模型，没有提供填充墙的模型，但可以在砌体墙构件的属性值中将墙体的类别修改为"填充墙"。在建立砌体墙模型时，可以采用手动方式结合图纸在构件列表中建立砌体墙构件，再用自动识别的方式建立模型；也可以使用 BIM 平台中"识别砌体墙"命令批量自动建立构件，再进行自动识别。在模型建立完成后，需要对砌体墙模型的所在位置进行校核，确保工程量计算的准确性。BIM 平台中使用 CAD 识别命令建立砌体墙模型的步骤如下：提取砌体墙边线→提取门窗线→提取墙标识→识别砌体墙。

11.2.2.3　砌体墙建模分析

（1）手动建立砌体墙构件

① 在左侧导航栏中找到"墙-砌体墙（Q）"，单击"砌体墙（Q）"。

② 在构件列表中单击"新建-新建内墙/外墙"命令，建立砌体墙构件。

③ 选中新建的砌体墙构件，并结合图纸，在下方"属性列表"中对需要绘制的砌体墙构件的属性如厚度、配筋、材质进行修改，完成砌体墙构件的建立。

（2）识别 CAD 图建立砌体墙构件

① 在图纸管理中双击"首层平面图"，将绘图工作区切换至需要绘制模型的楼层，并将首层平面图调整至工作区中心，方便建模。

② 在左侧导航栏中找到"墙-砌体墙（Q）"，并单击"砌体墙（Q）"，将上方建模命令区切换至砌体墙的绘制及识别界面。

③ 点击"识别砌体墙"命令区中的"识别砌体墙"命令，在绘图工作区的左上角弹出操作提示框，提示框中的内容包含"提取砌体墙边线""提取墙标识""提取门窗线""识别砌体墙"命令，完成所有操作。识别完成后在构件导航栏中会自动建立梁构件，并在绘图工作区中自动绘制砌体墙模型。

11.2.3　任务实施

以首层砌体墙为例，即将图纸切换至首层平面图在 BIM 平台中进行砌体墙的绘制及工程量计算，本节提供"手动建模"和"CAD 图识别"两种建模方式，具体操作如下：

11.2.3.1　手动绘制砌体墙模型步骤

（1）手动建立砌体墙构件

下面以首层建筑平面图中的砌体墙为例，手动建立砌体墙构件。

① 在图纸管理中找到并双击"首层-首层建筑平面图"，将绘图工作区切换至首层，并调整图纸使其处于绘图工作区中部位置。

② 在左侧导航栏中找到"墙-砌体墙（Q）"，并单击"砌体墙（Q）"；点击"构件列表"页签，单击"新建-新建"命令，建立砌体墙构件。

③ 选中新建的砌体墙构件，并结合建筑设计总说明，在属性列表中输入砌体墙的属性值，此处建议以"墙体类型＋内/外＋厚度"进行命名。

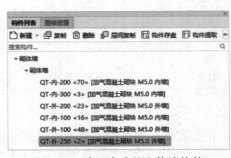

图 11-4　建立完成的砌体墙构件

④ 以 200mm 厚度的内墙为例，在建立的构件中输入名称为"QT-内-200"，类别为"填充墙"，厚度为"200"，材质为"加气混凝土砌块"。采取相同的方式输入其余砌体墙构件的参数，建立完成的砌体墙构件如图 11-4 所示。

（2）绘制砌体墙模型

① 建立完成砌体墙构件后，需要在绘图工作区绘制砌体墙模型。在工作区上方的导航栏处选择"建模-绘图-直线"命令，结合图纸中的墙厚，完成首层砌体墙的绘制。

② 在绘制墙体时应注意，由于门窗洞口属于墙体的依附构件，因此在绘制时直接将墙体的模型覆盖门窗标注即可。

11.2.3.2　识别 CAD 图绘制砌体墙模型步骤

识别 CAD 图绘制砌体墙模型的基本步骤为：提取砌体墙边线→提取门窗线→提取墙标识→识别砌体墙。

（1）提取砌体墙边线

下面以首层建筑平面图中的砌体墙为例，依托 CAD 图纸自动识别命令绘制砌体墙模型。

① 在左侧导航栏中找到"墙-砌体墙（Q）"，并单击"砌体墙（Q）"，将"构件列表"调至砌体墙模块，在工作区上方导航栏处的"建模-识别砌体墙"子模块中选择"识别砌体墙"命令，绘图工作区左上角弹出如图 11-5 所示的"识别砌体墙"命令对话框。

② 提取墙边线。点击"提取砌体墙边线"，选择任意一条砌体墙边线，被选中的砌体墙边线会高亮显示，右键确认，已提取的墙边线从工作区中消失，并自动保存到"图层管理-已提取的 CAD 图层"当中。

图 11-5　"识别砌体墙"命令对话框

注：由于某些图纸的砌体墙边线类型不同或不在同一图层中，因此在提取墙边线时，需要通过调整图纸大小来查看墙边线是否被全部选中。

③ 提取墙标识。点击"提取墙标识"，选中任意砌体墙的标识，所有同图层的墙标识皆被选中并高亮显示。检查未被选中的墙标识，选中所有的墙标识后，右键确认。若图纸中无墙标识，可以直接忽略，进行下一步操作。

④ 提取门窗线。点击"提取门窗线"，依次选择门、窗、洞口线条，调整工作区范围，当所有同图层的门窗线被选中后，右键确认。

（2）自动识别砌体墙构件

① 识别砌体墙。点击"识别砌体墙"，软件自动弹出"识别砌体墙"界面，软件自动识别的砌体墙厚度及类型如图 11-6 所示。结合本案例图纸，将材质修改为"加气混凝土砌块"，通长筋设置为"C6@500"，修改完成后，单击墙体的名称，同名称的构件在绘图工作

区中以红色显示，将图纸中的墙体厚度与"识别砌体墙"界面中的数据进行核对，核对无误后点击"自动识别"按钮，即可完成砌体墙的识别。

图 11-6　"识别砌体墙"界面

② 校核墙图元。识别完砌体墙后，软件自动弹出"校核墙图元"对话框，如图 11-7 所示，对需要校核的砌体墙提示进行双击定位，可以看到门窗部位的墙体是断开的，需进行修改，通过拉伸、直线绘制等命令完成门窗处墙体的修改，对于门窗处不封闭的墙体需手动进行延伸闭合，形成墙体封闭的区域。但需注意的是：自动识别砌体墙后，软件默认砌体墙类别均为"内墙"，因此需要对砌体墙的内外墙类别进行手动判别和修改，对于外部的墙体，需选中其模型并在属性列表中单独修改内/外墙标志为"外墙"即可。绘制完成的首层墙体模型如图 11-8 所示。

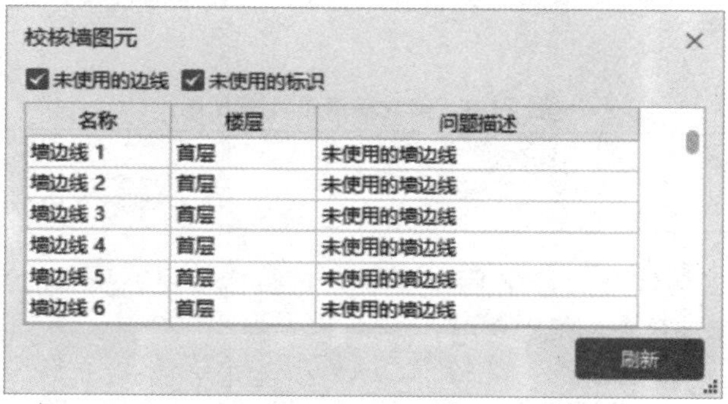

图 11-7　"校核墙图元"对话框

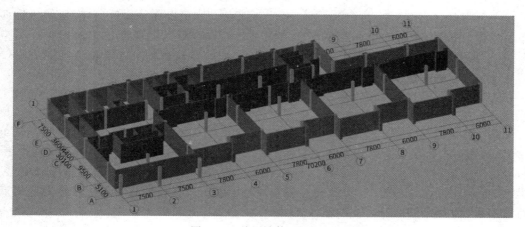

图 11-8　首层墙体三维视图

11.2.3.3 砌体墙构件做法套用

为了准确将砌体墙模型与清单、定额相匹配，需要在绘制完成砌体墙模型后，对砌体墙构件进行做法套用操作。在本工程案例中，除基础层的电梯井周围的墙为钢筋混凝土墙外，其余墙体均为填充墙，可以套取砌块墙的清单定额项目。

（1）砌体墙工程量计算规则

① 清单计算规则

通过查取《房屋建筑与装饰工程工程量计算规范》（GB 50854—2013）中的表 D.2 可得，框架结构中的砌块墙需要套取的清单规则见表 11-2。

表 11-2　砌块墙清单计算规则

项目编码	项目名称	计量单位	计算规则
010402001	砌块墙	m³	按设计图示尺寸以体积计算。扣除门窗、洞口、嵌入墙内的钢筋混凝土柱、梁、圈梁、挑梁、过梁及凹进墙的壁龛、管槽、暖气槽、消火栓箱所占体积，不扣除单个面积≤0.3m² 的孔洞所占的体积。 1. 墙长度：外墙按中心线、内墙按净长计算。 2. 墙高度：外墙，平屋面算至钢筋混凝土板底；内墙，有钢筋混凝土楼板隔层者算至楼板顶，有框架梁时算至梁底

② 定额计算规则

通过查询《山东省建筑工程消耗量定额》（2016 版）并结合《山东省建设工程消耗量定额与工程量清单衔接对照表》（建筑工程专业）中的 D.1 可得，砌块墙清单对应的定额规则见表 11-3。

表 11-3　砌块墙清单计算规则

编号	项目名称	计量单位	计算规则
4-2-1	加气混凝土砌块墙	10m³	与清单编码"010402001"相同

下面以首层砌体墙构件为例，在 BIM 平台中进行清单定额项目的套用。

（2）砌体墙工程量清单定额规则套用

① 砌体墙清单项目套用

在上方导航栏中找到并进入"建模-通用操作-定义"界面，在构件列表中选中"内墙200"构件，在右侧工作区中切换到"构件做法"界面套取相应的砌体墙清单。

单击下方的"查询匹配清单"页签（若无该页签，则可以在"构件做法-查询-查询匹配清单"中调出），弹出与构件相互匹配的清单列表，软件默认的匹配清单"按构件类型过滤"，在匹配清单列表中双击"010402001 砌块墙 m³"，将该清单项目导入到上方工作区中，此清单项目为砌体墙的体积。套取完成的砌体墙清单项目如图 11-9 所示。

在完成清单项目选取之后，需要填写清单项目的项目特征，根据《房屋建筑与装饰工程工程量计算规范》（GB 50854—2013）中表 E.2 的规定：砌块墙的项目特征需要描述砌块品种、规格、强度等级，墙体类型，砂浆强度等级等内容。单击鼠标左键选中砌块墙的清单编码"010402001"并在工作区下方的"项目特征"页签（若无该页签，则可以在"构件做法-项目特征"中调出）中添加砌块品种、规格、强度等级的特征值为"加气混凝土砌块"，墙体类型的特征值为"填充墙"，砂浆强度等级的特征值为"混合砂浆 M5.0"。填写完成后的砌体墙清单项目特征如图 11-10 所示。

② 砌体墙定额子目套用

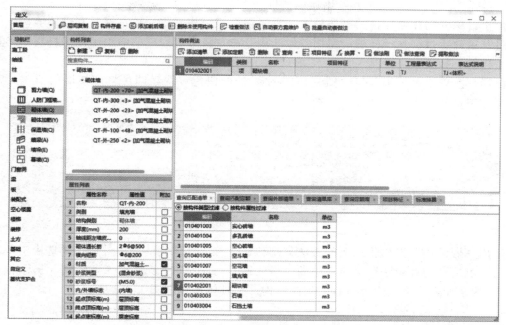

图 11-9　砌体墙清单项目套用

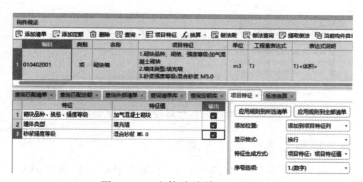

图 11-10　砌体墙清单项目特征

在完成砌体墙清单项目套用工作后，需对砌体墙清单项目对应的定额子目进行套用。单击鼠标左键选中"010402001"，而后点击工作区下方的"查询匹配定额"页签，软件默认"按照构件类型过滤"而自动生成相对应的定额，本构件为砌体墙构件，故在"查询匹配定额"页签下软件显示的是与砌体墙清单相匹配的定额，在匹配定额下双击"4-2-1"定额子目，即可将其添加到清单"010402001"项目下。套取完成的砌体墙清单定额项目如图 11-11 所示。

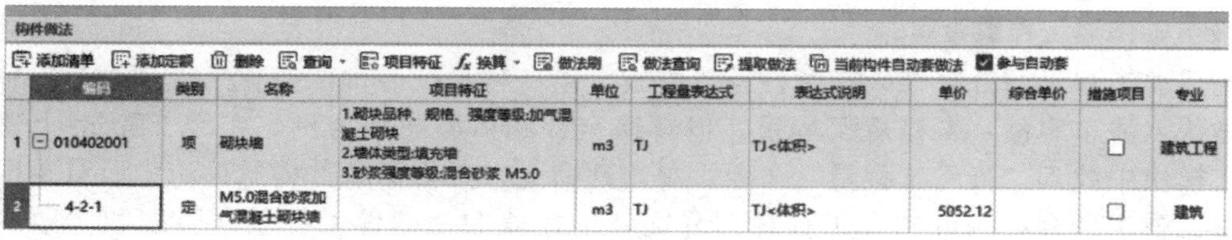

图 11-11　砌体墙清单定额项目

③ 复制清单定额项目至其余砌体墙构件

由于首层的砌体墙构件的砌块种类和砂浆强度等级均一致，故首层所有砌体墙构件的清单项目及定额子目都是一样的，使用"做法刷"命令将套取完成的清单定额项目复制到其他砌体墙构件。

鼠标左键单击"编码"与"1"左上方交叉处的白色方块，即可将砌体墙的清单定额项目全部选中，如图 11-12 所示。

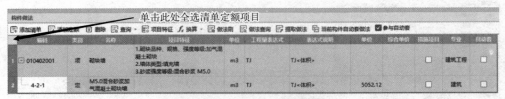

图 11-12　全选清单定额项目

运用"做法刷"操作将以上的做法复制粘贴至首层其他砌体墙构件，全部选中清单定额项目后，点击"构件做法"菜单栏中的"做法刷"，此时软件新弹出"做法刷"提示框，在"覆盖"的添加方式下，选择所有的砌体墙构件。具体操作如图 11-13 所示。

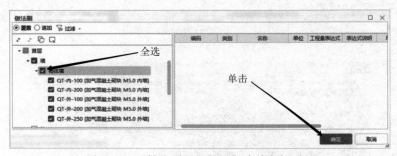

图 11-13　"做法刷"批量添加清单定额项目

11.2.3.4　砌体墙工程量汇总计算及查询

将所有的砌体墙构件都套取相应的做法，通过软件中的工程量计算功能计算砌体墙的工程量后，可以在相应的清单和定额项目中直接查看对应的计算结果。构件的工程量可以通过"工程量"模块中的"汇总"子模块来计算。

（1）砌体墙工程量计算

在绘图工作区上方找到工程量模块中的"汇总计算"命令，在弹出的窗口内选择需要计算的砌体墙构件，选中"首层-墙-砌体墙"构件，单击"确定"进行工程量计算，选中砌体墙计算范围如图 11-14 所示。

计算时也可以先框选出需要计算工程量的图元，然后点击"汇总选中图元"命令，汇总计算结束之后弹出如图 11-15 所示的对话框。

（2）砌体墙工程量查看

砌体墙工程量的计算结果有两种查看方式，第一种是按照构件查看工程量，第二种则是按照做法（清单定额）来查看工程量。以首层全部砌体墙模型为例，在"工程量-土建计算结果"模块中找到"查看工程量"命令，单击此命令，并根据软件提示框选中所有首层砌体墙模型，弹出"查看构件图元工程量"界面。砌体墙的"构件工程量"明细和"做法工程量"明细分别如图 11-16 和图 11-17 所示。

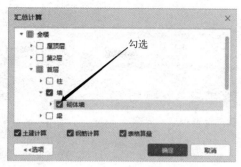

图 11-14 选择计算范围

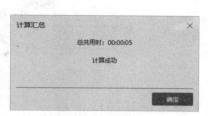

图 11-15 计算完成对话框

	楼层	名称	工程量名称					
			面积(m2)	体积(m3)	模板面积(m2)	墙厚(m)	墙高(m)	长度(m)
1	首层	QT-内-100[内墙]	0	15.0974	0	1.6	62.4	40.1148
2		QT-内-200[内墙]	0	166.9316	0	14	273	259.2
3		QT-内-300[内墙]	0	24.7405	0	0.9	11.7	23.75
4		QT-外-100[外墙]	0	11.6961	0	4.8	187.2	31.7
5		QT-外-200[外墙]	0	120.645	0	4.6	87.4	200.5
6		QT-外-250[外墙]	0	4.7207	0	0.5	7.6	6.6
7		小计	0	343.8313	0	26.4	629.3	561.8648
8	合计		0	343.8313	0	26.4	629.3	561.8648

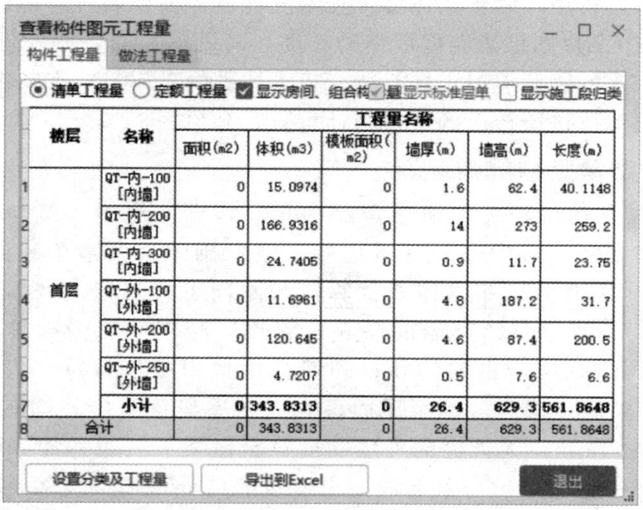

图 11-16 首层砌体墙“构件工程量”明细

	编码	项目名称	单位	工程量	单价	合价
1	010402001	砌块墙	m3	24.7405		
2	4-2-1	M5.0混合砂浆加气混凝土砌块墙	10m3	34.43632	5052.12	173976.421

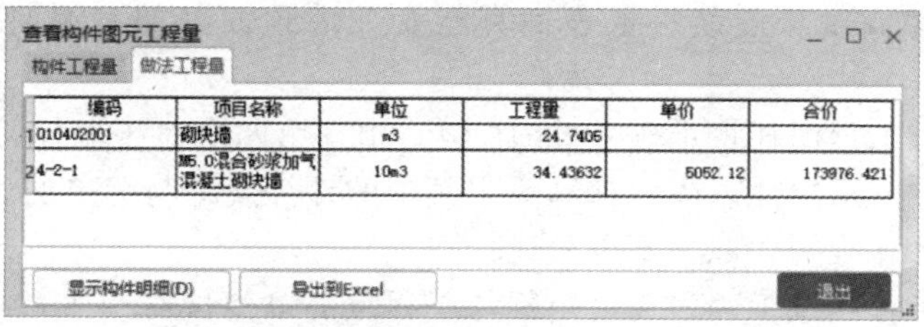

图 11-17 首层砌体墙“做法工程量”明细

砌体墙加筋的总工程量可以通过“钢筋计算结果-查看钢筋量”命令进行查看，也可以通过“钢筋计算结果-编辑钢筋”界面查看砌体加筋的单根长度和重量。“查看钢筋量”界面和“编辑钢筋”界面分别如图 11-18 与图 11-19 所示。

两种查看钢筋工程量的方式各有特色，可以根据需要选用。

	楼层名称	构件名称	钢筋总重量(kg)	HPB300	
				10	合计
1	首层	QT-外-200[6307]	102.55	102.55	102.55
2		合计:	102.55	102.55	102.55

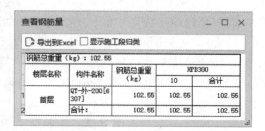

图 11-18 “查看钢筋量”界面

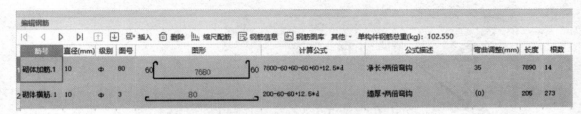

图 11-19 砌体加筋"编辑钢筋"界面

11.2.4 砌体墙传统计量方式

在工程实际中，砌筑砌体墙时应考虑门窗洞口、过梁和构造柱的扣减。

在传统计量计价过程中，对于砌体墙工程量的计算，需要通过查询清单和定额规范来进行列项，再通过读取 CAD 图纸来获取墙体的长度、高度等信息，此外还需要扣除墙内的门窗、过梁以及与墙相连的钢筋混凝土柱、梁、板等构件的工程量。本节选取首层建筑平面图中Ⓔ、Ⓕ、②轴处的墙体进行传统的计量与计价方式介绍。

11.2.4.1 砌体墙清单定额规则选取

砌体墙需要套取与砌块相关的清单定额项目。根据《房屋建筑与装饰工程工程量计算规范》（GB 50854—2013）中表 D.2 的内容，选取砌体墙的清单编码为"010402001"，其计算规则为：**按设计图示尺寸以体积计算**；扣除门窗、洞口、嵌入墙内的钢筋混凝土柱、梁、圈梁、挑梁、过梁及凹进墙的壁龛、管槽、暖气槽、消火栓箱所占体积，**不扣除单个面积≤0.3m² 的孔洞所占的体积**；外墙长度按**中心线**计算，**内墙按净长**计算；斜（坡）屋面无檐口天棚的外墙高度算至屋面板底，有屋架且室内外均有天棚的外墙高度算至屋架下弦底另加 200mm，无天棚的外墙高度算至屋架下弦底另加 300mm，出檐宽度超过 600mm 时按实砌高度计算，与钢筋混凝土楼板隔层的外墙高度算至板顶，平屋面的外墙高度算至钢筋混凝土板底；位于屋架下弦的内墙高度算至屋架下弦底，无屋架的内墙高度算至天棚底另加 100mm，有钢筋混凝土楼板隔层的内墙高度算至楼板顶，有框架梁时算至梁底；女儿墙高度从屋面板上表面算至女儿墙顶面（如有混凝土压顶时算至压顶下表面）。

在《山东省建筑工程消耗量定额》（2016 版）中，第四章对于墙体工程量的计算有明确的要求，即按照设计图示尺寸以体积计算，定额中的计算规则与清单的计算规则一致，具体内容参考上述清单计算规则，此处不再赘述。

通过查取《山东省建设工程消耗量定额与工程量清单衔接对照表》（建筑工程专业）中的 D.1 选取清单编码"010402001"下定额子条目"4-2-1"。

11.2.4.2 砌体墙清单定额工程量计算

以首层建筑平面图中Ⓔ、Ⓕ、②轴处的墙体为例进行计算。

结合"首层建筑平面图""基础顶～3.800m 柱平法施工图""标高 3.800m 梁配筋图"可知：该墙体类型为内墙；墙厚 200mm；净长度为Ⓔ、Ⓕ轴间长度减去两侧重叠框架柱宽度：$7500-400-300=6800$mm；墙上方有高为 700mm 的梁，墙高度为 $3900-700=3200$mm。

故此砌体墙的工程量为：

$$V_{墙}=墙净长度×墙高度×墙厚度=6.8×0.2×3.2=4.352m^3$$

手算Ⓔ、Ⓕ、②轴处墙体的清单定额汇总如表 11-4 所示：

表 11-4　砌块墙清单定额汇总表

序号	编码	项目名称	项目特征	单位	工程量
1	010402001001	砌块墙	1. 砌块品种、规格、强度等级:加气混凝土砌块 2. 墙体类型:填充墙 3. 砂浆强度等级:混合砂浆 M5.0	m³	4.352
	4-2-1	加气混凝土砌块墙		10m³	0.4352

　　手算砌体墙的工程量与依托 BIM 平台进行工程量计算的结果相同,但手工计算砌体墙工程量的工作量太大,且计算的同时要考虑构造柱、门窗洞口、过梁的体积扣减,误差的产生不可避免。因此依托 BIM 技术可以对砌体墙构件的工程量进行大批量计算,在实际的工作中可以提高计算效率,减少计算偏差,节省工作时间。

11.3　门窗工程量计算

　　在进行门窗工程量计算之前,首先要了解门窗相关的知识与计算规则,再将本工程的图纸与平法知识相结合,更好地掌握工程量计算原理,准确计算门窗工程量。

11.3.1　相关知识

　　门窗工程包括木门、金属门、金属卷帘(闸)门、厂库房大门及特种门、木窗、金属窗等构件。门窗洞指在建筑施工图纸中所描述的墙内为门窗安装所预留洞口的尺寸信息,其默认为砌体结构所预留的洞口的尺寸,不包含装饰面层。

11.3.1.1　门类别及工程量计算方法

　　(1)木门

　　① 木质门、木质带套门、木质连窗门、木质防火门的工程量可以按设计图示数量计算,单位:樘;或按设计图示洞口尺寸以面积计算,单位:m²。木质带套门计量按照洞口尺寸以面积计算,不包括门套的面积,但门套应计算在综合单价中。

　　② 木门框。以樘计算,按照设计图示以数量计算;以米计算,按设计图示框的中心线以延长米计算。

　　③ 门锁安装按设计图示数量计算,单位:个或套。

　　(2)金属门

　　金属门包括金属(塑钢)门、彩板门、钢质防火门、防盗门,按设计图示数量计算,单位:樘;或按设计图示洞口尺寸以面积计算(无设计图示洞口尺寸,按门框、扇外围以面积计算),单位:m²。

11.3.1.2　窗类别及工程量计算方法

　　(1)木窗

　　木窗包括木质窗、木飘(凸)窗、木橱窗、木纱窗。木质窗应区分木百叶窗、木组合窗、木天窗、木固定窗等项目,分别编码并单独列项计算。

　　① 木质窗的工程量按设计图示数量计算,单位:樘;或按设计图示洞口尺寸以面积计算,单位:m²。

② 木飘（凸）窗、木橱窗的工程量按设计图示数量计算，单位：樘；或按设计图示尺寸以框外围的展开面积计算，单位：m²。

③ 木纱窗的工程量按设计图示数量计算，单位：樘；或按框的外围尺寸以面积计算，单位：m²。

（2）金属窗

金属窗应区分金属组合窗、防盗窗等项目，分别编码并单独列项。

① 金属（塑钢、断桥）窗、金属防火窗、金属百叶窗、金属格栅窗的工程量按设计图示数量计算，单位：樘；或按设计图示洞口尺寸以面积计算，单位：m²。

② 金属纱窗的工程量按设计图示数量计算，单位：樘；或按框的外围尺寸以面积计算，单位：m²。

③ 金属（塑钢、断桥）橱窗、金属（塑钢、断桥）飘（凸）窗的工程量按设计图示数量计算，单位：樘；或按设计图示尺寸以框外围的展开面积计算，单位：m²。

11.3.1.3 门窗代号及含义

门窗的分类有很多种，在图纸中的代号也有许多，本节列举按用途分类的门窗代号来介绍门窗的代号及含义。

① 在设计图纸中，门的代号用"M 尺寸信息"来表示，如"M0821"的含义为"普通门，宽 0.8m，高 2.1m，洞口尺寸 800mm×2100mm"。门的具体分类如表 11-5 所示。

表 11-5 门代号及含义

代号	类型	尺寸/(mm×mm)
M0821	普通门	800×2100
WM1427	外门	1400×2700
NM1121	内门	1050×2100
FM0921	防火门	900×2100
FM甲0921	甲级防火门	900×2100
FM乙1521	乙级防火门	1500×2100
GM1527	隔声门	1500×2700
AM1021	安全门	960×2050

门代号中的数字并不代表门洞的实际尺寸，门的实际尺寸应根据门窗表中注明的设计尺寸来计算。如在表 11-5 中，"NM1121"的实际尺寸为"1050mm×2100mm"，"AM1021"的实际尺寸为"960mm×2050mm"。

② 在设计图纸中，窗的代号用"C 尺寸信息"来表示，如"C0837"的含义为"普通窗，宽 0.8m，高 3.7m，洞口尺寸 800mm×3700mm"。窗的具体分类如表 11-6 所示。

表 11-6 窗代号及含义

代号	类型	尺寸/(mm×mm)
C1823	普通窗	1800×2300
FC2124	防火窗	2100×2400
GC2226	隔声窗	2200×2600

续表

代号	类型	尺寸/（mm×mm）
BC2423	保温窗	2400×2300
HC1821	防护窗	1800×2100
TC	凸（飘）窗	按图纸尺寸

11.3.2　任务分析

11.3.2.1　图纸分析

完成本节任务需明确门窗洞口的工程量的计量单位，本工程案例采用"m^2"为基本计量单位，由"幼儿园-建筑"中的"门窗表"可知，本工程案例中的门类型包括普通门和防火门；窗类型均为断桥铝合金平开窗；还有组合门窗。门窗表中没有标注窗的离地高度，这就需要在建筑图纸中将窗离地高度与门窗表中的窗——对应，使模型更加准确。

11.3.2.2　建模分析

在进行门窗洞建模时，可以采用手动方式在构件列表中建立门窗构件，再用自动识别的方式建立模型；也可以先用 BIM 平台中"识别门窗表"命令批量自动建立构件，再使用"识别门窗洞"命令自动识别模型。在建立构件时应注意调整门窗的距地高度，准确计算工程量，由于工程设置中的标高是建筑的结构标高，而图纸中门窗的离地高度是相对于建筑标高来标注的，因此在调整门窗的离地高度时应外加100mm 的差值。如 M1121 的离地高度相对于建筑标高为 0mm，但相对于结构标高则为 100mm，因此 M1121 属性列表中离地高度的属性值为"100"；在建立门窗模型之前，也可以在楼层设置中调整楼层标高为建筑标高，这样一来，就不需要额外加上建筑和结构标高的差值了。

11.3.2.3　门窗构件建立方式分析

在 BIM 平台中，平台提供了"手动建立门窗构件"和"识别门窗表"两种建立门窗构件的方式。为了提高工程算量的效率，通常采用先"识别门窗表"后"识别门窗洞"的方式来建立门窗模型，下面分别简单介绍以上两种建立方式。

（1）手动建立门窗构件

① 在左侧导航栏中找到"门窗洞-门（M）/窗（C）"，单击"门（M）/窗（C）"。

② 在构件列表中单击"新建-新建门/窗"命令，软件提供了"矩形门/窗""异形门/窗""参数化门/窗"等构件，可根据工程实际选取，建立门窗构件。

③ 选中新建的门窗构件，并结合图纸，在下方"属性列表"中对需要建立的门窗构件的属性进行修改，完成门窗构件的建立。

（2）识别门窗表建立门窗构件

① 在图纸管理中双击"幼儿园-建筑"，将绘图工作区切换至该图纸，并将门窗表调整至工作区中心，方便识别。

② 在左侧导航栏中找到"门窗洞-门（M）/窗（C）"，并单击"门（M）/窗（C）"，将上方建模命令区切换至门窗的绘制及识别界面。

③ 点击"识别门/窗"命令区中的"识别门窗表"命令，在绘图工作区中按照命令提示使用鼠标左键拉框选中门窗洞表，右键确认。软件自动弹出"识别门窗表"对话框，结合图纸删除不必要的信息，单击"识别"，即可建立完成门窗构件。

11.3.3　任务实施

以首层门窗为例，即采用首层建筑平面图在 BIM 平台中进行门窗的绘制及工程量计算，本节提供“手动建模”和“CAD 图识别”两种建模方式，具体操作如下：

11.3.3.1　手动绘制门窗模型步骤

（1）手动建立门窗构件

下面以图纸首层建筑平面图中Ⓔ、Ⓕ、①、②轴间的 C2323、C1821、M1121 为例，手动建立门窗构件。

① 在“图纸管理”中找到并双击“首层-首层建筑平面图”，将绘图工作区切换至首层，并调整图纸使其处于绘图工作区中部位置。

② 在左侧导航栏中找到“门窗洞-门（M）”，并单击“门（M）”；点击“构件列表”页签，单击“新建-新建矩形门”命令，建立门构件。

③ 选中新建的门构件，查看门窗表中“M1121”的参数，并结合建筑标高和结构标高的差值，在属性列表中输入或修改以下参数：名称—M1121；洞口宽度—1050；洞口高度—2100；离地高度—100。

④ 在左侧导航栏中找到“门窗洞-窗（C）”，并单击“窗（C）”；点击“构件列表”页签，单击“新建-新建矩形窗”命令，建立两个窗构件。

⑤ 选中新建的窗构件，查看门窗表中 C2323、C1821 的参数，并结合建筑标高和建筑结构标高的差值在属性列表中输入或修改以下参数：名称—C2323；洞口宽度—2300；洞口高度—2300；离地高度—1000。由于 C1821 不属于外墙窗，故在首层平面图中查看标注为“窗台高 1100mm”，并结合门窗表，在属性列表中输入或修改以下参数：名称—C1821；洞口宽度—1800；洞口高度—2100；离地高度—1200。输入完成的门窗参数如图 11-20 所示。

属性列表　图层管理

	属性名称	属性值	附加
1	名称	M1121	
2	洞口宽度(mm)	1050	
3	洞口高度(mm)	2100	
4	离地高度(mm)	100	
5	框厚(mm)	60	
6	立樘距离(mm)	0	
7	洞口面积(m²)	2.205	
8	框外围面积(m²)	(2.205)	
9	框上下扣尺寸(...	0	
10	框左右扣尺寸(...	0	
11	是否随墙变斜	否	

属性列表　图层管理

	属性名称	属性值	附加
1	名称	C2323	
2	顶标高(m)	层底标高+3.3	
3	洞口宽度(mm)	2300	
4	洞口高度(mm)	2300	
5	离地高度(mm)	1000	
6	框厚(mm)	60	
7	立樘距离(mm)	0	
8	洞口面积(m²)	5.29	
9	框外围面积(m²)	(5.29)	
10	框上下扣尺寸(...	0	
11	框左右扣尺寸(...	0	

属性列表　图层管理

	属性名称	属性值	附加
1	名称	C1821	
2	顶标高(m)	层底标高+3.3	
3	洞口宽度(mm)	1800	
4	洞口高度(mm)	2100	
5	离地高度(mm)	1200	
6	框厚(mm)	60	
7	立樘距离(mm)	0	
8	洞口面积(m²)	3.78	
9	框外围面积(m²)	(3.78)	
10	框上下扣尺寸(...	0	
11	框左右扣尺寸(...	0	

图 11-20　定义完成的门窗属性

（2）绘制门窗模型

① 建立完成门窗构件后，需要在绘图工作区绘制门窗模型。在工作区上方的导航栏处选择“建模-绘图-点”命令，根据提示并结合图纸，完成门窗的绘制。

② 绘制完成后的门窗模型会自动生成在墙中，可以通过三维命令来查看门窗在模型中的位置，建立完成的门窗模型如图 11-21 所示。

11.3.3.2　识别 CAD 图绘制门窗模型步骤

识别 CAD 图绘制门窗模型的基本步骤为：

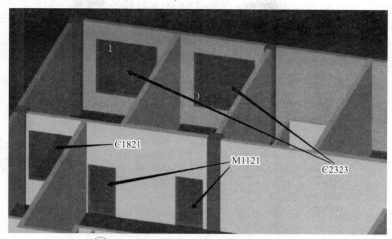

图 11-21　建立完成的门窗三维视图

识别门窗表→建立门窗构件→识别门窗洞→提取门窗线→提取门窗标识→自动识别。

(1) 识别门窗表

① 在“图纸管理”中双击“幼儿园-建筑”，将绘图工作区切换至该图纸，并将门窗表调整至工作区中心，方便识别。

② 在左侧导航栏中找到“门窗洞-门（M）/窗（C）”，并单击“门（M）/窗（C）”，将上方建模命令区切换至门窗的绘制及识别界面。点击“识别门/窗”命令区中的“识别门窗表”命令，在绘图工作区中按照命令提示使用鼠标左键拉框选中门窗洞表，右键确认。软件自动弹出“识别门窗表”窗口，如图 11-22 所示。

③ 删除不必要的行和列（如第 1、4、5、6、7 列，第 2、3、4 行），并将“识别门窗表”窗口中的门窗参数与图纸中门窗表的门窗参数进行比对，发现没有门窗的离地高度参数，因此在调整完成后的表格后“插入列”，并结合建筑标高和建筑结构标高的差值在属性列表中输入或修改以下参数，若有些洞口在门窗表中未列出，则可以利用“插入行”命令添加构件，调整完成后的“识别门窗表”参数（除屋顶层的门窗外、其余门窗离地高度均增加了建筑标高与结构标高的差值 100mm）如图 11-23 所示。

下拉选择	名称	宽度*高度	下拉选择	下拉选择	下拉选择	下拉选择
类型	设计编号	洞口尺寸(...				数量
			1	2	机房	合计
普通门	GM1515	1500*1500			2	2
	GM1521	1500*2100			1	1
	M0821	800*2100	4	3		7
	M1121	1050*2100	4	10		14
	M1427	1400*2700	10	8		18
	M1521	1500*2100	1	1		2
	M1527	1500*2700		2		2
	M1535	1500*3500	1			1
	M1832	1800*3200	1			1
甲级防火门	FM甲0921	900*2100	1			1
乙级防火门	FM乙0921	900*2100	3			3
	FM乙1521	1500*2100	1			1

图 11-22　“识别门窗表”窗口

名称	宽度*高度	离地高度	类型	所属楼层
M1527	1500*2700	100	门	幼儿园
M1535	1500*3500	100	门	幼儿园
M1832	1800*3200	100	门	幼儿园
FM甲0921	900*2100	100	门	幼儿园
FM乙0921	900*2100	100	门	幼儿园
FM乙1521	1500*2100	100	门	幼儿园
FM丙1218	1200*1800	100	门	幼儿园
C0837	800*3700	700	窗	幼儿园
C1223	1200*2300	1000	窗	幼儿园
C1534	1500*3400	1000	窗	幼儿园
C1821	1800*2100	1200	窗	幼儿园
C1823	1800*2300	1000	窗	幼儿园
C2226	2200*2600	700	窗	幼儿园

图 11-23　修改完成的“识别门窗表”窗口

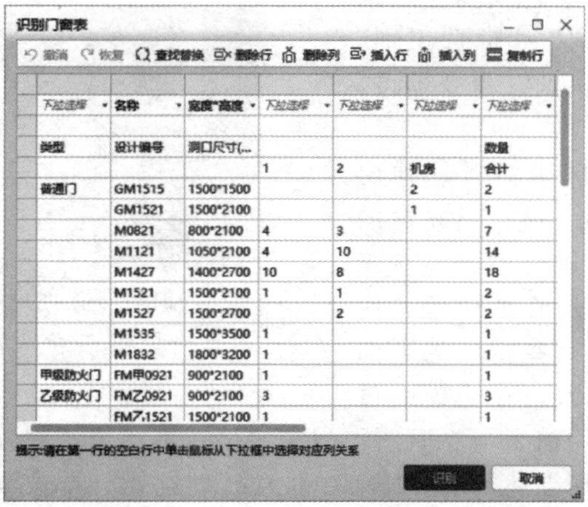

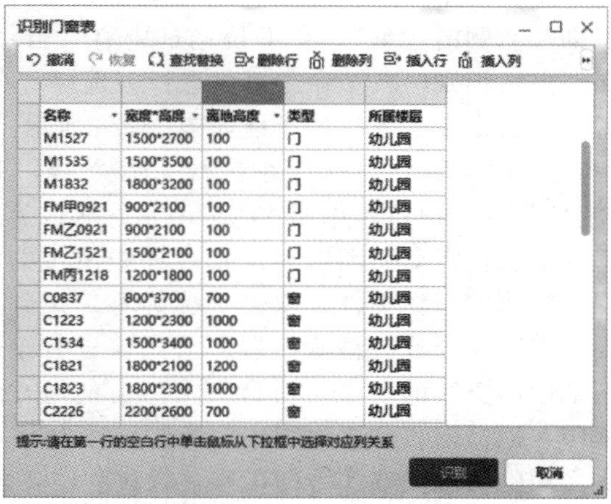

④ 修改完参数后，单击"识别"命令，软件自动将所有的门窗构件建立并对应到相应的构件列表中。建立完成的部分门窗构件如图 11-24 所示。

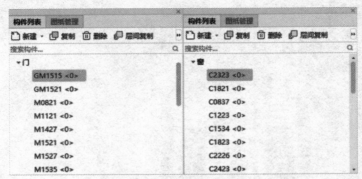

图 11-24   自动建立的门窗构件

（2）自动识别门窗构件

① 识别门窗洞。点击"建模-识别门/窗-识别门窗洞"命令，在绘图工作区左上角自动弹出"识别门窗洞"对话框，如图 11-25 所示，按照顺序提取门窗线、标识、自动识别，即可建立门窗模型。

图 11-25   "识别门窗洞"对话框

② 提取门窗线。点击"提取门窗线"，选择任意一条门窗边线，被选中的门窗边线会高亮显示，选中所有门窗边线后右键确认，已提取的门窗边线从工作区中消失，并自动保存到"图层管理—已提取的 CAD 图层"当中。

注：由于某些图纸的门边线和窗边线是分开建立的，即不在同一图层中，因此在提取门窗边线时，需要通过调整图纸大小来查看门窗边线是否被全部选中。

③ 提取门窗洞标识。点击"提取门窗洞标识"，选中任意一个门或者窗的标识，例如"C2323"，所有同图层的门窗洞标识皆被选中并高亮显示。检查未被选中的门窗洞标识，选中所有的门窗洞标识后，右键确认，已提取的门窗洞标识从工作区中消失，并自动保存到"图层管理-已提取的 CAD 图层"当中。

④ 识别门窗模型。在工作区左上角的提示框中，找到"点选识别"右侧的"▼"，在下拉选框中有"自动识别""框选识别"和"点选识别"三个命令可供选择，选择"自动识别"命令即可，识别门窗命令的下拉选择框如图 11-26 所示。

⑤ 门窗校核。软件在执行完命令后，工作区中会自动弹出"校核门窗"窗口，如图 11-27 所示。其内容为门、窗、门联窗的识别信息，需对照图纸对识别过程中出现的问题进行检查，对于存在问题的门窗构件，双击名称即可定位到问题所在的位置，使用"点"命令或"精确布置"对门窗进行绘制。有些楼层的平面图纸中门窗线的尺寸与门窗表中门窗的尺寸不一致，在建模的过

图 11-26   识别门窗的
三种方式

程中，以门窗表和立面图中门窗的尺寸为准，若门窗表与立面图中门窗的尺寸不一致，则以立面图的为准；在实际的工程建设过程中，若出现上述情况，施工单位应及时与设计单位沟通，使设计单位尽快调整图纸。

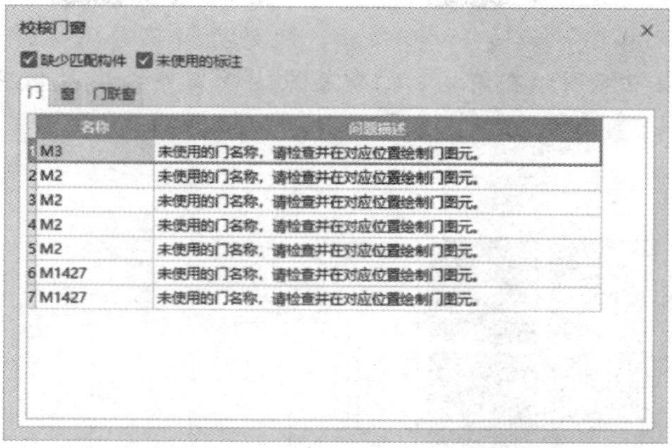

图 11-27　"校核门窗"窗口

其余楼层的门窗洞口识别方式与首层的方法一致，需要注意的是，对于识别完成后的门窗模型，需要对照图纸逐步检查，防止出现漏算、错算的情况，若出现模型与图纸不一致的情况，直接将对应的模型删除，再重新绘制即可，具体过程不再赘述。建立并修改完成的首层门窗模型如图 11-28 所示。

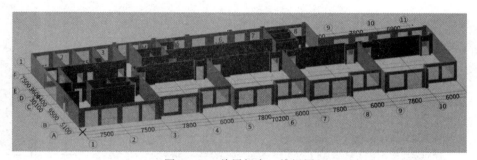

图 11-28　首层门窗三维视图

注：本工程案例中的门窗均为规则形状，但对于不同的工程，其中的门窗洞口形状也大为不同，因此软件提供了"参数化门窗"的命令，可以根据图纸中不同的要求去建立不规则的门窗模型。参数化门窗界面如图 11-29 所示。

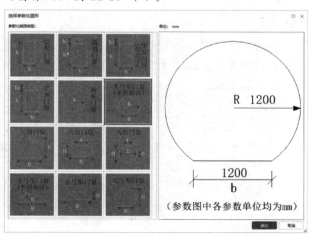

图 11-29　参数化门窗界面

有些工程中含有飘窗或老虎窗，软件也提供了矩形、梯形、三角形、弧形以及四种不同类型的转角飘窗参数化模型，如图 11-30 所示；软件提供了老虎窗的七种参数化模型，如图 11-31 所示。只需要对照图纸在新建立的飘窗或老虎窗界面输入相应参数，再使用"点"命令布置即可。

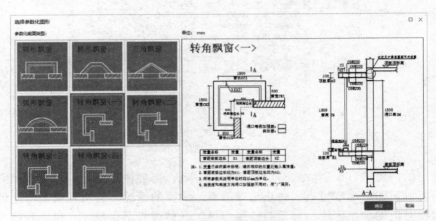

图 11-30　参数化飘窗界面

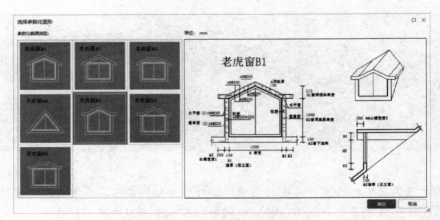

图 11-31　参数化老虎窗界面

11.3.3.3　门窗构件做法套用

为了准确将图纸中门窗的材质及要求与清单、定额相匹配，因此需要在建立完成门窗模型后，对门窗构件进行做法套用操作。由于本工程中门窗构件较多，因此仅选取部分门窗构件介绍门窗清单定额项目的套取步骤。

（1）门窗工程量计算规则

本节选取 GM1515、M1521、FM 甲 0921、C0837 和 C3137 进行清单定额的套取，在清单和定额中，门窗工程有"樘"和"m²"两种基础计量单位，本处选取"m²"计算。

① 清单计算规则

通过读取图纸可知，GM1515 为钢质门，M1521 为木夹板门，FM 甲 0921 为木质甲级防火门，C0837 和 C3137 为断桥铝合金窗。通过查取《房屋建筑与装饰工程工程量计算规范》（GB 50854—2013）中的表 H.1、表 H.2 和表 H.7 可得，各个门窗构件需要套取的清单规则见表 11-7。

表 11-7 门窗清单计算规则

门窗代号	项目编码	项目名称	计量单位	计算规则
GM1515	010802001	金属（塑钢）门		
M1521	010801001	木质门		按设计图示洞口尺寸以面积计算
FM甲0921	010801004	木质防火门	m²	
C0837	010807001	金属（塑钢、断桥）窗		
C3137				

② 定额计算规则

通过查询《山东省建筑工程消耗量定额》（2016 版）并结合《山东省建设工程消耗量定额与工程量清单衔接对照表》（建筑工程专业）中的 H.1、H.2 和 H.7 可得，各个门窗构件清单对应的定额规则见表 11-8。

表 11-8 门窗定额计算规则

门窗代号	编号	项目名称	计量单位	计算规则
GM1515	8-2-6	普通钢门		
M1521	8-1-3	普通成品门扇安装		按设计图示洞口尺寸以面积计算
FM甲0921	8-1-4	木质防火门安装	m²	
C0837	8-7-2	铝合金 平开窗		
C3137				

（2）门窗工程量清单定额规则套用

下面以首层门窗 GM1515、M1521、FM 甲 0921、C0837 和 C3137 构件为例，在 BIM 平台中进行清单及定额项目的套用。

① 门 GM1515 清单定额项目套用

在上方导航栏中找到并进入"建模-通用操作-定义"界面，在构件列表中选中"GM1515"，在右侧工作区中切换到"构件做法"界面套取相应的清单项目，在匹配清单列表中双击"010802001 金属（塑钢）门 樘/m²"，将该清单项目导入到上方工作区中，由于清单中默认计量单位为"樘"，因此在套取清单后将计量单位手动改为"m²"。

在完成清单项目选取之后，需要填写清单项目的项目特征，根据《房屋建筑与装饰工程工程量计算规范》（GB 50854—2013）中表 H.2 的规定：金属（塑钢）门的项目特征需要描述门代号及洞口尺寸等内容。单击鼠标左键选中"010802001"并在工作区下方的"项目特征"页签中添加门代号及洞口尺寸的特征值为"GM1515 1500×1500"，其余内容图纸中未提及，无需填写。

单击鼠标左键选中"010802001"，再点击工作区下方的"查询匹配定额"页签，在匹配定额下双击"8-2-6"定额子目，即可将其添加到清单项目"010802001"下。套取完成后的 GM1515 构件清单定额项目如图 11-32 所示。

② 门 M1521 清单定额项目套用

在上方导航栏中找到并进入"建模-通用操作-定义"界面，在构件列表中选中"M1521"，在右侧工作区中切换到"构件做法"界面套取相应的清单项目，在匹配清单列表中双击"010801001 木质门 樘/m²"，将该清单项目导入到上方工作区中，由于清单中默认计量单位为"樘"，因此在套取清单后将计量单位手动改为"m²"。

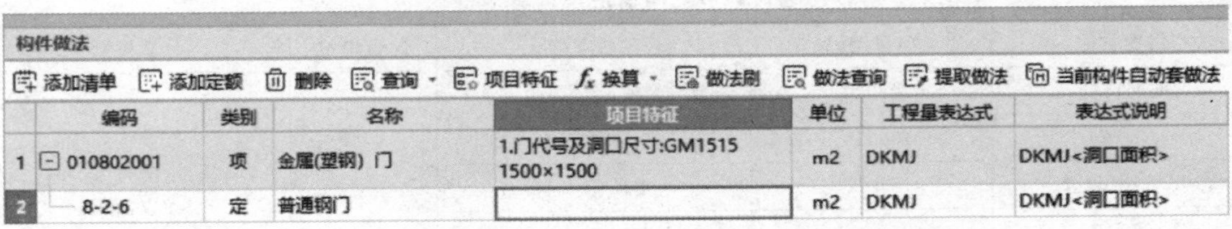

图 11-32   套取完成的 GM1515 清单定额项目

在完成清单项目选取之后，需要填写清单项目的项目特征，根据《房屋建筑与装饰工程工程量计算规范》（GB 50854—2013）中表 H.1 的规定：木质门的项目特征需要描述门代号及洞口尺寸、玻璃品种和厚度等信息。单击鼠标左键选中"010801001"并在工作区下方的"项目特征"页签中添加门代号及洞口尺寸的特征值为"M1521 1500×2100"，其余内容图纸中未提及，无需填写。

单击鼠标左键选中"010801001"，再点击工作区下方的"查询匹配定额"页签，在匹配定额下双击"8-1-3"定额子目，即可将其添加到清单项目"010801001"下。

定额工程量表达式修改。对于定额项目"8-1-3"，其工程量表达式为空白，在汇总计算后不会显示定额的工程量，因此需要将工程量表达式修改为"DKMJ"。修改完成后的M1521 构件清单定额项目如图 11-33 所示。

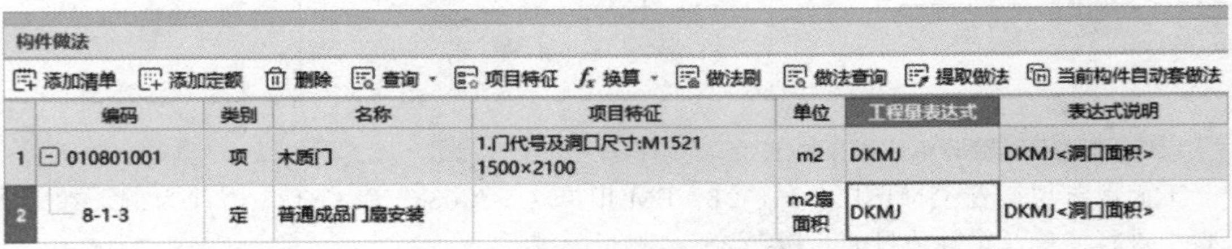

图 11-33   套取完成后的 M1521 清单定额项目

③ 门 FM 甲 0921 清单定额项目套用

在上方导航栏中找到并进入"建模-通用操作-定义"界面，在构件列表中选中"FM 甲0921"，在右侧工作区中切换到"构件做法"界面套取相应的清单项目，在匹配清单列表中双击"010801004 木质防火门 樘/m²"，将该清单项目导入到上方工作区中，由于清单中默认计量单位为"樘"，因此在套取清单后将计量单位手动改为"m²"。

在完成清单项目选取之后，需要填写清单项目的项目特征，根据《房屋建筑与装饰工程工程量计算规范》（GB 50854—2013）中表 H.1 的规定：木质防火门的项目特征需要描述门代号及洞口尺寸、玻璃品种和厚度等信息。单击鼠标左键选中"010801004"并在"项目特征"页签中添加门代号及洞口尺寸的特征值为"FM 甲 0921900×2100"，其余内容图纸中未提及，无需填写。

单击鼠标左键选中"010801004"，再点击工作区下方的"查询匹配定额"页签，在匹配定额下双击"8-1-4"定额子目，即可将其添加到清单项目"010801004"下。

定额工程量表达式修改。对于定额项目"8-1-4"，其工程量表达式为空白，在汇总计算后不会显示定额的工程量，因此需要将工程量表达式修改为"DKMJ"。修改完成后的 FM甲 0921 构件清单定额项目如图 11-34 所示。

④ 窗 C0837、C3137 清单定额项目套用

在上方导航栏中找到并进入"建模-通用操作-定义"界面，在构件列表中选中"C0837"

	编码	类别	名称	项目特征	单位	工程量表达式	表达式说明
1	⊟ 010801004	项	木质防火门	1.门代号及洞口尺寸:FM甲0921 900×2100	m2	DKMJ	DKMJ<洞口面积>
2	8-1-4	定	木质防火门安装		m2扇面积	DKMJ	DKMJ<洞口面积>

图 11-34　套取完成后的 FM 甲 0921 清单定额项目

及 "C3137"，在右侧工作区中切换到 "构件做法" 界面套取相应的清单项目，在匹配清单列表中双击 "010807001 金属（塑钢、断桥）窗 樘/m²"，将该清单项目导入到上方工作区中，由于清单中默认计量单位为 "樘"，因此在套取清单后将计量单位手动改为 "m²"。

在完成清单项目选取之后，需要填写清单项目的项目特征，根据《房屋建筑与装饰工程工程量计算规范》（GB 50854—2013）中表 H.7 的规定：金属（塑钢、断桥）窗的项目特征需要描述窗代号及洞口尺寸、扇和框的材质、玻璃品种和厚度等信息。单击鼠标左键选中 "010807001" 并分别在这两个窗构件的 "项目特征" 页签中添加窗代号及洞口尺寸的特征值为 "C0837 800×3700" "C3137 3050×3700"，同时添加玻璃品种、厚度的特征值为 "5＋12A＋5＋12A＋5 中空玻璃"，其余内容图纸中未提及，无需填写。

单击鼠标左键选中 "010807001"，再点击工作区下方的 "查询匹配定额" 页签，在匹配定额下双击 "8-7-2" 定额子目，即可将其添加到清单项目 "010807001" 下。套取完成后的 C0837 及 C3137 构件清单定额项目如图 11-35 所示。

	编码	类别	名称	项目特征	单位	工程量表达式	表达式说明
1	⊟ 010807001	项	金属（塑钢、断桥）窗	1.窗代号及洞口尺寸:C0837 800×3700 2.玻璃品种、厚度:5+12A+5+12A+5中空玻璃	m2	DKMJ	DKMJ<洞口面积>
2	8-7-2	定	铝合金平开窗		m2	DKMJ	DKMJ<洞口面积>

	编码	类别	名称	项目特征	单位	工程量表达式	表达式说明
1	⊟ 010807001	项	金属（塑钢、断桥）窗	1.窗代号及洞口尺寸:C3137 3050×3700 2.玻璃品种、厚度:5+12A+5+12A+5中空玻璃	m2	DKMJ	DKMJ<洞口面积>
2	8-7-2	定	铝合金平开窗		m2	DKMJ	DKMJ<洞口面积>

图 11-35　套取完成后的 C0837 及 C3137 清单定额项目

至此，以上门窗构件的清单定额项目套用完毕，对于不同类型的门和窗，需要单独进行清单定额的套取，以保证列项的准确性。

11.3.3.4　门窗工程量汇总计算及查询

将所有的门窗构件都套取相应的做法，通过软件中的工程量计算功能计算门窗的工程量，可以在相应的清单和定额项目中直接查看对应的计算结果。构件的工程量可以通过 "工程量" 模块中的 "汇总" 子模块来计算。

（1）门窗工程量计算

在绘图工作区上方找到工程量模块中的"汇总计算"命令，在弹出的窗口内选择需要计算的门窗构件，选中"首层-门窗洞"构件，单击"确定"进行工程量计算，选中门窗洞进行计算如图 11-36 所示。

图 11-36   选择计算范围

计算时也可以先框选出需要计算工程量的图元，然后点击"汇总选中图元"命令，汇总计算结束之后弹出汇总计算完成对话框。

（2）门窗工程量查看

门窗工程量的计算结果有两种查看方式，第一种是按照构件查看工程量，第二种则是按照做法（清单定额）来查看工程量。以首层全部门窗构件为例，在"工程量—土建计算结果"模块中找到"查看工程量"命令，单击此命令，并根据软件提示框选中所有首层门或窗构件，弹出"查看构件图元工程量"界面。窗的"构件工程量"明细和"做法工程量"明细分别如图 11-37 和图 11-38 所示。

	楼层	名称	工程量名称						
			洞口面积(m2)	框外围面积(m2)	数量(樘)	洞口三面长度(m)	洞口宽度(m)	洞口高度(m)	洞口周长(m)
1	首层	C1223	5.52	5.52	2	11.6	2.4	4.6	14
2		C1821	3.78	3.78	1	6	1.8	2.1	7.8
3		C1823	8.28	8.28	2	12.8	3.6	4.6	16.4
4		C1823′	4.14	4.14	1	6.4	1.8	2.3	8.2
5		C1823J′	4.14	4.14	1	6.4	1.8	2.3	8.2
6		C2226	45.76	45.76	8	59.2	17.6	20.8	76.8
7		C2323	10.58	10.58	2	13.8	4.6	4.6	18.4
8		C2423	22.08	22.08	4	28	9.6	9.2	37.6
9		C2423′	11.04	11.04	2	14	4.8	4.6	18.8
10		C2423a	5.52	5.52	1	7	2.4	2.3	9.4
11		C2432	15.36	15.36	2	17.6	4.8	6.4	22.4
12		C2726	28.08	28.08	4	31.6	10.8	10.4	42.4
13		C3032	9.6	9.6	1	9.4	3	3.2	12.4
14		C3532	11.2	11.2	1	9.9	3.5	3.2	13.4
15		小计	185.08	185.08	32	233.7	72.5	80.6	306.2
16		合计	185.08	185.08	32	233.7	72.5	80.6	306.2

图 11-37   首层窗"构件工程量"

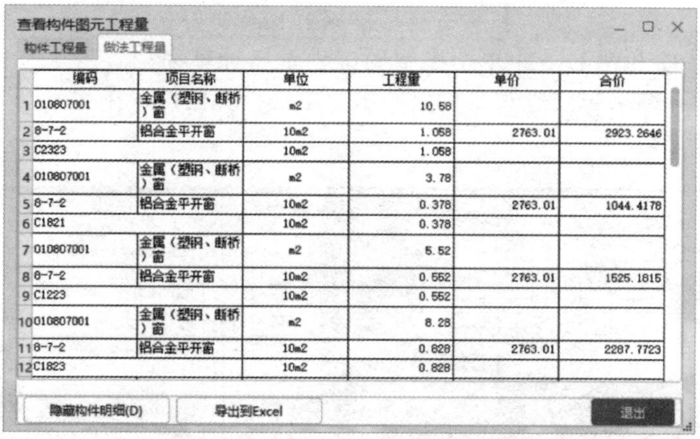

图 11-38　首层窗"做法工程量"

11.3.4　门窗工程传统计量方式

在传统计量计价过程中，对于门窗工程量的计算，需要通过查询清单和定额规范来进行列项，再通过读取 CAD 图纸来获取各个门窗构件的形状、尺寸等信息。本节以首层门构件 M1121 和窗户构件 C1821 为例来进行清单定额的选取以及工程量的计算。

11.3.4.1　门窗清单定额规则选取

门窗构件需要套取门窗工程量清单定额规则。通过读取图纸可知，M1121 为木质门，C1821 为金属窗。根据《房屋建筑与装饰工程工程量计算规范》（GB 50854—2013）中表 H.1 的规定，木门的清单编码为"010801001"，其计算规则为：以**平方米**计算，按设计**图示洞口尺寸以面积**计算。由表 H.7，金属窗的清单编码为"010807001"，其计算规则为：以**平方米**计算，按设计**图示洞口尺寸以面积**计算。

在《山东省建筑工程消耗量定额》（2016 版）中，对于木门和金属窗的计算规则，与清单当中的计算规则一致，本处不再赘述。

通过查取《山东省建设工程消耗量定额与工程量清单衔接对照表》（建筑工程专业）中的 H.1 选取清单编码"010801001"子条目"8-1-3"；选取 H.7 中清单编码"010807001"下的子条目"8-7-2"。

11.3.4.2　门窗清单定额工程量计算

计算首层门构件 M1121 和窗户构件 C1821 的清单定额工程量。

（1）门 M1121 工程量计算

门构件的清单计算规则与定额计算规则相同，皆要计算洞口尺寸。查看图纸可得，建筑图中门窗表参数为洞口尺寸，对于 M1121，其洞口宽度 1050mm，洞口高度 2100mm。

故门 M1121 的工程量：

$$S=长×宽=1.05×2.10=2.205m^2$$

（2）窗 C1821 工程量计算

窗构件的清单计算规则与定额计算规则相同，皆要计算洞口尺寸。查看图纸可得，建筑图中门窗表参数为洞口尺寸，对于 C1821，其洞口宽度 1800mm，洞口高度 2100mm。

故窗 C1821 的工程量：

$$S=长\times宽=1.80\times2.10=3.78m^2$$

至此，门 M1121 和窗 C1821 单个模型的工程量已计算完毕，图 11-39 是软件中单个门窗模型的工程量计算结果，经过对比可以看出，手动计算的门窗工程量与软件中计算的结果一致。

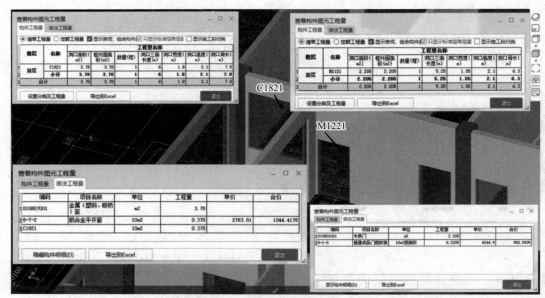

图 11-39 M1121、C1821 软件工程量查看

手算 M1121、C1821 的清单定额汇总如表 11-9 所示。

表 11-9 M1121、C1821 清单定额汇总表

序号	项目编码	项目名称	项目特征	单位	工程量
1	010801001001	木质门	1. 门代号及洞口尺寸：M1121 1050×2100	m²	2.205
	8-1-3	普通成品门扇安装		10m²	0.2205
2	010807001001	金属（塑钢、断桥）窗	1. 窗代号及洞口尺寸：C1821 1800×2100 2. 玻璃品种、厚度：5+12A+5+12A+5 中空玻璃	m²	3.78
	8-7-2	铝合金 平开窗		10m²	0.378

通过以上分析可见，手算门窗的工程量与依托 BIM 平台进行工程量计算的结果相同，但按照传统手工计算门窗工程量的工作量太大，且需要对照图纸逐一列项，而在 BIM 平台中可以针对同类型的门窗构件批量套取清单定额项目，仅需要对项目特征进行修改即可。因此依托 BIM 技术可以对构件的工程量进行大批量计算，在实际的工作中可以提高计算效率，减少计算偏差，节省工作时间。值得注意的是，在本案例工程中，门窗定额是根据《山东省建筑工程消耗量定额》（2016 版）套取的；但在实际的工程中，门窗的价格都是采取市场价按套计取，根据市场价的不同来调整成品门窗的材料价格。

课程案例　申请变更程序的重要性

【案例背景】某工程采用以工程量清单为基础的单价合同，其招标工程量清单中的部分外窗材料项目特征描述为普通铝合金材料，但施工图样的设计要求为隔热断桥铝型材。中标施工企业在投标报价时按照工程量清单的项目特征进行组价，但在施工中安装了隔热断桥铝型材外窗。在进行工程结算时，承包商要求按照其实际使用材料调整价款，计入结算总价。但发包方认为不应对材料价格进行调整。

【分析及结论】根据《建设工程工程量清单计价规范》（GB 50500—2013）规定："发包人应对项目特征描述的准确性和全面性负责，并且应与实际施工要求相符合"。在本例中，外窗材料的项目特征描述为普通铝合金材料，但施工图样的设计要求为隔热断桥铝型材，项目特征描述不准确，发包人应为此负责；其次，承包人应按照发包人提供的招标工程量清单，根据其项目特征描述的内容及有关要求实施工程，直到其被改变为止。所谓"被改变"是指承包人应告知发包人项目特征描述不准确，并由发包人发出变更指令进行变更。在本例中，承包人直接按照图样施工，并没有向发包人提出变更申请，擅自安装了隔热断桥铝型材外窗，属于承包人擅自变更行为，承包人应为此产生的费用负责。（注意工程变更的程序，措施费用的调整也是如此）

11.4　过梁工程量计算

11.4.1　相关知识

过梁是砌体墙门窗洞上常用的构件，其作用是承受门窗洞口上部砌体的自重以及上层楼盖梁板传来的荷载，并将这些荷载传到门窗两侧的墙上，以免门窗框被压坏或变形。过梁按材质可分为钢筋混凝土过梁、钢筋砖过梁、拱砖过梁、钢过梁、木过梁。其中钢筋混凝土过梁最为常用，可分为预制钢筋混凝土过梁和现浇钢筋混凝土过梁。

（1）钢筋混凝土过梁

钢筋混凝土过梁可分为预制钢筋混凝土过梁和现浇混凝土过梁，预制钢筋混凝土过梁是事先预制好的过梁，提前制作完成后直接进入现场安装，其优点是施工速度快；现浇钢筋混凝土过梁是在现场支模、扎钢筋、浇筑混凝土的过梁。过梁断面通常采用矩形，以利于施工，梁高应按结构计算确定，且应配合砖的规格尺寸，过梁宽度一般同砖墙厚，其两端伸入墙内支承长度不小于 240mm。

（2）钢筋砖过梁

钢筋砖过梁是指在洞口顶部配置钢筋，其上用砖平砌，形成能承受弯矩的加筋砖砌体，一般用于荷载不大或跨度较小的门窗、设备洞口上。其优点是结构组成较为简单，施工时不需要像钢筋混凝土过梁那样建立模板；但其缺点是施工过程较为复杂，施工要求较为严格。施工时使用的钢筋直径为 6mm，钢筋间距小于 120mm，钢筋伸入两端墙体的长度不小于 240mm。

（3）拱砖过梁

拱砖过梁是将砖侧砌而成，灰缝上宽下窄，砖向两边倾斜成拱，两端下部伸入墙内 20～30mm，中部起拱高度为跨度的 1/50。其优点是钢筋、水泥用量少；缺点是施工速度慢，跨度小，有集中荷载或半砖墙时不宜使用。

（4）钢过梁

钢过梁一般使用槽钢布置，其最大优点是自重轻，延展性好，但与钢筋混凝土过梁相比，其耐火性和耐腐蚀性较差。

（5）木过梁

即木制的过梁，一般存在于老旧建筑中，其承载力低，易腐蚀，在现代建筑中并不常见。

对于不同类型的过梁，其清单定额的计算规则不同，具体区别如图 11-40 所示。

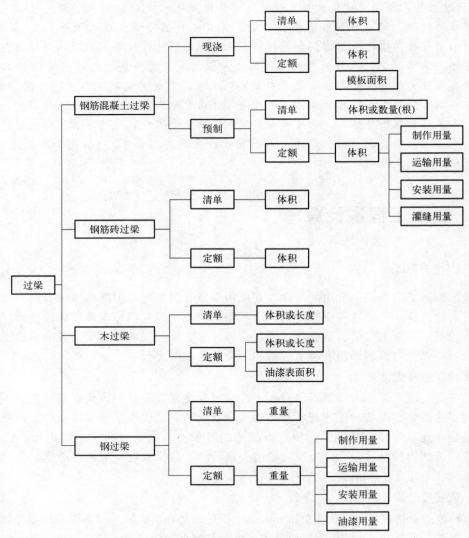

图 11-40　不同类型过梁的清单定额计算规则

11.4.2　任务分析

11.4.2.1　图纸分析

完成本节任务需明确过梁的类型，由"幼儿园-结构"中的"结构设计总说明（二）"

可知，本工程案例中的过梁为现浇混凝土过梁，且混凝土强度等级为 C25，截面形状为矩形，不同宽度的洞口上的过梁截面尺寸与配筋信息不同。图纸中不同洞口宽度的过梁截面尺寸与配筋信息如表 11-10 所示。

表 11-10　不同洞口宽度上方过梁参数　　　　单位：mm

洞口宽度 L	高度 h	宽度 b	伸出洞口两侧长度 a	下部钢筋	上部钢筋	箍筋
2400＜L≤3300	300	250	250	3Φ14	2Φ10	Φ6@200
3300＜L≤3600	300	250	250	3Φ16	2Φ10	Φ6@150
3600＜L≤4200	350	250	250	3Φ16	2Φ10	Φ6@150

11.4.2.2　建模分析

在进行过梁建模时，可以采用手动方式在构件列表中建立过梁构件，再用"点"命令或智能布置的方式建立模型；也可以直接使用 BIM 平台中"生成过梁"的命令在门窗洞口上方生成过梁模型。在模型建立完成后，需要结合图纸查看过梁是否布置正确，确保工程量计算的准确性。

11.4.3　任务实施

以首层过梁为例，在 BIM 平台中进行过梁的绘制及工程量计算，本节提供"手动建模"和"生成过梁"两种建模方式，具体操作如下：

11.4.3.1　手动绘制过梁模型步骤

（1）手动建立过梁构件

下面参考"结构设计总说明（二）"中的过梁表，分别手动建立不同的过梁构件。

① 在左侧导航栏中找到"门窗洞-过梁（G）"，并单击"过梁（G）"；点击"构件列表"页签，单击"新建-新建矩形过梁"命令，建立过梁构件。

② 选中新建的梁构件，查看图纸中过梁表内的信息，将第一行过梁的各项属性输入在"属性列表"当中。

③ 查看图纸中洞口宽度"0＜L≤2400"的过梁信息为：高度 h＝120mm，厚度同所处墙厚，下部钢筋 3Φ12，上部钢筋 3Φ12，箍筋Φ6@200。

④ 在属性列表中输入以下参数：名称—GL-1、截面高度—120、上部纵筋—3C12、下部纵筋—3C12、箍筋—C6@200、材质—预制混凝土，输入完成的参数如图 11-41 所示。

⑤ 分别建立其余过梁构件，并依次在属性列表中输入以下参数：名称—GL-2、截面高度—300、上部纵筋—2Φ10、下部纵筋—3Φ14、箍筋—Φ6@200；名称—GL-3、截面高度—300、上部纵筋—2Φ10、下部纵筋—3Φ16、箍筋—Φ6@150；名称—GL-4、截面高度—350、上部纵筋—2Φ10、下部纵筋—3Φ16、箍筋—Φ6@150。由于软件默认过梁两端伸入墙内的长度为 250mm，与设计图纸中一致，故无需修改。

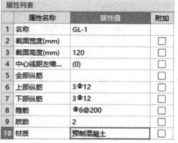

	属性名称	属性值	附加
1	名称	GL-1	
2	截面宽度(mm)		☐
3	截面高度(mm)	120	☐
4	中心线距左墙	(0)	☐
5	全部纵筋		☐
6	上部纵筋	3Φ12	☐
7	下部纵筋	3Φ12	☐
8	箍筋	Φ6@200	☐
9	胶数	2	☐
10	材质	预制混凝土	☐

图 11-41　GL-1 属性值

（2）绘制过梁模型

本节以Ⓕ、①、②轴处的窗 C2323 与Ⓑ、Ⓒ、①轴处的窗 C3532 为例，进行过梁布置。

① 查看窗宽度。查看 C2323 宽度为 2300mm，窗宽度符合 0＜2300≤2400，故选取 GL-1 进行布置。

② 在构件列表选中过梁构件"GL-1"，使用"点"命令，将鼠标移动到 C2323 处，单击鼠标左键，即可布置完成过梁模型。

③ 查看窗宽度。查看 C3532 宽度为 3500mm，窗宽度符合 3300＜3500≤3600，故选取 GL-3 进行布置。

④ 在构件列表选中过梁构件"GL-3"，使用"点"命令，将鼠标移动到 C3532 处，单击鼠标左键，即可布置完成过梁模型。绘制完成的过梁模型如图 11-42 所示。

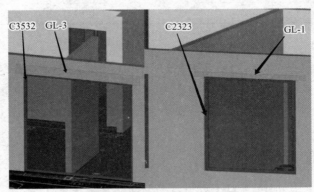

图 11-42　绘制完成的过梁模型

⑤ 智能布置。为了提高建模速度，软件提供了"智能布置"的方式布置过梁，此命令可以对不同宽度门窗洞口上方的过梁进行批量布置，如图 11-43 所示。例如对于 GL-1，可以选择"门窗洞口宽度"命令进行批量布置，首先在构件列表内选中"GL-1"，再点击"智能布置"命令中的"门窗洞口宽度"，弹出"按门窗洞口宽度布置过梁"窗口，如图 11-44 所示，在布置条件内输入"0、2400"并单击"确定"即可完成布置。

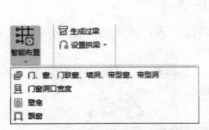

图 11-43　"智能布置"过梁命令

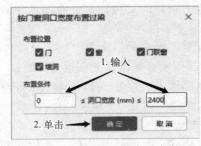

图 11-44　输入过梁布置条件

11.4.3.2　自动"生成过梁"命令绘制过梁模型

手动建立过梁模型需要首先手动建立过梁构件，再根据门窗洞口的尺寸依次布置过梁模型，其过程比较烦琐。因此软件提供了一种自动生成过梁构件和模型的命令，即"生成过梁"命令，此命令可以根据结构设计图纸给出的所有过梁信息，统一设置门窗洞口的宽度、过梁高度、钢筋信息等参数，一次性生成所有过梁模型。

① 在工作区上方选择"过梁二次编辑-生成过梁"命令，弹出"生成过梁"窗口，如图 11-45 所示。

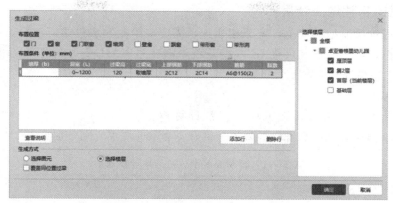

图 11-45　"生成过梁"窗口

② 结合结构图纸,并在弹窗内输入第一行的内容为:洞宽—0~2400,过梁高—120,上部钢筋—3C12,下部钢筋—3C12,箍筋—C6-200。点击"添加行",输入其余几行的内容分别为:洞宽—2401~3300,过梁高—300,上部钢筋—2C10,下部钢筋—3C14,箍筋—C6-200;洞宽—3301~3600,过梁高—300,上部钢筋—2C10,下部钢筋—3C16,箍筋—C6-150;洞宽—3601~4200,过梁高—350,上部钢筋—2C10,下部钢筋—3C16,箍筋—C6-150。输入完成参数后单击"确定"即可完成建模。输入完成的参数如图 11-46 所示。

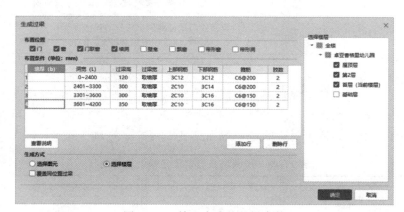

图 11-46　输入完成的过梁参数

建立完成的首层过梁模型三维视图如图 11-47 所示。

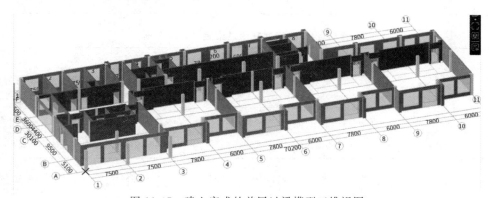

图 11-47　建立完成的首层过梁模型三维视图

11.4.3.3　过梁构件做法套用

为了准确将过梁模型与清单、定额相匹配，需要在绘制完成过梁模型后，对过梁构件进行做法套用操作，本节以预制过梁 GL-1 与现浇混凝土过梁 GL-2 为例进行介绍。

（1）过梁工程量计算规则

① 清单计算规则

通过查取《房屋建筑与装饰工程工程量计算规范》（GB 50854—2013）中的表 E.3 与表 E.10、表 S.2 可得，预制和现浇混凝土过梁需要套取的清单规则分别见表 11-11 与表 11-12。

表 11-11　预制混凝土过梁清单计算规则

项目编码	项目名称	计量单位	计算规则
010510003	过梁	m^3/根	1. 以立方米计量，按设计图示尺寸以体积计算； 2. 以根计量，按设计图示尺寸以数量计算

表 11-12　现浇混凝土过梁清单计算规则

项目编码	项目名称	计量单位	计算规则
010503005	过梁	m^3	按设计图示尺寸以体积计算； 伸入墙内的梁头、梁垫并入梁体积内； 梁长：1. 梁与柱连接时，梁长算至柱侧面； 2. 主梁与次梁连接时，次梁长算至主梁侧面
011702009	过梁	m^2	按模板与现浇混凝土构件的接触面积计算； 柱、梁、墙、板连接的重叠部分，不计入模板面积

② 定额计算规则

通过查询《山东省建筑工程消耗量定额》（2016 版）并结合《山东省建设工程消耗量定额与工程量清单衔接对照表》（建筑工程专业）中的 E.3、E.8、E.10、S.2 可得，预制混凝土过梁和现浇混凝土过梁清单对应的定额规则见表 11-13 与表 11-14。

表 11-13　预制混凝土过梁定额计算规则

编号	项目名称	计量单位	计算规则
5-2-7	预制混凝土 过梁	$10m^3$	混凝土工程量按图示尺寸以体积计算，不扣除构件内钢筋、铁件、预应力钢筋所占的体积
5-5-61	塔式起重机 过梁 每个构件单体体积≤0.4m³ 安装高度≤三层	$10m^3$	

表 11-14　现浇混凝土过梁定额计算规则

编号	项目名称	计量单位	计算规则
5-1-22	现浇混凝土 过梁	$10m^3$	按图示尺寸以体积计算，伸入墙内的梁头、梁垫并入梁体积内
5-3-12	泵送混凝土 柱、墙、梁、板 泵车	$10m^3$	按各混凝土构件混凝土消耗量之和计算体积
18-1-65	现浇混凝土模板 过梁 复合木模板木 支撑	$10m^2$	按模板与现浇混凝土构件的接触面积计算

下面分别以首层过梁"GL-1"与"GL-2"为例，在 BIM 平台中进行清单及定额项目的套用。

（2）过梁工程量清单定额规则套用

① 预制混凝土过梁清单定额项目套用

在上方导航栏中找到并进入"建模-通用操作-定义"界面，在构件列表中选中"GL-1"，在右侧工作区中切换到"构件做法"界面套取相应的清单项目，在匹配清单列表中双击"010510003-过梁-m³/根"，将该清单项目导入到上方工作区中。

在完成清单项目选取之后，需要填写清单项目的项目特征，根据《房屋建筑与装饰工程工程量计算规范》（GB 50854—2013）中表 E.10 的规定：预制混凝土过梁的项目特征需要描述图代号、混凝土强度等级等内容。单击鼠标左键选中"010510003"并在工作区下方的"项目特征"页签中添加单件体积为"≤0.4m³"；安装高度为"≤三层"；混凝土强度等级为"C25"；混凝土种类为"商品混凝土"。其余内容图纸中未提及，无需填写。

单击鼠标左键选中"010510003"，再点击工作区下方的"查询匹配定额"页签，在匹配定额下双击"5-2-7"定额子目，即可将其添加到清单项目"010510003"下。由于在匹配的定额库中没有过梁安装子目，因此需要手动添加，在上方单击"添加定额"命令，双击编码的空白处，输入"5-5-61"，回车键确认。

标准换算。由于定额子目"5-2-7"中混凝土强度等级默认为 C30，本工程案例中过梁的混凝土强度等级为 C25，因此需要对定额子目进行换算。单击选中定额子目"5-2-7"，在上方命令栏中点击"换算"命令，在下方"标准换算"栏中，选择混凝土强度等级的换算内容为"80210029　C25 预制混凝土 碎石<20"。

调整工程量表达式。定额子目"5-5-61"的工程量表达式内容为空白，在软件自动计算完毕后不会显示其工程量，需要进行调整，双击空白处，将表达式改为"TJ"即可。套取完成的 GL-1 清单定额项目如图 11-48 所示。

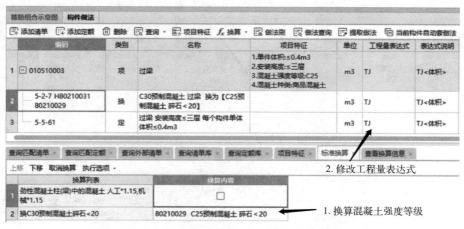

图 11-48　套取完成的 GL-1 清单定额项目

② 现浇混凝土过梁清单定额项目套用

在上方导航栏中找到并进入"建模-通用操作-定义"界面，在构件列表中选中"GL-2"，在右侧工作区中切换到"构件做法"界面套取相应的清单项目，在匹配清单列表中双击"010503005-过梁-m³"与"011702009-过梁-m²"，将清单项目导入到上方工作区中。

在完成清单项目选取之后，需要填写清单项目的项目特征，根据《房屋建筑与装饰工程工程量计算规范》（GB 50854—2013）中表 E.3 的规定：现浇混凝土过梁的项目特征需要描述混凝土种类和混凝土强度等级。单击鼠标左键选中"010503005"工作区下方的"项目特征"页签中添加混凝土种类为"商品混凝土";混凝土强度等级为"C25";根据表 S.2 的规定,过梁模板无需描述项目特征。

单击鼠标左键选中"010503005",再点击工作区下方的"查询匹配定额"页签,在匹配定额下双击"5-1-22"和"5-3-12"定额,即可将其添加到清单"010503005"下。单击鼠标左键选中"011702009",在工作区下方的"查询匹配定额"页签下双击"18-1-65"即可将其添加到清单"011702009"下。

标准换算。由于定额子目"5-1-22"中混凝土强度等级默认为 C20,本工程案例中过梁的混凝土强度等级为 C25,因此需要对定额子目进行换算。单击定额子目"5-1-22",在上方命令栏中点击"换算"命令,在下方"标准换算"栏中,选择混凝土强度等级的换算内容为"80210015　C25 现浇混凝土 碎石<20"。

调整工程量表达式。对于定额子目"5-3-12",其工程量表达式为空白,故此条目在汇总计算完成之后不显示工程量,因此需要对其工程量表达式进行修改,定额子目"5-3-12"的工程量需要基于子目"5-1-22"工料机构成中的混凝土实际工程量进行修改,因此可以在计价软件中查询"5-1-22"的工料机构成,每 $10m^3$ 消耗量的子目"5-1-22",含有 C25 商品混凝土的体积为 $10.1m^3$,因此每 $1m^3$ 消耗量的定额子目"5-1-22"所含 C25 商品混凝土的体积为 $1.01m^3$,即需要泵送的混凝土体积为 $1.01m^3$。子目"5-1-22"的工料机构成如图 11-49 所示。因此在构件做法中,定额子目"5-3-12"的工程量表达式为"TJ * 1.01"。修改步骤如图 11-50 所示。

图 11-49　定额子目"5-1-22"工料机构成

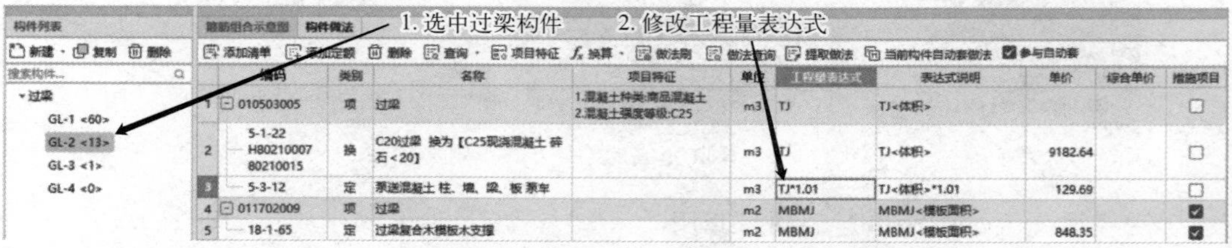

图 11-50　定额子目"5-3-12"工程量表达式修改

11.4.3.4　过梁工程量汇总计算及查询

将所有的过梁构件都套取相应的做法,通过软件中的工程量计算功能计算过梁的混凝土体积和模板面积之后,可以在相应的清单和定额项目中直接查看对应的工程量。构件的工程量可以通过"工程量"模块中的"汇总"子模块来计算。

（1）过梁工程量计算

在绘图工作区上方找到工程量模块中的“汇总计算”命令，在弹出的窗口内选择需要计算的梁构件，选中“首层-门窗洞-过梁”构件，单击“确定”进行工程量计算，选中计算范围如图 11-51 所示。计算时也可以先框选出需要计算工程量的图元，然后点击“汇总选中图元”命令。

（2）过梁工程量查看

过梁的工程量计算结果有两种查看方式，第一种是按照构件查看工程量，第二种则是按照做法（清单定额）来查看工程量。以首层全部过梁构件为例，在“工程量-土建计算结果”模块中找到“查看工程量”命令，单击此命令，并根据软件提示框选中所有首层过梁构件，弹出“查看构件图元工程量”界面。梁的“构件工程量”明细和“做法工程量”明细分别如图 11-52 和图 11-53 所示。

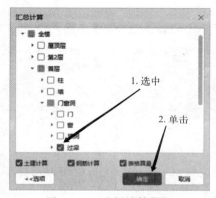

图 11-51　选择计算范围

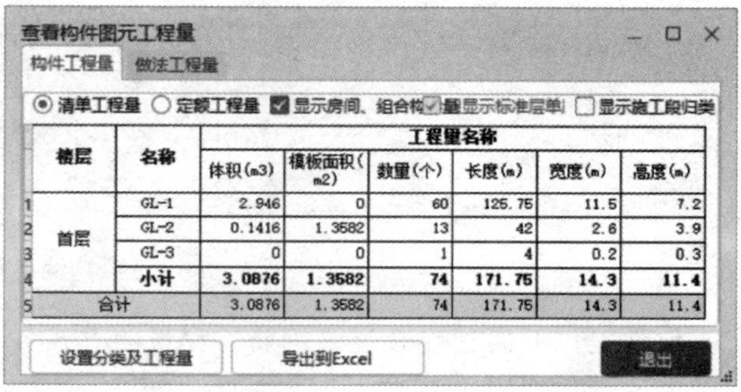

	楼层	名称	体积(m3)	模板面积(m2)	数量(个)	长度(m)	宽度(m)	高度(m)
1	首层	GL-1	2.946	0	60	125.75	11.5	7.2
2		GL-2	0.1416	1.3582	13	42	2.6	3.9
3		GL-3	0	0	1	4	0.2	0.3
4		小计	3.0876	1.3582	74	171.75	14.3	11.4
5	合计		3.0876	1.3582	74	171.75	14.3	11.4

图 11-52　过梁“构件工程量”查看

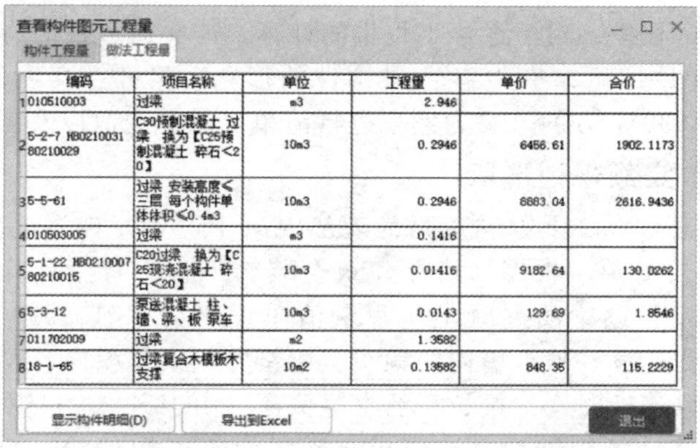

	编码	项目名称	单位	工程量	单价	合价
1	010510003	过梁	m3	2.946		
2	5-2-7 H80210031 80210029	C30预制混凝土 过梁　换为【C25预制混凝土 碎石<20】	10m3	0.2946	6456.61	1902.1173
3	5-5-61	过梁 安装高度≤三层 每个构件单体体积≤0.4m3	10m3	0.2946	8883.04	2616.9436
4	010503005	过梁	m3	0.1416		
5	5-1-22 H80210007 80210015	C20过梁　换为【C25现浇混凝土 碎石<20】	10m3	0.01416	9182.64	130.0262
6	5-3-12	泵送混凝土 柱、墙、梁、板 泵车	10m3	0.0143	129.69	1.8546
7	011702009	过梁	m2	1.3582		
8	18-1-65	过梁复合木模板木支撑	10m2	0.13582	848.35	115.2229

图 11-53　过梁“做法工程量”查看

过梁钢筋工程量的计算结果可以通过“工程量-钢筋计算结果”模块中的“查看钢筋量”和“编辑钢筋”两种方式进行查看。

以 C2323 上方 GL-1 为例，通过“查看钢筋量”命令，可以直接看到此过梁模型所属楼层名称、构件名称、钢筋型号和不同直径的钢筋重量，如图 11-54 所示。

通过“编辑钢筋”命令可以在工作区下方可以查看构件中的钢筋筋号、直径、级别、图形、计算公式、长度、根数、重量等必要信息，GL-1 的钢筋编辑界面如图 11-55 所示。

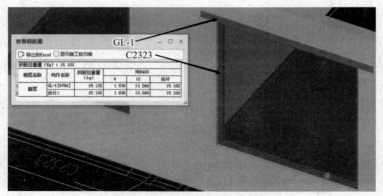

图 11-54   过梁钢筋工程量查看

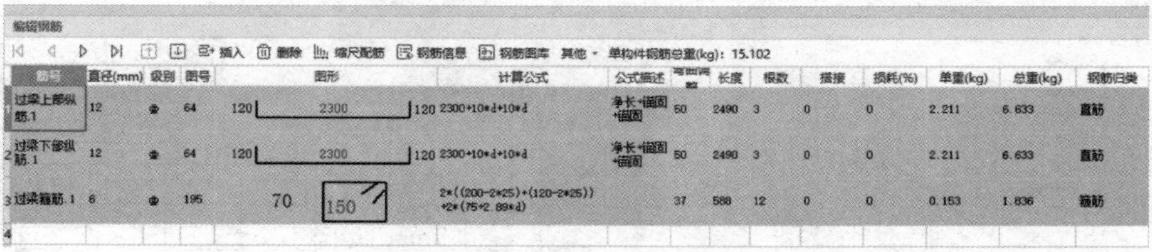

图 11-55   过梁"编辑钢筋"界面

软件提供的两种查看过梁钢筋工程量的方式各有其相应特点，在实际工作中可以根据不同的需要进行选用。

11.4.4   过梁传统计量方式

在传统计量计价过程中，对于过梁工程量的计算，需要通过查询清单和定额规范来进行列项，再通过读取 CAD 图纸来获取各个梁构件的形状、尺寸、高度等信息。本节以首层 Ⓑ、Ⓒ、①轴处窗 C3532 上方的过梁为例来进行清单定额的选取以及工程量的计算。

11.4.4.1   过梁清单定额规则选取

查看图纸可知，窗 C3532 上方的过梁为现浇混凝土过梁。现浇混凝土过梁需要套取混凝土工程量清单和模板清单。根据《房屋建筑与装饰工程工程量计算规范》（GB 50854—2013）中表 E.3 的规定，过梁的混凝土工程量清单编码为"010503005"，其计算规则为：按设计图示尺寸以**体积**计算；**伸入墙内的梁头、梁垫并入梁体积内；梁与柱连接时，梁长算至柱侧面；主梁与次梁连接时，次梁长算至主梁侧面**。由表 S.2，过梁的模板工程量清单编码为"011702009"，其计算规则为：按模板与现浇混凝土构件的接触面积计算；柱、梁、墙、板相互连接的重叠部分均不计算模板面积。

在《山东省建筑工程消耗量定额》（2016 版）中，第五章对于过梁混凝土工程量的计算有明确的要求，即按照图示断面尺寸乘以梁长以体积计算；过梁长度按设计规定计算，设计无规定时，按门窗洞口宽度，两端各加 250mm 计算。第十八章对于过梁模板工程量规定：按照混凝土与模板的接触面积计算，当过梁与圈梁连接时，其过梁长度按洞口两端共加 50cm 计算。

通过查取《山东省建设工程消耗量定额与工程量清单衔接对照表》（建筑工程专业）中

的 E.3 选取清单编码"010503005"下定额子条目"5-1-22"与泵送混凝土子目"5-3-12";选取 S.2 中清单编码"011702009"下的定额子条目"18-1-65"。

11.4.4.2　过梁清单定额工程量计算

以首层Ⓑ、Ⓒ、①轴处窗 C3532 上方的过梁为例进行清单定额工程量计算,由于此洞口 C3532 上方有高度为 600mm 的 KL-1(4A),在实际工程中无需布置过梁,为了方便教学,假设 C3532 上方无框架梁 KL-1 (4A)。

(1) 过梁混凝土工程量计算

过梁的混凝土工程量需要计算梁体积。按照"结构设计总说明(二)"中的过梁信息表可得:窗 C3532 上方过梁的截面形状为矩形,由于洞口宽度为 3500mm,故其上方过梁的高度为 300mm,宽度与墙厚相同,为 200mm,过梁两侧伸入墙内各 250mm。

故窗 C3532 上方过梁的混凝土工程量:

$$V_{梁} = 截面积 \times 梁长度 = (长 \times 宽) \times 梁长度 = (0.3 \times 0.2) \times (3.5 + 0.25 \times 2)$$
$$= 0.24 m^3;$$

泵送混凝土工程量 = 混凝土工程量 × 1.01 = 0.2424m³。

(2) 过梁模板工程量计算

《房屋建筑与装饰工程工程量计算规范》(GB 50854—2013) 中对于柱、梁、墙、板相互连接的重叠部分,均不计算模板面积。在《山东省建筑工程消耗量定额》(2016 版)中过梁模板的计算规则与清单中的计算规则一致。

结合图纸可知,窗 C3532 上方过梁的模板面积计算公式为:

$$S = 两侧模板面积 - 与墙重叠面积 + 底部模板面积$$

过梁的模板面积为:$S = 0.3 \times 4 \times 2 - 0.3 \times 0.2 + 3.5 \times 0.2 = 3.04 m^2$。

至此,窗 C3532 上方过梁的混凝土工程量、模板工程量计算完毕,经过对比可以看出,手算的工程量与软件中计算的结果一致,软件中的计算结果如图 11-56 所示。

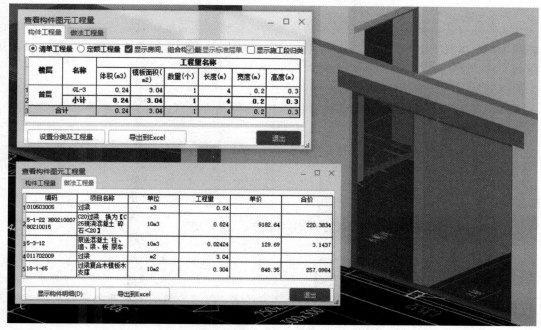

图 11-56　C3532 上方过梁软件工程量查看

手算 C3532 上方过梁的清单定额汇总如表 11-15 所示。

表 11-15   C3532 上方过梁清单定额汇总表

序号	编码	项目名称	项目特征	单位	工程量
1	010503005001	过梁	1. 混凝土种类:商品混凝土 2. 混凝土强度等级:C25	m^3	0.24
	5-1-22	C20 过梁 换为【C25 现浇混凝土】碎石＜20		$10m^3$	0.024
	5-3-12	泵送混凝土 柱、墙、梁、板泵车		$10m^3$	0.02424
2	011702009001	过梁		m^2	3.04
	18-1-65	过梁 复合木模板 木支撑		$10m^2$	0.304

11.4.4.3   过梁钢筋工程量计算

对于 C3532 上方过梁,图纸"结构设计总说明(二)"中"图 6.5、GA—GA"对过梁的钢筋构造有详细说明,即过梁上部钢筋的锚固长度 $L_a = \max(10d, 250mm)$,下部钢筋的锚固长度为 $13d$。

通过分析可得,C3532 上方过梁钢筋的计算公式为:

上部钢筋＝洞口宽度＋$\max(10d, 250mm) \times 2$

下部钢筋＝洞口宽度＋$2 \times 13d$

箍筋＝$2 \times (b$ 边长－$2 \times$ 保护层厚度＋h 边长－$2 \times$ 保护层厚度$)$＋弯钩长度

其中,单个弯钩长度＝$\max(10d, 75mm)$＋弯弧段长度＝$\max(10d, 75mm) + 2.89d$。

故上部钢筋＝$3500 + \max(10 \times 10, 250) \times 2 = 4000mm$;

下部钢筋＝$3500 + 13 \times 16 \times 2 = 3916mm$;

箍筋＝$2 \times (200 - 2 \times 25 + 300 - 2 \times 25) + 2 \times (75 + 2.89 \times 6) = 984.68mm \approx 985mm$。

在实际的工程应用当中,钢筋长度的取值为实际的下料长度,且钢筋定额中的工程量也是按照下料长度计取的,因此在完成钢筋的理论长度计算后,需要扣减钢筋弯曲调整值,从而得到下料长度。查表 8-7 可得,三级钢筋 90°弯折的调整值为 $2.08d$。

上部钢筋下料长度＝$4000 - 2.08 \times 10 \times 2 \approx 3958mm$

下部钢筋下料长度＝$3916 - 2.08 \times 16 \times 2 \approx 3849mm$

箍筋下料长度＝$985 - 2.08 \times 6 \times 3 \approx 948mm$

至此,过梁单根钢筋及箍筋的长度计算完毕。对于钢筋而言,需要用计算完的结果乘以钢筋单位长度重量,以此得到钢筋重量。

课程案例   BIM、 EPC、预制构件、装配式

2016 年 9 月,首届丝绸之路国际文化博览会(以下简称"文博会")在敦煌隆重举行,文博会的主要建筑物包括国际会展中心、大剧院、国际酒店及相关配套工程等。其中国际会展中心三座展馆对称分布,庄重大气;飞檐敦实厚重,汉唐遗风,丝绸风情意蕴,敦煌飞天神韵,完美和谐,历史感与现代感兼具。

文博会建筑项目面积 26.8 万 m^2,由中国建筑集团承建,发挥中建集团全产业链优势以及预制装配式技术、EPC 建设模式等优势，集成创新了一种方式（装配化建造方式）、一个模式（EPC 工程总承包）、一个平台（中建数字化平台），形成了"三位一体"智能建造的新模式。

以敦煌大剧院为代表的主场馆的工厂化装配制造部件占到整个建筑的 81.2%，综合采用设计施工总承包（EPC）模式，成功实现了优化设计、缩短工期、节省投资。仅用 42 天就完成了从方案设计到土建施工三维图纸；全面采用 BIM 技术，设计、采购、施工在同一信息平台展示，避免"错漏碰撞"，实现复杂构件的精益制造和高效建造；全部场馆主体工程仅用 104 天，15 万 m² 的广场石材铺设仅用 40 天，总工期从 5 年压缩至 8 个月，项目管理成本、资金成本大幅度压缩约 15%。

11.5　构造柱工程量计算

11.5.1　相关知识

构造柱是指为了增强建筑物的整体性和稳定性而设置的钢筋混凝土柱，与各层圈梁相连接，形成能够抗弯抗剪的空间框架，是防止房屋倒塌的一种有效措施。

构造柱的设置部位在外墙四角、错层部位横墙与外纵墙交接处、较大洞口两侧，大房间内外墙交接处等。此外，房屋的层数不同、地震烈度不同，构造柱的设置要求也不一致，随着建筑抗震设防烈度和层数的增加，建筑四角的构造柱可适当加大截面和钢筋等级。为了加强构造柱与砌体墙间的整体性，构造柱与墙相接的部位设立马牙槎，一般构造柱的马牙槎伸出长度为 60mm，高度为 200～300mm，宽度同墙厚。

11.5.2　任务分析

11.5.2.1　图纸分析

完成本节任务需明确构造柱的类型，由"幼儿园-结构"中的"-0.100m 结构平面图"可知，本工程案例中的构造柱截面类型均为矩形，且混凝土强度等级为 C25，不同厚度的砌体墙中的构造柱截面尺寸与配筋信息不同。图纸中不同构造柱的过梁截面尺寸与配筋信息如表 11-16 所示。

表 11-16　不同构造柱的参数　　　　　　　单位：mm

名称	墙厚1	墙厚2	纵筋	箍筋
GZ1	200	200	4Φ12	Φ6@100/200
GZ2	100	200	2Φ12	Φ6@100/200
GZ3	100	300	2Φ12	Φ6@100/200
GZ4	200	300	6Φ12	Φ6@100/200

11.5.2.2　建模分析

在进行构造柱建模时，可以采用手动方式在构件列表中建立构造柱构件，再用"点"命令或智能布置的方式建立模型；也可以直接使用 BIM 平台中"生成构造柱"的命令在砌体墙内生成构造柱模型。在模型建立完成后，需要结合图纸查看构造柱是否布置正确，确保工程量计算的准确性。

11.5.3　任务实施

以首层构造柱为例，在 BIM 平台中进行构造柱的绘制及工程量计算，本节提供"手动建模"和"生成构造柱"两种建模方式，具体操作如下：

11.5.3.1　手动绘制构造柱模型步骤

（1）手动建立构造柱构件

下面参考"－0.100m 结构平面图"中的构造柱信息，分别手动建立不同的构造柱构件。

① 在左侧导航栏中找到"柱-构造柱（Z）"，并单击"构造柱（Z）"；点击"构件列表"页签，单击"新建-新建矩形构造柱"命令，建立构造柱构件。

② 选中新建的构造柱构件，查看图纸中构造柱的信息，将构造柱的各项属性输入"属性列表"中。

③ 查看图纸中构造柱 GZ1 的信息为：$b=200\text{mm}$，$h=200\text{mm}$，全部纵筋 $4\Phi12$，箍筋 $\Phi6@100/200$。

④ 在属性列表中输入以下参数：名称为 GZ-1、截面宽度为 200、截面高度为 200、全部纵筋为 4C12、箍筋为 C6-100/200，输入完成的参数如图 11-57 所示。

⑤ 分别建立其余构造柱构件，并依次在属性列表中输入以下参数：名称为 GZ-2、截面宽度为 200、截面高度为 100、全部纵筋为 2C12、箍筋为 C6-100/200；名称为 GZ-3、截面宽度为 300、截面高度为 100、全部纵筋为 2C12、箍筋为 C6-100/200；名称为 GZ-4、截面宽度为 300、截面高度为 200、全部纵筋为 6C12、箍筋为 C6-100/200、箍筋肢数 3×2，其余参数无需修改。

（2）绘制构造柱模型

本节以Ⓔ、Ⓕ、①、②轴间的构造柱为例，进行构造柱模型布置。

① 查看墙厚。此处的墙厚均为 200mm，符合 GZ1 的尺寸，故选取 GZ1 进行布置。

② 在构件列表中选中构造柱构件"GZ-1"，使用"点"命令，将鼠标移动至轴线交点处，单击鼠标左键，即可布置完成构造柱模型。绘制完成的构造柱模型如图 11-58 所示。

	属性名称	属性值	附加
1	名称	GZ-1	
2	类别	构造柱	☐
3	截面宽度(B边)(...	200	☐
4	截面高度(H边)(...	200	☐
5	马牙槎设置	带马牙槎	☐
6	马牙槎宽度(mm)	60	☐
7	全部纵筋	4Φ12	☐
8	角筋		☐
9	B边一侧中部筋		☐
10	H边一侧中部筋		☐
11	箍筋	Φ6@100/200(2×2)	☐

图 11-57　"GZ-1"参数

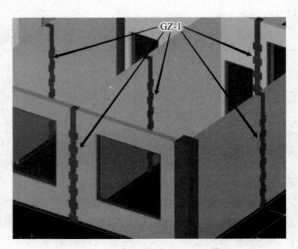

图 11-58　布置完成的 GZ-1 模型

11.5.3.2　自动"生成构造柱"命令绘制构造柱模型

手动建立构造柱模型需要首先手动建立构造柱构件，再根据墙厚的不同依次布置构造柱模型，其过程比较繁琐。因此软件提供了一种自动生成构造柱构件和模型的命令，即"生成构造柱"命令，此命令可以根据结构设计图纸给出的所有构造柱位置，统一设置构造柱，一次性生成所有构造柱模型，但自动建模完成后需要手动修改不同尺寸构造柱的配筋信息。

在工作区上方选择"构造柱二次编辑-生成构造柱"命令，弹出"生成构造柱"窗口，如图 11-59 所示。

此方法适用于符合布置规则的图纸，本工程案例图纸中构造柱的位置与软件的规则不完全一致，因此推荐手动布置构造柱，布置完成的首层部分构造柱如图 11-60 所示。

图 11-59　"生成构造柱"窗口

图 11-60　首层构造柱三维视图

11.5.3.3　构造柱构件做法套用

为了准确将构造柱模型与清单、定额相匹配，因此需要在绘制完成构造柱模型后，对构造柱构件进行做法套用操作，本节以构造柱 GZ1 为例进行介绍。

（1）构造柱工程量计算规则

① 清单计算规则

通过查取《房屋建筑与装饰工程工程量计算规范》（GB 50854—2013）中的表 E.2 与表 S.2 可得，现浇混凝土构造柱需要套取的清单规则见表 11-17。

表 11-17　构造柱清单计算规则

项目编码	项目名称	计量单位	计算规则
010502002	构造柱	m³	按设计图示尺寸以体积计算。构造柱按全高计算柱高，嵌接墙体部分（马牙槎）并入柱身体积

续表

项目编码	项目名称	计量单位	计算规则
011702003	构造柱	m²	按模板与现浇混凝土构件的接触面积计算;构造柱按图示外露部分计算模板面积

② 定额计算规则

通过查询《山东省建筑工程消耗量定额》(2016 版)并结合《山东省建设工程消耗量定额与工程量清单衔接对照表》(建筑工程专业)中的 E.2、E.8、S.2 可得,现浇混凝土构造柱对应的定额规则见表 11-18。

表 11-18   构造柱定额计算规则

编号	项目名称	计量单位	计算规则
5-1-17	C20 现浇混凝土 构造柱	10m³	按设计图示尺寸以体积计算。构造柱按全高计算柱高,嵌接墙体部分(马牙槎)并入柱身体积
5-3-12	泵送混凝土 柱、墙、梁、板 泵车	10m³	按各混凝土构件混凝土消耗量之和计算体积
18-1-40	构造柱 复合木模板 钢支撑	10m²	按模板与现浇混凝土构件的接触面积计算

下面以首层构造柱 GZ1 为例,在 BIM 平台中进行清单及定额项目的套用。

(2)构造柱工程量清单定额规则套用

① 构造柱清单项目套用

在上方导航栏中找到并进入"建模-通用操作-定义"界面,在构件列表中选中"GZ-1"构件,在右侧工作区中切换到"构件做法"界面套取相应的混凝土清单。

单击下方的"查询匹配清单"页签,弹出与构件相互匹配的清单列表,在匹配清单列表中双击"010502002 构造柱 m³",将该清单项目导入到上方工作区中,此清单项目为构造柱的混凝土体积;构造柱模板的清单项目编码为"011702003",在匹配清单列表中双击"011702003 构造柱 m²",将该清单项目导入到上方工作区中。

在完成清单项目选取之后,需要填写清单项目的项目特征,根据《房屋建筑与装饰工程工程量计算规范》(GB 50854—2013)中表 E.2 的规定:现浇混凝土构造柱的项目特征需要描述混凝土种类和混凝土强度等级两项内容;表 S.2 中构造柱模板的项目特征为空白,无需填写。单击鼠标左键选中"010502002"并在工作区下方的"项目特征"页签中添加混凝土种类的特征值为"商品混凝土",混凝土强度等级的特征值为"C25"。套取完成的构造柱清单项目特征如图 11-61 所示。

图 11-61   套取完成的构造柱清单项目

② 构造柱定额子目套用

在完成构造柱清单项目套用工作后,需对构造柱清单项目对应的定额子目进行套用。

单击鼠标左键选中"010502002",而后点击工作区下方的"查询匹配定额"页签,在匹配定额下双击"5-1-17"与"5-3-12"定额子目，即可将其添加到清单"010502002"项目下。

单击鼠标左键选中"011702003"，在"查询匹配定额"的页签下双击"18-1-40"定额子目，即可将其添加到清单"011702003"项目下。

③ 构造柱定额子目标准换算

由于定额子目"5-1-17"中混凝土强度等级默认为 C20，本工程案例中构造柱的混凝土强度等级为 C25，因此需要对定额子目进行换算。单击选中定额子目"5-1-17"，在上方命令栏中点击"换算"命令，在下方"标准换算"栏中，选择混凝土强度等级的换算内容为"80210017 C25 现浇混凝土 碎石＜31.5"。

套取并换算完成的构造柱定额项目如图 11-62 所示。

	编码	类别	名称	项目特征	单位	工程量表达式	表达式说明	单价	综合单价
1	⊟ 010502002	项	构造柱	1.混凝土种类:商品混凝土 2.混凝土强度等级:C25	m3	TJ	TJ＜体积＞		
2	5-1-17 H80210009 80210017	换	C20现浇混凝土 构造柱 换为【C25现浇混凝土 碎石＜31.5】		m3	TJ	TJ＜体积＞	8231.74	
3	5-3-12	定	泵送混凝土 柱、墙、梁、板泵车		m3			129.69	
4	⊟ 011702003	项	构造柱		m2	MBMJ	MBMJ＜模板面积＞		
5	18-1-40	定	构造柱复合木模板钢支撑		m2	MBMJ	MBMJ＜模板面积＞	771.3	

图 11-62　套取完成的构造柱定额项目

④ 定额子目工程量表达式修改

对于定额子目"5-3-12"，其工程量表达式为空白，故此条目在汇总计算完成之后不显示工程量，因此需要对其工程量表达式进行修改，定额子目"5-3-12"的工程量需要基于子目"5-1-17"工料机构成中的混凝土实际工程量进行修改，因此可以在计价软件中查询"5-1-17"的工料机构成，每 $10m^3$ 消耗量的子目"5-1-17"，含有 C25 商品混凝土的体积为 $9.8691m^3$，因此每 $1m^3$ 消耗量的定额子目"5-1-17"所含 C30 商品混凝土体积为 $0.98691m^3$，即需要泵送的混凝土体积为 $0.98691m^3$。定额子目"5-1-17"的工料机构成如图 11-63 所示。因此在构件做法中，定额子目"5-3-12"的工程量表达式为"TJ * 0.98691"。修改步骤如图 11-64 所示。

	编码	类别	名称	项目特征	单位	含量	工程量表达式	工程量	单价	综合单价	综合合价	
			整个项目								987.57	
1	⊟ 010502002001	项	构造柱		m3		1	1		987.57	987.57	
	5-1-17 H802100···	换	C20现浇混凝土 构造柱 换为【C25现浇混凝土 碎石＜31.5】		10m3	0.1	QDL	0.1	8327.57	9875.7	987.57	

1.选中定额子目　　　　　2.查看混凝土含量

	编码	类别	名称	规格及型号	单位	含量	数量	不含税省单价	不含税山东省价	不含税市场价	含税市场价	税率(%)
1	00010010	人	综合工日(土建)		工日	29.79	2.979	128	128	128	128	0
2	80210017	商砼	C25现浇混凝土	碎石＜31.5	m3	9.8691	0.98691	436.89	436.89	436.89	450	3
3	⊞ 80050009	浆	水泥抹灰砂浆	1:2	m3	0.2343	0.02343	544.3	544.3	544.3	584.97	
7	02090010	材	塑料薄膜		m2	5.15	0.515	1.86	1.86	1.86	2.1	13
8	02270047	材	阻燃毛毡		m2	1.03	0.103	42.5	42.5	42.5	48.03	13
9	34110003	材	水		m3	0.6	0.06	6.36	6.36	6.36	6.55	3
10	990610···	机	灰浆搅拌机	200L	台班	0.04	0.004	202.44	202.44	202.44	203.3	
17	⊞ 990618···	机	混凝土振捣器	插入式	台班	1.24	0.124	8.02	8.02	8.02	8.42	

图 11-63　定额子目"5-1-17"工料机构成

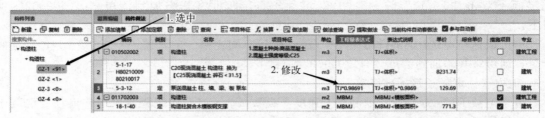

图 11-64　定额子目 "5-3-12" 工程量表达式修改

⑤ 复制清单定额项目至其余构造柱构件

由于首层的构造柱截面形状均为矩形，且混凝土种类与标号都一致，故首层所有构造柱构件的清单项目及定额子目都是一样的，使用 "做法刷" 命令将 "GZ-1" 的清单定额项目复制到其他构造柱构件。

鼠标左键单击 "编码" 与 "1" 左上方交叉处的白色方块，即可将框架梁的清单定额项目全部选中，如图 11-65 所示。

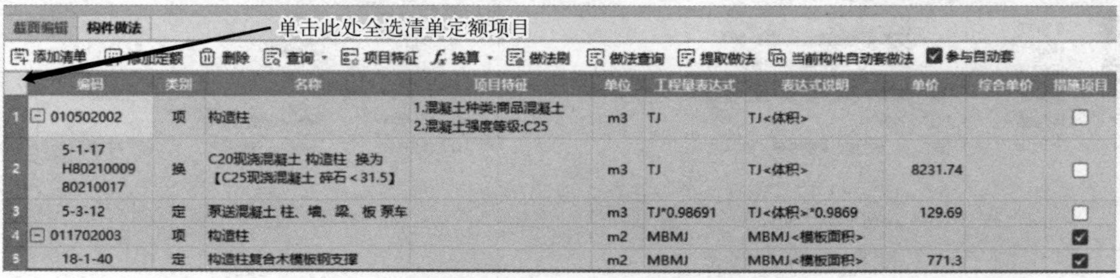

	编码	类别	名称	项目特征	单位	工程量表达式	表达式说明	单价	综合单价	措施项目
1	010502002	项	构造柱	1.混凝土种类:商品混凝土 2.混凝土强度等级:C25	m3	TJ	TJ<体积>			☐
2	5-1-17 H80210009 80210017	换	C20现浇混凝土 构造柱 换为【C25现浇混凝土 碎石<31.5】		m3	TJ	TJ<体积>	8231.74		☐
3	5-3-12	定	泵送混凝土 柱、墙、梁、板 泵车		m3	TJ*0.98691	TJ<体积>*0.9869	129.69		☐
4	011702003	项	构造柱		m2	MBMJ	MBMJ<模板面积>			☑
5	18-1-40	定	构造柱复合木模板钢支撑		m2	MBMJ	MBMJ<模板面积>	771.3		☑

图 11-65　全选清单定额项目

将 "GZ-1" 的清单和定额项目全部选中后，点击 "构件做法" 菜单栏中的 "做法刷"，此时软件新弹出 "做法刷" 提示框，在 "覆盖" 的添加方式下，选择所有的构造柱构件。具体操作如图 11-66 所示。

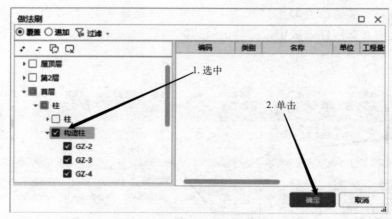

图 11-66　"做法刷" 选择范围

11.5.3.4　构造柱工程量汇总计算及查询

将所有的构造柱构件都套取相应的做法，通过软件中的工程量计算功能计算构造柱的混凝土体积和模板面积之后，可以在相应的清单和定额项目中直接查看对应的工程量。构件的工程量可以通过"工程量"模块中的"汇总"子模块来计算。

（1）构造柱工程量计算

在绘图工作区上方找到工程量模块中的"汇总计算"命令，在弹出的窗口内选择需要计算的构造柱构件，选中"首层-柱-构造柱"构件，单击确定进行工程量计算，选中计算范围如图 11-67 所示。计算时也可以先框选出需要计算工程量的图元，然后点击"汇总选中图元"命令。

（2）构造柱工程量查看

构造柱的工程量计算结果有两种查看方

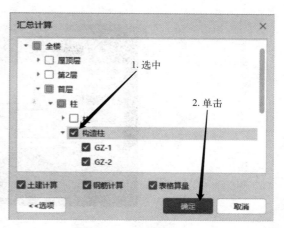

图 11-67　选择计算范围

式，第一种是按照构件查看工程量，第二种则是按照做法（清单定额）来查看工程量。以首层全部构造柱构件为例，在"工程量-土建计算结果"模块中找到"查看工程量"命令，单击此命令，并根据软件提示框选中所有首层构造柱构件，弹出"查看构件图元工程量"界面。构造柱的"构件工程量"明细和"做法工程量"明细分别如图 11-68 和图 11-69 所示。

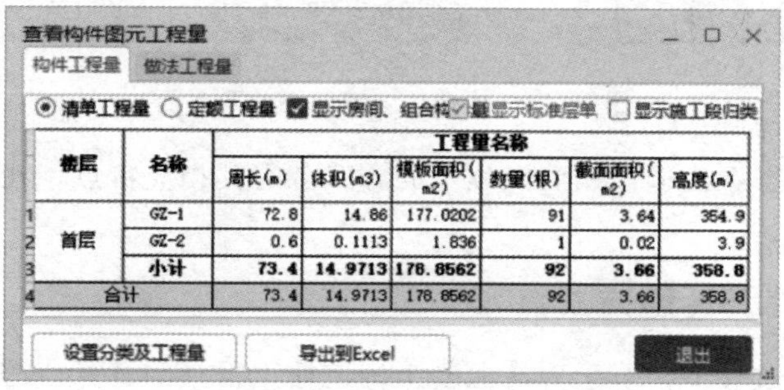

图 11-68　构造柱"构件工程量"查看

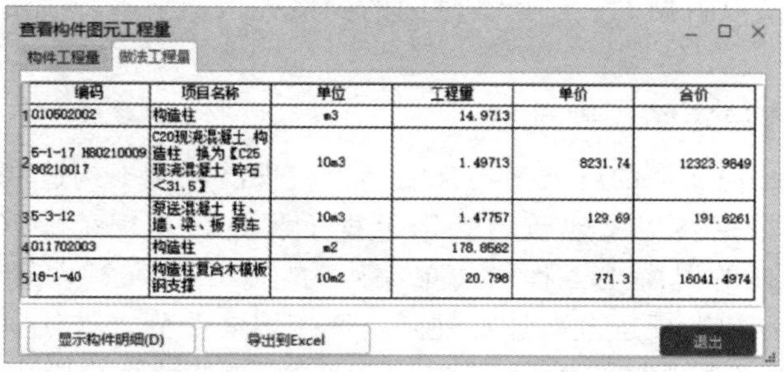

图 11-69　构造柱"做法工程量"查看

构造柱钢筋工程量的计算结果可以通过"工程量-钢筋计算结果"模块中的"查看钢筋量"和"编辑钢筋"两种方式进行查看。

以Ⓕ、①、②轴间的构造柱为例，通过"查看钢筋量"命令，可以直接看到构造柱模型所属楼层名称、构件名称、钢筋型号和不同直径的钢筋重量，如图 11-70 所示。

通过"编辑钢筋"命令可以在工作区下方查看构件中的钢筋筋号、直径、级别、图形、计算公式、长度、根数、重量等必要信息，该构造柱的钢筋编辑界面如图 11-71 所示。

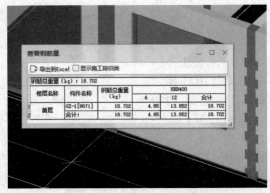

图 11-70　构造柱钢筋工程量查看

筋号	直径(mm)	级别	图号	图形	计算公式	公式描述	可调调节	长度	根数	搭接	损耗(%)	单重(kg)	总重(kg)	钢筋归类
1 角筋.1	12	Φ	18	120　2800	3900-500-600+10*d	层高-本层的露出…	25	2895	4	1	0	2.571	10.284	直筋
2 构造柱预留筋.1	12	Φ	1	1004	500+42*d	本层的露出长度…	(0)	1004	4	0	0	0.892	3.568	直筋
3 箍筋.1	6	Φ	195	150　150	2*(150+150)+2*(75+2.89*d)		37	748	25	0	0	0.194	4.85	箍筋
4														

图 11-71　构造柱"编辑钢筋"界面

软件提供的两种查看构造柱钢筋工程量的方式各有其相应特点，在实际工作中可以根据不同的需要进行选用。

11.5.4　构造柱传统计量方式

在传统计量计价过程中，对于现浇混凝土构造柱工程量的计算，需要通过查询清单和定额规范来进行列项，再通过读取 CAD 图纸来获取各个构造柱构件的形状、尺寸、高度、马牙槎长度等信息。本节以首层Ⓕ、①、②轴间的构造柱为例来进行清单定额的选取以及工程量的计算。

11.5.4.1　构造柱清单定额规则选取

查看图纸可知，此构造柱的材质为现浇混凝土。现浇混凝土构造柱需要套取混凝土工程量清单和模板清单。根据《房屋建筑与装饰工程工程量计算规范》（GB 50854—2013）中表 E.2 的规定，构造柱的混凝土工程量清单编码为"010502002"，其计算规则为：按设计图示尺寸以体积计算；构造柱按全高计算柱高，嵌接墙体部分（马牙槎）并入柱身体积。由表 S.2，构造柱的模板工程量清单编码为"011702003"，其计算规则为：**构造柱按图示外露部分计算模板面积**。

在《山东省建筑工程消耗量定额》（2016 版）中，第五章对于构造柱混凝土工程量的计算有明确的要求，即按图示断面尺寸乘以柱高以体积计算。柱高按下列规定确定：构造柱按设计高度计算，与墙嵌接部分（马牙槎）的体积，按构造柱出槎长度的一半（有槎与无槎的平均值）乘以出槎宽度，再乘以构造柱柱高，并入构造柱体积内计算。第十八章对于构造柱模板工程量规定：按混凝土外露宽度乘以柱高以面积计算；构造柱与砌体交错交叉连接时，按混凝土外露面的最大宽度计算。**构造柱与墙的接触面不计算模板面积**。

通过查取《山东省建设工程消耗量定额与工程量清单衔接对照表》（建筑工程专业）中的 E.2 选取清单编码"010502002"下定额子条目"5-1-17"与泵送混凝土子目"5-3-12"；选取 S.2 中清单编码"011702003"下的定额子条目"18-1-40"。

11.5.4.2　构造柱清单定额工程量计算

以首层Ⓕ、①、②轴间的构造柱为例来进行清单定额工程量的计算。

（1）构造柱混凝土工程量计算

构造柱的混凝土工程量需要计算构造柱的体积。结合图纸可得：此构造柱的高度为 3.9m（柱顶标高与柱底标高取设计标高），长×宽为 200mm×200mm，构造柱上方有高度为 600mm 的 KL19，马牙槎伸出柱 60mm，从柱底部至柱顶部，每隔 300mm 设置一个马牙槎，此构造柱与三面墙连接，故马牙槎有三组。

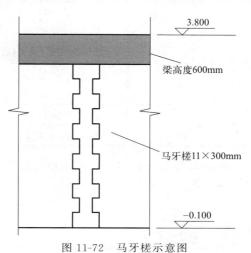

图 11-72　马牙槎示意图

构造柱净高度为：柱高度－梁高度＝3.9－0.6＝3.3m，从底部算起，每 300mm 设置高度为 300mm 的马牙槎，故每一组有 6 个马牙槎，马牙槎示意如图 11-72 所示。

故构造柱混凝土工程量＝柱截面积×柱高度－梁重叠体积＋马牙槎体积。

$$V_{柱}=0.2\times0.2\times3.9-0.2\times0.2\times0.6+3\times6\times(0.06\times0.3\times0.2)=0.1968m^3。$$

泵送混凝土工程量＝0.1968×0.98691

$$\approx0.1942m^3。$$

（2）构造柱模板工程量计算

《房屋建筑与装饰工程工程量计算规范》（GB 50854—2013）中构造柱模板的计算规则为：按图示外露部分计算模板面积；《山东省建筑工程消耗量定额》（2016 版）中构造柱模板的计算规则为：按混凝土外露宽度乘以柱高以面积计算。两者区别如表 11-19 所示。

表 11-19　构造柱模板面积计算规则区别

规范名称	构造柱模板计算规则	结果
《房屋建筑与装饰工程工程量计算规范》（GB 50854—2013）	按图示外露部分计算模板面积	准确
《山东省建筑工程消耗量定额》（2016 版）	按混凝土外露宽度乘以高计算模板面积	偏大

对比两种规则，《房屋建筑与装饰工程工程量计算规范》（GB 50854—2013）对于构造柱模板工程量计算的描述更准确，为体现两者之间的差异性，本节分别采用《房屋建筑与装饰工程工程量计算规范》（GB 50854—2013）与《山东省建筑工程消耗量定额》（2016 版）的计算规则来计算构造柱模板工程量。

按照《房屋建筑与装饰工程工程量计算规范》（GB 50854—2013）规则计算。此构造柱的模板面积为：构造实际柱外露面积＝柱主体外露面积＋马牙槎外露面积。

故此构造柱模板面积＝0.2×3.3＋6×6×0.06×0.3＝1.308m²。

按照《山东省建筑工程消耗量定额》（2016 版）规则计算。此构造柱的模板面积为：混凝土外露宽度×柱高。

故此构造柱模板面积＝0.2×3.3＋6×0.06×3.3＝1.848m²。

对比以上结果，根据清单定额规则计算构造柱的混凝土结果一致，而根据清单定额规则计算构造柱的模板工程量有较大差别。

手算构造柱的清单定额汇总如表 11-20 所示。

表 11-20　构造柱清单定额汇总表

序号	编码	项目名称	项目特征	单位	工程量
1	010502002001	构造柱	1. 混凝土种类:商品混凝土 2. 混凝土强度等级:C25	m³	0.1968
	5-1-17	C25 现浇混凝土构造柱		10m³	0.01968
	5-3-12	泵送混凝土 柱、墙、梁、板 泵车		10m³	0.01942
2	011702003001	构造柱		m²	1.308
	18-1-40	构造柱 复合木模板 钢支撑		10m²	0.1848

构造柱钢筋工程量的计算与框架柱类似，具体计算过程参考框架柱的计算步骤，本处不再赘述。

 思考题

1. 二次结构模型绘制的一般顺序是？
2. 砌体墙的绘制步骤为？
3. 门窗与砌体墙之间的关系是什么？
4. 如何正确调整门窗的离地高度？
5. 过梁有哪些类型？
6. 智能布置过梁需要注意哪些参数？

第 12 章
BIM 装饰、屋面工程及
零星构件计量

学习目标： 通过本章的学习，能够了解房间装饰装修包含哪些具体构件以及其施工工艺，并掌握建筑图纸中"工程做法表"的含义；能够了解屋面工程的施工工艺及计算规则，合理套取其清单定额项目；能够正确定义并绘制零星构件如台阶、散水、坡道、栏杆扶手、压顶、挑檐、雨篷等构件的模型，并正确套取清单定额项目。

课程要求： 能够独立在 BIM 平台中完成装饰装修构件、屋面构件、零星构件的建模，并具备相应的知识，读懂工程图纸，了解不同装饰装修构件、屋面构件、不同零星构件的施工方式及施工工艺，并熟练掌握装饰装修构件、屋面构件、零星构件的工程量清单计算规则和定额计算规则，正确理解清单与定额规则之间的区别与联系。

12.1 BIM 装饰装修工程计量

12.1.1 相关知识

装饰装修工程主要包含室内外装修，如墙面抹灰、刮腻子、贴瓷砖等块料装饰，天棚、吊顶、踢脚等装饰工程，此外，还包含独立柱的装饰装修。由于室内外装饰装修的施工工艺存在较大差异，所以在实际的具体工程中，其施工顺序也不尽相同。具体施工顺序如下：

装饰装修工程的施工开始时间是在二次结构工程施工完成、主体工程验收合格后。装饰装修工程的施工顺序原则上为：先内后外；按楼层进行室内装饰施工，自下而上逐层推进；室外装饰装修按建筑立面自上而下分段施工。

12.1.1.1 室内装饰工程

室内装饰工程一般包含楼地面、踢脚线、内墙、天棚、吊顶等装修工作。其施工顺序为：建筑主体验收合格→内墙门窗框安装→内墙粉刷→楼地面施工→楼梯栏杆及扶手施工、门窗扇安装→室内涂料等。

12.1.1.2 室外装饰工程

室外装饰工程一般包含外墙抹灰、外墙装饰等工作内容。其施工顺序为：外墙砌体验收合格→外墙抹灰→外墙门窗框安装→外保温隔热板施工→门窗扇安装→外墙装饰。

12.1.1.3 装饰装修构件

在土建专业中，房间内的装饰装修构件大致可分为：楼地面、踢脚线、内外墙墙裙、墙面、天棚、吊顶等。对于不同装修构件的做法，其施工工艺及施工顺序各不相同，此处以常见的几种装饰装修构件为例进行详细说明。

（1）楼地面

楼地面是人们在其上方从事各种活动、安排各种家具和设备的一种表面层。楼地面的具体做法需要参照做法表中的描述，常见的楼地面有：地面砖楼地面、细石混凝土楼地面、花岗石石材楼地面、地板楼地面、环氧地面漆楼地面。不同类型的楼地面施工工序不同，下面介绍上述楼地面的施工流程：

地面砖楼地面的施工流程为：基层处理→找标高、弹线→抹找平层砂浆→弹铺砖控制线→铺砖→勾缝、擦缝→养护。

细石混凝土楼地面的施工流程为：找标高、弹面层水平线→基层处理→洒水湿润→抹灰饼→抹标筋→刷素水泥浆→抹面层压光→养护。

花岗石石材楼地面的施工流程为：尝试拼接→弹线→尝试排列→基层处理→铺砂浆→铺花岗石→接缝→擦缝→养护→打蜡。

地板楼地面的施工流程为：基层清理→铺防潮垫→铺强化地板→使用橡皮锤敲击使其均匀、牢固→接缝、接头。

环氧地面漆楼地面的施工流程为：地面基层处理→底漆施工→中间层批刮施工→整体打磨→环氧面漆施工。

楼地面种类较多，由于篇幅有限，此处仅展示地砖楼地面，如图 12-1 所示。

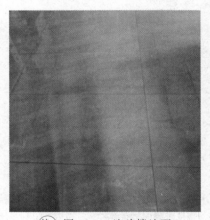

图 12-1　地砖楼地面

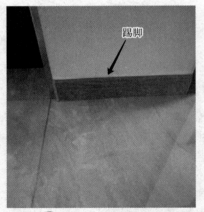

图 12-2　塑料踢脚

（2）踢脚线

踢脚（踢脚板、踢脚线）是外墙内侧和内墙两侧与室内地坪交界处的构造。踢脚的主要作用是防潮和保护墙脚，另外，踢脚线也比较容易擦洗，如果拖地溅上脏水，擦洗非常方便，也可以防止扫地时卫生工具污染墙面；做踢脚线还可以更好地使墙体和地面之间结合牢固，减少墙体变形，避免外力碰撞造成破坏。

踢脚的材料一般与地面相同，高度一般在 120~150mm 之间。按照材质不同，踢脚可分

为：水泥踢脚、水磨石踢脚、地砖踢脚、木板踢脚和塑料踢脚。其中，塑料踢脚如图 12-2
所示。

（3）墙面

墙面即墙身的外表饰面，分为室内墙面和室外墙面。墙面装修是建筑设计的组成部分，
现代化的室内墙面运用色彩、质感的变化来美化室内环境、调节照度，选择各种具有易清洁
和良好物理性能的材料，以满足多方面的使用功能。室外墙面直接影响建筑物外观和城市面
貌，根据建筑物本身的使用要求和技术经济条件选用具有一定防水和耐风化性能的材料，保
护墙体结构，保持外观清洁。按照墙面构造与材料，可将墙面划分为：抹灰墙面、石材墙
面、瓷砖墙面等。

（4）天棚

是指建筑施工过程中，在楼板底面直接喷浆、抹灰，或粘贴装饰材料的装饰装修构
件，一般用于装饰性要求不高的住宅、办公楼等民用建筑，天棚装修后的效果如图 12-3
所示。

图 12-3　天棚效果图

图 12-4　吊顶效果图

（5）吊顶

吊顶是悬挂于楼板或者屋盖承重结构下表面的顶棚，一般指房屋居住环境顶部装修中的
一种装饰，通俗地讲是指天花板的装饰，是室内装饰的重要部分之一。吊顶具有保温、隔
热、隔声、吸声的作用，同时也是电气、通风空调、通信和防火等工程的隐蔽层，常见的吊
顶一般采用扣板或石膏板制作。吊顶装修完成的效果如图 12-4 所示。

12.1.2　任务分析

12.1.2.1　图纸分析

完成本节任务需分析图纸做法表中各个装修构件所在的房间，即需要了解每个房间所包
含的装修构件。工程做法表中的部分构件做法如表 12-1 所示。

表 12-1　部分房间装修做法

编号	厚度	名称	工程做法	备注
楼 2	20mm	水泥砂浆楼地面	20mm 厚 1：2 水泥砂浆抹平压光	用于二层管井
			素水泥浆一道	
			现浇混凝土楼板	

续表

编号	厚度	名称	工程做法	备注
踢 1C	18mm	水泥砂浆踢脚	2mm 厚配套专用界面砂浆批刮	用于水泥砂浆楼地面砌块墙处高 150mm
			10mm 厚 1∶3 水泥砂浆	
			6mm 厚 1∶2 水泥砂浆抹面压光	
内墙 2	11mm	腻子内墙	2mm 厚内墙腻子两遍刮平	用于一层门厅及未特殊注明房间内墙
			9mm 厚 1∶3 水泥砂浆（压入玻纤耐碱网格布）	
			建筑胶素水泥浆一道	
			基层墙体	
顶 3	3mm	乳胶漆顶棚	白色乳胶漆涂料	用于门厅、走廊、楼梯
			白色普通腻子（地下耐水）两遍刮平	
			现浇钢筋混凝土板底面清理干净	

12.1.2.2　建模分析

软件提供了三种识别房间构件的命令，分别为："按构件识别装修表""按房间识别装修表""识别 Excel 装修表"，由于每个命令识别的表格格式不同，因此以下分别介绍三种识别方式。

（1）按构件识别装修表

在"按构件识别装修表"命令中，软件会自动识别装修构件的名称、高度及构件类型，并自动匹配所属楼层，也可使用"插入/删除行或列"命令手动添加构件，如图 12-5 所示，因此在装修做法表中，各列的表头需要以名称、高度、类型命名才可准确识别。

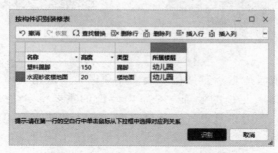

图 12-5 "按构件识别装修表"界面

（2）按房间识别装修表

顾名思义，"按房间识别装修表"即按照不同的房间对房间内的楼地面、踢脚、墙面、天棚、吊顶等装修构件进行一次性识别，并在房间构件中自动关联其余装修子构件，也可使用"插入/删除行或列"命令手动添加构件，如图 12-6 所示，因此在装修做法表中，各列的表头需要以房间及构件名称命名才可准确识别。

（3）识别 Excel 装修表

使用"识别 Excel 装修表"的命令识别装修构件即使用 BIM 平台打开 Excel 文件进行识别，此命令既可按构件识别装修构件，也可按照房间类型识别装修构件，也可使用"插入/删除行或列"命令手动添加构件，如图 12-7 所示，因此在装修做法表中，各列的表头需要符合"按房间识别装修表"或"按构件识别装修表"命令的表格格式才可准确识别。

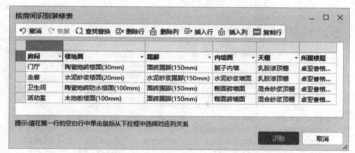

图 12-6　"按房间识别装修表"界面

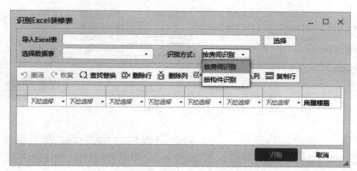

图 12-7　"识别 Excel 装修表"界面

通过对本案例建筑图纸中的工程做法表分析可知，本工程做法表不适用于自动识别，因此可以将构件信息手动输入至自动识别装修表界面内，或手动建立装修构件。

12.1.3　任务实施

本工程案例以"按房间识别装修表"与"手动修改识别界面"相结合的方式建立装修构件并绘制房间装修模型，套取相应做法，基本步骤为：识别房间装修做法表→手动修改构件属性→识别房间及附属构件→绘制房间模型→套取构件做法。

12.1.3.1　房间装修模型绘制步骤

（1）识别房间装修表

① 在图纸管理中将图纸切换至"幼儿园-建筑"，找到"工程做法表"图纸，调整位置使其处于绘图工作区中心。

② 在左侧导航栏中找到"装修-房间（F）"，并单击"房间（F）"；在绘图工作区上方找到并单击"建模-识别房间"模块中的"按房间识别装修表"命令。

③ 根据软件提示拉框选择装修表，已选中的装修表变为蓝色，右键确认。在工作区中会弹出"按房间识别装修表"对话框。

④ 结合图纸，根据工程做法表中的"备注"内容，添加各个房间。由图纸可知：门厅楼地面类型为水泥砂浆楼地面，厚度 20mm；踢脚为水泥砂浆踢脚，高度 150mm；内墙面装饰材料为腻子；天棚为乳胶漆顶棚；所属楼层为一、二层。一层厨房的楼地面类型为陶瓷地砖防水地面；踢脚为面砖踢脚，高度 150mm；内墙面装饰材料为腻子；天棚为混合砂浆顶棚；所属楼层为一层。楼梯间的楼地面类型为陶瓷地砖楼面，厚度 30mm；踢脚为面砖踢脚，高度 150mm；内墙面装饰材料为水泥砂浆；天棚为乳胶漆顶棚；所属楼层为一层、二

层。修改完成的识别装修表界面如图 12-8 所示。

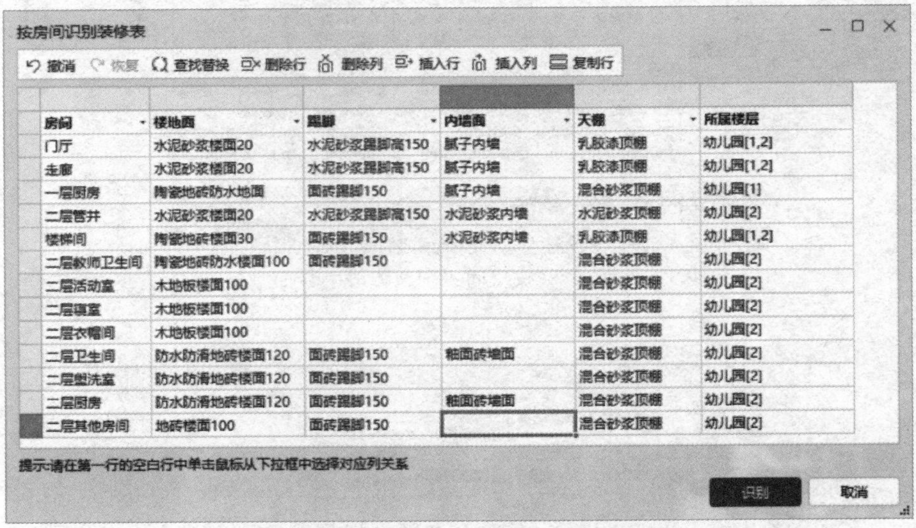

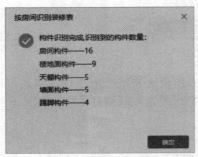

按房间识别装修表
撤消 恢复 查找替换 删除行 删除列 插入行 插入列 复制行
房间 楼地面 踢脚 内墙面 天棚 所属楼层
门厅 水泥砂浆楼面20 水泥砂浆踢脚高150 腻子内墙 乳胶漆顶棚 幼儿园[1,2]
走廊 水泥砂浆楼面20 水泥砂浆踢脚高150 腻子内墙 乳胶漆顶棚 幼儿园[1,2]
一层厨房 陶瓷地砖防水地面 面砖踢脚150 腻子内墙 混合砂浆顶棚 幼儿园[1]
二层管井 水泥砂浆楼面20 水泥砂浆踢脚高150 水泥砂浆内墙 水泥砂浆顶棚 幼儿园[2]
楼梯间 陶瓷地砖楼面30 面砖踢脚150 水泥砂浆内墙 乳胶漆顶棚 幼儿园[1,2]
二层教师卫生间 陶瓷地砖防水楼面100 面砖踢脚150 混合砂浆顶棚 幼儿园[2]
二层活动室 木地板楼面100 混合砂浆顶棚 幼儿园[2]
二层寝室 木地板楼面100 混合砂浆顶棚 幼儿园[2]
二层衣帽间 木地板楼面100 混合砂浆顶棚 幼儿园[2]
二层卫生间 防水防滑地砖楼面120 面砖踢脚150 釉面砖墙面 混合砂浆顶棚 幼儿园[2]
二层盥洗室 防水防滑地砖楼面120 面砖踢脚150 混合砂浆顶棚 幼儿园[2]
二层厨房 防水防滑地砖楼面120 面砖踢脚150 釉面砖墙面 混合砂浆顶棚 幼儿园[2]
二层其他房间 地砖楼面100 面砖踢脚150 混合砂浆顶棚 幼儿园[2]
提示:请在第一行的空白行中单击鼠标从下拉框中选择对应列关系
识别
取消

图 12-8　“按房间识别装修表”对话框

按房间识别装修表
构件识别完成,识别到的构件数量:
房间构件——16
楼地面构件——9
天棚构件——5
墙面构件——5
踢脚构件——4
确定

图 12-9　“按房间识别装修表”识别完成提示框

⑤ 修改完成后，单击“识别”命令，即可将房间及所包含的装修构件全部识别，识别完成的提示如图 12-9 所示。

（2）修改装修构件属性

① 建立完成构件后，切换到左侧导航栏的“装修-房间”页签，点击选中“房间”并双击，即可弹出“定义”的界面。切换不同的房间类型，可以看到不同的房间下对应的装修构件信息。使用此命令建立装修构件，软件并不能自动识别某些构件的块料厚度，因此需要在识别完成的构件属性列表中手动修改，修改完成的属性如图 12-10 所示。

构件列表
新建 复制 删除
搜索构件...
房间
门厅 <0>
走廊 <0>
一层厨房 <0>
楼梯间 <0>
修改
属性列表
属性名称 属性值
1 名称 水泥砂浆楼面20
2 块料厚度(mm) 20
3 是否计算防水... 否
4 顶标高(m) 层底标高
5 备注
6 土建业务属性
10 显示样式
构件类型
楼地面
水泥砂浆楼面20
踢脚
水泥砂浆踢脚高150
墙裙
墙面
腻子内墙 [内墙面]
天棚
乳胶漆顶棚
吊顶
独立柱装修
房心回填
依附构件类型 构件做法
新建 添加依附构件 删除依附构
构件名称 依附构件顶标高(m)
水泥砂浆楼面20 层底标高

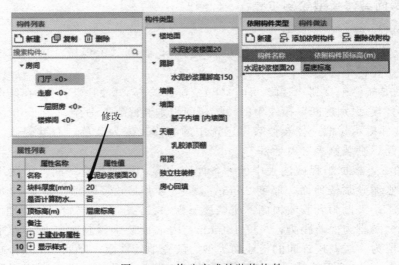

图 12-10　修改完成的装修构件

② 以上为单个装修构件的属性修改过程，对于其余装修构件的属性，仅需对照图纸进行修改，保证构件属性的准确性即可。

（3）绘制房间装修模型

① 按房间绘制。将左侧导航栏切换至"装修-房间"，并在工作区上方导航栏中选择"绘图-点"命令，找到绘图工作区中相同名称的房间，直接点击即可完成绘制。

② 按子构件绘制。在左侧导航栏中选择"装修-楼地面/踢脚"等命令，并在上方导航栏的绘图子模块中选择"点"或"直线"命令，根据软件提示，对各个房间的装修构件依次修改即可。

注：装修的房间必须是封闭的。在绘制房间图元时，首先要保证房间必须是封闭的，否则会出现布置不上的情况，需要手动对房间内的其他图元进行修改。

在布置装修构件过程中，往往会出现不同类型的房间装修做法是不一样的情况；但是实际在布置时，会发现都是按照一种装修做法去布置的。这时就需要用"虚墙"构件将不同的房间类型隔开，再分别布置不同的房间做法。

12.1.3.2　房间装修构件做法套用

为了准确将图纸工程做法表中的内容与清单、定额相匹配，需要在建立完成房间装修构件的模型后，对其进行做法套用操作。由于本工程中房间种类较多，因此仅选取部分装修构件介绍装饰装修工程清单定额项目的套取步骤。

（1）装饰装修工程量计算规则

本节分别选取楼地面、踢脚、墙面、天棚中的块料楼地面、水泥砂浆踢脚、腻子内墙、混合砂浆顶棚构件进行清单定额的套取。

① 清单计算规则

通过查取《房屋建筑与装饰工程工程量计算规范》（GB 50854—2013）并结合图纸可得，本案例工程的陶瓷地砖防水楼面、水泥砂浆踢脚、腻子内墙、混合砂浆顶棚需要套取的清单规则见表 12-2。

表 12-2　部分装修构件清单计算规则

项目编码	项目名称	计量单位	计算规则
011102003	块料 楼地面	m²	按设计图示尺寸以面积计算。门洞、空圈、暖气包槽、壁龛的开口部分并入相应工程量内
010904001	楼(地)面 卷材防水	m²	按设计图示尺寸以面积计算。反边高度≤300mm 算作楼地面防水,反边高度>300mm 按墙面防水
011101006	平面砂浆 找平层	m²	按设计图示尺寸以面积计算
011105001	水泥砂浆 踢脚线	m²/m	1. 以平方米计量,按设计图示长度乘高度以面积计算; 2. 以米计量,按延长米计算
011201001	墙面一般抹灰	m²	按设计图示尺寸以面积计算
011406003	满刮腻子	m²	按设计图示尺寸以面积计算
011301001	天棚抹灰	m²	按设计图示尺寸以水平投影面积计算。不扣除间壁墙、垛、柱、附墙烟囱、检查口和管道所占的面积,带梁天棚的梁两侧抹灰面积并入天棚面积内,板式楼梯底面抹灰按斜面积计算,锯齿形楼梯底板抹灰按展开面积计算

② 定额计算规则

通过查询《山东省建筑工程消耗量定额》（2016 版）并结合《山东省建设工程消耗量定

额与工程量清单衔接对照表》（建筑工程专业）中的 L.2、L.5、M.1、P.6、N.1 可得，陶瓷地砖楼地、水泥砂浆踢脚、腻子内墙、混合砂浆顶棚需要套取的定额规则见表 12-3。

表 12-3　部分装修构件定额计算规则

编号	项目名称	计量单位	计算规则
11-3-61	陶瓷锦砖（马赛克）楼地面 干硬性水泥砂浆 不拼花	10m²	按设计图示尺寸以面积计算。门洞、空圈、暖气包槽、壁龛的开口部分并入相应的工程量内
9-2-23	聚氯乙烯卷材冷粘法 一层 平面	10m²	按设计图示尺寸以面积计算
11-1-1	水泥砂浆找平层 在混凝土或硬基层上 20mm	10m²	按设计图示尺寸以面积计算
11-2-6	水泥砂浆踢脚线 18mm	10m	1. 以平方米计量，按设计图示长度乘高度以面积计算； 2. 以米计量，按延长米计算
12-1-4	水泥砂浆 厚 9+6mm 混凝土墙（砌块墙）	10m²	按设计图示尺寸以面积计算
14-4-9	满刮成品腻子 内墙抹灰面二遍	10m²	按设计图示尺寸以面积计算
13-1-3	混凝土面天棚 混合砂浆 厚度 5+3mm	10m²	按设计图示尺寸以水平投影面积计算。不扣除间壁墙、垛、柱、附墙烟囱、检查口和管道所占的面积，带梁天棚的梁两侧抹灰面积并入天棚面积内，板式楼梯底面抹灰按斜面积计算，锯齿形楼梯底板抹灰按展开面积计算
14-4-16	乳液界面剂 涂敷	10m²	按设计图示尺寸以面积计算

下面分别以陶瓷地砖楼面、水泥砂浆踢脚、腻子内墙、混合砂浆天棚为例，在 BIM 平台中进行清单及定额项目的套用。

（2）装饰装修工程清单定额规则套用

① 陶瓷地砖防水楼面清单定额项目套用

在上方导航栏中找到并进入"建模-通用操作-定义"界面，在构件列表中找到并选中"装修-楼地面（V）-陶瓷地砖防水楼面"，在右侧工作区中切换到"构件做法"界面套取相应的清单项目，在匹配的清单列表中选中双击"011101006 平面砂浆找平层 m²"与"011102003 块料楼地面 m²"将该清单项目导入到上方工作区中，在匹配清单中没有清单项目"010904001"，点击"添加清单"，双击编码的空白处并输入"010904001"，回车键确认即可。

在完成清单项目选取之后，需要填写清单项目的项目特征，根据《房屋建筑与装饰工程工程量计算规范》（GB 50854—2013）中的规定填写各清单项目的项目特征。单击鼠标左键选中"011101006"并在"项目特征"页签中添加找平层厚度、砂浆配合比的特征值为"20mm，1：3"；选中"011102003"并在"项目特征"页签中添加结合层厚度、砂浆配合比的特征值为"30 厚 1：3 干硬性水泥砂浆"，面层材料品种、规格、颜色的特征值为："陶瓷地砖"；选中"010904001"并在"项目特征"页签中添加卷材品种、规格、厚度的特征值为"0.7mm 厚聚氯乙烯防水卷材"，防水层数的特征值为"一层"。

单击鼠标左键选中"011101006"，再点击下方的"查询匹配定额"页签，在匹配定额下双击"11-1-1"定额子目即可；选中"011102003"，在匹配定额下双击"11-3-61"定额子目即可；选中"010904001"，点击上方"添加定额"命令，并在定额编码的空白处输入"9-2-23"，回车键确认即可，定额子目"9-2-23"的工程量表达式为空白，双击空白处在下拉列表中选择"KLDMJ"即可。套取完成的"陶瓷地砖防水楼面"的清单定额项目如图 12-11 所示。

图 12-11　套取完成的"陶瓷地砖防水楼面"清单定额项目

② 水泥砂浆踢脚线清单定额项目套用

在上方导航栏中找到并进入"建模-通用操作-定义"界面，在构件列表中找到并选中"装修-踢脚（S）-水泥砂浆踢脚"，在右侧工作区中切换到"构件做法"界面套取相应的清单项目，在匹配清单列表中双击"011105001 水泥砂浆踢脚线 m²"，将该清单项目导入到上方工作区中。

在完成清单项目选取之后，需要填写清单项目的项目特征，根据《房屋建筑与装饰工程工程量计算规范》（GB 50854—2013）中表 L.5 的规定：水泥砂浆踢脚线的项目特征需要描述踢脚线高度、底层厚度及砂浆配合比、面层厚度及砂浆配合比等内容。单击鼠标左键选中"011105001"并在工作区下方的"项目特征"页签中添加踢脚线高度为"150mm"；底层厚度、砂浆配合比为"6mm 厚 1∶2 水泥砂浆"；面层厚度、砂浆配合比为"9mm 厚 1∶3 水泥砂浆"。

单击鼠标左键选中"011105001"，再点击工作区下方的"查询匹配定额"页签，在匹配定额下双击"11-2-6"定额子目，即可将其添加到清单项目"011105001"下。套取完成的"水泥砂浆踢脚线"清单定额项目如图 12-12 所示。

图 12-12　套取完成的"水泥砂浆踢脚线"清单定额项目

③ 腻子内墙清单定额项目套用

在上方导航栏中找到并进入"建模-通用操作-定义"界面，在构件列表中找到并选中"装修-墙面（W）-腻子内墙"，在右侧工作区中切换到"构件做法"界面套取相应的清单项目，在匹配清单列表中双击"011201001 墙面一般抹灰 m²"，将该清单项目导入到上方工作区中。腻子墙面还需套取刮腻子的清单项目，但匹配清单中没有刮腻子相关的清单条目，因此需要进入到构件做法下方的"查询清单库"界面（若无"查询清单库"页签，可以在"构件做法-查询-查询清单库"中调出），在搜索框中输入"011406003"，搜索完成后，双击"011406003 满刮腻子 m²"，将该清单项目导入到上方工作区中。

在完成清单项目选取之后，需要填写清单项目的项目特征，根据《房屋建筑与装饰工程工程量计算规范》（GB 50854—2013）中表 M.1 的规定：腻子内墙的项目特征需要描述墙体类型、底层厚度及砂浆配合比、面层厚度及砂浆配合比等内容。单击鼠标左键选中“011201001”并在工作区下方的“项目特征”页签中添加墙体类型为“内墙”；底层厚度、砂浆配合比为“素水泥浆”；面层厚度、砂浆配合比为“9 厚 1∶3 水泥砂浆”。表 P.6 中规定：刮腻子的项目特征需要描述基层类型、腻子种类、刮腻子遍数等内容。单击鼠标左键选中“011406003”并在工作区下方的“项目特征”页签中添加基层类型为“水泥砂浆”；腻子种类及遍数为“满刮成品腻子 内墙抹灰面 二遍”。

单击鼠标左键选中“011201001”，再点击工作区下方的“查询匹配定额”页签，在匹配定额下双击“12-1-4”定额子目，即可将其添加到清单项目“011201001”下。由于在匹配的定额库中没有刮腻子的定额子目，因此需要手动添加，单击鼠标左键选中清单项目“011406003”，并在上方单击“添加定额”命令，双击编码的空白处，输入“14-4-9”，回车键确认，并调整其工程量表达式为“QMMHMJ”。套取完成的“腻子内墙”清单定额项目如图 12-13 所示。

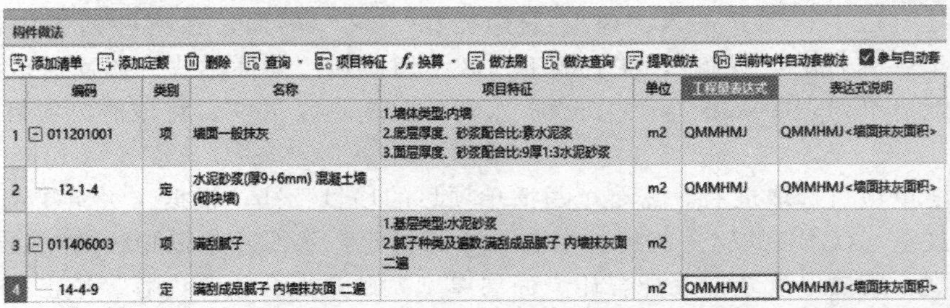

	编码	类别	名称	项目特征	单位	工程量表达式	表达式说明
1	011201001	项	墙面一般抹灰	1.墙体类型:内墙 2.底层厚度、砂浆配合比:素水泥浆 3.面层厚度、砂浆配合比:9厚1:3水泥砂浆	m2	QMMHMJ	QMMHMJ<墙面抹灰面积>
2	12-1-4	定	水泥砂浆(厚9+6mm) 混凝土墙(砌块墙)		m2	QMMHMJ	QMMHMJ<墙面抹灰面积>
3	011406003	项	满刮腻子	1.基层类型:水泥砂浆 2.腻子种类及遍数:满刮成品腻子 内墙抹灰面 二遍	m2		
4	14-4-9	定	满刮成品腻子 内墙抹灰面 二遍		m2	QMMHMJ	QMMHMJ<墙面抹灰面积>

图 12-13　套取完成的“腻子内墙”清单定额项目

④ 混合砂浆天棚清单定额项目套用

在上方导航栏中找到并进入“建模-通用操作-定义”界面，在构件列表中找到并选中“装修-天棚（P）-混合砂浆顶棚”，在右侧工作区中切换到“构件做法”界面套取相应的清单项目，在匹配清单列表中双击“011301001 天棚抹灰 m^2”，将该清单项目导入到上方工作区中。混合砂浆天棚还需套取刮腻子的清单项目，按上文所述将相关清单项目导入到上方工作区中，此处不再赘述。

在完成清单项目选取之后，需要填写清单项目的项目特征，根据《房屋建筑与装饰工程工程量计算规范》（GB 50854—2013）中表 N.1 的规定：天棚抹灰的项目特征需要描述基层类型、抹灰厚度及材料种类、砂浆配合比等内容。单击鼠标左键选中“011301001”并在工作区下方的“项目特征”页签中添加基层类型砂浆配合比为“5 厚 1∶1∶4 水泥石灰砂浆”；抹灰厚度及砂浆配合比为“3 厚 1∶0.5∶3 水泥石灰砂浆”。表 P.6 中规定：刮腻子的项目特征需要描述基层类型、腻子种类、刮腻子遍数等内容。单击鼠标左键选中“011406003”并在工作区下方的“项目特征”页签中添加基层类型为“混合砂浆”；腻子种类及遍数为“白色涂料 一遍”。

单击鼠标左键选中“011301001”，再点击工作区下方的“查询匹配定额”页签，在匹配定额下双击“13-1-3”定额子目，即可将其添加到清单项目“011301001”下。由于在匹配的定额库中没有刮腻子的定额子目，因此需要手动添加，单击鼠标左键选中清单项目“011406003”，并在上方单击“添加定额”命令，双击编码的空白处，输入“14-4-16”，回车键确认，并调整其工程量表达式为“TPMHMJ”。套取完成的“混合砂浆天棚”清单定额项目如图 12-14 所示。

	编码	类别	名称	项目特征	单位	工程量表达式	表达式说明
1	011301001	项	天棚抹灰	1.基层类型及砂浆配合比:5厚1:1:4水泥石灰砂浆 2.抹灰厚度及砂浆配合比:3厚1:0.5:3水泥石灰砂浆	m2	TPMHMJ	TPMHMJ<天棚抹灰面积>
2	13-1-3	定	混凝土面天棚 混合砂浆 (厚度5+3mm)		m2	TPMHMJ	TPMHMJ<天棚抹灰面积>
3	011406003	项	满刮腻子	1.基层类型:混合砂浆 2.腻子种类及遍数:白色涂料 一遍	m2		
4	14-4-16	定	乳液界面剂 涂数		m2	TPMHMJ	TPMHMJ<天棚抹灰面积>

图 12-14 套取完成的"混合砂浆天棚"清单定额项目

12.1.3.3 装饰装修工程量汇总计算及查询

将所有的装修构件都套取相应的做法，通过软件中的工程量计算功能计算装修构件的工程量之后，可以在相应的清单和定额项目中直接查看对应的工程量。构件的工程量可以通过"工程量"模块中的"汇总"子模块来计算。

（1）装修构件工程量计算

单击"汇总计算"命令，在弹出的窗口内选择需要计算的装修构件，单击"确定"，等待软件完成计算即可，选择计算的构件范围如图 12-15 所示。

（2）装修构件工程量查看

装修构件工程量的计算结果有两种查看方式，第一种是按照每种装修构件查看工程量，第二种则是按照房间来查看整体工程量。按照构件查看工程量的方式即分别按照楼地面、踢脚、墙面等单独的装修构件查看工程量；按房间查看工程量

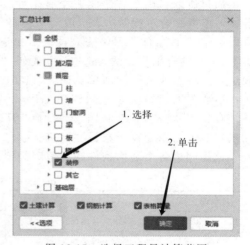

图 12-15 选择工程量计算范围

的方式即直接单击整个房间，可以同时查看房间的各个装修子构件。两种方式各有特点，可以根据实际情况自行选择。

12.1.4 装饰装修工程传统计量方式

在传统计量计价过程中，对于装饰装修工程量的计算，需要先查询建筑图纸工程做法表中的内容，并结合清单和定额规范来进行列项，再通过读取 CAD 图纸来获取房间内各个装修构件的信息，进行详细计算。本节以首层Ⓔ、Ⓕ、①、②轴间的房间"值班室"为例进行各个装修构件清单定额的选取以及工程量的计算，并对清单计算规则进行详细解读。

12.1.4.1 装修构件清单定额规则选取

通过读取工程做法表，"值班室"的楼地面为地砖地面；踢脚为花岗石踢脚；内墙面为水泥石灰浆墙面；顶棚为白色乳胶漆顶棚，涂料为乳胶漆。根据《房屋建筑与装饰工程工程量计算规范》（GB 50854—2013）中表 L.2 的规定，块料面层中块料楼地面的清单编码为"011102003"，其计算规则为：按设计图示尺寸以面积计算。表 L.5 规定，石材踢脚线的清单编码为"011105002"，其计算规则为：以平方米为计量单位，按设计图示长度乘以高度以

面积计算；以米为计量单位，按延长米计算。表 M.1 规定，墙面一般抹灰的清单编码为"011201001"，按设计图示尺寸以面积计算，内墙的抹灰面积按主墙间的净长度乘以高度计算；无墙裙的墙面高度按室内楼地面至天棚底面计算；有墙裙的墙面高度按墙裙顶至天棚底面计算；有吊顶的天棚抹灰，墙体高度算至天棚底。表 N.1 规定，天棚抹灰的清单编码为"011301001"，按设计图示尺寸以水平投影面积计算。表 P.6 规定，抹灰面满刮腻子的清单编码为"011406003"，按设计图示尺寸以面积计算。表 P.7 规定，墙面喷刷涂料的清单编码为"011407001"，天棚喷刷涂料的清单编码为"011407002"，均按设计图示尺寸以面积计算。在清单计算规则中，柱凸出的面积并入块料楼地面的工程量内，即不扣除柱所占房间面积，而在定额计算规则中，扣除柱凸出至房间的面积。

在《山东省建筑工程消耗量定额》（2016 版）中，对于石材踢脚线、内墙面抹灰、顶棚装修计算规则的描述与清单的计算规则一致，具体内容参考上述清单计算规则，此处不再赘述。

通过查取《山东省建设工程消耗量定额与工程量清单衔接对照表》（建筑工程专业）中的表 L.2 并结合工程做法表选取清单编码"011102003"下定额子条目"11-1-4"与"11-1-5"；查取表 L.5 并结合工程做法表选取清单编码"011105002"下定额子条目"11-3-20"；查取表 M.1 并结合工程做法表选取清单编码"011201001"下定额子条目"12-1-10"；查取表 N.1 并结合工程做法表选取清单编码"011301001"下定额子条目"13-1-3"与"13-1-6"；查取表 P.6 并结合工程做法表选取清单编码"011406003"下定额子条目"14-4-11"；查取表 P.7 并结合工程做法表选取清单编码"011407001"下定额子条目"14-3-7"与清单编码"011407002"下定额子条目"14-3-9"。

该房间内各个装修构件的清单定额项目如表 12-4～表 12-7 所示。

表 12-4   楼地面清单定额项目

项目编码	项目名称	计量单位	计算规则
011102003	块料楼地面	m²	
11-1-4	细石混凝土找平层 40mm	10m²	按设计图示尺寸以面积计算
11-1-5	细石混凝土找平层 每增减 5mm	10m²	

表 12-5   踢脚线清单定额项目

项目编码	项目名称	计量单位	计算规则
011105002	石材踢脚线	m²	
11-3-20	石材块料　踢脚板　直线形　水泥砂浆	10m²	以平方米计算，按设计图示长度乘以高度以面积计算

表 12-6   内墙面清单定额项目

项目编码	项目名称	计量单位	计算规则
011201001	墙面一般抹灰	m²	
12-1-10	混合砂浆 厚 9+6mm 混凝土墙（砌块墙）	10m²	按设计图示尺寸以面积计算
12-1-17	混合砂浆 抹灰层每增减 1mm	10m²	
011407001	墙面喷刷涂料	m²	
14-3-7	室内乳胶漆二遍 墙、柱 光面	10m²	按设计图示尺寸以面积计算

表 12-7　天棚清单定额项目

项目编码	项目名称	计量单位	计算规则
011301001	天棚抹灰	m^2	按设计图示尺寸以水平投影面积计算
13-1-3	混凝土面天棚 混合砂浆 厚度 5+3mm	$10m^2$	
13-1-6	混合砂浆 每增减 1mm	$10m^2$	
011406003	满刮腻子	m^2	按设计图示尺寸以面积计算
14-4-11	满刮成品腻子 天棚抹灰面 二遍	$10m^2$	
011407002	天棚喷刷涂料	m^2	按设计图示尺寸以面积计算
14-3-9	室内乳胶漆二遍 天棚	$10m^2$	

以上为房间"值班室"内各个装修构件的清单项目及对应的定额子目，下面分别对楼地面、踢脚、内墙面、天棚构件进行工程量计算。

12.1.4.2　装修构件清单定额工程量计算

本节以首层Ⓔ、Ⓕ、①、②轴间的房间"值班室"为例来进行装修构件清单定额工程量的计算。

（1）楼地面工程量计算

楼地面的工程量按设计图示尺寸以面积计算。通过读取建筑图纸可知，该房间的净长与净宽分别为：7.3m 与 3.8m，故房间面积为 $7.3 \times 3.8 = 27.74m^2$。

房间西北角的柱子占用面积为 $0.3m \times 0.3m = 0.09m^2$，房间西南角的柱子占用面积为 $0.3m \times 0.3m = 0.09m^2$。故此房间楼地面的块料面积为：$27.74 - 0.09 \times 2 = 27.56m^2$。

软件的计算结果如图 12-16 所示，经对比可知，手算的楼地面工程量与软件一致。

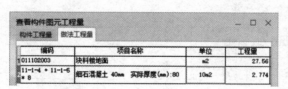

图 12-16　楼地面工程量的软件计算结果

（2）踢脚线工程量计算

踢脚线的工程量按设计图示长度乘以高度以面积计算。通过读取建筑图纸可知，此房间内墙周长为：$(7.3 + 3.8) \times 2 = 22.2m$，房间南侧门 M1121 的宽度为 1050mm，故房间底部净长为：$22.2 - 1.05 = 21.15m$，踢脚线高度为 120mm = 0.12m。

则踢脚线的工程量为：$21.15 \times 0.12 = 2.538m^2$。

（3）内墙面工程量计算

由于篇幅有限，仅选取房间北侧内墙进行工程量计算示例，经分析可得，此墙面的工程量由墙西侧柱面积、墙净面积、墙上梁房间内侧面积组成。各组成部分在房间内的具体位置如图 12-17 所示，由于视图原因，该墙上的混凝土板未在图中标出。

结合含有此房间的建筑图和结构图可知，北侧内墙面长度为 3.8m，墙高 3.9m，墙上板厚为 110mm，墙上梁高为 600mm，墙西侧柱伸入墙内的宽度为 0.3m，墙上梁从该内墙伸入房间 50mm，墙内窗户尺寸为 2300mm×2300mm，窗户顶标高与梁底标高相同，墙上梁的最东侧部分与梁 L18 的重叠宽度为 25mm。

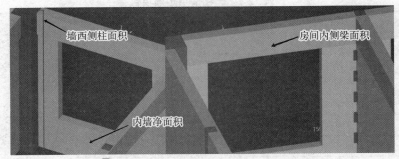

（继）图 12-17　北侧内墙面积组成示意图

内墙抹灰工程量＝墙西侧柱面积＋墙净面积＋墙上梁房间内侧面积

其中：

墙西侧柱面积＝柱侧面积－板重叠面积－梁重叠面积

$$=0.3\times3.9-0.11\times0.3-(0.6-0.11)\times0.05$$
$$=1.1125m^2$$

墙净面积＝墙初始面积－窗面积－柱重叠面积－梁重叠面积

$$=3.8\times(3.9-0.11)-2.3\times2.3-0.3\times(3.9-0.11)-3.5\times(0.6-0.11)$$
$$=6.26m^2$$

墙上梁房间内侧面积＝墙上梁内侧净面积－西侧梁重叠部分

$$=3.5\times(0.6-0.11)-0.49\times0.025=1.7027m^2$$

故北侧内墙面工程量为：$1.1125+6.26+1.7027=9.0752m^2$。

软件的计算结果如图 12-18 所示，经对比可知，手算的墙面工程量与软件一致。

查看构件图元工程量

编码	项目名称	单位	工程量	单价	合价
011201001	墙面一般抹灰	m2	9.0752		
12-1-10 + 12-1-1 7 * 5	混合砂浆(厚9+6mm 混凝土墙(砌块 墙) 水泥石灰抹 灰砂浆1:1:6实际 厚度(mm):14	10m2	0.92502	256.57	237.3324

显示构件明细(D)　导出到Excel　　退出

图 12-18　北侧内墙面工程量的软件计算结果

（4）天棚工程量计算

天棚的工程量按设计图示尺寸以面积计算。读图可知，该房间的净长与净宽分别为 7.3m 与 3.8m，房间西北角和西南角柱子所占房间顶面的面积共计 $0.18m^2$，故天棚初始面积为 $7.3\times3.8-0.18=27.56m^2$，但天棚面积还需要扣除墙上部的梁所占房间顶面的面积，通过读取"幼儿园-结构"图纸中的"标高 3.800m 梁配筋图"可知，房间四周的梁截面尺寸均为 $250mm\times600mm$，结合建筑图纸可知，房间南、北、西侧的梁从内墙线伸入房间 50mm，房间东侧的梁从内墙线伸入房间 25mm。因此在计算天棚的工程量时，为了提高工程量计算的准确性，除扣除伸入天棚内的柱子面积外，还要特别注意需要扣除房间内墙上梁伸入房间顶部的面积。

故天棚工程量＝天棚初始面积－西侧梁伸入面积－东侧梁伸入面积－南北侧梁伸入面积＝ $27.56-(7.3-0.3\times2)\times0.05-7.3\times0.025-2\times0.05\times(3.8-0.3-0.025)=26.695m^2$。

以上即为传统手工算量模式下装修构件的工程量计算方法，经过与软件计算结果的对比可以看出：手算的结果与软件的计算结果基本一致，但是传统手工算量费时费力，在计算过程中还需考虑与房间内墙相连的柱、梁、板等构件，容易产生较大误差，因此 BIM 技术极大程度减少了这些误差，使得装饰装修工程量的计算结果更加准确。

12.2　BIM 屋面工程计量

12.2.1　相关知识

　　屋面工程是房屋建筑工程的主要部分之一，它既包括工程所用的材料、设备和所进行的设计、施工、维护等技术活动；也指工程建设的对象，即屋面。具体讲，屋面除了具有承受各种荷载的能力外，还需要具有抵御温度变化、风吹、雨淋、冰雪乃至震害的能力，以及能够经受温差和基层结构伸缩、开裂引起的变形。因此，屋面工程在房屋建筑中承担着非常重要的角色。

　　随着科学技术的进步，屋面工程已发展成为门类众多、内容广泛、技术复杂的综合体系。屋面系统工程的设计，需要建立屋面工程总体概念，以提高屋面工程整体技术水平为目标，统一规划，促进材料、设计、施工相互结合和协调发展才能实现。在屋面系统工程中，重视发展防水技术的成套化，是建筑防水的主要目标和任务。

12.2.2　任务分析

　　本工程案例中的屋面做法分为两种，一种是位于标高 7.7m 处的屋面，另一种是位于标高 9.3m 处的屋面。其中，标高 7.7m 处的屋面类型为细石混凝土屋面，包含水泥珍珠岩保温隔热层、水泥砂浆找平层、保温聚苯板、改性沥青防水卷材、分隔缝和细石混凝土刚性层；标高 9.3m 处的屋面类型为水泥砂浆屋面，包含水泥珍珠岩保温隔热层、水泥砂浆找平层、保温聚苯板、改性沥青防水卷材、聚乙烯膜和水泥砂浆保护层。

　　在对屋面工程进行做法套取时，需针对不同的材料进行单独列项，由于篇幅限制，本节仅以标高 9.3m 处的水泥砂浆屋面为例说明模型绘制及做法套取步骤。

12.2.3　任务实施

12.2.3.1　屋面模型绘制步骤

　　（1）新建屋面构件

　　① 在导航栏中找到"其他-屋面（W）"，单击选中"屋面（W）"。

　　② 在构件列表中单击"新建-新建屋面"命令，建立屋面构件。

　　③ 在新建屋面的属性列表中输入名称为"水泥砂浆屋面"，回车键确认。

　　（2）绘制屋面模型

　　① 双击图纸管理中的"屋顶层建筑平面图"，并拖动图纸，使其处于绘图工作区中心位置。

　　② 单击选中建立完成的屋面构件，综合使用绘图工作区上方"建模-绘图"子模块内的"点""直线""矩形"命令，沿女儿墙内边线绘制①、③轴间的屋面模型。绘制完成的屋面模型如图 12-19 所示。

图 12-19　绘制完成的屋面模型

12.2.3.2　屋面构件做法套用

为了准确将屋面模型与清单、定额相匹配，因此需要在绘制完成屋面模型后，对构件进行做法套用操作。本案例中的水泥砂浆屋面需要套取找平层、保温隔热层、防水层和刚性层等内容，具体项目及套取方法如下：

（1）屋面工程量计算规则

① 清单计算规则

通过查取《房屋建筑与装饰工程工程量计算规范》（GB 50854—2013）并结合建筑图纸内的工程做法表，屋面工程需要套取的清单规则见表 12-8。

表 12-8　屋面工程清单规则

项目编码	项目名称	计量单位	计算规则
011001001	保温隔热屋面	m²	
011101006	平面砂浆找平层	m²	
010902001	屋面卷材防水	m²	按设计图示尺寸以面积计算
010902002	屋面涂膜防水	m²	

② 定额计算规则

通过查取《山东省建筑工程消耗量定额》（2016 版）并结合《山东省建设工程消耗量定额与工程量清单衔接对照表》（建筑工程专业）与本工程建筑图纸中的屋面做法表可得，水泥砂浆屋面清单项目对应的定额规则见表 12-9。

表 12-9　水泥砂浆屋面清单定额规则

编号	项目名称	计量单位	计算规则
10-1-11	混凝土板上 现浇水泥珍珠岩	10m³	
11-1-1	水泥砂浆找平层 在混凝土或硬基层上 20mm	10m²	
10-1-16	混凝土板上 干铺聚苯保温板	10m²	
11-1-2	水泥砂浆找平层 在填充材料上 20mm	10m²	
9-2-10	改性沥青卷材热熔法 一层 平面	10m²	按设计图示尺寸以面积计算
9-2-12	改性沥青卷材热熔法 每增一层 平面	10m²	
9-2-47	聚氨酯防水涂膜 厚 2mm 平面	10m²	
9-2-49	聚氨酯防水涂膜 每增减 0.5mm 厚 平面	10m²	

下面以构件"水泥砂浆屋面"为例，在 BIM 平台中进行清单及定额项目的套用。

（2）屋面工程量清单定额规则套用

① 水泥砂浆屋面清单项目套用

在上方导航栏中找到并进入"建模-通用操作-定义"界面，在构件列表中选中"水泥砂浆屋面"构件，在右侧工作区中切换到"构件做法"界面套取相应的清单。

结合图纸可知，水泥砂浆屋面的做法由下至上与清单项目的对应关系分别为：水泥珍珠岩找坡层对应清单项目"011001001"，水泥砂浆找平层对应清单项目"011101006"，聚苯板对应清单项目"011001001"，水泥砂浆找平层对应清单项目"011101006"，防水卷材对应清单项目"010902001"，聚乙烯膜对应清单项目"010902002"，水泥砂浆保护层对应清单项目"011101006"。在匹配定额中双击即可添加，匹配定额中无清单项，则需要手动添加并填写清单项目编码。

在完成清单项目选取之后，需要填写清单项目的项目特征，根据《房屋建筑与装饰工程工程量计算规范》（GB 50854—2013），添加各清单的"项目特征"。从上至下依次填写清单项目特征为：清单"011001001"保温隔热材料品种、规格、厚度的特征值为"水泥珍珠岩40mm"；清单"011101006"找平层厚度、砂浆配合比的特征值为"20mm 1∶3"；清单"011001001"保温隔热材料品种、规格、厚度的特征值为"聚苯保温板80mm"；清单"011001006"找平层厚度、砂浆配合比的特征值为"20mm 1∶3"；清单"010902001"卷材品种、规格、厚度的特征值为"SBS 改性沥青卷材 3mm"，防水层数的特征值为"2"；清单"010902002"防水膜品种的特征值为"聚氨酯"；"011001006"找平层厚度、砂浆配合比的特征值为"20mm 1∶2.5"。

② 水泥砂浆屋面定额子目套用

单击鼠标左键选中"011001001"，在匹配定额下没有"10-1-11"定额子目，故需要手动添加定额子目。点击上方"添加定额"命令，双击编码空白处输入"10-1-11"，回车键确认即可。

新添加的定额子目"10-1-11"的工程量表达式为空白，需要手动调整，结合屋面工程做法表，将其工程量表达式修改为"MJ ∗ 0.404"即可。

重复上述两个步骤，分别在清单"011101006"下添加定额子目"11-1-1"并修改其工程量表达式为"MJ"；在清单"011001001"下添加定额子目"10-1-16"并修改其工程量表达式为"MJ"；在清单"011101006"下添加定额子目"11-1-2"并修改其工程量表达式为"MJ"；在清单"010902002"下添加定额子目"9-2-47"并修改其工程量表达式为"MJ"；在清单"011101006"下添加定额子目"11-1-2"并修改工程量表达式为"MJ"。

对于清单项目"010902001"，首先添加其定额子目"9-2-10"，选中该定额子目并在下方"标准换算"模块中修改"实际层数"为"2"；在实际的工程施工中，为了增强屋面的防水性能，需要在立面与平面的转角处铺设一层防水附加层，因此需要再添加一次定额子目"9-2-10"，并勾选下方"标准换算"模块中的"卷材防水附加层 人工 ∗ 1.82"。防水附加层构造如图 12-20 所示。

结合建筑图纸中的屋面做法，在"标准换算"中修改定额子目"9-2-47"的实际厚度为"0.4mm"；修改最下方定额子目"11-1-2"的水泥抹灰砂浆为"80050011 水泥抹灰砂浆 1∶2.5"。套取完成的"水泥砂浆屋面"清单定额项目如图 12-21所示。

防水附加层

图 12-20　屋面防水附加层构造

图 12-21 套取完成的"水泥砂浆屋面"清单定额项目

屋面工程的工程量汇总计算与查看步骤与之前各构件基本一致，本处不再详细描述。

12.2.4 屋面工程传统计量方式

本节以案例工程中标高 9.3m 处的"水泥砂浆屋面"为例进行清单定额规则选取。

12.2.4.1 屋面工程清单定额规则选取

在传统的屋面工程计量计价过程中，首先需要读取 CAD 图纸来获取屋面的做法，再查询清单和定额规范并结合屋面做法的实际材料来进行列项。

结合本工程图纸中的水泥砂浆屋面做法，根据《房屋建筑与装饰工程工程量计算规范》（GB 50854—2013）与《山东省建筑工程消耗量定额》（2016 版），并结合《山东省建设工程消耗量定额与工程量清单衔接对照表》（建筑工程专业）可得，从基层→面层依次为：水泥珍珠岩找坡层对应清单项目"011101001"与定额子目"10-1-11"；水泥砂浆找平层对应清单项目"011101006"与定额子目"11-1-1"；聚苯板对应清单项目"011001001"与定额子目"10-1-16"；水泥砂浆找平层对应清单项目"011101006"与定额子目"11-1-2"；改性沥青防水卷材对应清单项目"010902001"与定额子目"9-2-10""9-2-12"；聚氨酯膜对应清单"010902002"子目"9-2-47""9-2-49"；水泥砂浆保护层对应清单项目"011101006"与定额子目"11-1-2"。

其中，为了增强屋面的防水性能，需要在平面与立面的转角处铺设一层防水附加层，查看《山东省建筑工程消耗量定额》（2016 版）第九章说明可知，卷材防水附加层套用卷材防水相应项目，人工乘以系数 1.82。因此需要在清单项目"010902001"下再套取一项定额子目"9-2-10"并将人工乘以相应系数。

12.2.4.2 屋面工程清单定额工程量计算

清单工程量需要计算屋面的总面积，查看"屋顶平面图"可知，标高 9.300m 处的屋面局部形状为矩形，但在③轴处有某些部位凸出或凹陷，因此需要添加或扣减其面积。

$$屋面面积 = 32.4 \times 15.2 - 0.1 \times 7.9 + 0.7 \times 4.4 = 494.77 m^2$$

对于定额子目"10-1-11"，其计量单位为体积，需要用屋面面积乘以厚度进行计算，水泥珍珠岩找坡层最薄处厚度为 40mm，坡度为 2%，最厚处的厚度为 40×1.02=40.8mm。其截面形状为梯形，故找坡层的中截面高度为 (40+40.8)/2=40.4mm，水泥珍珠岩体积=494.77×0.404=199.8871m³。

本案例工程防水附加层的总宽度为 500mm，其工程量=屋面周长×防水附加层宽度。故防水附加层的工程量=[(32.4+15.2)×2+0.1×2+0.7×2]×0.5=48.4m²。

故水泥砂浆屋面的工程量清单定额汇总如表 12-10。

表 12-10　回填土方工程量清单定额汇总表

序号	编码	项目名称	项目特征	单位	工程量
1	011001001001	保温隔热屋面	1. 保温隔热材料品种厚度:水泥珍珠岩 40mm	m²	494.77
	10-1-11	混凝土板上 现浇水泥珍珠岩		10m³	19.998
2	011101006001	平面砂浆找平层	1. 找平层厚度、砂浆配合比:20mm 1:3	m²	494.77
	11-1-1	水泥砂浆找平层 在混凝土或硬基层上 20mm		10m²	49.477
3	011001001002	保温隔热层屋面	1. 保温隔热材料品种、规格、厚度:聚苯保温板 80mm	m²	494.77
	10-1-16	混凝土板上 干铺聚苯保温板		10m²	49.477
4	011101006002	平面砂浆找平层	1. 找平层厚度、砂浆配合比:20mm 1:3	m²	494.77
	11-1-2	水泥砂浆找平层 在填充材料上 20mm		10m²	49.477
5	010902001001	屋面卷材防水	1. 卷材品种、规格、厚度:SBS 改性沥青卷材 2. 防水层数:2	m²	494.77
	9-2-10	改性沥青卷材热熔法 一层 平面		10m²	49.477
	9-2-12	改性沥青卷材热熔法 每增一层 平面		10m²	49.477
	9-2-10	改性沥青卷材热熔法 一层 平面卷材 防水附加层 人工 * 1.82		10m²	4.84
6	010902002001	屋面涂膜防水	1. 防水膜品种:聚氨酯	m²	494.77
	9-2-47	聚氨酯防水涂膜 厚 2mm 平面		10m²	49.477
	9-2-49	聚氨酯防水涂膜 每增减 0.5mm 厚 平面		10m²	49.477
7	011101006003	平面砂浆找平层	1. 找平层厚度、砂浆配合比:20mm 1:2.5	m²	494.77
	11-1-2	水泥砂浆找平层 在填充材料上 20mm		10m²	49.477

至此，水泥砂浆屋面工程量计算完毕，将手算的工程量与软件的工程量进行比对，软件中的部分清单定额工程量如图 12-22 所示。

通过以上对比可见，手算工程量与 BIM 工程量的计算结果一致。依托 BIM 技术可以大

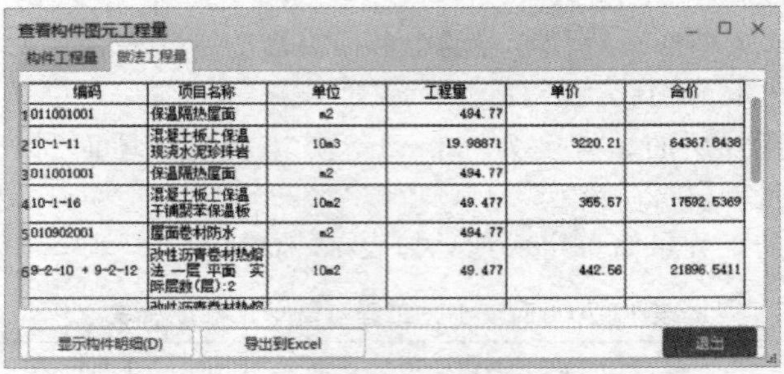

查看构件图元工程量

构件工程量 | 做法工程量

编码	项目名称	单位	工程量	单价	合价
1 011001001	保温隔热屋面	m2	494.77		
2 10-1-11	混凝土板上保温 现浇水泥砂浆岩	10m3	19.98871	3220.21	64367.8438
3 011001001	保温隔热屋面	m2	494.77		
4 10-1-16	混凝土板上保温 干铺聚苯保温板	10m2	49.477	355.57	17592.5369
5 010902001	屋面卷材防水	m2	494.77		
6 9-2-10 + 9-2-12	改性沥青卷材热熔 法 一层 平面 实 际层数(层):2	10m2	49.477	442.56	21896.5411

显示构件明细(D)   导出到Excel   退出

图 12-22   水泥砂浆屋面软件工程量查看

批量地对构件的工程量进行计算，在实际的工作中可以提高计算效率，减少计算偏差，节省工作时间。

12.3   BIM 零星构件工程计量

12.3.1   相关知识

在实际的工程中，零星构件主要包含台阶、室外坡道、栏杆扶手、散水、压顶、挑檐、雨篷等，以下分别进行介绍：

（1）台阶

台阶，一般是指用砖、石、混凝土等筑成的供人上下的建筑物，多在大门前或坡道上。在《民用建筑通用规范》中，台阶的设置应符合以下规定：公共建筑室内外台阶踏步宽度不宜小于 0.30m，踏步高度不宜大于 0.15m，并不宜小于 0.10m，踏步应防滑，室内台阶踏步数不应少于 2 级，当高差不足 2 级时，应按坡道设置。台阶示意图如图 12-23 所示。

（2）坡道

在建筑的入口处、室内走道及室外人行通道与地面有高低差和台阶时，必须设置适合轮椅通行的无障碍坡道。坡道示意图如图 12-24 所示。

图 12-23   台阶示意图

图 12-24   室外无障碍坡道

图 12-25   栏杆扶手

（3）栏杆扶手

栏杆扶手是指设在梯段及平台边缘的安全保护构件。扶手一般附设于栏杆顶部，供作依扶用。扶手也可附设于墙上，称为靠墙扶手，栏杆扶手如图 12-25 所示。

（4）压顶

压顶是在重力式板顶部或砌块防汛墙顶部现浇的一块条形（钢筋）混凝土。在砌筑墙体顶部（如果上面再没有其他结构）浇筑 50～100mm 厚的混凝土结构，压住墙顶，防止墙顶砌块（如砖）因砌筑砂浆风化或遭震动（如风力或地震）、碰撞而松动掉落。住宅或公共建筑中的女儿墙常采用混凝土圈梁压顶。压顶如图 12-26 所示。

（5）散水

散水是指房屋外墙四周的勒脚处（室外地坪上）用片石砌筑或用混凝土浇筑的有一定坡度的散水坡。散水的作用是迅速排走勒脚附近的雨水，避免雨水冲刷或渗透到地基，防止基础下沉，以保证房屋的巩固耐久。散水宽度宜为 600～1000mm，当屋檐较大时，散水宽度要随之增大，以便屋檐上的雨水都能落在散水上迅速排散。散水的坡度一般为 5%，外缘应高出地坪 20～50mm，以便雨水排出流向明沟或地面他处散水，与勒脚接触处应用沥青砂浆灌缝，以防止墙面雨水渗入缝内。散水如图 12-27 所示。

图 12-26　混凝土压顶

图 12-27　室外散水示意图

（6）建筑面积及平整场地

建筑面积是指建筑物水平面积，按照外墙外边线围成的面积计算；平整场地是指在室外设计地坪与自然地坪厚度内对土壤的挖、填、找平等工作。

12.3.2　任务分析

12.3.2.1　图纸分析

完成本节任务需明确各类零星构件的位置、尺寸及参数。对于台阶，通过读图可知，台阶材质均为混凝土，故需要套取混凝土工程量和模板工程量的清单定额项目；坡道的表面材质为混凝土，但其内部需要素土夯实，故需要套取与坡道相关的清单定额项目；散水的材质为混凝土，需要套取与混凝土相关的散水定额。

通过仔细观察图纸，首层台阶的底标高均为 -0.45m，踏步高度为 150mm，踏步宽度均为 300mm；位于建筑物首层西侧的无障碍坡道尺寸为 5400mm×1800mm，放坡系数为 1:12，其上方的栏杆扶手高度为 900mm；位于首层③轴东侧，门 M1535 北侧入口处的无障碍坡道尺寸为 1800mm×2900mm，放坡系数为 1:12；散水宽度为 600mm。

12.3.2.2 建模分析

对于台阶，可以首先建立整体的台阶模型，再根据图纸中的标注，修改台阶的踏步宽度与踏步高度；对于坡道，可以首先绘制出坡道的平面模型，再根据图纸信息，修改坡道顶部和底部的标高，或在坡道模型上绘制坡度线并输入放坡系数；对于栏杆扶手，直接新建构件，并修改其高度，使用"直线"命令绘制即可；对于散水，直接新建构件，并使用"点"或"直线""矩形"命令对其进行绘制，或使用"智能布置"命令，选中外墙，再输入散水宽度即可。

12.3.3 任务实施

本节分别以首层西侧台阶、西侧坡道、西侧栏杆扶手、首层散水为例，分别介绍零星构件模型的建立过程以及清单定额项目的套用。

12.3.3.1 台阶模型绘制

（1）建立台阶构件

① 在图纸管理中双击"首层建筑平面图"，调整图纸并使其处于绘图工作区中心。

② 在左侧导航栏中找到"其他-台阶"，并单击"台阶"；点击"构件列表"页签，单击"新建-新建台阶"命令，建立台阶构件。

③ 选中新建的台阶构件，查看图纸中台阶的信息，将图纸中台阶的各项属性输入在"属性列表"当中。

④ 查看"幼儿园-建筑"图纸中的"西立面图"可知，台阶高度为450mm，台阶顶标高为±0.00m，故在新建构件的属性列表中修改台阶高度为450mm，顶标高为0。修改完成的台阶属性如图12-28所示。

（2）绘制台阶模型

① 在构件列表中选中建立完成的台阶构件，由于此台阶的平面类型为矩形，故在绘图工作区的上方选择"建模-绘图-矩形"命令。

② 使用"矩形"命令，根据软件提示，拉框选择台阶外边线并完成台阶模型的建立，建立完成的台阶如图12-29所示。

图 12-28　台阶属性

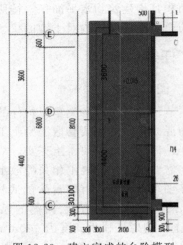

图 12-29　建立完成的台阶模型

（3）修改台阶踏步

① 上述步骤建立的台阶模型为长方体，其三维视图如图 12-30 所示。因此需要绘制出台阶的踏步，以符合图纸要求。

② 将绘图工作区切换至二维平面，并在工作区上方选择"建模-台阶二次编辑-设置踏步边"命令。

③ 根据软件提示，分别依次选取台阶的上、下、左侧边线，被选中的台阶边线会高亮显示，右键确认，在弹出的对话框中输入踏步个数为 3，踏步宽度为 300，单击"确定"。修改完成的台阶三维视图如图 12-31 所示。

图 12-30　台阶初始模型

图 12-31　修改后的台阶模型

12.3.3.2　台阶构件做法套取

为了准确将台阶模型与清单、定额相匹配，因此需要在绘制完成台阶模型后，对台阶构件进行做法套用操作。在本工程案例中，台阶的材质为 C15 混凝土，所以台阶需要套取混凝土及模板的清单定额项目，在图纸中，室外台阶还需要 3∶7 灰土垫层，因此还需要套取垫层的定额子目。

（1）台阶工程量计算规则

① 清单计算规则

通过查取《房屋建筑与装饰工程工程量计算规范》（GB 50854—2013）中的表 E.7 与表 S.2 可得，现浇混凝土台阶需要套取的清单规则见表 12-11。

表 12-11　台阶清单计算规则

项目编码	项目名称	计量单位	计算规则
010507004	台阶	m^3	以立方米计算,按设计图示尺寸以体积计算
011702027	台阶	m^2	按图示台阶水平投影面积计算,台阶端头两侧不另计算模板面积

② 定额计算规则

通过查询《山东省建筑工程消耗量定额》（2016 版）并结合《山东省建设工程消耗量定额与工程量清单衔接对照表》（建筑工程专业）中的表 E.7、表 S.2 可得，现浇混凝土台阶对应的定额规则见表 12-12。

表 12-12　台阶定额计算规则

编号	项目名称	计量单位	计算规则
5-1-52	现浇混凝土 台阶	10m³	以立方米计算,按设计图示尺寸以体积计算
16-6-86	水泥抹面混凝土台阶 灰土垫层	10m²	
18-1-115	现浇混凝土模板 台阶 木模板木支撑	10m²	按图示台阶水平投影面积计算,台阶端头两侧不另计算模板面积

下面以首层西侧台阶为例,在 BIM 平台中进行清单及定额项目的套用。

（2）台阶工程量清单定额规则套用

① 台阶清单项目套用

在上方导航栏中找到并进入"建模-通用操作-定义"界面,在构件列表中选中"TAIJ-1"构件,在右侧工作区中切换到"构件做法"界面套取相应的清单。

单击下方的"查询匹配清单"页签,弹出与构件相互匹配的清单列表,在匹配清单列表中双击"010507004 台阶 m²/m³",将该清单项目导入到上方工作区中,此清单项目为台阶的混凝土体积;台阶模板的清单项目编码为"011702027",在匹配清单列表中双击"011702027 台阶 m²",将该清单项目导入到上方工作区中。

在完成清单项目选取之后,需要填写清单项目的项目特征,根据《房屋建筑与装饰工程工程量计算规范》（GB 50854—2013）中表 E.7 的规定:台阶的项目特征需要描述踏步高、宽,混凝土种类,混凝土强度等级等内容;表 S.2 中规定,台阶的模板项目特征需要描述台阶踏步宽。单击鼠标左键选中"010507004"并在工作区下方的"项目特征"页签中添加踏步高、宽的特征值为"高150mm,宽300mm",混凝土种类特征值为"商品混凝土",混凝土强度等级特征值为"C15";单击鼠标左键选中"011702027"并在工作区下方的"项目特征"页签中添加台阶踏步宽的特征值为"300mm"。

② 台阶定额子目套用

在完成台阶清单项目套用工作后,需对台阶清单项目对应的定额子目进行套用。

单击鼠标左键选中"010507004",而后点击工作区下方的"查询匹配定额"页签,在匹配定额下双击"16-6-86"定额子目,由于匹配定额中未显示"5-1-52"定额子目,故直接单击上方"添加定额"命令并输入编码内容为:5-1-52,回车键确认即可。

由于台阶的混凝土强度等级为 C15,但定额中的台阶混凝土强度等级为 C30,因此需要对定额子目"5-1-52"进行单位换算。选中定额子目"5-1-52",并单击构件做法上方的"换算"命令,将换算内容调整为"80210001 C15 现浇混凝土 碎石＜20"。再将定额子目"5-1-52"的工程量表达式调整为"TJ"即可。

单击鼠标左键选中"011702027",在"查询匹配定额"的页签下双击"18-1-115"定额子目,即可将其添加到清单"011702027"项目下。套取完成的台阶清单定额项目如图 12-32 所示。

12.3.3.3　坡道及栏杆扶手模型绘制

（1）建立坡道构件

① 在图纸管理中双击"首层建筑平面图",调整图纸并使其处于绘图工作区中心。

② 在左侧导航栏中找到"板-坡道（PD）",并单击"坡道（PD）";点击"构件列表"页签,单击"新建-新建坡道"命令,建立坡道构件。

图 12-32　台阶清单定额项目

③ 选中新建的坡道构件，查看图纸中坡道参数，将各属性输入在"属性列表"中。

④ 查看"幼儿园-建筑"图纸中的"西立面图"可知，坡道板厚度为 100mm，放坡系数为 1∶12，坡道混凝土强度等级为 C15，故在新建构件的属性列表中修改坡道的混凝土强度等级为 C15。修改完成的坡道属性如图 12-33 所示。

图 12-33　坡道属性

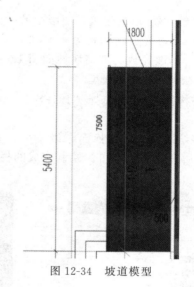

图 12-34　坡道模型

（2）绘制坡道模型

① 在构件列表中选中建立完成的坡道构件，由于此坡道的平面类型为矩形，故在绘图工作区的上方选择"建模-绘图-矩形"命令。

② 使用"矩形"命令，根据软件提示，拉框选择坡道外边线并完成坡道模型的建立，建立完成的坡道如图 12-34 所示。

（3）修改坡道坡度

① 上述步骤建立的坡道模型为平板，如图 12-35 所示。因此需要修改坡道的斜度，以符合图纸要求。

② 将绘图工作区切换至二维平面，并在工作区上方选择"建模-坡道二次编辑-绘制坡度线"命令。

③ 根据软件提示，选取坡道模型，右键确认。根据软件提示，使用"直线"命令选择坡道左边线，右键确认，在坡道板处修改坡道板的北侧标高为 -0.45m，南侧标高为 0.00m，右键确认。修改完成的坡道三维视图如图 12-36 所示。

图 12-35　坡道初始模型

图 12-36　修改完成的坡度坡道模型

（4）建立栏杆扶手构件

① 在左侧导航栏中找到"其他-栏杆扶手（G）"，并单击"栏杆扶手（G）"；点击"构件列表"页签，单击"新建-新建栏杆扶手"命令，建立栏杆扶手构件。

② 选中新建的栏杆扶手构件，查看图纸中的栏杆扶手参数，将各属性输入在"属性列表"中。

③ 查看"幼儿园-建筑"图纸中的"西立面图"可知，由北向南，栏杆扶手的起点底标高为－0.45m，终点底标高为±0.00m，其高度为900mm，将属性列表中对应的参数进行修改即可。修改完成的坡道属性如图 12-37 所示。

（5）绘制栏杆扶手模型

① 在构件列表中选择"LGFS-1"构件，选择绘图工作区上方的"建模-绘图-直线"命令。

② 将绘图工作区切换至二维平面，在"首层平面图"中自北向南绘制栏杆扶手模型，绘制完成后右键确认即可。绘制完成的栏杆扶手三维视图如图 12-38 所示。

属性列表	图层管理		
	属性名称	属性值	附加
1	名称	LGFS-1	
2	材质	金属	☐
3	类别	栏杆扶手	☐
4	扶手截面形状	圆形	☐
5	扶手半径(mm)	25	☐
6	栏杆截面形状	圆形	☐
7	栏杆半径(mm)	25	☐
8	高度(mm)	900	☐
9	间距(mm)	100	☐
10	起点底标高(m)	-0.45	☐
11	终点底标高(m)	0	☐

图 12-37　栏杆扶手属性

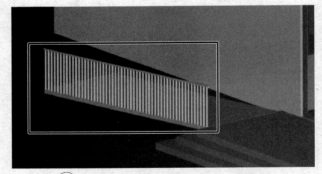

图 12-38　绘制完成的栏杆扶手模型

12.3.3.4　栏杆扶手构件做法套取

为了准确将坡道、栏杆扶手模型与清单、定额相匹配，需要在绘制完成坡道和栏杆扶手模型后，对其进行做法套用操作。由于篇幅有限，本节仅介绍栏杆扶手的做法选择及套取步骤，坡道的清单定额选取请参考 12.3.3.6 节散水构件做法套取。

（1）栏杆扶手工程量计算规则

① 清单计算规则

通过查取《房屋建筑与装饰工程工程量计算规范》（GB 50854—2013）中的表 Q.3 可得，金属栏杆扶手需要套取的清单规则见表 12-13。

表 12-13　栏杆扶手清单计算规则

项目编码	项目名称	计量单位	计算规则
011503001	金属扶手、栏杆、栏板	m	按设计图示尺寸以扶手中心线长度(包括弯头长度)计算

② 定额计算规则

通过查询《山东省建筑工程消耗量定额》(2016 版) 并结合《山东省建设工程消耗量定额与工程量清单衔接对照表》(建筑工程专业) 中的 Q.3 可得，金属栏杆扶手对应的定额计算规则见表 12-14。

表 12-14　栏杆扶手定额计算规则

编号	项目名称	计量单位	计算规则
15-3-3	不锈钢管扶手 不锈钢栏杆	10m	按设计图示尺寸以扶手中心线长度(包括弯头长度)计算

下面以首层栏杆扶手为例，在 BIM 平台中进行清单及定额项目的套用。

(2) 栏杆扶手工程量清单定额规则套用

① 栏杆扶手清单项目套用

在上方导航栏中找到并进入"建模-通用操作-定义"界面，在构件列表中选中"LGFS-1"构件，在右侧工作区中切换到"构件做法"界面套取相应的清单。

单击下方的"查询匹配清单"页签，在匹配清单界面无相对应的清单规则，因此需要手动输入。单击上方"添加清单"命令，在编码中输入"011503001"，回车确认。

在完成清单项目选取之后，需要填写清单项目的项目特征，根据《房屋建筑与装饰工程工程量计算规范》(GB 50854—2013) 中表 Q.3 的规定：金属栏杆扶手的项目特征需要描述扶手材料种类、规格，栏杆材料种类、规格等内容。单击鼠标左键选中"011503001"并在工作区下方的"项目特征"页签中扶手材料种类、规格的特征值为"不锈钢管"，栏杆材料种类、规格的特征值为"直形不锈钢管"，再手动添加栏杆高度的特征值为 900mm，其余内容无需填写。

② 栏杆扶手定额子目套用

在完成栏杆扶手清单项目套用工作后，需对其清单项目对应的定额子目进行套用。

单击鼠标左键选中"011503001"，再单击上方"添加定额"命令并输入编码内容为"15-3-3"，回车键确认即可。

查看栏杆扶手的清单定额项目的工程量表达式为空白，故汇总计算后不会显示其工程量，需要手动调整工程量表达式。双击工程量表达式的空白处，在下拉选项中选取"CD"即可。套取完成的栏杆扶手清单定额项目如图 12-39 所示。

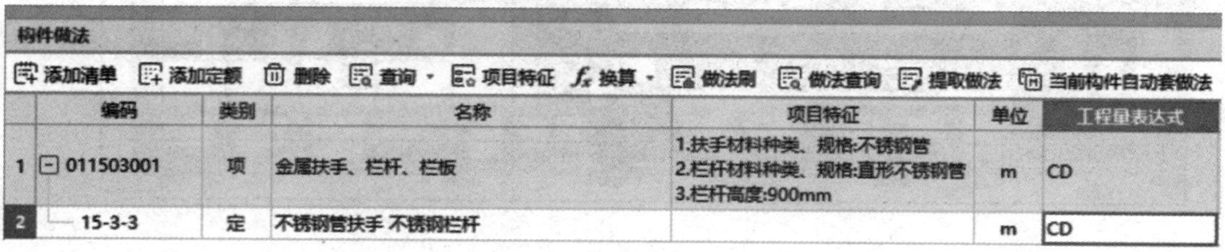

图 12-39　套取完成的栏杆扶手清单定额项目

12.3.3.5　散水模型绘制

（1）建立散水构件

① 在左侧导航栏中找到“其他-散水（S）”，并单击“散水（S）”；点击“构件列表”页签，单击“新建-新建散水”命令，建立散水构件。

② 选中新建的散水构件，查看图纸中散水参数，将各属性输入在“属性列表”中。

	属性名称	属性值	附加
1	名称	SS-1	
2	材质	混凝土	☐
3	混凝土类型	(现浇混凝土碎石<20)	☐
4	混凝土强度等级	(C25)	☐
5	底标高(m)	(-0.45)	☐

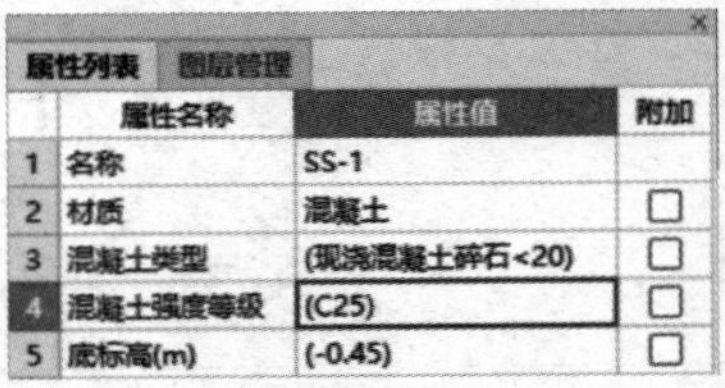

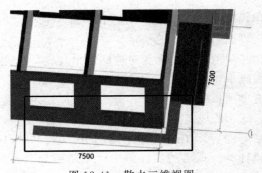

图 12-40　散水构件参数

③ 查看“幼儿园-建筑”图纸中的“首层平面图”和“立面图”可知，散水的底标高为室外地坪标高，即－0.45m，混凝土强度等级为C25，在属性列表中将以上两种参数修改即可。修改完成的散水属性如图12-40所示。

（2）绘制散水模型

① 在构件列表中选中已完成的散水构件，在绘图工作区的上方选择“建模-绘图-直线”命令进行绘制。

② 使用“直线”命令，根据软件提示，沿散水的内外边线绘制并完成坡道模型的建立，手动建立的散水模型如图12-41所示。

图 12-41　散水三维视图

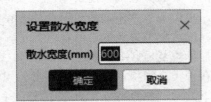

图 12-42　设置散水宽度

③ 软件提供了一种高效建立散水模型的方法，即“智能布置”命令，单击工作区上方的“建模-智能布置-外墙外边线”命令，选中所有的外墙边线，右键确认。软件弹出如图12-42所示的对话框，在对话框内输入“600”，单击“确定”，即可完成散水模型。使用“智能布置”命令建立完成的散水模型如图12-43所示。

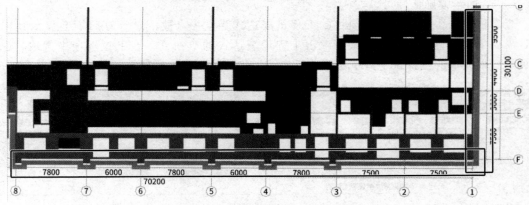

图 12-43　智能布置的散水三维视图

注：在使用"智能布置"功能绘制散水模型时，一般情况下会产生布置不上、提示外墙未封闭等现象，这是由于在布置散水的过程中，外墙整体未闭合，或最外层墙体的类别不是外墙，导致无法自动生成散水模型。因此在使用"智能布置"命令绘制之前要注意以下两点：其一，首先检查模型最外侧的墙体类型是否为"外墙"，若不符合，应及时修改；其二，应注意模型最外侧墙体是否为一个封闭的整体，若外墙不封闭，应当及时调整。

在零星构件建模过程中，需要仔细对照图纸，认真核对零星构件的属性及布置的具体位置，使最终的工程量计算结果更加准确。

12.3.3.6　散水构件做法套取

为了准确将散水模型与清单、定额相匹配，需要在绘制完成散水模型后，对其进行做法套用操作。混凝土散水需要套取混凝土和模板的清单定额。

（1）散水工程量计算规则

① 清单计算规则

通过查取《房屋建筑与装饰工程工程量计算规范》（GB 50854—2013）中的表 E.7 和表 S.2 可得，散水需要套取的清单规则见表 12-15。

表 12-15　散水清单计算规则

项目编码	项目名称	计量单位	计算规则
010507001	散水、坡道	m²	按设计图示尺寸以水平投影面积计算
011702029	散水	m²	按模板与散水的接触面积计算

② 定额计算规则

通过查询《山东省建筑工程消耗量定额》（2016 版）并结合《山东省建设工程消耗量定额与工程量清单衔接对照表》（建筑工程专业）中的表 E.7 可得，散水清单项目对应的定额规则见表 12-16，由于衔接表内没有散水模板子目，但在实际工程中，散水模板一般按照垫层模板套取，所以此处选择定额子目"18-1-1"。

表 12-16　散水定额计算规则

编号	项目名称	计量单位	计算规则
16-6-80	混凝土散水 3∶7 灰土垫层	10m²	按设计图示尺寸以水平投影面积计算
18-1-1	现浇混凝土模板 混凝土基础垫层木模板	10m²	按模板与散水的接触面积计算

（2）散水工程量清单定额规则套用

① 散水清单项目套用

在上方导航栏中找到并进入"建模-通用操作-定义"界面，在构件列表中选中"SS-1"构件，在右侧工作区中切换到"构件做法"界面套取相应的清单。

单击下方的"查询匹配清单"页签，在查询匹配清单列表中双击"010507001-散水、坡道-m²"，将该清单项目导入到上方工作区中，此清单项目为散水的混凝土体积；在匹配清单页签下没有散水的模板清单项目，需要点击上方的"添加清单"命令，并在编码中输入"011702029"，回车确认。

在完成清单项目选取之后，需要填写清单项目的项目特征，根据《房屋建筑与装饰工程工程量计算规范》（GB 50854—2013）中表 E.7 的规定：现浇混凝土散水的项目特征需要描述垫层材料种类和厚度、面层厚度、混凝土种类及强度等级等内容。单击鼠标左键选中"010507001"并在工作区下方的"项目特征"页签中填写垫层材料种类、厚度的特征值为

"散水 3:7 灰土垫层",面层名称的特征值为"混凝土面层",混凝土种类的特征值为"商品混凝土",混凝土强度等级的特征值为"C15",其余内容无需填写。

② 散水定额子目套用

在完成散水的清单项目套用工作后,需对其清单项目对应的定额子目进行套用。

单击鼠标左键选中"010507001",在下方"查询匹配定额"页签下双击"16-6-80",即可将此定额子目添加到散水的混凝土清单编码下;单击选中"011702029",点击上方的"添加定额"命令,填写新建定额的编码内容为"18-1-1",回车键确认即可。

定额子目"16-6-80"中的混凝土强度等级为 C20,但本工程案例中散水的混凝土强度等级为 C15,故需要进行单位换算。选中定额子目"16-6-80",单击上方"换算"命令,在下方的"标准换算"页签中,将混凝土强度等级换算为"80210001 C15 现浇混凝土 碎石<20"。

查看散水模板的清单定额项目的工程量表达式为空白,故汇总计算后不会显示其工程量,需要手动调整工程量表达式。双击工程量表达式的空白处,在下拉选项中选取"MB-MJ"即可。套取完成的散水清单定额项目如图 12-44 所示。

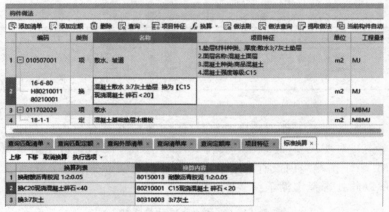

图 12-44　套取完成的散水清单定额项目

零星构件的工程量汇总计算及工程量查看操作与其他构件一致,由于篇幅有限,本处不再赘述,读者可根据需要自行选择工程量查看方式。

 思考题

1. 装修构件有哪些?
2. 如何实现对同名房间进行装修构件的批量布置?
3. 屋面工程进行做法套取时应注意什么?
4. 套取屋面防水定额时,如何进行换算?
5. 零星构件一般包含什么?
6. 台阶、坡道如何绘制?
7. 散水绘制时应注意什么?

第 13 章
案例工程 BIM 全过程造价应用

学习目标： 通过本章的学习，能够了解招标控制价编制的程序及要求，投标报价的编制依据及理论知识，工程进度款支付方式及选用条件，竣工结算的编制与工程变更的校核等内容，了解 BIM5D 在工程造价管理中的应用。

课程要求： 能够依托 BIM 平台独立完成招标控制价的编制工作，独立完成投标报价的编制工作，根据工程实际编制进度款支付报表以及竣工结算文件，同时依托 BIM5D 平台建立 BIM5D 模型，针对案例工程实施精细化造价管理。

13.1 案例工程招标控制价编制

招标控制价是招标人根据国家或省级、行业建设主管部门颁发的有关计价依据和办法，以及拟定的招标文件和招标工程量清单，结合工程具体情况及市场行情编制的招标工程的最高投标限价。国有资金投资的工程建设项目应实行工程量清单招标，并应编制招标控制价。招标控制价由分部分项工程费、措施项目费（包括单价措施和总价措施）、其他项目费、规费和税金组成。

招标文件则由封面，扉页，总说明，单项工程招标价汇总表，单位工程招标控制价汇总表，分部分项工程量清单与计价表，措施项目工程量清单与计价表，综合单价分析表，总价措施项目清单与计价表，其他项目清单与计价汇总表，暂列金额明细表，材料（工程设备）暂估单价及调整表，专业工程暂估价及结算表，计日工表，总承包服务费计价表，规费、税金项目计价表，单位工程人材机汇总表，主要材料价格表组成。

13.1.1 招标控制价编制要求

13.1.1.1 工程概况

本工程名称为某幼儿园，建设地点在山东省。本工程的要求工期为 180 日历天，计划开工日期为 2022 年 9 月 1 日，计划竣工日期为 2023 年 2 月 28 日。本工程建筑基底面积为 1767.42m²；总建筑面积为 3573.88m²，其中地下建筑面积为 0m²，地上建筑面积为 3573.88m²。基础结构形式为独立基础，建筑结构形式为钢筋混凝土框架结构；地上主体为 2 层，地下 0 层；结构高度为 8.15m；室内外高差为 0.45m。建设地点土壤类别为一、二类土，考虑余方弃置。

13.1.1.2 招标范围

本工程的招标范围：建筑施工图的全部内容，分部分项的清单工程量以招标工程量清单为准，定额工程量以当地计算规则计算的结果为准。

本工程的质量标准为：合格。

13.1.1.3 编制依据

此工程招标控制价的编制依据包括以下主要内容：

①《建设工程工程量清单计价规范》（GB 50500—2013）。

②《房屋建筑与装饰工程工程量计算规范》（GB 50854—2013）。

③《山东省建筑工程消耗量定额》（2016 版）及配套解释、相关规定。

④ 招标文件中的工程量清单及有关要求。

⑤ 工程设计及相关资料、施工现场情况、工程特点或类似的施工方案。

⑥ 建设工程项目的相关标准、规范、技术资料等。

⑦ 工程造价管理机构发布的工程造价信息。

⑧ 其他相关资料。

13.1.1.4 编制要求

① 甲供材料。本工程的甲供材料单价（不含税）如表 13-1 所示。

表 13-1 甲供材料不含税单价表

序号	名称	规格型号	单位	单价/元
1	FM 甲 0921	900mm×2100mm	m²	850
2	FM 乙 0921	900mm×2100mm	m²	900
3	FM 乙 1521	1500mm×2100mm	m²	900
4	FM 丙 1218	1200mm×1800mm	m²	950

② 暂估价。材料暂估价：本工程的材料暂估价（不含税）如表 13-2 所示。

表 13-2 暂估价材料不含税单价表

序号	名称	规格型号	单位	单价/元
1	组合门窗 M1	6800mm×3200mm	m²	400
2	组合门窗 M2	2700mm×2400mm	m²	400
3	组合门窗 M3	3000mm×3200mm	m²	400
4	组合门窗 M4	3050mm×4300mm	m²	400
5	组合门窗 M5	2500mm×3200mm	m²	400

专业工程暂估价：本工程的专业工程暂估价为 0 元。

③ 其他材料。除暂估价和甲供材料外，其他材料均由承包商采购，价格均按××市 2022 年 8 月的建筑工程信息价调整。

④ 人工费。根据《山东省建筑工程消耗量定额》（鲁建标字〔2016〕39 号）中综合工日单价执行，建筑工程为 128 元/工日，装饰工程为 138 元/工日。

⑤ 暂列金额。本工程暂列金额为 30 万元。

⑥ 总承包服务费。不考虑。

⑦ 设计说明及图纸未提及的内容不在编制范围内。

13.1.2　任务分析

使用广联达 BIM 云计价平台 GCCP6.0 开展本工程案例的招标控制价编制工作，该计价平台含有五大模块，目前山东地区的建设项目计价均可运用该软件协助完成，需要根据建设工程项目的划分原则，结合本工程案例，按照软件操作的指引完成工程项目结构的创建。假定该建设项目的招标范围为幼儿园的房屋建筑与装饰工程，属于一个建设项目。因此需要创建包含"建设项目→单项工程→单位工程"的三级项目结构。

13.1.3　任务实施

13.1.3.1　新建项目与取费基本设置

① 新建项目。新建"招标项目"如图 13-1 所示。

图 13-1　选择新建招标项目

② 设定项目信息及计费标准。进入招标项目界面，在项目名称中输入"某幼儿园项目"；项目编码默认为"001"；地区标准选用"2013 年山东清单计价规则"；定额标准选用"山东 2016 序列定额"；案例工程中的建设地点在山东省，故填写"山东省"；单价形式为"非全费用模式"；计税方式选择"一般计税方法"。设定完成后点击"立即新建"即可，如图 13-2 所示。

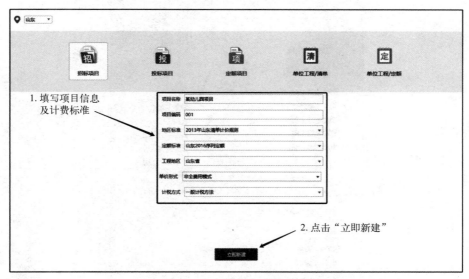

图 13-2　新建招标项目界面

③ 新建单项工程。在新弹出的界面左侧的项目结构导航栏中单击鼠标右键，在弹出的

命令栏中选择"新建单项工程"，并在新弹出的窗口中输入单项工程名称为"某幼儿园"，单击"确定"即可将单项工程创建完成，新建单项工程如图 13-3 所示。

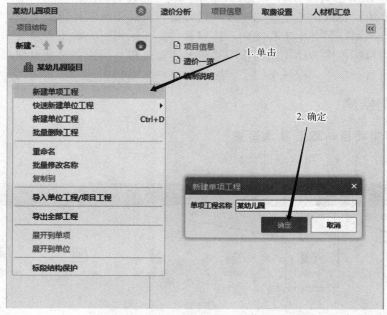

图 13-3　新建单项工程

④ 新建单位工程。首先选中"某幼儿园"单项工程，在其下方的空白处单击鼠标右键，在弹出的命令栏中选择"快速新建单位工程-建筑工程"即可，具体操作如图 13-4 所示。

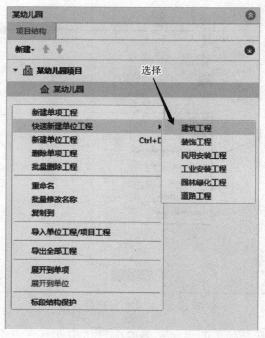

图 13-4　新建单位工程

⑤ 取费设置。针对不同类型的建设项目，其管理费和利润率不同，通过查取山东省建筑工程类别划分标准并结合图纸可知，本工程类别为Ⅲ类工程，故直接按照软件默认的工程类别即可，取费设置界面如图 13-5 所示。

图 13-5　取费设置

13.1.3.2　导入报表或土建计量文件

将 GTJ 清单定额项目导入至 GCCP 计价平台的方式有两种，第一种是将 GTJ 中导出的清单定额汇总表（Excel 文件）导入至 GCCP 平台中；第二种则是通过 GCCP 计价平台中的"量价一体化"模块，将 GTJ 土建模型导入至 GCCP 平台中。以下分别介绍清单定额项目的两种导入方法。

（1）导入 Excel 文件

① 进入新建的"某幼儿园-建筑工程"界面，找到并单击上方导航栏中的"导入-导入 Excel 文件"命令，在弹出的窗口中找到并选择导出的清单定额汇总表，单击"导入"即可，导入土建算量文件的步骤如图 13-6 所示。

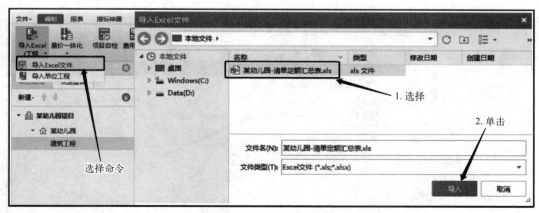

图 13-6　导入 Excel 文件

② 识别完成后软件自动弹出清单定额项目识别界面，对识别的行号和清单定额子目进行检查，确认无误后单击"导入"即可，如图 13-7 所示。

③ 导入完成后单击"结束导入"即可。

（2）导入算量模型文件

① 进入新建的"某幼儿园-建筑工程"界面，找到并单击上方导航栏中的"量价一体化-导入算量文件"命令，在弹出的窗口中找到并选择建立完成的项目土建（GTJ）模型，单击"导入"即可，导入土建算量文件的步骤如图 13-8 所示。

注：GCCP 计价平台中的"量价一体化"工具可以识别多种不同类型的工程文件，除".GTJ"外还包含".GCL"".GQI"".GDQ"".GMA"格式的算量文件，其中".GCL"是广联达土建工程算量文件，".GQI"是广联达安装工程算量文件，".GDQ"是广联达装

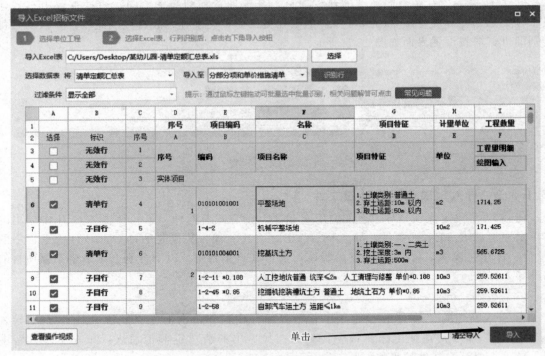

图 13-7　清单定额项目识别界面

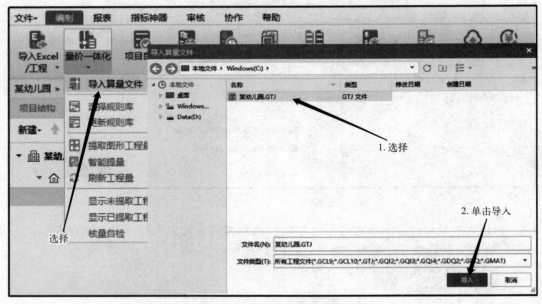

图 13-8　导入土建算量文件

饰工程算量文件，".GMA"是广联达市政工程算量文件。

　　② 在弹出的"选择导入算量区域"窗口中选择"某幼儿园"，并导入 GTJ 模型中的构件做法，导入结构选择"全部"，单击"确定"即可，选择完成后软件自动弹出"算量工程文件导入"窗口，选择需要导入的"清单项目"和"措施项目"中的清单定额条目后，单击

"导入"并等待命令结束即可完成土建计量文件的导入。

导入完成的分部分项工程量界面与措施项目工程量界面分别如图 13-9 与图 13-10 所示。

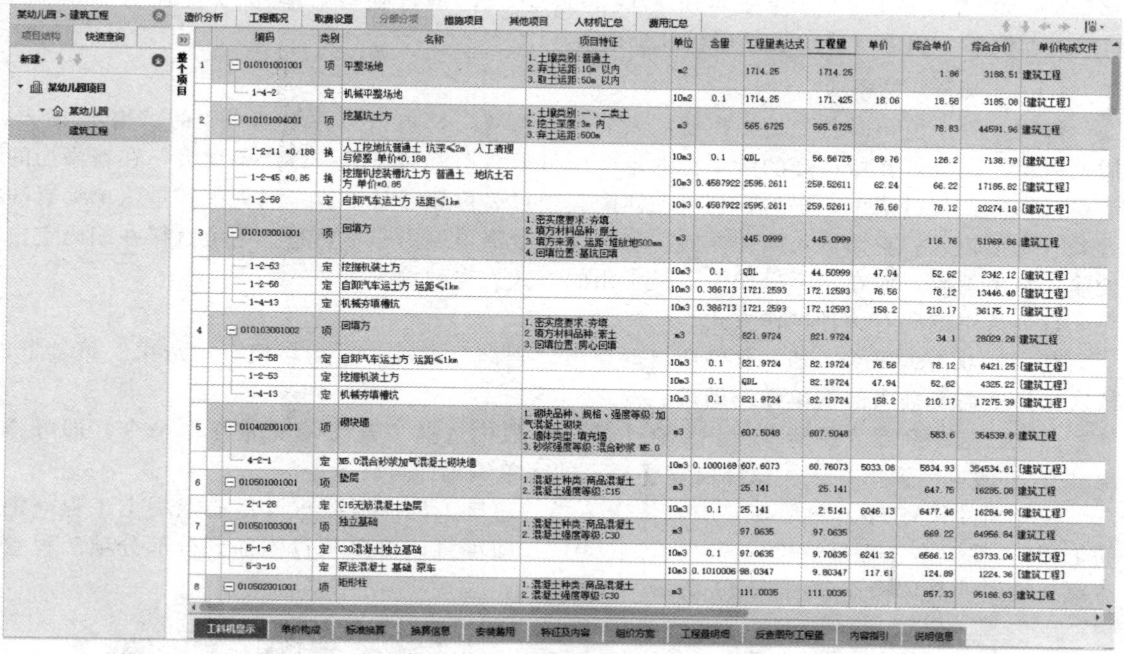

图 13-9　导入完成的分部分项工程量

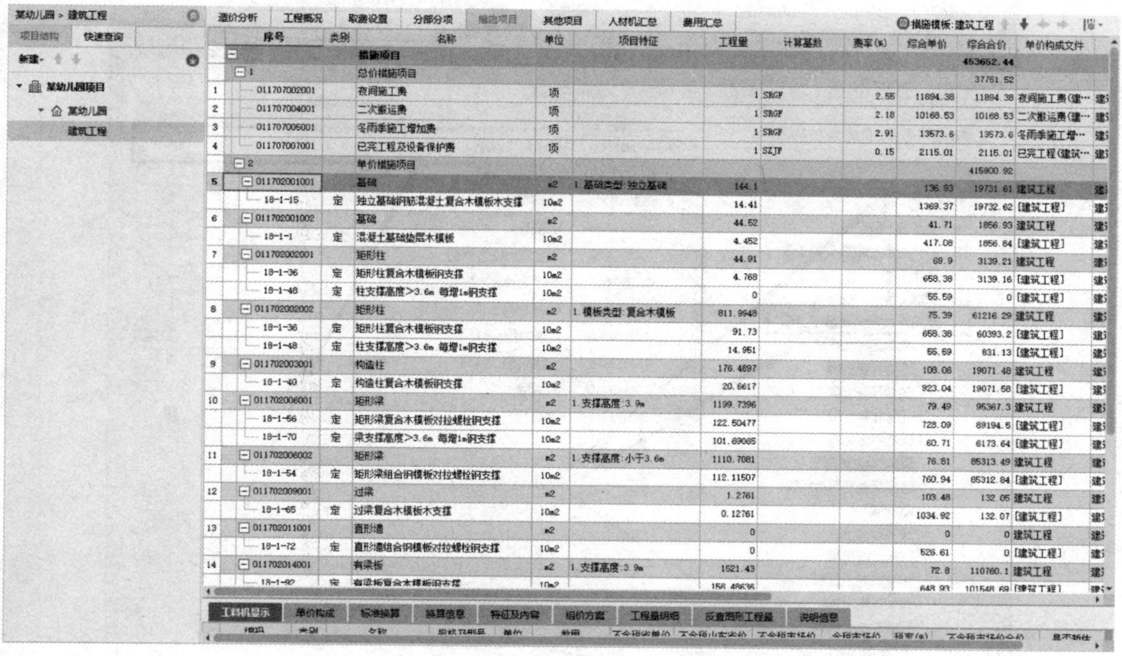

图 13-10　导入完成的措施项目工程量

13.1.3.3　添加钢筋清单定额及调价

由于钢筋的工程量在土建模型中无法挂接做法，因此需要结合土建模型中的钢筋工程量手动添加钢筋工程量清单及对应的定额子目，并描述钢筋工程量清单的项目特征。

将钢筋工程量清单定额添加到 GCCP 计价平台后，需要对分部分项工程量清单进行分部整理，并结合清单项目特征对所套取的定额子目进行换算。本节以直径为 6mm 的 HPB300 钢筋为例进行清单定额项目的套取。

（1）添加钢筋清单项

添加工程量清单时首先选中想要插入清单的位置，再单击上方工具栏中的"编制-插入-插入清单"命令，在所选择的清单行的定额子目下自动添加新的一行清单项目，在新添加的清单行输入工程量清单编码后，会自动匹配其项目名称和计量单位。输入工程量清单编码的方式有直接输入、查询输入两种方式。若对工程量清单编码非常熟悉，则可直接在编码空白处输入清单编码；而在实际操作中，最常用的方式为查询输入法。

查询清单编码有两种操作方式。

其一：双击编码空白处，软件会自动弹出"查询"窗口，手动切换至"清单"页签下，依次选择所需要插入的清单编码即可。

其二：选中新建立的清单行，并在上方工具栏中选择"查询-查询清单"命令，即可弹出"查询-清单"窗口，依次选择所需要插入的清单编码即可。

在弹出的"查询-清单"窗口中，依次选择"建筑工程→混凝土及钢筋混凝土工程→钢筋工程"，并双击工程量清单编码"010515001"，即可将该清单项目添加到分部分项工程量清单列表中。具体操作如图 13-11 所示。

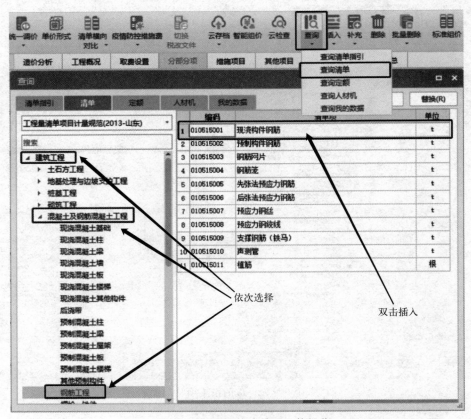

图 13-11　插入钢筋清单项具体操作

（2）添加钢筋定额子目

选中新添加的钢筋清单项目，选择上方工具栏中的"插入-插入子目"命令，在该清单项目下新建定额子目，单击定额编码空白处的"…"按钮，软件会自动弹出清单项目编码"010515001"所对应的所有定额子目，左键单击"5-4-1"即可将其添加到清单下。通过查看土建算量报表中导出的"钢筋级别直径汇总表"可知，"HPB300，φ6"的钢筋重量为1.98t，故在其清单定额项目的"工程量"一栏均输入"1.98"，回车键确认。

在《房屋建筑与装饰工程工程量计算规范》（GB 50854—2013）中规定，钢筋的项目特征用"钢筋等级符号＋直径"表示即可，如直径为 6mm 的 HPB300 钢筋可以表示为"HPB300，φ6"，因此在清单项目特征中填写"钢筋种类、规格：HPB300，φ6"，回车键确认。填写完成的钢筋清单项与定额子目如图 13-12 所示。

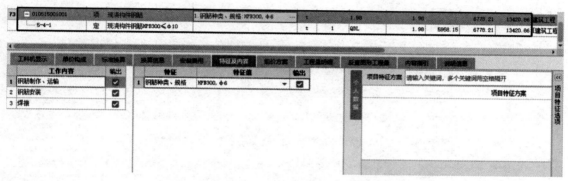

图 13-12　填写完成的钢筋清单项与定额子目

以上即为"HPB300，φ6"的钢筋清单定额项目套取的具体步骤。同理，其他不同级别、直径的钢筋清单定额项目套取步骤与其一致。

从土建计量平台 GTJ 中导出的钢筋汇总数据如表 13-3 所示。

表 13-3　钢筋统计汇总表　　　　　　　　　　　　　单位：t

构件类型	合计	级别	6mm	8mm	10mm	12mm	14mm	16mm	18mm	20mm	22mm	25mm
柱	32.95	Φ		4.879	4.602			0.504	1.147	3.201	6.091	12.526
暗柱/端柱	0.985	Φ		0.26						0.725		
构造柱	1.73	Φ	0.449			1.281						
剪力墙	0.313	Φ	0.011		0.153	0.149						
砌体墙	5.994	φ			5.994							
	2.198	Φ	2.198									
过梁	0.981	Φ	0.145		0.051	0.626	0.141	0.018				
梁	1.98	φ	1.98									
	94.266	Φ	0.399	10.056	6.565	10.414	3.97	5.896	4.487	12.302	12.206	27.971
现浇板	31.481	Φ	7.459	22.306	1.543	0.173						
楼梯	0.509	Φ	0.055	0.143	0.057	0.12	0.06	0.024	0.05			
独立基础	2.914	Φ					1.98	0.934				
后浇带	0.827	Φ		0.037	0.007	0.783						

续表

构件类型	合计	级别	6mm	8mm	10mm	12mm	14mm	16mm	18mm	20mm	22mm	25mm
合计	7.974	Φ	1.98		5.994							
	169.152	Φ̲	10.715	37.681	12.978	13.546	6.151	7.375	5.683	16.229	18.298	40.496

重复上述步骤，手动建立其他不同级别和直径的钢筋清单定额项目即可。建立完成的所有钢筋工程量清单定额项如图 13-13 所示。

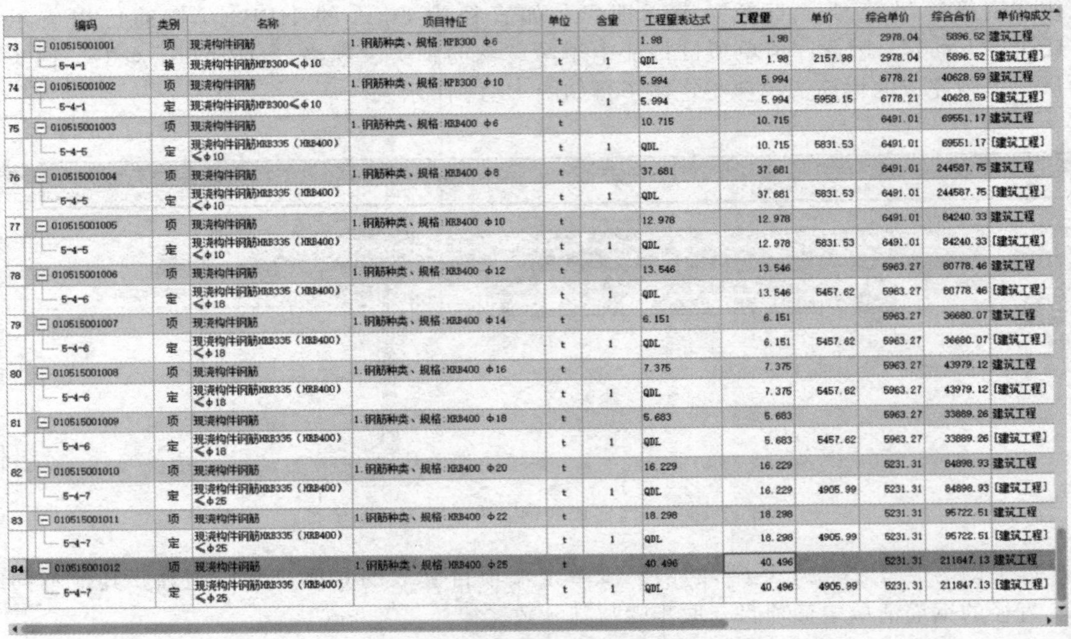

	编码	类别	名称	项目特征	单位	含量	工程量表达式	工程量	单价	综合单价	综合合价	单价构成文
73	010515001001	项	现浇构件钢筋	1.钢筋种类、规格:HPB300 Φ6	t		1.98	1.98		2978.04	5896.52	建筑工程
	5-4-1	换	现浇构件钢筋HPB300≤Φ10		t	1	QDL	1.98	2157.98	2978.04	5896.52	[建筑工程]
74	010515001002	项	现浇构件钢筋	1.钢筋种类、规格:HPB300 Φ10	t		5.994	5.994		6778.21	40628.59	建筑工程
	5-4-1	定	现浇构件钢筋HPB300≤Φ10		t	1	5.994	5.994	5958.15	6778.21	40628.59	[建筑工程]
75	010515001003	项	现浇构件钢筋	1.钢筋种类、规格:HRB400 Φ6	t		10.715	10.715		6491.01	69551.17	建筑工程
	5-4-5	定	现浇构件钢筋HRB335（HRB400）≤Φ10		t	1	QDL	10.715	5831.53	6491.01	69551.17	[建筑工程]
76	010515001004	项	现浇构件钢筋	1.钢筋种类、规格:HRB400 Φ8	t		37.681	37.681		6491.01	244587.75	建筑工程
	5-4-5	定	现浇构件钢筋HRB335（HRB400）≤Φ10		t	1	QDL	37.681	5831.53	6491.01	244587.75	[建筑工程]
77	010515001005	项	现浇构件钢筋	1.钢筋种类、规格:HRB400 Φ10	t		12.978	12.978		6491.01	84240.33	建筑工程
	5-4-5	定	现浇构件钢筋HRB335（HRB400）≤Φ10		t	1	QDL	12.978	5831.53	6491.01	84240.33	[建筑工程]
78	010515001006	项	现浇构件钢筋	1.钢筋种类、规格:HRB400 Φ12	t		13.546	13.546		5963.27	80778.46	建筑工程
	5-4-6	定	现浇构件钢筋HRB335（HRB400）≤Φ18		t	1	QDL	13.546	5457.62	5963.27	80778.46	[建筑工程]
79	010515001007	项	现浇构件钢筋	1.钢筋种类、规格:HRB400 Φ14	t		6.151	6.151		5963.27	36680.07	建筑工程
	5-4-6	定	现浇构件钢筋HRB335（HRB400）≤Φ18		t	1	QDL	6.151	5457.62	5963.27	36680.07	[建筑工程]
80	010515001008	项	现浇构件钢筋	1.钢筋种类、规格:HRB400 Φ16	t		7.375	7.375		5963.27	43979.12	建筑工程
	5-4-6	定	现浇构件钢筋HRB335（HRB400）≤Φ18		t	1	QDL	7.375	5457.62	5963.27	43979.12	[建筑工程]
81	010515001009	项	现浇构件钢筋	1.钢筋种类、规格:HRB400 Φ18	t		5.683	5.683		5963.27	33889.26	建筑工程
	5-4-6	定	现浇构件钢筋HRB335（HRB400）≤Φ18		t	1	QDL	5.683	5457.62	5963.27	33889.26	[建筑工程]
82	010515001010	项	现浇构件钢筋	1.钢筋种类、规格:HRB400 Φ20	t		16.229	16.229		5231.31	84898.93	建筑工程
	5-4-7	定	现浇构件钢筋HRB335（HRB400）≤Φ25		t	1	QDL	16.229	4905.99	5231.31	84898.93	[建筑工程]
83	010515001011	项	现浇构件钢筋	1.钢筋种类、规格:HRB400 Φ22	t		18.298	18.298		5231.31	95722.51	建筑工程
	5-4-7	定	现浇构件钢筋HRB335（HRB400）≤Φ25		t	1	QDL	18.298	4905.99	5231.31	95722.51	[建筑工程]
84	010515001012	项	现浇构件钢筋	1.钢筋种类、规格:HRB400 Φ25	t		40.496	40.496		5231.31	211847.13	建筑工程
	5-4-7	定	现浇构件钢筋HRB335（HRB400）≤Φ25		t	1	QDL	40.496	4905.99	5231.31	211847.13	[建筑工程]

图 13-13 钢筋工程量清单定额项

（3）调整钢筋信息价

定额中的钢筋规格是按照钢筋规格的区间进行汇总得来的，而未按照不同的钢筋级别和直径划分，故钢筋定额子目的综合单价仅具有参考价值，并不能代表特定规格和直径的钢筋综合单价，不能反映每种指定钢筋价格的实际水平。因此需要根据工程所在地所发布的钢筋信息价对不同清单定额中的钢筋价格进行调整。下面，以“HPB300，Φ6”为例调整钢筋的信息价。

① 单击左键选中所需调整的定额子目，并将下方工作区切换至“工料机显示”页签下，查看定额的人材机构成。

② 将第二行钢筋的类别修改为“主材”，将名称修改为“钢筋 HPB300，Φ6”，输入规格与型号的参数值为“HPB300，Φ6”。

③ 在广才助手中对 2022 年 8 月××市房屋建筑材料的信息价进行搜索，在搜索框内输入“HPB300”，回车键确认即可。在搜索结果中，没有直径为 6mm 的 HPB300 钢筋，这是由于市场已不再供应“HPB300，Φ6”的钢筋，故直接使用“HPB300，Φ6.5”的信息价即可。

④ 查看查询结果可知，“HPB300，Φ6.5”的 2022 年 8 月含税信息价为“4984 元/吨”，故填写含税市场价的参数值为“4984”，回车键确认即可完成信息价的调整。

钢筋信息价调整步骤如图 13-14 所示。

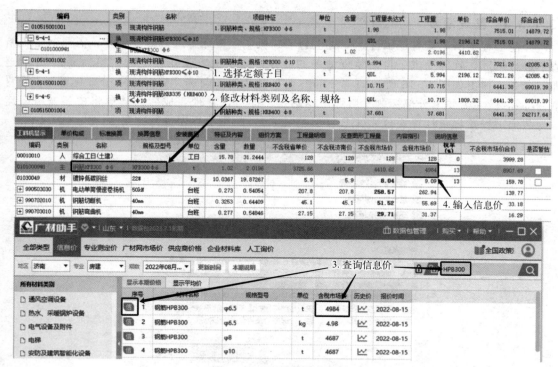

图 13-14　钢筋信息价调整

重复上述步骤，对每一项钢筋的信息价进行调整，通过查询××市 2022 年 8 月的建筑工程材料信息价，仔细搜索并填写每种不同级别和直径的钢筋信息价即可。添加完成的钢筋信息价如图 13-15 所示。

编码	类别	名称	项目特征	单位	含量	工程量表达式	工程量	单价	综合单价	综合合价
010515001001	项	现浇构件钢筋	1. 钢筋种类、规格：HPB300 φ6	t		1.98	1.98		7515.01	14879.72
5-4-1	换	现浇构件钢筋HPB300≤φ10		t	1	QDL	1.98	2196.12	7515.01	14879.72
0101000901	主	钢筋HPB300 φ6		t	1.02		2.0196	4410.62		
010515001002	项	现浇构件钢筋	1. 钢筋种类、规格：HPB300 φ10	t		5.994	5.994		7246.93	43438.1
5-4-1	换	现浇构件钢筋HPB300≤φ10		t	1	QDL	5.994	2196.12	7246.93	43438.1
0101000903	主	钢筋HPB300 φ10		t	1.02		6.11388	4147.79		
010515001003	项	现浇构件钢筋	1. 钢筋种类、规格：HRB400 φ6	t		10.715	10.715		6648.1	71234.39
5-4-5	换	现浇构件钢筋HRB335（HRB400）≤φ10		t	1	QDL	10.715	1809.32	6648.1	71234.39
0101002701	主	钢筋HRB400 φ6		t	1.02		10.9293	4097.35		
010515001004	项	现浇构件钢筋	1. 钢筋种类、规格：HRB400 φ8	t		37.681	37.681		6648.1	250507.06
5-4-5	换	现浇构件钢筋HRB335（HRB400）≤φ10		t	1	QDL	37.681	1809.32	6648.1	250507.06
0101002702	主	钢筋HRB400 φ8		t	1.02		38.43462	4097.35		
010515001005	项	现浇构件钢筋	1. 钢筋种类、规格：HRB400 φ10	t		12.978	12.978		6648.1	86279.04
5-4-5	换	现浇构件钢筋HRB335（HRB400）≤φ10		t	1	QDL	12.978	1809.32	6648.1	86279.04
0101002703	主	钢筋HRB400 φ10		t	1.02		13.23756	4097.35		
010515001006	项	现浇构件钢筋	1. 钢筋种类、规格：HRB400 φ12	t		13.546	13.546		6237.74	84496.43
5-4-6	换	现浇构件钢筋HRB335（HRB400）≤φ18		t	1	QDL	13.546	1470.85	6237.74	84496.43
0101002901	主	钢筋HRB400 φ12		t	1.04		14.08784	4097.35		
010515001007	项	现浇构件钢筋	1. 钢筋种类、规格：HRB400 φ14	t		6.151	6.151		6155.82	37864.45
5-4-6	换	现浇构件钢筋HRB335（HRB400）≤φ18		t	1	QDL	6.151	1470.85	6155.82	37864.45
0101002902	主	钢筋HRB400 φ14		t	1.04		6.39704	4018.58		
010515001008	项	现浇构件钢筋	1. 钢筋种类、规格：HRB400 φ16	t		7.375	7.375		6155.82	45399.17
5-4-6	换	现浇构件钢筋HRB335（HRB400）≤φ18		t	1	QDL	7.375	1470.85	6155.82	45399.17
0101002903	主	钢筋HRB400 φ16		t	1.04		7.67	4018.58		
010515001009	项	现浇构件钢筋	1. 钢筋种类、规格：HRB400 φ18	t		5.683	5.683		6155.82	34983.53
5-4-6	换	现浇构件钢筋HRB335（HRB400）≤φ18		t	1	QDL	5.683	1470.85	6155.82	34983.53
0101002904	主	钢筋HRB400 φ18		t	1.04		5.91032	4018.58		
010515001010	项	现浇构件钢筋	1. 钢筋种类、规格：HRB400 φ20	t		16.229	16.229		5429.72	88118.93
5-4-7	换	现浇构件钢筋HRB335（HRB400）		t	1	QDL	16.229	940.72	5429.72	88118.93

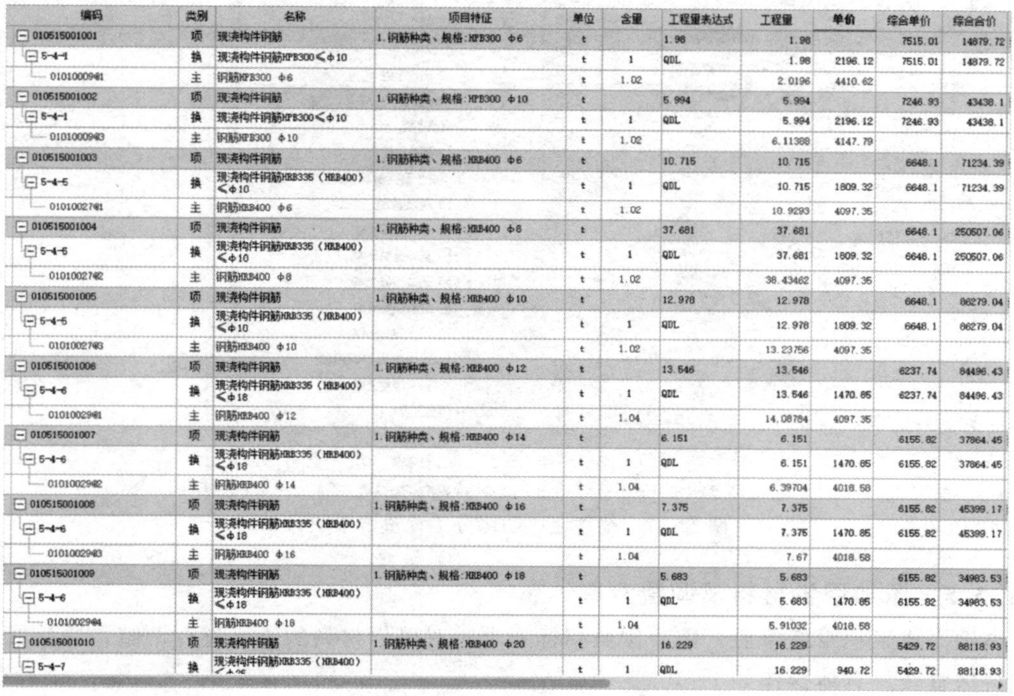

图 13-15　调整后的钢筋清单定额项目

13.1.3.4 整理清单

为使工程量清单具有逻辑性，同时也为了确保工程实际工程量的准确性，需要对工程量清单进行整理，软件提供了自动整理清单的命令，单击上方工作栏中的"整理清单-分部整理"命令，弹出如图 13-16 所示的"分部整理"对话框，勾选"需要专业分部标题""需要章分部标题""需要节分部标题"后点击"确定"即可，整理完成后的清单将按照《房屋建筑与装饰工程工程量计算规范》（GB 50854—2013）的章节顺序进行排列。

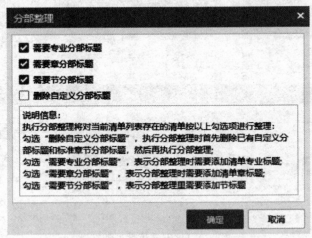

图 13-16   "分部整理"对话框

整理完成的部分工程量清单项目如图 13-17 所示。

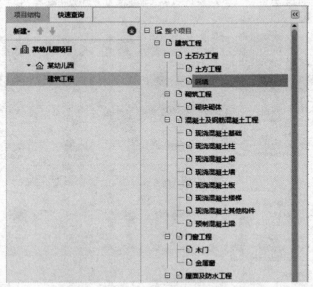

图 13-17   整理完成的部分工程量清单项目

13.1.3.5 添加甲供材料及调整费率

整理完成工程量清单后，需要按照招标要求，对甲供材料的价格进行调整，并计取一定的材料保管费。具体操作如下：

① 在已整理好的左侧导航栏中点击"门窗工程-木门"，将分部分项切换至"木门"界

面，选中清单项"010801004001"下的"8-1-4"定额子目。

② 将下方工作区切换至"工料机显示"，填写材料的名称为"防火门丙"，不含税市场价为"950"，税率为"0"即可。调整步骤如图 13-18 所示。

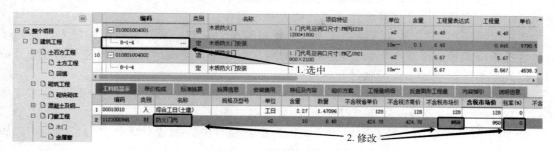

图 13-18　材料价格调整

③ 由于以上材料的供货方式为甲供材料，因此需要在"人材机汇总"中调整其供货方式，单击上方"人材机汇总"，将"防火门甲、乙、丙"的供货方式均修改为"甲供材料"即可，具体操作如图 13-19 所示。

图 13-19　修改供货方式

以上即为添加甲供材料、调整供货方式的具体步骤，由于篇幅限制，本处不再展示其他甲供材料的调整过程，读者可自行操作。

13.1.3.6　设定暂估材料及调整价格

对于组合门窗"M1""M2""M3""M4""M5"，由于发包人不确定其价格，故对其材料价格以 400 元/m² 进行暂估，在编制招标控制价时需要在软件中调整此类材料的价格。本处仅以"M4"为例进行材料暂估价的调整。

① 选中清单项"010801003001"下的定额子目"8-1-3"，并将下方工作区切换至"工料机显示"。

② 修改材料的名称为"连窗门"，填写"不含税市场价"为"400"，在"是否暂估"下打勾即可，其余参数无需调整。操作过程如图 13-20 所示。

以上即为暂估材料价格的调整，其他暂估材料的调整步骤与"M4"一致，本处不再赘

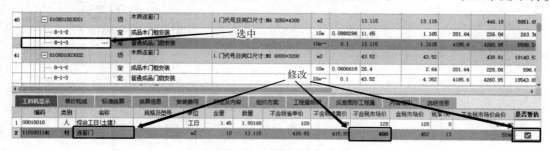

图 13-20　调整暂估材料价格

述，请读者自行操作。

13.1.3.7   添加及整理措施项目

措施项目包含单价措施项目和总价措施项目，其中，在建立计价文件时，软件已将总价措施自动设定完毕，因此只需要完善单价措施项目即可。

单击"措施项目"，从导入的措施项目工程量清单中可知：从算量模型中导入的措施项目包含模板、模板超高施工增加费和脚手架费用，而无垂直运输、大型机械进退场等项目费用，因此需要手动添加缺失的项目。

① 垂直运输。在"措施项目-单价措施项目"中添加清单项目"011703001"，添加定额子目"19-1-19"，输入清单定额工程量为"3573.88"即可。

② 大型机械设备进出场及安拆费。在单价措施项目中添加清单项目"011705001"，添加定额子目"19-3-5"和"19-3-18"，输入清单定额工程量为"1"即可。

13.1.3.8   添加其他项目费用

其他费用包含暂列金额、特殊项目暂估价、专业工程暂估价、计日工费用、采购保管费、检验试验费及总承包服务费等。本案例工程有暂列金额和甲供材料的采购保管费。

① 添加暂列金额。根据山东省定额计价规则及相关解释，暂列金额一般按照分部分项工程费的 10%～15% 进行估列，本工程暂列金额为 30 万元。切换至"项目费用"模块，选择"项目项目-暂列金额"，在工作区中输入暂定金额为"300000"，如图 13-21 所示。

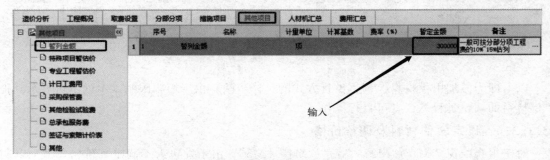

图 13-21   添加暂列金额

② 添加材料采购保管费。采购保管费是指企业材料物资供应部门及仓库为采购、验收、保管和收发材料物资所发生的各种费用。选择"其他项目-采购保管费"，在"材料采购保管费"一栏选择项目费用为"甲供材料费"，费率为"2.5%"，如图 13-22 所示。

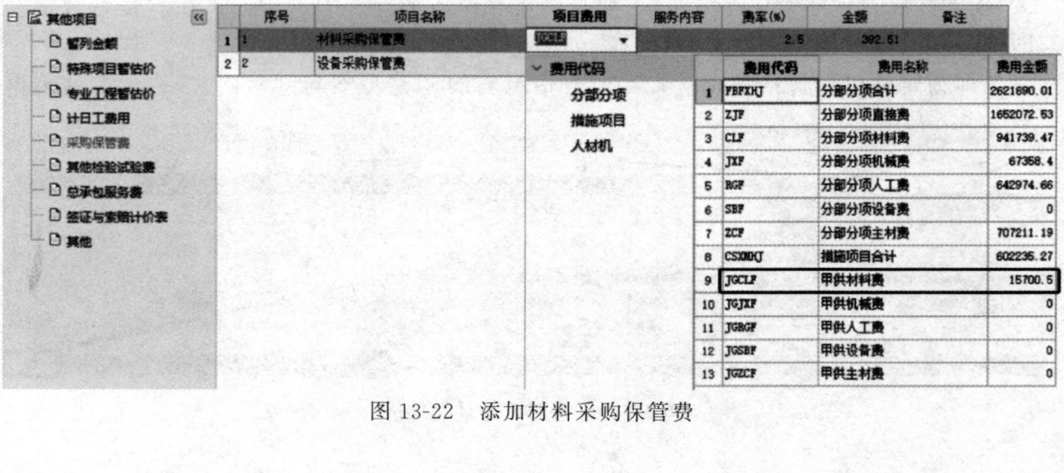

图 13-22   添加材料采购保管费

13.1.3.9　载入并覆盖信息价

招标控制价采用××市"2022 年 8 月"建筑工程信息价进行调整，单击上方工具栏的"载价"功能，选择价格日期区间为"2022 年 8 月"，单击下一步，弹出"批量载价"对话框，点击下一步并等待载价完成即可，如图 13-23 所示。

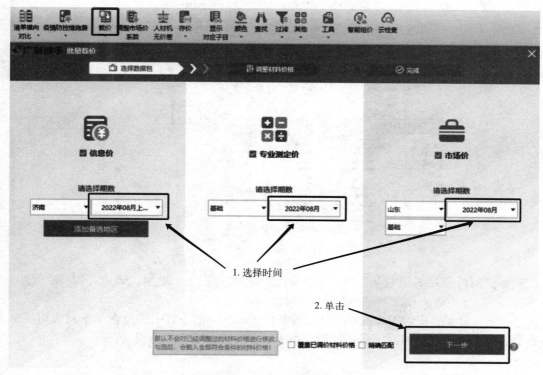

图 13-23　选择信息价

以上即为招标控制价编制及调整的主要内容，软件中具体操作需要读者自行熟悉。

13.1.3.10　费用汇总及报表导出

（1）招标控制价费用汇总

费用汇总界面分为上下两部分，上半部分为各项费用汇总表，下半部分为查询辅助区，其包含"查询费用代码"和"查询费率信息"两个模块。通过费用汇总界面可以查看各项费用的汇总金额，也可以结合下方的查询辅助区来查看各项费用的代码和详细的费率信息。

费用汇总表内容包含序号、费用代号、名称、计算基数、费率、金额和备注。其中，计算基数列有各费用代号四则运算公式，费率列有各项费用的费率。本工程案例的费用汇总如图 13-24 所示。

（2）招标控制价报表导出

根据《建设工程工程量清单计价规范》（GB 50500—2013）的规定，建筑工程招标控制价表格由 8 部分组成，包括：封面（封-1～封-4）；总说明（表-01）；汇总表（表-02～表-07）；分部分项工程量清单表（表-08～表-09）；措施项目清单表（表-10～表-11）；其他项目清单表（表-12、表-12-1～表-12-8）；规费、税金项目清单与计价表（表-13）；工程款支付申请（核准）表（表-14）。表格名称与详细格式见上述规范中的"计价表格组成"。

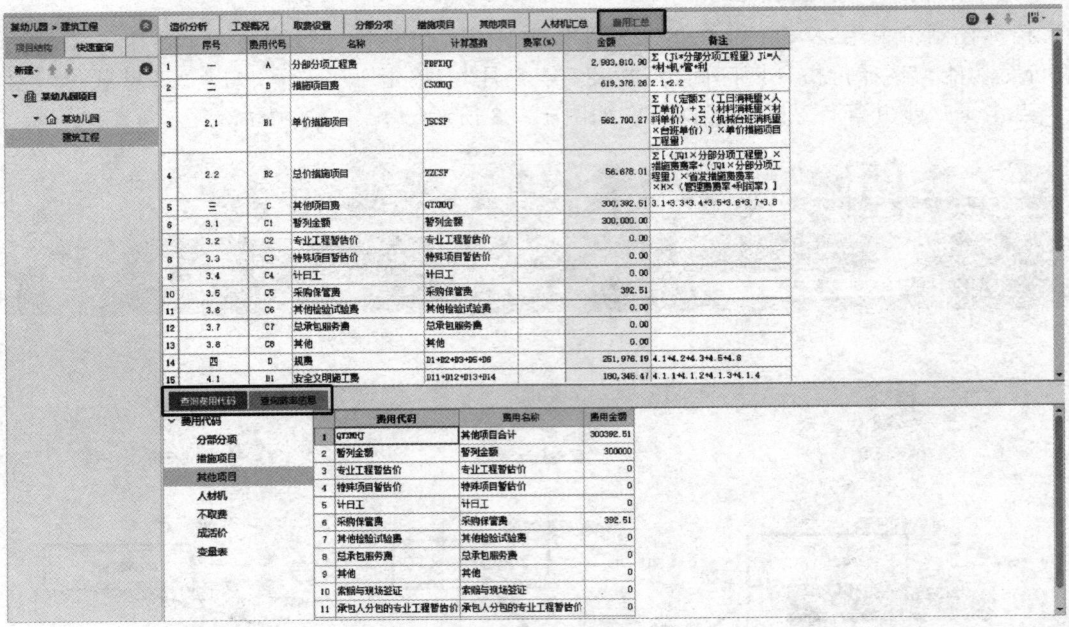

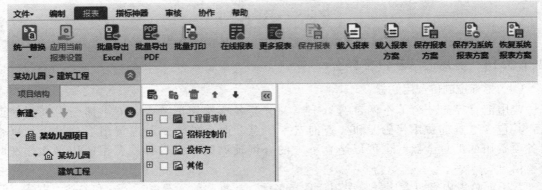

图 13-24　费用汇总界面

　　招标控制价使用表格包括：封-2、表-01、表-02、表-03、表-04、表-08、表-09、表-10、表-11、表-12（不含表-12-6～表-12-8）、表-13。

　　GCCP 计价平台中的报表模块的功能区如图 13-25 所示，其中还包含了不同应用场景下的报表，如工程量清单报表、招标控制价报表、投标方报表和其他报表。

图 13-25　查看报表模块

　　可以在"报表"模块通过报表导航栏选择相关报表，再导出符合招标文件要求的相关报表，并可通过批量导出和批量打印功能完成报表的导出和打印工作，值得注意的是，在进行报表打印前需要检查报表的格式是否符合招标文件的相关要求。导出时选择"连码导出"即可，招标控制价所需导出的报表如图 13-26 所示。

　　在导出之前，还可以根据不同的需求选择不同的导出格式，"导出 Excel 设置"对话框如图 13-27 所示，本案例工程按照软件默认导出即可。

　　以上即为招标控制价报表导出步骤，建议读者自行操作，熟悉报表导出工作。本案例工

图 13-26 所需导出的表格

程的招标控制价合计如图 13-28 所示。

注：

（1）项目自检

在完成取费及组价、调整人材机等工作后，可以使用"项目自检"命令对上述工作的质量或完整性进行检查，查看是否存在不符合招标文件要求的项目，如图 13-29 所示。

（2）报表设计

如招标文件对报表有特殊要求，则需要进入"报表设计器"界面，通过"编辑"或"设计"命令填写相关的报表内容和对报表的格式进行设计，还可设定企业所需的水印。报表设计器界面如图 13-30 所示。

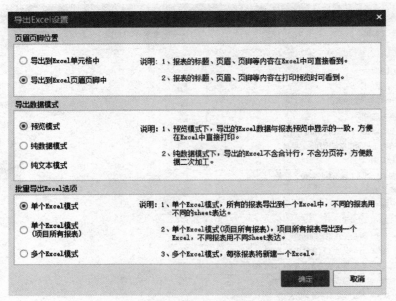

图 13-27 导出 Excel 设置

	序号	名称 ×	金额	分部分项		措施项目		其他项目		规费		税金
				分部分项合计		措施项目合计		其他项目合计		规费合计	安全文明施工费	
1	□ 1	某幼儿园	4528145.04	2983810.9		619378.28		300392.51		251976.19	180345.47	372587.16
2	└ 1.1	建筑工程	4528145.04	2983810.9		619378.28		300392.51		251976.19	180345.47	372587.16
3												
4		合计	4528145.04	2983810.9		619378.28		300392.51		251976.19	180345.47	372587.16

（造价分析 项目信息 取费设置 人材机汇总）

图 13-28 招标控制价合计

图 13-29 项目自检界面

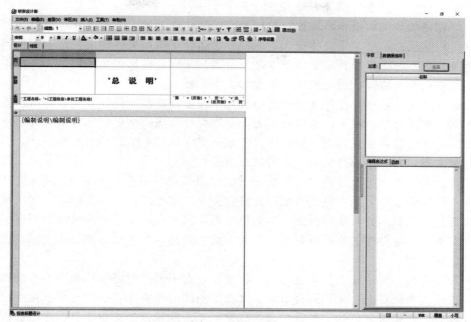

图 13-30　报表设计器界面

13.2　案例工程投标报价编制

投标报价是指承包商采取投标方式承揽工程项目时，计算和确定承包该工程的投标总价格。投标单位有了投标取胜的实力还不够，还需有将这种实力变为投标的技巧。

投标报价的编制依据有：招标文件；招标人提供的设计图纸及有关的技术说明书等；工程所在地现行的定额及与之配套执行的各种造价信息、规定等；招标人书面答复的有关资料；企业定额、类似工程的成本核算资料；其他与报价有关的各项政策、规定及调整系数等。在标价的计算过程中，对于不可预见费用的计算必须慎重考虑，不要遗漏。

投标报价的编制原则为：投标报价由投标人自己确定，但是必须执行《建设工程工程量清单计价规范》的强制性规定；投标人的投标报价不得低于工程成本；投标人必须按工程量清单填报价格；投标报价要以招标文件中设定的承发包双方责任划分，作为设定投标报价费用项目和费用计算的基础；应该以施工方案、技术措施等作为投标报价计算的基本条件；报价方法要科学严谨，简明适用。

投标报价的技巧通常有：不平衡报价法、多方案报价法、增加建议方案法、突然降价法、无利润报价法和先亏后盈法。

不平衡报价法：指投标人在不影响工程总报价的前提下，通过调整工程量清单内部各个项目的报价，以达到既不提高总价、不影响中标，又能在结算时得到更理想的经济效益的报价方法。比如能够早日结算的项目（如前期措施费、基础工程、土石方工程等）可以适当提高报价，有利于提高资金周转，提高资金时间价值；后期工程项目（如设备安装、装饰工程等）的报价可适当降低。再比如经过工程量核算，预计今后工程量会增加的项目，适当提高其单价，这样在最终结算时可多盈利；而对于将来工程量有可能减少的项目，适当降低单价，这样在工程结算时不会有太大损失。

多方案报价法：指在投标文件中报两个标价。其中一个按原招标文件的条件报一个价格；另一个则是加注解的报价。例如，对标书中的某些条款做出某些改动，报价即可降低多少，这样可以降低总报价来吸引招标人。这种方法适合于招标文件的工程范围不很明确、条款不很清楚或很不公正，或技术规范要求过于苛刻的工程。投标企业采用多方案报价法，既可提高中标机会，又可降低投标风险，但投标工作量较大。

增加建议方案法：如果招标文件中提出投标单位可以修改原设计方案，即可以提出自己的建议方案，则投标单位就可以通过提出更为合理可行，或价格更低的方案来提高自己中标的可能性。这种方法要注意两点，一是建议方案一定要比较成熟，具有可操作性；二是即使提出了建议方案，对原招标方案也一定要进行报价。

突然降价法：指在报价过程中，仍按正常情况报价，甚至有意无意地泄露自己的报价，同时放出一些虚假信息，如不打算参加这次投标竞争，或是准备投高价标和对这次招标项目兴趣不大等，以达到迷惑对手的目的。等到投标截止期来临时来一个突然降价，提高中标概率。此种方法对投标单位的分析判断和决策能力要求很高，要求投标单位能全面掌握和分析信息，做出正确判断。

无利润报价法：对于缺乏竞争优势的承包单位，在不得已时可采用根本不考虑利润的报价方法，以获得中标机会。无利润报价法通常在下列情形时采用：（1）有可能在中标后，将大部分工程分包给索价较低的一些分包商；（2）对于分期建设的工程项目，先以低价获得首期工程，而后赢得机会创造第二期工程中的竞争优势，并在以后的工程实施中获得盈利；（3）较长时期内，投标单位没有在建的工程项目，如果再不中标，就难以维持生存。因此，虽然本工程无利可图，但只要能有一定的管理费维持公司的日常运转，就可设法渡过暂时困难，以图将来东山再起。

先亏后盈法：又称无利润算标法，是指投标人为了开辟某一市场而不惜代价的低价中标方案。采取这种手段的投标人必须有较好的资信条件，提出的施工方案要先进可行，并且标书做到"全面响应"。与此同时，要加强对公司优势的宣传力度，让招标人对拟定的施工方案感到满意，并且认为标书中就如何满足招标文件提出工期、质量、环保等要求的措施切实可行。否则即使报价再低，招标人也不一定选用。相反，评标人会认为标书存在重大缺陷。

13.2.1　任务分析

投标报价是指承包商采取投标方式承揽工程项目时，计算和确定承包该工程的投标总价格。一般而言，为了体现投标报价的普适性，在进行报价时应尽量将材料和机械费与市场价相结合。

使用广联达 BIM 云计价平台 GCCP6.0 开展本案例工程的投标报价编制工作，按照软件操作的指引完成工程项目结构的创建。

13.2.2　任务实施

13.2.2.1　新建投标项目

① 新建项目。新建"投标项目"如图 13-31 所示。

② 项目信息及计费标准。进入投标项目界面，在项目名称中输入"某幼儿园"；项目编码默认为"001"；地区标准选用"2013 年山东清单计价规则"；定额标准选用"山东 2016序列定额"；案例工程中的建设地点在山东省；单价形式为"非全费用模式"；计税方式选择"一般计税方法"。设定完成后点击"立即新建"即可，如图 13-32 所示。

图 13-31　新建"投标项目"

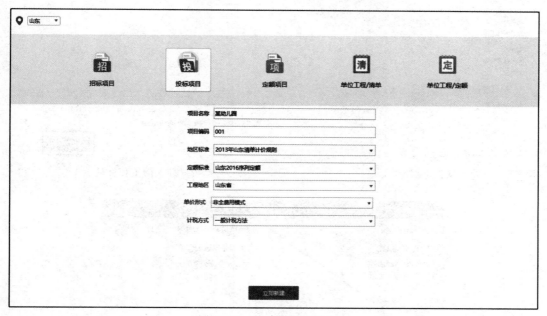

图 13-32　新建投标项目界面

13.2.2.2　导入工程项目文件

投标项目需要基于招标工程量清单进行报价,故需要导入招标工程量清单进行计价。在新弹出的界面左侧的项目结构导航栏中单击鼠标右键,在弹出的命令栏中选择"导入单位工程/项目工程",如图 13-33 所示。选择所需导入的工程文件,并点击"导入",如图 13-34 所示。软件自动弹出"导入单位/项目工程"对话框,选中所有的工程标段结构,点击"添加",再点击"确定"即可完成清单定额的导入。如图 13-35 所示。

13.2.2.3　修改管理费和利润

为了加强投标报价的竞争性,可以适当调整企业管理费和利润,企业管理费率的大小能够体现出建筑企业的管理水平,调低利润率可以增强企业在投标中的竞争力。

假定该建设项目的投标企业投标时对于建筑工程的管理费率为 23%、利润率为 13%,对于装饰工程的管理费率为 30%、利润率为 15%。

① 单击选择左侧导航栏中的"某幼儿园投标",将工作区切换至建设项目总体查看界面。

② 单击工作区上方"取费设置",在"费率"一栏将建筑工程专业的企业管理费率由"25.6"改为"23",将利润率由"15"改为"13";将装饰工程专业的管理费率由"32.2"

改为"30"，将利润率由"17.3"改为"15"。修改完成后的企业管理费与利润率会以红色字体显示，再点击上方工具栏的"应用修改"，即可完成企业管理费和利润率的调整。具体操作步骤如图 13-36 所示。

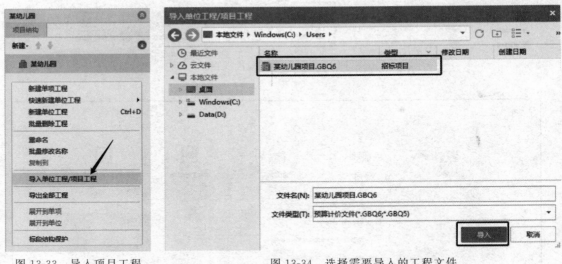

图 13-33　导入项目工程　　　　　　　　　　图 13-34　选择需要导入的工程文件

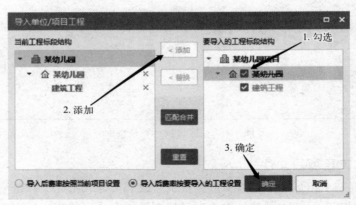

图 13-35　选择需要导入的标段

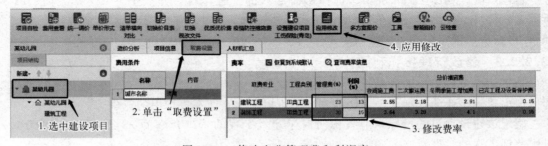

图 13-36　修改企业管理费和利润率

13.2.2.4　修改材料价格

由于篇幅限制，本处仅介绍部分材料的市场价查询及修改。

① 查看人材机汇总。单击左侧导航栏中"某幼儿园-建筑工程",切换至"人材机汇总"模块,并选择"所有人材机",将人材机按照合价从高到低排序,并依次查看市场价。如图 13-37 所示。

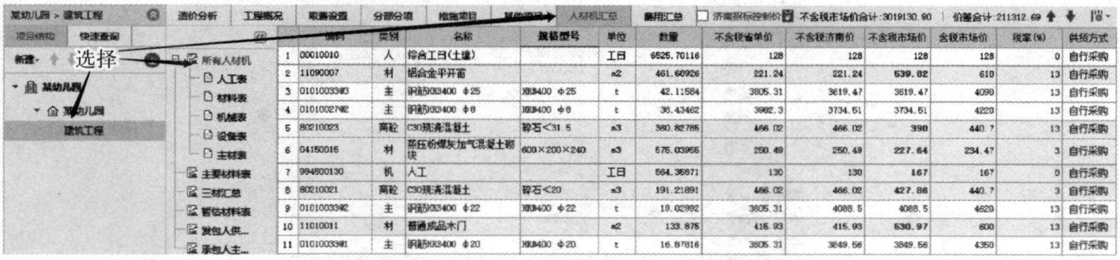

图 13-37　切换至人材机汇总界面

② 查询并修改市场价。选中所需调整的材料行,将下方广材助手模块切换至"广材网市场价"子模块,并在搜索框中输入材料名称查询市场价。以直径为 25mm 的 HRB400 为例,在"广材网市场价"输入材料名称并搜索,在搜索结果中显示不同品牌和公司的报价金额,本材料在招标控制价中的含税市场单价为 4524 元,但搜索结果中显示的含税市场单价为 4090 元,因此直接在"含税市场价"中将"4524"修改为"4090",回车键确认即可。具体操作如图 13-38 所示。

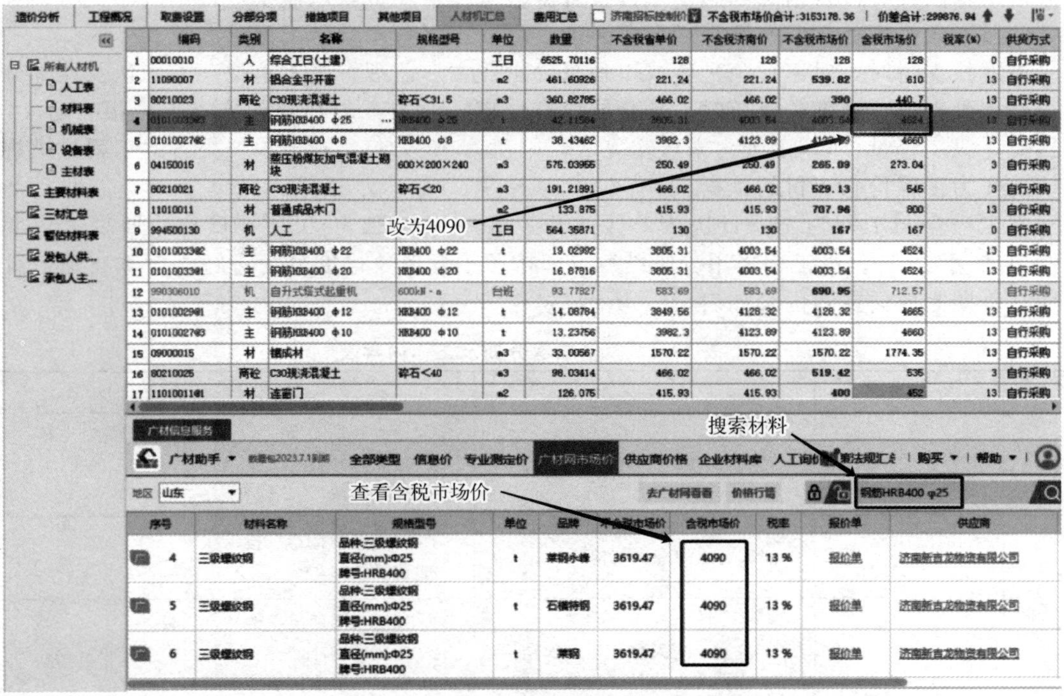

图 13-38　查询并修改市场价

以上即为投标报价的编制步骤,本节仅提供了广材网询价方式,读者也可以采用其他网站的市场价作为投标价格或采用电话询价的方式进行材料市场价的查询工作。

案例工程的投标报价如图 13-39 所示,假设签约合同价与投标报价相同。

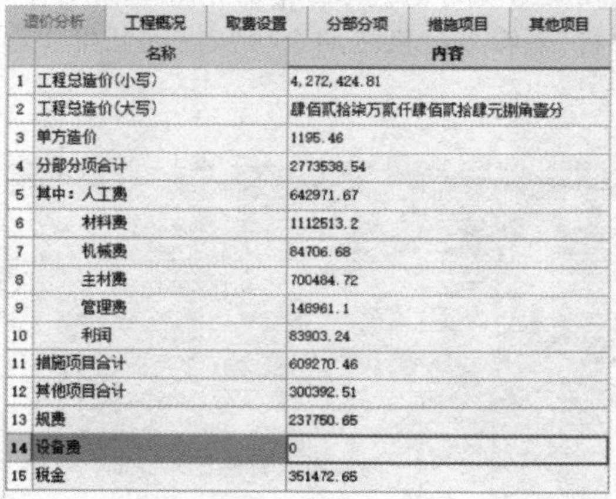

造价分析 | 工程概况 | 取费设置 | 分部分项 | 措施项目 | 其他项目

	名称	内容
1	工程总造价(小写)	4,272,424.81
2	工程总造价(大写)	肆佰贰拾柒万贰仟肆佰贰拾肆元捌角壹分
3	单方造价	1195.46
4	分部分项合计	2773538.54
5	其中：人工费	642971.67
6	材料费	1112513.2
7	机械费	84706.68
8	主材费	700484.72
9	管理费	148961.1
10	利润	83903.24
11	措施项目合计	609270.46
12	其他项目合计	300392.51
13	规费	237750.65
14	设备费	0
15	税金	351472.65

图 13-39　投标报价明细

13.3　案例工程进度款支付编制

进度款支付是工程施工阶段必不可少的部分，目前工程进度款结算方式主要有按月结算和分段结算两种。按月结算即施工单位按月申报工作量及价款，业主进行审核与支付；分段结算即按形象进度付款，按照工程形象进度，划分不同阶段支付工程进度款。

进度款支付时，对于形象进度或工程量要由业主、监理、施工单位三方确认及此部分验收合格才可支付；进度款审核时，若合同没有约定，业主方应在收到施工单位报告后14天内核实完成工程量，若14天内未核实完成，则从第15天起，施工单位报告的工程量被视为确认，作为工程价款支付的依据。

本工程合同工期为180日历天，计划开工日期为2022年9月1日，计划竣工日期为2023年2月28日。本工程采用分段结算，即按照工程形象进度分为进行进度款支付，具体分期与每期完成的主要内容如表13-4所示。

表 13-4　案例工程分期及工作内容表

分期	开始/截止日期	形象进度	已完工程量
1	2022.9.1— 2022.10.1	完成±0.00以下的全部内容	1. 土方开挖 2. 独立基础、基础梁 3. 土方回填
2	2022.10.2— 2022.11.15	完成首层的一次结构	1. 首层框架柱、梁、板 2. 首层楼梯
3	2022.11.16— 2023.2.1	1. 完成2层及屋面层一次结构 2. 完成1、2层的二次结构	1. 二层及屋面层框架柱、梁、板 2. 二层楼梯 3. 首层～屋面层墙体砌筑 4. 首层～屋面层构造柱、过梁、圈梁
4	2023.2.2— 2023.2.28	1. 完成室内外装饰装修工程 2. 完成室外零星工程	1. 全部门窗安装 2. 内外墙保温、装饰 3. 楼地面、天棚、踢脚 4. 台阶、散水、坡道

以下介绍进度款支付的设置与查看。

13.3.1　新建进度款支付

在 GCCP 平台首页选择"进度计量"并导入工程文件即可。如图 13-40 所示。

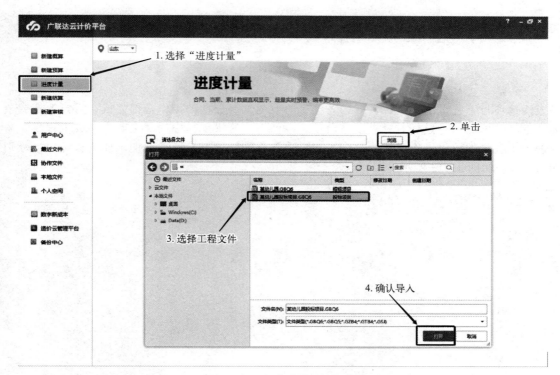

图 13-40　新建进度计量文件

13.3.2　添加工程分期

① 单击上方导航栏中的"编制"按钮，将工作区切换至编制界面，点击左侧导航栏中的整体建设项目"某幼儿园投标"，将工作区切换至建设项目对应的界面。

② 修改上方导航栏中"第 1 分期"的起止时间为"2022.9.1—2022.10.1"，点击"添加分期"命令，分别添加"第 2 分期"并设置其起止时间为"2022.10.2—2022.11.15"，添加"第 3 分期"并设置其起止时间为"2022.11.16—2023.2.1"，添加"第 4 分期"并设置其起止时间为"2023.2.2—2023.2.28"。

③ 根据表 13-4 修改各个分期的形象进度描述即可。如图 13-41 所示。

13.3.3　填写各分期已完工程量

设置完成建设项目的各个分期后，需要填写当前分期各项工作的完成数量，并进行工程量上报和审核工作，当前分期的工程量清单完成量可以按照实际完成的工程量进行填报，也可以按照合同比例进行填写。

软件提供了多种填写已完清单工程量的方式。其一，双击需要输入工程量的单元格，并将当前分期完成的工程量输入即可；其二，按照合同约定，设置或批量设置当前分期的已

图 13-41   添加分期及形象进度描述

完成清单项目工程量的比例；其三，若施工阶段的某一分期的工作全部完成，需要上报剩余工作量时，可以通过鼠标右键点击空白处，并使用快捷菜单栏中的"提取未完成工程量"命令进行工程量的填报工作。第一分期工程量（除钢筋）填报与第一分期钢筋工程量填报分别如图 13-42 和图 13-43 所示。

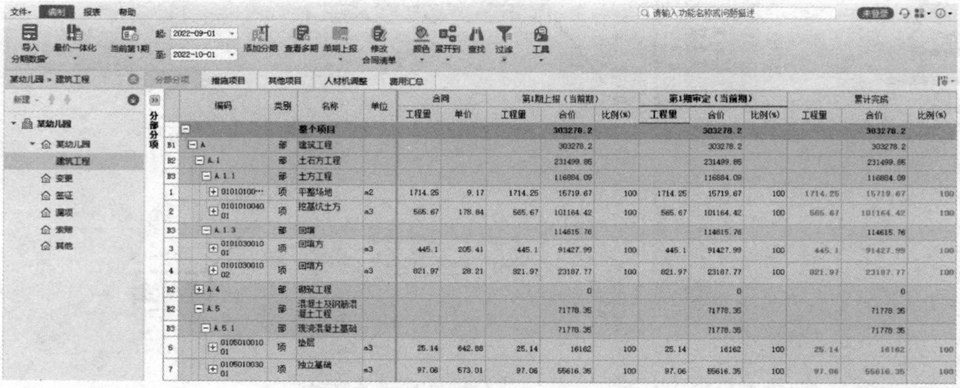

图 13-42   第一分期工程量（除钢筋）填报

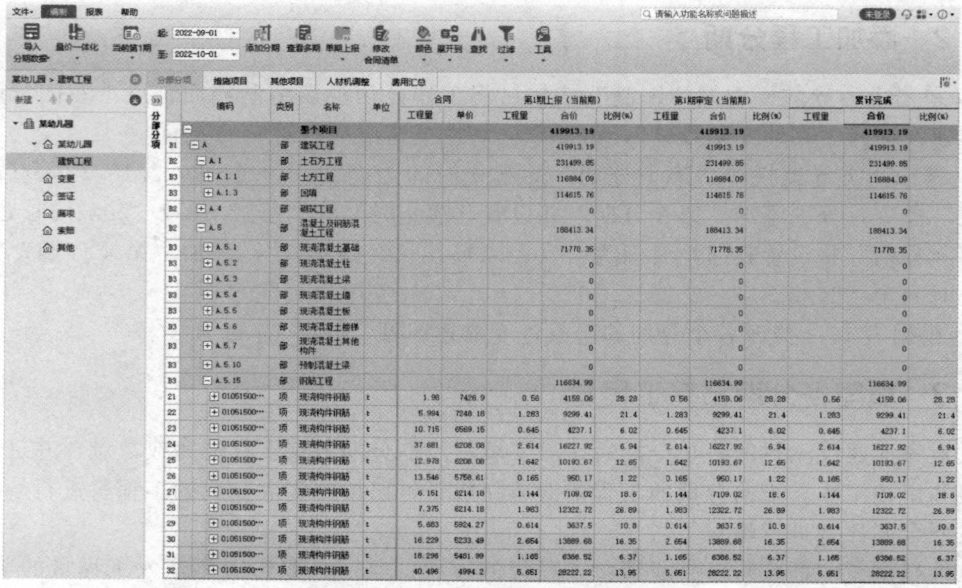

图 13-43   第一分期钢筋工程量填报

以上为第一期的分部分项工程量填报结果，由于篇幅有限，本处不再介绍其他几个分期的填报，望读者自行操作。

13.4　案例工程竣工结算编制

工程竣工结算是指施工企业按照合同规定的内容全部完成所承包的工程，经验收质量合格，并符合合同要求之后，向发包单位进行的最终工程款结算。竣工结算书是一种动态的计算，是按照工程实际发生的量与额来计算的。经审查的工程竣工结算是核定建设工程造价的依据，也是建设项目竣工验收后编制竣工决算和核定新增固定资产价值的依据。

根据 GB 50500—2013《建设工程工程量清单计价规范》9.3.1 及《建设工程施工合同（示范文本）》（GF—2017—0201）通用条款 10.4.1 等相关规定，为了让施工单位的利润水平不会因为工程量的增减而发生较大的浮动，在工程计量、工程结算或者工程审计的过程中，经常会遇到工程量偏差超过合同约定幅度、综合单价需要调整的情况。当工程量增加 15％以上时，其增加部分的工程量的综合单价应予以调低；当工程量减少 15％以上时，减少后剩余部分的工程量的综合单价应予以调高。

当工程量增加 15％以上时，即当 $Q_1 > 1.15Q_0$ 时，

$$S = 1.15Q_0 P_0 + (Q_1 - 1.15Q_0) P_1$$

当工程量减少 15％以上时，即当 $Q_1 < 0.85Q_0$ 时，

$$S = Q_1 P_1$$

式中　S——调整后某一分部分项工程费结算价；

$\quad$ Q_0——合同工程量；

$\quad$ Q_1——实际完成工程量；

$\quad$ P_0——承包人在工程量清单中填报的综合单价；

$\quad$ P_1——按照最终完成工程量重新调整后的综合单价。

以上公式即为调整后某一分部分项工程费用的结算价格的计算方式，但问题的关键在于参数 P_1 的确定，P_1 的确定分三种情况，具体参考以下公式：

（1）当 $P_0 < P_2(1-L) \times (1-15\%)$ 时，$P_1 = P_2(1-L)(1-15\%)$；

（2）当 $P_0 > P_2(1+15\%)$ 时，$P_1 = P_2(1+15\%)$；

（3）当 $P_0 > P_2(1-L) \times (1-15\%)$ 或 $P_0 < P_2(1+15\%)$ 时，P_1 不调整。

式中　P_2——招标控制价中的综合单价；

$\quad$ L——投标时的下浮率，即 $L = (1 - 投标报价/招标控制价) \times 100\%$。

在 GCCP 计价平台中建立结算文件有三种方式，第一种是直接新建竣工结算文件，第二种是将合同文件直接转换成竣工结算文件，第三种则是将进度款支付文件直接转换成竣工结算文件。其中，新建竣工结算文件与进度款支付文件的建立方式基本一致，本处不再赘述，请读者自行完成建立过程。

13.4.1 新建竣工结算文件

根据《建设工程工程量清单计价规范》（GB 50500—2013）中的 11.2.6 规定：发承包双方在合同工程实施过程中已经确认的工程计量结果和合同价款，在竣工结算办理中应直接进入结算。因此，可以将包含施工过程中结算的进度款支付文件（.GPV6）直接转换为竣工结算文件（.GSC）。

① 打开 GCCP 平台首页，点击"新建结算"按钮，将右侧工作区切换至建立竣工结算计价界面。

② 单击"浏览"命令，找到并选择"某幼儿园进度款支付.GPV6"文件，点击右下角"打开"命令即可。

③ 打开所选文件后，点击"立即新建"命令，将进度款支付文件（.GPV6）转换为竣工结算文件（.GSC）。

具体操作步骤如图 13-44 所示。

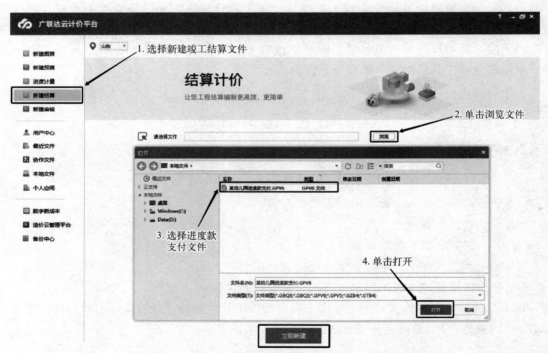

图 13-44   进度文件转为结算文件

13.4.2 新建工程变更

假设在施工过程中，基坑土方开挖的实际工程量为 700m^3，而合同清单中的工程量为 565.67m^3，量差比例为 23.75%＞15%，因此需要将超出 15% 的部分作变更处理。结算工程量与量差比例如图 13-45 所示，量差比例超过 ±15% 时，清单行中的"结算工程量"和"量差比例"列以不同颜色显示，红色代表增加超 15%，绿色代表减少超 15%，若量差比例在 -15%～15% 内，结算工程量和量差比例不会变色。

① 点击选中左侧导航栏中的"变更"模块，单击鼠标右键，在右键菜单栏里选择"新

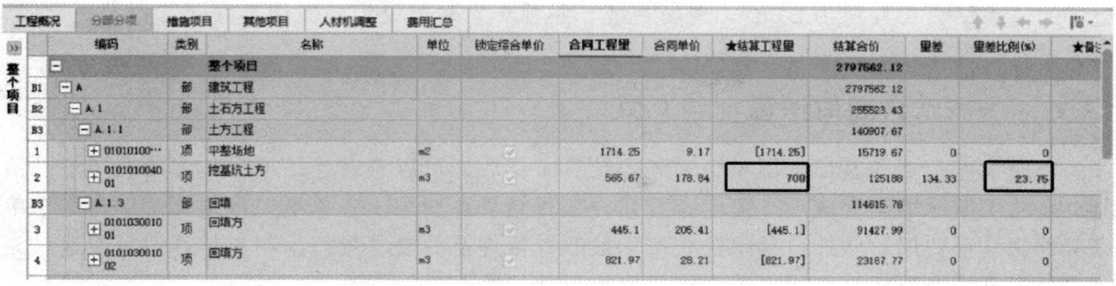

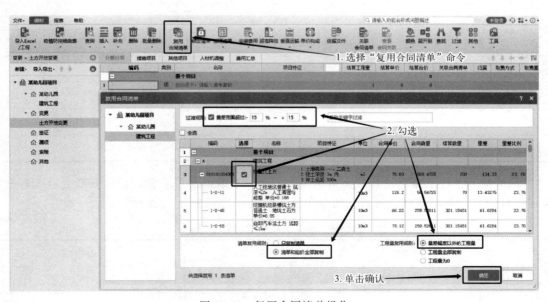

图 13-45 结算工程量差比例

建变更"，在弹出的"新建工程"对话框中填写工程名称为"土方开挖变更"，模板类别改为"规费含环境保护税"，其余内容不变，点击"立即新建"即可。

② 进入到新建的工程变更，单击工作区上方工具栏的"复用合同清单"命令，弹出"复用合同清单"对话框选择过滤规则为"量差范围超过－15％～＋15％"，勾选"挖基坑土方"清单项目，清单复用规则选择"清单和组价全部复制"，工程量复用规则选择"量差幅度以外的工程量"，选择完成后单击"确定"命令即可。

具体操作步骤如图 13-46 所示。

图 13-46 复用合同清单操作

工程量变更如图 13-47 所示。

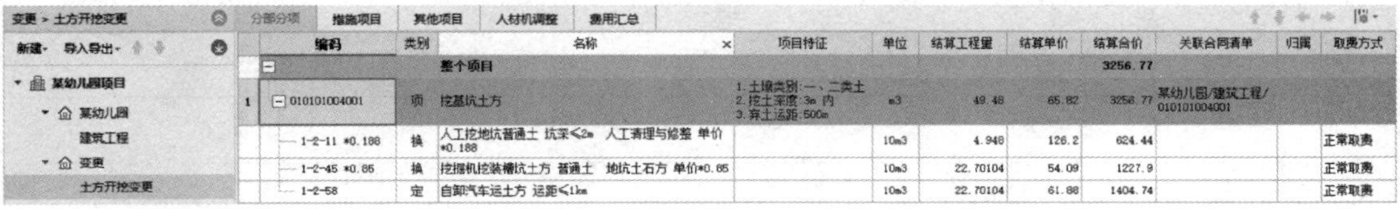

图 13-47 土方开挖工程量变更

假设本工程平整场地的清单结算工程量为 $2000m^2$，砌块墙的清单结算工程量为 $700m^3$，垫层的清单结算工程量为 $20m^3$，现场签证、漏项、索赔的设定与操作步骤同工程变更类似，请读者自行操作。

13.4.3　查看合同与结算金额汇总

完成工程变更和签证、漏项、索赔等结算工作后，可以查看建设项目整体的费用汇总情况。在竣工结算编制完成后，需要查看建设项目结算总费用、各单项工程结算费用与各个单位工程的结算费用，软件自动将这些费用按照计价规范的要求进行编制与整理，可以通过相应的报表直接查看相关费用。各个汇总表如下：

① 建设项目费用汇总表是建设项目中各个单项工程费用的汇总表，在左侧导航栏中选择整体项目，切换至"报表"页签，选择"常用报表"中的"建设项目费用汇总表"，具体内容如表 13-5 所示。

表 13-5　建设项目费用汇总表

序号	项目名称	金额/元	其中/元				
			暂列金额及专业工程暂估价	材料暂估价	安全文明施工费	规费	人材机调整合计
1	某幼儿园	4346774.82	300000	50430	173124.17	241886.69	
2	变更	10568.76			406.68	598.19	
3	签证						
4	漏项						
5	索赔						
6	其他						
	合计	4357343.58	300000	50430	173530.85	242484.88	

② 单位工程竣工结算汇总表是指单位工程合同内的造价汇总表，包含分部分项工程费、措施项目费、其他项目费、规费和税金等费用，具体内容如表 13-6 所示。

表 13-6　单位工程竣工结算汇总表

序号	汇总内容	合同金额/元	结算金额/元
一	分部分项工程费	2773538.54	2837613.52
二	措施项目费	609270.46	609270.46
2.1	单价措施项目	553168.71	553168.71
2.2	总价措施项目	56101.75	56101.75
三	其他项目费	300392.51	300392.51
3.1	暂列金额	300000	300000
3.2	专业工程暂估价		

续表

序号	汇总内容	合同金额/元	结算金额/元
3.3	特殊项目暂估价		
3.4	计日工		
3.5	采购保管费	392.51	392.51
3.6	其他检验试验费		
3.7	总承包服务费		
3.8	其他		
四	规费	237750.65	241886.69
4.1	安全文明施工费	170163.91	173124.17
4.1.1	安全施工费	91711.72	93307.18
4.1.1.1	安全施工费（常规）	86186.92	87686.27
4.1.1.2	安全生产责任保险	5524.8	5620.91
4.1.2	环境保护费	20625.93	20984.75
4.1.3	文明施工费	23940.81	24357.3
4.1.4	临时设施费	33885.45	34474.94
4.2	社会保险费	55984.66	56958.6
4.3	住房公积金	7734.72	7869.28
4.4	建设项目工伤保险	3867.36	3934.64
4.5	优质优价费		
五	设备费		
六	税金	351472.65	357611.64
七	工程费用合计	4272424.81	4346774.82
八	价差取费合计		
九	工程造价（调差后）		4346774.82

③ 合同外分部分项工程指工程变更、现场签证、漏项和索赔等内容。其内容较多，本处仅展示部分费用汇总，如表 13-7 所示。

表 13-7　合同外分部分项工程量清单与计价表

序号	项目编码	项目名称	项目特征描述	计量单位	工程量	金额/元	
						综合单价	合价
		整个项目					8691.38

续表

序号	项目编码	项目名称	项目特征描述	计量单位	工程量	金额/元	
						综合单价	合价
1	010101004001	挖基坑土方	1. 土壤类别：一、二类土 2. 挖土深度：3m 内 3. 弃土运距：500m	m³	49.48	169.94	8408.63
2	010101001001	平整场地	1. 土壤类别：普通土 2. 弃土运距：10m 以内 3. 取土运距：50m 以内	m²	28.61	8.99	257.2
3	010402001001	砌块墙	1. 砌块品种、规格、强度等级：加气混凝土砌块 2. 墙体类型：填充墙 3. 砂浆强度等级：混合砂浆 M5.0	m³	1.38	585.49	807.98
4	010501001001	垫层	1. 混凝土种类：商品混凝土 2. 混凝土强度等级：C15	m³	−1.34	583.9	−782.43
		分部分项合计					8691.38
		合计					8691.38

13.5   案例工程 BIM 5D 应用

在 BIM 三维模型的基础上，加入进度计划时间轴，3D 模型即转化为 4D 模型，而 5D 模型则是在 4D 模型的基础上加入工程项目所需的资金与资源，通过动画模拟的方式来体现整个建筑施工过程。通过 BIM 5D 技术将所需工种及工人数量信息输入进度计划中，可以在整个进度计划中查看每个工序相对应的工种及工人数量。

在 BIM 5D 软件中，可以导入项目的土建模型，对项目在施工过程中各类资源分配进行模拟，通过导入项目计价结果、施工进度计划，将模型构件与计价结果、进度计划关联，生成施工模拟动画，使施工过程中的项目成本及项目工期得到控制与检查。

13.5.1   BIM 5D 基础数据文件

由于 BIM 5D 平台不能直接识别广联达土建模型 GTJ 文件，因此在将 GTJ 模型导入 BIM 5D 平台之前，需要首先生成格式为 ".IFC" 或 ".IGMS" 的三维模型交互文件，作为应用于 BIM 5D 平台的 3D 模型的数据基础，导出步骤如图 13-48 所示；使用 Project 软件编制项目整体的进度计划，作为项目时间轴的数据基础；在 GCCP 平台中生成工程量清单或生成工程量清单 Excel 表格，作为项目的资金数据基础。

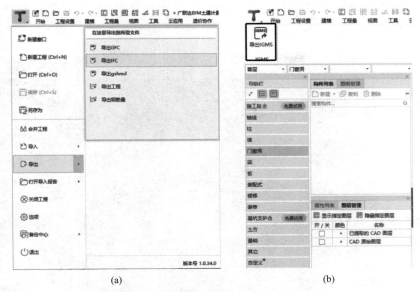

(a)	(b)

图 13-48　GTJ 文件转换为 IFC 或 IGMS 文件

13.5.2　新建 BIM 5D 文件及数据导入

① 打开 BIM 5D 软件，点击"新建工程"，设置工程文件名称及路径，如图 13-49 所示。

图 13-49　设置文件名称及路径

② 建立完成后进入 BIM 5D 平台主界面，单击左侧导航栏中的"数据导入"命令，将工作区切换至数据导入界面。

③ 在数据导入界面，单击工作区上方的"模型导入-添加模型"命令，选择从 GTJ 平

台导出的 IFC 格式或 IGMS 格式的工程文件，将其导入 BIM 5D 平台中。导入的 3D 模型如图 13-50 所示。

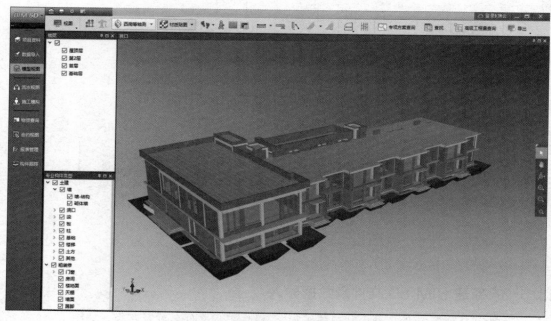

图 13-50　BIM 5D 平台中的模型三维视图

④ 在数据导入界面，单击工作区上方的"预算导入-添加预算书"命令，选择 GBQ 格式的计价文件或工程量清单计价 Excel 表格，将其导入 BIM 5D 平台中。预算书识别界面如图 13-51 所示。

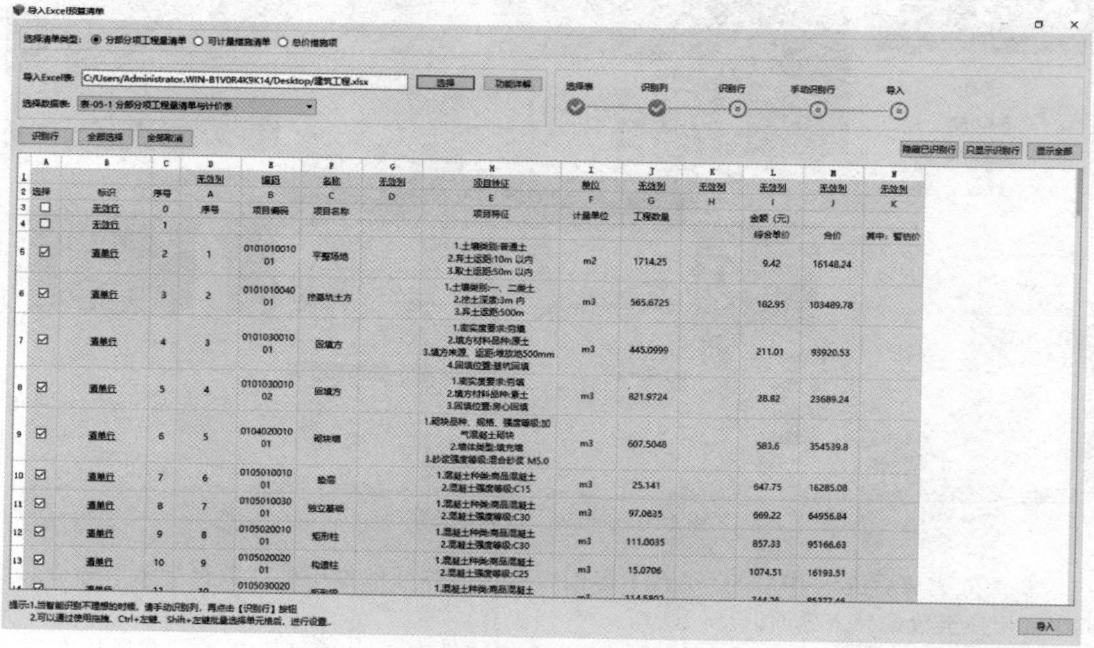

图 13-51　工程量清单预算书识别界面

⑤ 导入完成工程量清单预算书后，使用"模型匹配"命令，使工程量清单预算书与建筑模型相匹配。匹配界面如图 13-52 所示。

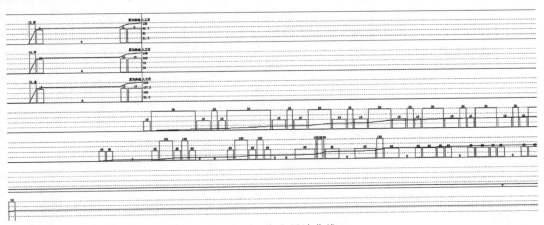

	汇总方式：按单体汇总			自动匹配	过滤显示	手工匹配	取消匹配			
	模型清单				预算清单					匹配状态
	编码	名称	项目特征	单位	编码	名称	项目特征	单位	单价	
1	□				建筑工程					
2	□ 土建									
3	011001001	保温隔热屋面	1.保温隔热材料品种、规格、厚度:聚苯保温板80mm	m2	011001001002	保温隔热屋面	1.保温隔热材料品种、规格、厚度:聚苯保温板80mm	m2		已匹配
4	011001001	保温隔热屋面	1.保温隔热材料品种、规格、厚度:水泥珍珠岩 40mm	m2	011001001001	保温隔热屋面	1.保温隔热材料品种、规格、厚度:水泥珍珠岩 40mm	m2		已匹配
5	010501001	垫层	1.混凝土种类:商品混凝土 2.混凝土强度等级:C15	m3	010501001001	垫层	1.混凝土种类:商品混凝土 2.混凝土强度等级:C15	m3		已匹配
6	010501003	独立基础	1.混凝土种类:商品混凝土 2.混凝土强度等级:C30	m3	010501003001	独立基础	1.混凝土种类:商品混凝土 2.混凝土强度等级:C30	m3		已匹配
7	011702003	构造柱		m2						未匹配
8	010502002	构造柱	1.混凝土种类:商品混凝土 2.混凝土强度等级:C25	m3	010502002001	构造柱	1.混凝土种类:商品混凝土 2.混凝土强度等级:C25	m3		已匹配
9	010510003	过梁	1.单件体积:≤0.4m3 2.安装高度:≤三层 3.混凝土强度等级:C25 4.混凝土种类:商品混凝土	m3	010510003001	过梁	1.单件体积:≤0.4m3 2.安装高度:≤三层 3.混凝土强度等级:C25 4.混凝土种类:商品混凝土	m3		已匹配
10	011702009	过梁		m2						未匹配
11	010503005	过梁	1.混凝土种类:商品混凝土 2.混凝土强度等级:C25	m3	010503005001	过梁	1.混凝土种类:商品混凝土 2.混凝土强度等级:C25	m3		已匹配
12	010103001	回填方	1.密实度要求:夯填 2.填方材料品种:原土 3.填方来源、运距:堆放地500mm 4.回填位置:基坑回填	m3	010103001001	回填方	1.密实度要求:夯填 2.填方材料品种:原土 3.填方来源、运距:堆放地500mm 4.回填位置:基坑回填	m3		已匹配
13	010103001	回填方	1.密实度要求:夯填 2.填方材料品种:原土	m3	010103001002	回填方	1.密实度要求:夯填			

图 13-52　模型清单匹配界面

⑥ 匹配完成后，再将进度计划导入至 BIM 5D 平台中，即可查看各资源及资金的累计曲线，如图 13-53 所示。

图 13-53　资金累计曲线

由于篇幅限制，本节不详细介绍 BIM 5D 平台的具体操作过程，请读者自行学习和操作。

课程案例　广联达 BIM 造价管理

在上海市某小学建设项目的设计阶段，业主方根据设计图纸建立各专业模型后，通过查看项目整体的 BIM 模型，提前看到项目设计效果，合理评估并做出设计优化决策。经过碰撞检查发现各图元之间的冲突，及时进行了调整，避免了后期大量变更和索赔问题的出现，在保证施工进度的同时控制造价。

在招标阶段，业主方以施工设计图纸为基础，建立 Revit 模型，运用广联达软件建立算量模型，分别对土建、给排水、机电、消防等专业进行模型建立，套取做法并汇总计算；最后通过广联达云计价平台（GCCP）自动生成项目招标工程量清单。通过进度计划软件中绘制的双代号时标网络图，将里程碑支付和按月支付两种支付方式进行对比，最终选择按月来进行进度款的支付计算。在项目竣工结算时，将业主的 BIM 模型与施工单位的 BIM 模型进行对比，核算工程量是否准确。业主单位以招投标时期所建立的 BIM 模型为基础，根据施工过程中的变更、签证或索赔数据，对 BIM 模型数据进行更新，从而计算出最终结算的工程量，使双方在结算过程中达成一致。

本建设项目引入 BIM 技术对工程造价进行管理，使造价深入到工程项目各个阶段，有利于项目各参与方及项目管理人员对工程项目整个流程进行把控，更好地为工程项目服务。

 思考题

1. 招标控制价编制依据有哪些？
2. 招标文件的组成内容有哪些？
3. 在 GCCP 中，如何添加钢筋清单定额及调价，请简要说明。
4. 批量系数换算如何操作？
5. 如何设置甲供材料和暂估价材料？
6. 如何批量导出相关报表？
7. 制作投标报价时应注意调整哪些内容？
8. 进度款支付有哪些方式？

参考文献

[1] 贾宏俊. 建设工程技术与计量:土建工程部分 [M]. 北京:中国计划出版社,2013.

[2] 中华人民共和国住房和城乡建设部,中华人民共和国国家质量监督检验检疫总局. 建设工程工程量清单计价规范:GB 50500—2013 [S]. 北京:中国计划出版社,2013.

[3] 中华人民共和国住房和城乡建设部. 房屋建筑与装饰工程工程量计算规范:GB 50854—2013 [S]. 北京:中国计划出版社,2013.

[4] 山东省住房和城乡建设厅. 山东省建筑工程消耗量定额:SD 01—31—2016 [S]. 北京:中国计划出版社,2016.

[5] 吴新华,米帅,刘蒙蒙,等. 建筑工程计量与计价 [M].2 版. 北京:化学工业出版社,2019.

[6] 中国建筑标准设计研究院. 混凝土结构施工图平面整体表示方法制图规则和构造详图(现浇混凝土框架、剪力墙、梁、板):22G101—1 [S]. 北京:中国标准出版社,2022.

[7] 中国建筑标准设计研究院. 混凝土结构施工图平面整体表示方法制图规则和构造详图(现浇混凝土板式楼梯):22G101—2 [S]. 北京:中国标准出版社,2022.

[8] 中国建筑标准设计研究院. 混凝土结构施工图平面整体表示方法制图规则和构造详图(独立基础、条形基础、筏形基础、桩基础):22G101—3 [S]. 北京:中国标准出版社,2022.

[9] 肖跃军,肖天一. 工程造价 BIM 项目应用教程 [M]. 北京:机械工业出版社,2022.